高等学校电子信息类系列教材

计算机及智能硬件原理

刘海成　刘金龙　黄　争　许　聪
叶光超　王兵兵　张　鹏　　编著

清华大学出版社
北京交通大学出版社
·北京·

内 容 简 介

智能硬件作为单片机与嵌入式系统发展的新阶段，作为智能仪器、智能传感器、物联网终端等的新概称，其知识体系和课程建设是"智能+"新工科建设的核心任务之一。本教材以计算机的组成和工作原理为知识主线，以智能硬件设计知识为能力主线组织学习内容。本教材以单片机为模型机，将计算机原理的核心知识深度融入嵌入式微处理器的知识体系，通过汇编语言和 C 语言的对比学习和运用构建嵌入式软件编程能力，通过电子测量等项目实例对接工程应用，并加入了开源硬件内容。本教材通过将计算机原理、接口技术和嵌入式软硬件技术的相互融汇来构建智能硬件设计的知识结构和能力结构，突出工程教育和 OBE 理念，培养面向解决复杂工程问题的智能硬件工程师。

本教材可以作为电子信息类、仪器类、自动化类、电气工程类、机械类、计算机类等相关专业"计算机原理""单片机技术""嵌入式系统"等课程的教材或参考书，尤其适合不开设"计算机原理"课程而直接开设"单片机原理"或"嵌入式系统设计"课程的人才培养方案。此外，本教材也可供工程技术人员参考。

图书在版编目（CIP）数据

计算机及智能硬件原理 / 刘海成等编著. — 北京 ： 北京交通大学出版社 ： 清华大学出版社，2023.1

ISBN 978-7-5121-4796-6

Ⅰ. ① 计…　Ⅱ. ① 刘…　Ⅲ. ① 电子计算机–教材　② 单片微型计算机–程序设计–教材　Ⅳ. ① TP3

中国版本图书馆 CIP 数据核字（2022）第 167217 号

计算机及智能硬件原理
JISUANJI JI ZHINENG YINGJIAN YUANLI

责任编辑：张利军　　特约编辑：李晓敏
出版发行：清 华 大 学 出 版 社　邮编：100084　电话：010-62776969　http://www.tup.com.cn
　　　　　北京交通大学出版社　邮编：100044　电话：010-51686414　http://www.bjtup.com.cn
印 刷 者：北京鑫海金澳胶印有限公司
经　　销：全国新华书店
开　　本：185 mm×260 mm　印张：20.25　字数：505 千字
版 印 次：2023 年 1 月第 1 版　2023 年 1 月第 1 次印刷
定　　价：54.00 元

本书如有质量问题，请向北京交通大学出版社质监组反映。对您的意见和批评，我们表示欢迎和感谢。
投诉电话：010-51686043，51686008；传真：010-62225406；E-mail：press@bjtu.edu.cn。

前　言

目前，国内电子信息类、仪器类、自动化类、电气工程类、机械类、计算机类等相关专业均开设"计算机原理""单片机与嵌入式系统设计"等课程。"计算机原理"课程是使学生掌握计算机组成原理与体系结构、汇编语言程序设计及存储器扩展等内容，是整个计算机应用技术学科的知识基础；"单片机与嵌入式系统设计"是基于计算机原理的嵌入式应用课程，为加强学生的技术应用能力培养而开设，是电子技术和计算机技术的综合应用课程，这完全符合行业对人才能力结构的需求。尽管如此，由于学时、学分的限制，以及"嵌入式系统设计"课程开设学期靠后，部分专业选择放弃"计算机原理"课程，直接开设"单片机原理"或"嵌入式系统设计"课程。其出发点有两个：一是"计算机原理"课程以 16 位 8086/8088 处理器作为模型机进行教学，内容过于陈旧；二是试图在"嵌入式系统设计"课程中植入"计算机原理"课程的内容，将"计算机原理"课程和"单片机与嵌入式系统设计"课程合二为一，在使用嵌入式微处理器学习计算机原理的同时也符合应用能力培养要求。

另外，在新工科专业建设如火如荼的当下，新工科课程的建设需要及时跟上。智能硬件作为单片机与嵌入式系统发展的新阶段，作为智能仪器、智能传感器、物联网终端等的新概称，其知识体系和课程建设是"智能+"新工科建设的核心任务之一，因此需要配套的课程和教材建设。

本教材正是基于以上考虑，以计算机的组成和工作原理为知识主线，以智能硬件设计知识为能力主线组织学习内容，将"计算机原理""单片机技术""嵌入式系统设计"等多门课程整合为一门课程。本教材以单片机为模型机讲述计算机工作原理，将计算机原理的核心知识深度融入嵌入式微处理器的知识体系，通过汇编语言和 C 语言的对比学习和运用构建嵌入式软件编程能力，通过电子测量等项目实例对接工程应用，促使电子测量方法与传感技术等外延应用紧密结合，并加入了开源硬件内容，引导自学、课题组织和实践，以期达到抛砖引玉、学以致用的效果。本教材的内容整合不是简单的拼凑和压缩，而是抓住计算机原理与智能硬件应用的共性问题，去冗余、舍陈旧、铸主线，更加明晰原理和强化应用，摒弃分布在多个学期开设相关课程的现状，在原"计算机原理"课程开设学期直接实现多门核心课程的学习，在促使课程目标有效达成的同时大幅节约了学习时间，也为学生进行科技创新奠定了技术基础和预留了足够的时间。

在各具特色和优势的嵌入式微处理器产品竞相投放市场的当代，如何选择学习目标是关键问题之一。考虑到学习的典型性，本教材选取经典型 51 单片机为模型机，辐射嵌入式微处理器的通识，面向智能硬件应用构建知识体系。因此，本教材在继承和整合作者 2009 年在北京航空航天大学出版社出版的《单片机及应用系统设计原理与实践》、2012 年在中国电力出版社出版的《单片机及应用原理教程》、2015 年在北京航空航天大学出版社出版的《单片机及工程应用基础》、2019 年在北京航空航天大学出版社出版的《单片机中级教程——原理与应用》（第 3 版）等教材成果的基础上，多方吸取兄弟院校使用过程中的反馈意见，全面升级，与时俱进，且基于 OBE 理念的教学内容设计更加符合教学实际。

单片机与嵌入式系统设计类教材比较多，但是将其升级到智能硬件的教材还没有；能够将"计算机原理"课程的全部知识点有机地融入"单片机与嵌入式系统设计"课程，且不需要额外增加学时的教材还没有。另外，本教材采用汇编语言与 C 语言并行的撰写方式，原理与应用相统一，避免了学生长期滞留于汇编语言层面，有利于基于 C 语言的智能硬件设计应用型、创新型人才的培养。相关专业的新工科课程建设迫切需要将原有的嵌入式系统设计类课程升级到智能硬件类课程，且新的培养方案没有开设"计算机原理"等先导课程。本教材正好可以有效解决这一问题，符合课程整合和新工科课程建设的需要。本教材同名共享课已经在智慧树平台运行，网址为：https://coursehome.zhihuishu.com/courseHome/1000000190/62674/15#teachTeam。

本教材是校企合作教材，黑龙江工程学院刘海成负责编写第 1 章的 1.1 节至 1.4 节、第 4 章、第 5 章和附录 B；黑龙江工程学院张鹏负责编写第 1 章的 1.5 节、1.6 节、习题及第 3 章、第 8 章；哈尔滨工业大学刘金龙负责编写第 2 章、第 6 章和附录 A；黑龙江工程学院叶光超负责编写第 7 章；黑龙江工程学院许聪负责编写第 9 章；哈尔滨市胸科医院王兵兵负责编写第 10 章；苏州硬木智能科技有限公司黄争负责编写第 11 章。全书由刘海成主持编写并统稿。哈尔滨工业大学吴芝路教授审阅了全书并提出了很多宝贵的意见，在此表示由衷的感谢。同时，书中参考和引用了许多学者和专家的著作和研究成果，在此也向他们表示诚挚的敬意和感谢。本教材由清华大学出版社和北京交通大学出版社联合出版，尤其感谢北京交通大学出版社理工分社张利军分社长一直以来的支持和帮助。

本教材要求读者具备数字电子技术（或数字逻辑、电工学）知识基础，尤其是已熟练掌握逻辑运算、进制、数值表示及运算、编码/译码、时序图等知识，不具备相关知识或相关知识已经生疏的读者，需要课前做好相关功课。另外，读者须具备基本的 C 语言知识。

另外，由于逻辑电路技术发展迅猛，代表着主流技术的高水平论文、芯片手册等均采用 ANSI-IEEE. STD. 91 元件符号标准绘制逻辑电路图，尤其是 EDA 等平台也均采用该标准。而且，本教材涉及诸多芯片资料和 CAD 图纸，内容也多采用 ANSI-IEEE. STD. 91 元件符号标准。因此，为了不产生歧义及便于阅读和跟踪主流技术，本教材采用 ANSI-IEEE. STD. 91 元件符号标准制图，并未采用国家标准 GB/T 20295—2014。同时，为了便于文献交叉阅读和查阅，在附录 B 中给出了两套标准的逻辑符号对照。

本书虽然力求完美，但是编者水平有限，错漏之处在所难免，敬请广大读者不吝指正和赐教。

刘海成
liuhaicheng@126.com
2022 年 12 月

目　　录

第1章　计算机与智能硬件

　　本章的核心任务是学习计算机的工作原理，并明确模型机。首先学习计算机的组成原理，然后给出通用计算机与嵌入式系统的异同，以及给出基于嵌入式微处理器的智能硬件的特点。最后学习 51 系列单片机的构成、最小系统和存储器结构。

1.1　从有限状态机到数字计算机

　　在数字电子技术、数字逻辑或 EDA（electronic design automation）技术等课程中学习过同步时序逻辑电路，其本质属于基于数字电路实现的有限状态机（finite state machine，FSM）。FSM 是描述有限个状态、状态输出（或状态任务、状态动作），以及状态转换和转换条件三要素的数学模型，它更是一种思想方法和工具。FSM 的思想运用特别适合于那些操作和控制流程非常明确的应用系统设计，如数字通信领域、自动化控制领域、CPU 设计及家电设计领域都有重要的应用。一串连续的操作可以通过 FSM 的若干个状态的自动转换，并基于各状态的输出完成。不过 FSM 也有其弱点，具体有以下两点。

　　（1）FSM 的功能唯一，即设计好之后无法完成其他不同操作或原理不同的工作。

　　（2）因为其状态有限，当所要描述的系统的状态太多时，FSM 很难胜任、代价过大，甚至无法完成。

　　显然，FSM 的可扩展性差，不具有状态（操作步骤）及状态输出（操作内容）的可编程特性，这与操作步骤和操作内容都可编程的计算机软件无法比拟。

　　1936 年，图灵（Alan Mathison Turing）在伦敦权威的数学杂志上发表了一篇划时代的重要论文《可计算数字及其在判断性问题中的应用》。文章中构造出一台完全属于想象中的"计算机"，数学家们把它称为图灵机。图灵机是一个虚拟的计算机，完全忽略硬件状态，考虑的焦点是逻辑结构。图灵机被设想为使用一条无限长度的存储带（纸带），带子上划分成许多格子，每个格子上标注操作信息或输入，存储带上各格子的操作信息编排就是一个具体的运算过程，即"程序"。这个"计算机"具有把存储带向前移动一格，以及读写格子信息的功能。程序和其输入可以先保存到存储带上，图灵机能够按照存储带上的运算过程按部就班地执行一系列的运算，结果也保存在存储带上。

　　图灵机模型并不是为了同时给出计算机的设计，其意义主要有以下两点。

　　（1）图灵机模型证明了通用计算理论，肯定了计算机实现的可能性，同时它给出了计算机应有的主要架构。

　　（2）图灵机模型引入了"编程"、程序语言和算法的概念。

　　1945 年，冯·诺依曼（von Neumann）提出了"存储程序"的概念。后来，人们利用存储程序原理设计的电子计算机，称为冯·诺依曼机，如图 1.1 所示。冯·诺依曼机的主要特点有以下几个方面。

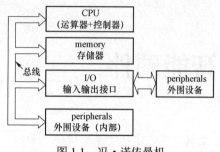

图 1.1　冯·诺依曼机

（1）计算机由五大部分组成：存储器（memory）、控制器（control unit，CU）、运算器（arithmetic unit，AU）、输入输出接口（input/output，I/O）及外围设备（peripherals）。各个基本组成部件通过总线（bus）互连。

（2）指令（instruction）是计算机完成的基本操作，如加、减、移位、与、或、异或等指令。指令通常由两部分组成：操作码和操作数。操作码用于表示指令的操作性质或功能，如指出要进行加法运算；操作数则指出操作对象（数或地址）。

（3）指令和数据都采用二进制表示。用二进制编码的数来表示的指令称为机器码或机器指令。指令和数据都存放在存储器中，可以按地址访问。

（4）指令在存储器中按顺序存放，组成程序，也按顺序执行。也可以设置条件或直接改变指令的执行顺序。也就是说，计算机必须有一个控制器，控制器将存储器中的程序逐条送给运算器进行运算，从而实现程序自动执行。

（5）必须有一个运算器，用于完成指令操作（算术运算和逻辑运算等）。

（6）必须有输入和输出接口，用于信息的输入和计算结果的输出。

运算器和控制器集成在一起构成中央处理单元（central processing unit，CPU）。显然，CPU 的核心功能就是自动执行程序，用于完成运算和操控外部设备等，是计算机应用系统的运算和控制中心。微处理器（microprocessor）是以 CPU 为核心的芯片。

指令是 CPU 能完成的最基本功能单位。一台计算机，其所有支持的指令的集合构成指令系统，亦称为指令集（instruction set）。指令集包含的指令越多，指令功能越强，计算机的性能就越强大。丰富的指令系统是构成计算机软件的基础。编排指令的过程就是编程。排好的指令序列，就是程序或软件。显然，计算机应用系统由计算机硬件和软件构成。

外围设备，亦称为外部设备，简称外设，包括片内设备和微处理器外部的扩展设备。扩展的设备通过 I/O 接口交换信息或命令；CPU 通过总线和外设寄存器与内部设备进行接口。外设寄存器也称为 I/O 寄存器，它不是 CPU 内的寄存器，而是 CPU 与内部设备的信息交换和控制通道，CPU 以操作 RAM 的形式发出控制指令或获取内部设备信息。

综上所述，从数字电子技术的角度来讲，计算机是以 CPU 为核心，以总线为信息传输的中枢，将存储器、输入输出接口和外部设备互连，将算术和逻辑功能通过软件编程再组织的复杂数字逻辑系统，是根据指令序列操控数据的设备。

控制器是一个复杂的同步时序逻辑电路，要在时钟节拍下工作。CPU 的工作时钟频率称为主频，主频直接决定 CPU 的工作速度。微处理器，一般采用由晶体构成的高稳定多谐振荡器，作为时钟产生电路。微处理器芯片上一般集成除晶体外的多谐振荡器的其余部分电路，以提高整体集成度。

以计算机基本组成为中心，配以时钟电路、电源和相应的外部设备（电路、部件或设备），就构成了计算机应用系统。计算机对外部设备进行自动操控并协同工作。

1.2　计算机的组成及工作模型

1.2.1　计算机的存储器、系统总线及字长

1. 计算机的存储器

计算机系统中的存储器用来存放程序和数据，因此计算机的存储器分为程序存储器和数据存储器两个部分。

1）程序存储器

程序存储器是存放程序和常量表格数据的区域。程序是以指令序列的形式存放在程序存储器中。程序存储器一般采用非易失性存储器。

作为程序存储器的非易失性器件主要有可编程只读存储器（programmable read-only memory，PROM）和 Flash 两类。目前应用较多的就是 Flash 存储器。这是因为 Flash 可以多次反复擦写，掉电不丢失，为开发和升级提供了硬件前提。另外，由于 PROM 价格低廉，又拥有一次性可编程（one time programmable，OTP）能力，适合生产，采用 PROM 单片机可以提高产品的成本优势。

2）数据存储器

数据存储器用来存储计算机运行期间的工作变量、运算的中间结果、数据暂存和缓冲、标志位等。采用随机存储器（random access memory，RAM）作为数据存储器。掉电后，RAM 中的数据就会丢失。

前述的数据存储器一般称为主存或内存。主存容量大，是计算机的主体数据存储器，用来存储大量的数据，主存一般通过将足够容量的 RAM 芯片通过总线与微处理器连接获取。另外，微处理器中还有一类特殊的数据存储器，称为通用寄存器（register），简称寄存器。寄存器和 CPU 的结构紧密结合，直接参与指令运算，内核级访问速度，一般有几个到几十个寄存器，记为 R0、R1、R2……，用于暂存数据、地址等信息并直接参与运算等，成本代价高。显然，程序的编写要优先选用通用寄存器进行暂存和运算，以提升计算机的执行效率。

很多时候，Flash 或 E^2PROM 也用来作为数据存储器，用于存放掉电不丢失的工作参数等。

3）存储容量

存储容量用于表征存储器存储二进制信息的多少，一般以字节（B）为单位计算，每个存储单元都有唯一的地址。关于存储容量，将 1 024 B 称为 1 KB，1 024 KB 称为 1 MB（兆字节），1 024 MB 称为 1 GB（吉字节）。除了存储容量外，存储器的访问速度也是重要指标。

2. 计算机的总线与系统总线

计算机的最基础的操作是数据传送。计算机的基本组件都连接在总线上，各个部件之间的数据都通过总线传送。总线，即一组导线，用于连接 CPU 和其他部件，是各部件分时共享提供公共信息的传送线路，导线的数目取决于计算机的结构。这里的分时共享是指，同一组总线在同一时刻，原则上只能接受一个部件作为发送源，否则就会发生冲突；但可同时传送至一个或多个目的地，所以各次传送需要分时占有总线。

总线有系统级总线和外部应用设备总线两大类。系统级总线有处理器内部总线、处理器系统级设备总线两类，是 CPU 直接访问的总线。CPU 内部总线用来连接 CPU 内的内部部件，

与 CPU 的结构紧耦合。系统级设备总线，简称系统总线，是微处理器的特殊 I/O，用来在应用系统中连接系统级外设，如扩展存储器等，因此系统总线是计算机进行系统级扩展的基础。系统总线由地址总线（address bus，AB）、数据总线（data bus，DB）和控制总线（control bus，CB）构成。数据总线用来在 CPU、存储器及输入输出接口之间传送程序或数据；CPU 通过地址总线用来传送 CPU 发出的地址信息，实现对存储器或设备的指定地址进行访问；控制总线用于给出数据传送动作信号，以及控制数据总线上的数据的传送方向、对象等。

基于系统总线扩展系统级设备，如存储器等，是本课程的核心内容之一。系统总线及基于系统总线的系统级设备扩展技术将在第 6 章学习。

外设的扩展能力是指计算机系统配接多种外部设备的可能性和灵活性，一台计算机允许配接多少外部设备，对电路的研制和软件的开发有重大影响。

外部应用设备总线用于给微处理器扩展设备，如扩展键盘和显示器等。典型的外部应用设备总线有通用串行总线（universal serial bus，USB）、通用异步接收发送设备总线（universal asynchronous receiver/transmitter，UART）、串行外围设备接口总线（serial peripheral interface，SPI）等。外部应用设备总线，亦称为扩展总线。扩展总线技术是计算机应用系统硬件设计的核心技术之一，将在第 8 章和第 9 章学习。

3．计算机的字长

在计算机中使用的二进制数共有 3 个单位：位（bit）、字节（byte）和字（word）。二进制位是数的最小单位，简写为 b。8 位二进制数为 1 个字节，单位为 B。字节是最基本的数据单位，计算机中的数据、代码、指令、地址多以字节为单位。

字是计算机操作的基本单位，其长度称为字长，即字长是指运算器一次可运算或存取的二进制数的位数，亦指 CPU 的数据总线位宽和通用寄存器的位宽。主流的计算机，其字长一般是 8 的倍数。按字长，计算机可分为 8 位计算机、16 位计算机、32 位计算机和 64 位计算机等。例如，51 系列单片机的字长为 8 位，AVR 单片机的字长为 8 位，MSP430 单片机字长为 16 位，ARM Cortex-M 处理器的字长为 32 位，通用计算机的字长一般为 32 位或 64 位。字长对应到数据存储器，则用字节数表示，例如：8 位机的字长对应 1 个存储器单元，32 位机的字长对应 4 个存储器单元。

字长越长，一个字能表示数值的有效位数就越多，计算精度越高，执行效率就越高；字长越长，指令的长度就可以更长，指令的信息就可以更丰富；通常存储器的地址总线的宽度是字长或字长的整数倍，字长越长，寻址范围越大。当然，字长越长，硬件代价相应增大。计算机的设计要考虑精度、执行效率、指令集、寻址能力和硬件成本等方面因素。

执行效率主要用于表征计算机的运算速度，这用等效速度描述。等效速度亦称为平均速度，由指令集中各指令平均执行时间及相对应的指令运行比例（加权平均）计算得出。

1.2.2　CPU 与程序的执行

如前所述，CPU 由运算器和控制器组成，是计算机的运算和控制核心，用于自动执行程序，完成指令功能，以及对整机进行控制。

1．运算器

运算器的核心是算术逻辑单元（arithmetic and logic unit，ALU）。ALU 的主要作用是进行算术运算和逻辑运算，进而实现数值运算或数据处理等任务。算术运算用于完成加、减运算，部分计算机直接具有乘法指令，甚至除法指令；逻辑运算用于进行与、或、非、异或、移位等运算。ALU 根据不同的操控命令执行不同的运算指令。如图 1.2 所示，ALU 有两个输入端，通常接收两个操作数，一个操作数来自累加器（accumulator，A），另一个操作数由内部数据总线提供。内部数据总线的数据可以是某个寄存器（register n，Rn）中的内容，也可以是来自存储器等。

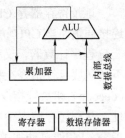

图 1.2　运算器简易模型

累加器是特殊的通用寄存器，是与 CPU 结合最紧密、"最繁忙"的寄存器。运算前，作为操作数输入；运算后，保存运算结果；累加器还可通过数据总线向存储器或输入输出设备读取（输入）或写入（输出）数据。

用户可以不关心 ALU 的内部细致构成，但对通用寄存器、累加器则必须清楚，进而充分利用寄存器的专有特性，简化程序设计，提高运算速度。很多 CPU，其寄存器的全部或部分兼具有累加器功能，放弃专用累加器。

2. 控制器与程序的自动执行

控制器就是一个复杂的状态机，主要用途是根据程序自动发布操作命令，包括自存储器读入程序的指令和读入输入信息，指令译码和控制运算器执行指令，以及随机事件的自动响应等。显然，是发布操作命令的"决策机构"，计算机执行程序是在控制器的指挥、协调与控制下完成的。

控制器由程序计数器（program counter，PC）、地址寄存器（address register，AR）、指令寄存器（instruction register，IR）、指令译码器（instruction decoder，ID），以及用于操控运算器等操作控制逻辑电路组成。

一个实际的计算机结构，无论对哪一位初学者来说都显得太复杂了，因此不得不将其简化、抽象成为一个模型。图 1.3 所示模型就是 CPU 自动执行软件的原理示意图。

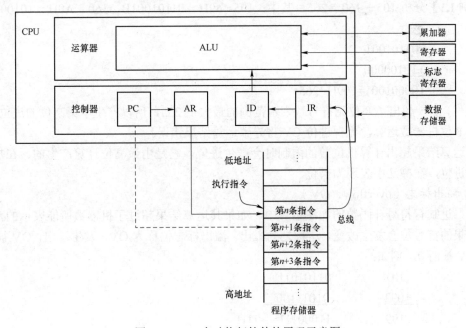

图 1.3　CPU 自动执行软件的原理示意图

地址寄存器是 CPU 内部总线和外部地址总线的缓冲寄存器，是 CPU 与系统地址总线的连接通道。当 CPU 访问存储单元或 I/O 设备时，用来保存其地址信息。

程序计数器，又称为 PC 指针，作为程序存储器的地址，用来存放当前正在执行指令的下一条要执行指令在程序存储器中的首地址。指令的执行过程分为取指令（fetch）、指令译码（decode）和执行指令（execute）三个阶段。取指阶段，PC 的值载入 AR 给出程序存储器地址，从程序存储器中取出指令到 IR，即 IR 用来保存当前正在执行的一条指令。每取出一个指令，PC 便自动加 1 指向下一条待执行指令。当程序执行转移（也称跳转，包括条件转移和非条件转移）、调用或返回指令时，其目标地址自动被修改并置入 PC，程序便产生转移。总之，程序的自动执行就是依靠 PC 指针的这个机制来实现的。经历取指阶段后就是指令译码阶段，将指令寄存器中的指令送到指令译码器进行译码。最后是执行指令阶段，根据译码输出的操作控制逻辑发出相应的控制命令，以完成指令规定的操作。

3. 微处理器的标志寄存器

标志寄存器是用来存放 ALU 运算结果的各种特征状态的，与程序设计密切相关，如算术运算有无进（借）位、有无溢出、结果是否为零等。这些都可通过标志寄存器的相应位来反映。程序中经常要检测这些标志位的状态以决定下一步的操作。状态不同，操作处理方法就不同。微处理器内部都有一个标志寄存器，但不同型号的 CPU，标志寄存器的名称、标志位的数目和具体规定亦有不同。

下面介绍几个常用的标志位。

1）进位标志（carry，C 或 CY）

两个数在做加法或减法运算时，如果高位产生了进位或借位，该进位或借位就被保存在进借位标志 C 中，有进（借）位 C 被置 1，否则 C 被清 0。另外，ALU 执行数值比较等操作也会影响 C 标志。

【例 1.1】分析 105 + 160 = 265，其中：105= 69H = 01101001B，160 = A0H = 10100000B，因此：

```
   01101001
  +10100000
   100001001=109H=265
```

显然，265 超出了 8 位无符号数表示范围的最大值 255，所以产生了第 9 位的进位 CY，若对于 8 位机器数运算，无视进位 CY 将导致运算结果错误。

当运算结果超出计算机位数的限制时会产生进位，它是由最高位计算产生的，在加法中表现为进位，在减法中表现为借位。

2）溢出标志（overflow，OV）

在二进制有符号补码数的加法运算中，如果其运算结果超过了机器数所能表示的范围，运算结果的符号位会发生改变，这称之为溢出。溢出标志位称为 OV。发生溢出，OV 被置 1，否则 OV 被清 0。例如：

```
   107        01101011
  +092       +01011100
   199        11000111= −71H
```

两正数相加，结果却为一个负数，这显然是错误的。原因就在于，对于 8 位有符号数而言，

它表示的范围为 −128～+127。而相加后得到的结果已超出了范围，这种情况即为溢出，当运算结果产生溢出时，置 OV 为 1，反之置 OV 为 0。

3）负标志（negative，N）

大多 CPU 架构中设置了负标志，记为 N。当 ALU 的运算结果的最高位是 1 时，负标志 N 被置 1，否则被清 0。显然，负标志用于指示有符号数运算结果的正负。

4）符号标志（sign，S）

某些 CPU 架构设置了符号标志，记为 S。ALU 进行有符号补码数加减运算，如果运算结果应该是负数，则符号标志 S 被置 1，否则被清 0。符号标志本质上是双符号位溢出判断的高位符号位。

符号标志和负标志配合，用于判断是否发生溢出，即：当 N 和 S 不一致时，表示发生了溢出。

一般，没有 OV 标志的计算机才会设置 S 标志。

综上所述，两个无符号数相加可能会产生进位，相减可能发生借位；两个同号有符号数相加或异号数相减可能会产生溢出。进位、借位和溢出时，超出的部分将被丢弃，留下来的结果将不正确。有符号数加法的溢出与无符号数加法判断有本质不同，因此，计算机要设立不同的硬件判断逻辑来影响标志位。如果产生进位或溢出，要给出进位或溢出标志，软件根据标志审视计算结果，进而修正数值，或确认下一步的工作。

5）零标志（zero，Z）

大多数 CPU 中都有零标志，记为 Z。其作用是：当 ALU 的运算结果为零时，零标志 Z 被置 1，否则被清 0。一般加法、减法、比较与移位等指令会影响 Z 标志。

那么零标志有什么用途呢？这是因为很多实际问题都可以转换为是否为零，即判零问题。如，判断两个数是否相等，则可以将两个数做差并判断零标志来实现。

即使 CPU 没有零标志，CPU 也会引入其他判零机制，比如基于累加器是否为 0 进行判零。判零是计算机标配的功能。

1.2.3　函数调用与栈

1. 函数与程序

有 C 语言等计算机语言基础的读者知道，程序是由函数（function）构成的。函数也称为子函数（subfunction）或子程序（subroutine）。函数是一组一起执行一个任务的语句。把程序划分到不同的函数中，每个函数执行一个特定的任务。其实，无论哪种计算机语言，最后都要转化为机器指令序列，而且指令序列也是由函数构成的，通过函数调用完成软件设计。

每个子程序只有一个入口。在执行期间，主调函数调用其他被调函数时，主调函数的程序将停止执行，开始执行被调函数。被调子程序执行完毕后，将返回并继续执行主调函数。

2. 栈与子函数调用

栈（stack）与栈指针（stack pointer，SP）是计算机工作原理的重要组成部分。栈是主存中划分出的一个数据存储器区域，常称为堆栈，用来存放现场数据，实际上是一个数据的暂存区，与子函数调用功能密切相关。栈的操作地址由栈指针 SP 唯一确定确定。存入栈数据时称为压入栈，简称压栈或入栈，记为 PUSH；自栈读出数据称为出栈，记为 POP。栈有两种形式，向上增长栈和向下增长栈。向上增长栈是指入栈时数据存入 RAM 的更高地址处；向下增长栈是指入栈时数据存入 RAM 的稍低地址处。向上增长栈模型如图 1.4 所示。

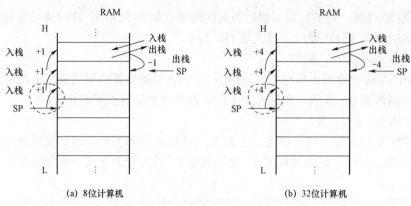

(a) 8位计算机　　　　　　　　　　　(b) 32位计算机

图 1.4　向上增长栈模型

栈指针 SP 指向的 RAM 地址单元称为栈顶。对于向上增长栈，当压栈时，SP 先自动增加 1 个字地址，然后将数据写入 SP 指向的 RAM 地址单元；当出栈时，先自栈顶读出数据，然后 SP 自动减 1 个字地址。向下增长栈则正好相反。

因此，栈与栈指针具有以下两个重要特点。

（1）栈按照先入后出（first input last output，FILO），后入先出（last input first output，LIFO）的顺序向栈写、读数据。

（2）SP 始终指向栈顶。对于向上增长栈，SP 的初始值（栈底）直至 RAM 的最大地址区域就是栈区域。

要说明的是，采用向上增长栈模型的计算机，工程师要将数据存储器合理地分成两个区域，高地址区域作为栈，低地址区域作为用户区存储一般变量等。若栈区小了，可能发生栈溢出，即压入栈的数据超出数据存储器的上限地址；若栈区大了，给用户使用的存储区又不够用。因此，向上增长栈模型需要工程师正确计算软件所需栈大小，以确定栈区，即给出初始的 SP。而向下增长的栈（其模型如图 1.5 所示）则不存在该问题，向下增长可以将 SP 初始值指向数据存储器的最高地址并再加 1 个字的地址处，用户的一般变量等从数据存储器的最低处开始使用，避免了需要工程师通过软件确定两个区域的问题。

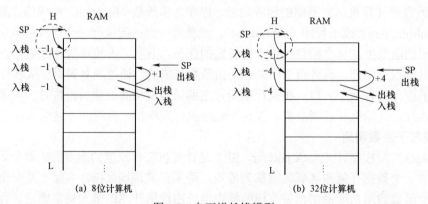

(a) 8位计算机　　　　　　　　　　　(b) 32位计算机

图 1.5　向下增长栈模型

综上所述，栈是借助栈指针 SP 按照"先入后出，后入先出"的原则组织的一块存储区域。那么，栈有什么用呢？

当调用子程序时，需要将调用前的断点，即调用时的 PC 值保护起来，然后 PC 指针才能指向子函数在程序存储器中的入口地址，执行子程序。子程序执行完成后，再将被暂存保护的 PC 值恢复到 PC 指针中，自断点处继续执行主调函数。调用子函数，PC 指针的断点自动保护和恢复是基于栈自动完成的，调用子函数时，PC 指针自动入栈，子函数返回时，断点地址自动出栈给 PC 指针。

另外，子程序中首先还要将上下文（context），即程序中已经使用的通用寄存器中的内容等通过压栈指令压入栈，通过 PC 指针自动入栈和上下文指令入栈保护现场。因为子程序的编写也要使用通用寄存器，上下文不入栈保护，将破坏主调函数的运行环境状态。当子程序返回时要恢复现场，这通过出栈指令恢复上下文，以及 PC 自动出栈恢复断点实现。

另外，高级语言的局部变量、子程序调用的参数传递和返回值等也通过栈实现。

1.3　计算机的体系结构

1.3.1　通用计算机与嵌入式系统

计算机有通用计算机和嵌入式系统两个大类（如图 1.6 所示）。计算机是应数值计算要求而诞生的，在相当长的时期内，计算机作为通用工具用以满足越来越多的计算需求。通用计算机作为通用工具，完成自动化办公、辅助设计和科学计算等。通用计算机按照体系结构、运算速度、结构规模、适用领域，分为巨型机、大型机、小型机、工作站、特种计算机、个人计算机和智能手机等。个人计算机和智能手机，是最常用的计算机工具。

随着半导体和计算机技术的发展，大量以实现智能化电子设备为目标的新型微处理器不断涌现，将嵌入式设备中的计算机称为嵌入式系统。嵌入式系统则作为各类设备的智能核心被嵌入到设备内部，是以电路板的形式出现。嵌入式系统的核心是单芯片的计算机，称为嵌入式微处理器，是专用的计算机应用系统，一般涉及大量的电子技术问题。

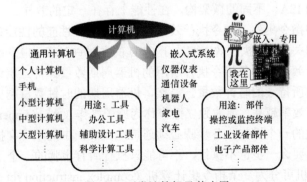

图 1.6　两类计算机及其应用

嵌入式系统作为小到智能手环，大到飞机、轮船等设备的智能和控制核心，无处不在，使得各类设备都具备了智能的特点。比如，一台汽车上，其发动机控制系统、底盘控制系统和车身电子控制系统，总计至少有几十个嵌入式系统，且它们基于通信技术互联，协同工作。

计算机的核心构成是微处理器芯片。通用计算机微处理器芯片，采用超大规模集成电路技术，主体部分是功能强大的 CPU，科技含量高，集成必要外设。Intel 公司的酷睿处理器和华为的麒麟处理器芯片都属于这类。嵌入式微处理器芯片，CPU 仅是该芯片的一个部分，对成本、功耗等敏感，专用性强，种类丰富。

　　如图 1.7 所示，由于通用微处理器芯片面向大型应用，因此微处理器上仅集成必要的存储器和片上外设，主存和设备需要外部扩展。如图 1.8 所示，嵌入式微处理器芯片，除了集成非常精练的 CPU 外，还集成足量的存储器和更多种类的外设，用于提升智能硬件的集成度和接口扩展能力，在增强其在可靠性、体积和性价比等方面都具有应用优势。

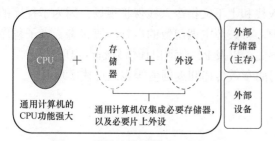

图 1.7　通用计算机微处理器芯片

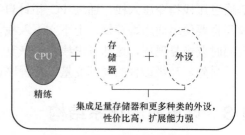

图 1.8　嵌入式微处理器芯片

　　集成外设的多少及功能参数是嵌入式微处理器的重要评价指标。当微处理器芯片集成较多的片上外设时，从计算机应用系统的集成度、可靠性、体积和性价比等方面考虑都具有应用优势。

　　通用计算机主要为 32 位计算机和 64 位计算机。而嵌入式微处理器则主要为 8 位计算机、16 位计算机和 32 位计算机，且 8 位机占主要的市场份额，32 位计算机后来居上。

1.3.2　计算机的指令集体系结构

　　指令集体系结构（instruction set architecture，ISA）是为微处理器的硬件所定义的软件接口。ISA 将软件设计所需知晓的指令集及编码、寄存器、中断、存储器结构及寻址方式等微处理器硬件信息抽象出来，这样软件设计就可以面向 ISA 编程了，开发出来的软件不经过修改就可以在符合该 ISA 的计算机上运行。微架构（microartecture）是 ISA 的具体微处理器逻辑电路实现。同样的 ISA，不同的微架构，在性能上存在一定的差异。

　　除了指令功能和指令集外，指令执行效率也是反映 ISA 性能的性能指标，与计算机的运算速度快慢的直接相关。指令执行效率取决于 CPU 的主时钟频率、指令系统的设计及 ISA 的微架构等。指令执行效率用每条指令执行所用的机器周期数量评价。所谓机器周期就是计算机完成一种独立操作所持续的时钟数量。显然，机器周期的时钟数量越少，指令的机器周期数量越少，指令执行效率越高。前述独立操作称为原子操作（atomic operation）。原子操作指的是由多步操作组成的一个操作，各步骤必须连贯地完成，中间不可穿插其他无关操作，要么执行完所有步骤，要么一步也不执行，不可能只执行所有步骤的一个子集。

　　根据 ISA，计算机可分为复杂指令集计算机（complex instruction set computer，CISC）和精简指令集计算机（reduced instruction set computer，RISC）。

　　复杂指令集计算机，指令一般能完成较复杂的任务，指令集丰富，功能较强，因此，指令长度和执行周期不尽相同，CPU 结构较复杂。x86 计算机就是复杂指令集计算机。

　　复杂指令集计算机，各种指令的使用频率相差悬殊，大量的统计数字表明符合 2/8 规律：大概有 20% 的比较简单的指令被反复使用，使用量约占整个程序的 80%；而有 80% 左右的指令则很少使用，其使用量约占整个程序的 20%。

精简指令集计算机的设计者，把主要精力放在那些经常使用的指令上，尽量使它们简单高效。对于不常用的功能或硬件复杂的指令，常通过几条指令的指令序列组合来完成。指令系统中的每一条指令大多具有相同的指令长度和周期，不追求指令的复杂程度，因而，CPU结构较简练。在嵌入式微处理器领域，ARM Cortex-M3、M4、M7 精简指令集内核芯片占有较高的市场占有率。

另外，复杂指令集计算机可以直接对内存进行操作，而精简指令集计算机一般不能对内存中的数据直接操作，而是先将其加载到通用寄存器中，所有的计算都要求在通用寄存器中完成，计算完成后再存储到内存中。

精简指令集计算机和复杂指令集计算机，是设计制造微处理器的两种技术，都试图在体系结构、操作运行、软件硬件、编译时间和运行时间等诸多因素中做出某种平衡，以求达到高效的目的。因此，不会是一个就是比另一个好，二者都有其优势。复杂指令集计算机提供了更好的代码深度，而精简指令集计算机更符合嵌入式微处理器的要求。市场上，两种类型的嵌入式微处理器芯片都有，不过，精简指令集计算机是发展方向。

在微处理器领域，主流的架构为 x86 与 ARM 架构，它们占据了主要市场。但作为商用的架构，为了能够保持架构的向后兼容性，其不得不保留许多过时的定义，导致其指令数目多，指令冗余严重。RISC-V 是基于 RISC 原则的开源指令集架构（ISA），可以免费地用于所有希望的设备中，允许任何人设计、制造和销售 RISC-V 芯片和软件。RISC-V 架构则完全抛弃包袱，经过多年的发展已经成为比较成熟的技术。RISC-V 基础指令集则只有 40 多条，加上其他的模块化扩展指令总共几十条指令。RISC-V 架构微处理器研发是我国电子信息领域的一个重要发力点。

1.3.3　计算机的系统级存储器访问体系结构

按 CPU 与存储器访问的总线形式可分为两种体系结构计算机：冯·诺依曼结构计算机和哈佛（Harvard）结构计算机。

冯·诺依曼结构计算机，也称为普林斯顿结构计算机。如图 1.9 所示，冯·诺依曼结构计算机的 CPU 采用单一总线与程序存储器和数据存储器连接。在任何时刻，CPU 只能通过这一条总线与其中的一种存储器交换数据，程序存储器和数据存储器不能同时访问。

冯·诺依曼结构计算机多为复杂指令集计算机，且难以实现流水线，这是冯·诺依曼结构计算机的先天劣势。

如图 1.10 所示，哈佛结构计算机的程序存储器和数据存储器分别有自己的访问总线，可同时访问，因此很容易实现流水线结构。

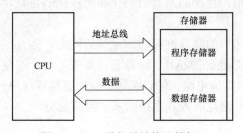

图 1.9　冯·诺依曼结构计算机

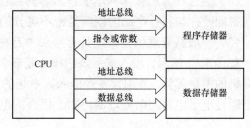

图 1.10　哈佛结构计算机

三级流水线计算机指令执行过程示意图如图 1.11 所示。流水线的 3 个级分别对应指令执行过程的三个阶段，即取指，译码和执行。各阶段分别能够在不同的功能电路上依次独立并行完成。

取指电路部分完成从存储器装载第 n+2 条指令，译码器对之前取得的第 n+1 条指令进行译码并给出控制信号，执行单元执行第 n 条指令。

流水线上虽然一条指令仍需 3 个时钟周期来完成，但通过多个电路单元并行流水式工作，使得处理器的吞吐率等效为每个周期一条指令，提高了指令的处理速度。

图 1.11   三级流水线计算机指令执行过程示意图

注意： 基于流水线的程序执行过程中，PC 指向的是正被取指的指令，而非正在执行的指令。因为精简指令集是计算机的发展方向，哈佛结构计算机多为精简指令集计算机。

综上所述，对一台计算机性能的评价，要综合它的体系结构、存储器容量、运算速度、指令系统、外设的多寡等综合分析。

1.4   嵌入式微处理器与智能硬件

1.4.1   嵌入式系统与智能硬件

新时代是一个伟大的变革时代，新一代信息通信技术不断渗透，以万物互联、大数据、软件定义、人工智能等为典型特征的新一轮工业革命正在全球孕育和兴起。物联网、智能制造、车联网与智能驾驶、可穿戴设备与智能医疗等正在改变人类的生活，其核心技术是智能硬件技术、云服务与大数据，以及人工智能等。在这场前所未有的大变革中，我们不但是见证者，更是亲历者。

智能硬件是新时代对嵌入式系统的新要求，也是对当代大学生拥抱"智能+"新时代的新要求。智能硬件具有 3 个显著的特点。

（1）智能硬件是当代科技产品的主要构成，是嵌入式系统发展的主要形式。

（2）通过计算机技术和电子技术等的综合运用，使产品具有自动化和智能化的特点，因此，智能硬件与科技产品的创新是密不可分的。

（3）一般具有通信接口，具有接入"万物互通"的物联网等通信系统的能力。

如图 1.12 所示，嵌入式系统的核心是嵌入式微处理器芯片。一颗芯片集成了一个完整的计算机的主要部件。外围设备是嵌入式系统的专用构成电路，它们或是和微处理器直接协同，或是通过电子电路与微处理器协同。优秀的电源电路是嵌入式系统的基本组成部分。

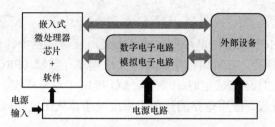

图 1.12　嵌入式系统的典型构成

那么，嵌入式系统该如何定义呢？嵌入式系统是以创新产品研发和解决工程问题为目标，以嵌入式微处理器为核心，辅以专门设计的硬件电路，以及专门编写的软件，适应对功能、规范、可靠性、成本、体积、功耗等严格要求的嵌入式、专用计算机应用系统。通常它还涉及材料、工艺和工业设计的协同。嵌入式系统是将现今的计算机技术、半导体技术和电子技术，以及各个行业的具体应用相结合的产物，这决定了它必然是一个技术密集、资金密集、高度分散、不断创新的知识集成系统。

那么到底什么是智能硬件呢？智能硬件是基于嵌入式软硬件技术和算法，以及必要的结构设计等，数模混合、软硬件高度配合，且功能完备的自动化、信息化和智能化部件。具有封装标准化、电气特性及接口标准化、体积小型化、使用"傻瓜化"，以及一般带有通用通信接口的特点，是智能仪器、智能传感器、物联网终端等的新概称。显然，智能硬件作为嵌入式系统的新阶段形式，其典型应用领域有：智能制造、智能建筑与智能家居、智能零售、智能农业、智能医养、智能仓储与智能物流、智能交通与车联网、智能电网、智能安防与门禁管理等。

智能硬件的电子系统一般为数模混合电子系统。其中，数字电子系统由嵌入式微处理器和可选的逻辑电路构成。逻辑电路多采用现场可编程门阵列（field programmable gate array，FPGA），甚至直接采用 SOPC（system on programmable chip）方案，将处理器也集成到 FPGA 中。模拟电路是智能硬件的信号处理和控制输出的核心部件，与智能硬件的指标，如精度等直接相关。通过软件算法、硬件算法，以及软硬件配合算法实现智能硬件的自调零、自适应、自校准等智能化功能。数模混合、软硬件高度配合的应用电路和算法设计，以及模拟、调试是智能硬件技术的核心问题。鉴于工业物联网和智能制造等产业的高速发展，物联网通信接口将成为智能硬件的主要通信接口和标准。

本教材以计算机的组成和工作原理为知识主线，以智能硬件设计知识为能力主线组织学习内容。主要包括三个方面：一是数字计算机的组成和工作原理；二是以嵌入式微处理器为核心器件的数模混合电路及接口技术；三是嵌入式程序设计知识，将解决问题的算法编写成软件，软件配合和控制硬件完成需求功能。三方面的内容相互融汇，构成智能硬件设计的基本知识结构。

1.4.2　嵌入式微处理器

嵌入式系统的核心是嵌入式处理器。目前嵌入式系统技术已经成为最热门的技术之一，为适应各领域需求，各类嵌入式处理器产品百花齐放。嵌入式处理器主要包括 4 类：微控制器（microcontroller unit，MCU）、嵌入式微处理器（embedded microprocessor unit，EMPU 或 MPU）、数字信号处理器（digital signal processor，DSP）及数字信号控制器（digital signal controller，DSC）。

1. 微控制器

微控制器，简称 MCU，俗称单片机。顾名思义，就是将整个计算机系统集成到一块芯片中。MCU 以 CPU 为核心，芯片内部集成非易失性程序存储器（PROM 或 Flash）和数据存储器 SRAM；另外，MCU 还集成定时/计数器、I/O 接口（系统总线、UART、SPI、I²C 等）、PWM、A/D 和 D/A 等外设，应用电路的体积大幅度减小，从而使功耗和成本降低、可靠性提高，极具性价比优势。

单片机多为 8 位机和低端的 16 位机，以及很少部分的 32 位机。特别低值的电子产品领域还应用 4 位的单片机。

单片机的设计目标主要是体现"控制"能力，满足实时控制方面的需要。单片机应用系统是最典型的智能硬件。单片机在整个装置中，起着有如人类头脑的作用，各种产品一旦用上了单片机，就能起到使产品升级换代的功效，常在产品名称前冠以形容词——"智能型"，如智能型洗衣机等。目前单片机渗透到人类生活的各个领域，几乎很难找到哪个领域没有单片机的踪迹。工业自动化过程的实时控制和数据处理，广泛使用的各种智能 IC 卡，民用豪华轿车的安全保障系统，摄像机、全自动洗衣机的控制，以及程控玩具、智能仪表等，这些都离不开单片机。显然，单片机主要应用于以自动化为背景的工程问题，应用场景最为广泛。

2. 嵌入式微处理器

嵌入式微处理器一般涵盖单片机功能，且多为高位计算机，以及在运算能力方面有所增强。另外，其在工作温度、电磁干扰抑制、可靠性等方面也有不俗的表现。随着集成电路的发展，MPU 与 MCU 的界限已经模糊，很多场合下，MPU 产品也称为 MCU，或高端 MCU，多应用于较复杂的自动化应用系统。

3. 数字信号处理器

数字信号处理（digital signal processing）是以数字形式对信号进行采集、变换、滤波、估值、增强、压缩、识别等处理，以得到符合人们需要的信号形式。DSP 是专用于数字信号处理领域的微处理器，一般为 16 位机或 32 位机。DSP 对 CPU 的总线架构等进行优化，增设数字信号处理指令，且采用流水线技术，使其适合于实时执行数字信号处理算法，指令执行速度快，广泛应用于信号处理和通信系统等领域。

4. 数字信号控制器

上述三者融合的产物是数字信号控制器，它同时具备以上三种嵌入式微处理器芯片的特点。DSC 在具有 MPU 运算能力的同时，增设了必要的 DSP 指令，且具有非常强大的 ADC 和 PWM 外设。它广泛应用于运动控制系统、信号采集与处理系统、开关电源等领域，是嵌入式微处理器发展的重要方向。目前，MPU、低端 DSP 与 DSC 的界限也已经模糊，很多场合下也称为高端 MCU。

当今的嵌入式微处理器产品琳琅满目，性能各异，尽管 32 位嵌入式微处理器发展迅猛，但是 8 位内核微处理器仍占主要市场。比较流行的 8 位内核单片机有经典型 51 单片机及其改进的衍生型、Microchip 公司的 AVR 系列和 PIC 系列单片机、ST 公司的 STM8 系列单片机、NXP 公司的 68HC 系列单片机等。比较流行的 16 位机有 TI 公司的 MSP430 系列低功耗单片机，Microchip 公司的 PIC24 系列 DSC 等。比较流行的 32 位机主要是 ARM Cortex-M 内核或 RSIC-V 内核微处理器。各种嵌入式微处理器各具特色，它们依存互补，共同发展。

本教材选取的学习对象是单片机，这是因为：一方面，单片机应用系统是应用最广泛、最典型的智能硬件；另一方面，"麻雀虽小，五脏俱全"。单片机涉及计算机和嵌入式微处理器的主要概念和原理，且复杂度适中，适合入门和学习，可以方便地将知识迁移到其他嵌入式微处理器。

1.5 51 系列单片机

1.5.1 经典型 51 单片机

51 系列单片机由 Intel 公司发明，其中 8051 是早期最典型的产品。其 ALU 可以完备地实现逻辑运算，以及加、减、乘、除等算术运算，同时还具有一般的处理器 ALU 不具备的功能，即位处理操作，它可对位变量进行位处理。鉴于此，在兼容 8051 指令的前提下，各半导体公司竞相以其作为基核进行功能的增、减和创新，推出了许多衍生型产品，产品系列非常丰富。因此，人们习惯于用"51"来称呼"51 系列单片机"，其实质是 51 ISA 计算机。

经典型 51 单片机的产品特征由 Intel 公司在发明时奠定，包括 8051 基本型和 8052 增强型两个子系列。衍生型 51 ISA 单片机则是具有较多升级的高性能单片机产品。基本型 51 单片机经历了从 8031、8051、8751 到 AT89C51、AT89S51 的发展历程，相对应的增强型经历了从 8032、8052、8752 到 AT89S51、AT89S52 的发展历程。经典型 51 单片机的结构基本相同，其主要差别反映在存储器的配置上。如表 1.1 所示，对于基本型，8031 片内没有程序存储器 ROM，8051 内部设有 4 KB 的掩模 ROM，8751 片内的 ROM 升级为 PROM，AT89C51 则进一步升级为 Flash 存储器，AT89S51 集成 4 KB 的支持在系统可编程（in-system programmable，ISP）的 Flash；增强型 51 产品的存储器容量为基本型的 2 倍，同时增加了一个外设，即定时器/计数器（Timer2）。

表 1.1 经典型 51 单片机的特性及比较

公司	程序存储器类型	基本型	增强型
Intel	无	8031	8032
	ROM	8051	8052
	PROM	8751	8752
Microchip	Flash	AT89C51	AT89C52
	Flash	AT89S51	AT89S52
不同的资源		4 KB 程序存储器（8031 无程序存储器）	8 KB 程序存储器（8032 无程序存储器）
		128 B 数据存储器（RAM）	256 B 数据存储器（RAM）
		两个 16 位定时器/计数器，Timer0 和 Timer1	3 个 16 位定时器/计数器：Timer0、Timer1 和 Timer2
		5 个中断源、两个优先级嵌套中断结构	6 个中断源、两个优先级嵌套中断结构
相同的资源		一个 8 位 CPU	
		一个片内振荡器及时钟电路	
		可寻址 64 KB 外部数据存储器和 64 KB 外部程序存储器空间的控制电路	
		32 条可编程的 I/O 线（4 个 8 位并行端口）	
		一个可编程全双工串行口	

经典型 51 单片机内部结构框图如图 1.13 所示。CPU、存储器、片内外设等功能部件由内部总线连接在一起。另外，片内还集成了振荡器及定时电路，给内部各时序逻辑电路提供工作时钟。

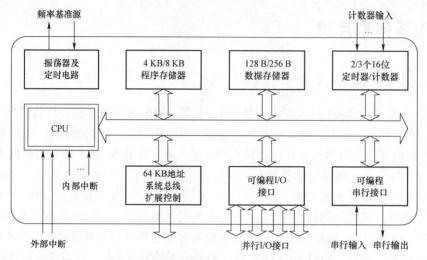

图 1.13　经典型 51 单片机内部结构框图

如图 1.14 所示，经典型 51 单片机一般具有 DIP40、TQFP44 和 PLCC44 多种封装形式，以适应不同产品的需求。经典型 51 单片机的 DIP40 封装引脚图如图 1.15 所示。

图 1.14　经典型 51 单片机的封装形式

1	P1.0 (T2)	VCC	40
2	P1.1 (T2EX)	(AD0) P0.0	39
3	P1.2	(AD1) P0.1	38
4	P1.3	(AD2) P0.2	37
5	P1.4	(AD3) P0.3	36
6	P1.5	(AD4) P0.4	35
7	P1.6	(AD5) P0.5	34
8	P1.7	(AD6) P0.6	33
9	RESET	(AD7) P0.7	32
10	P3.0 (RXD)	$\overline{\text{EA}}$	31
11	P3.1 (TXD)	ALE	30
12	P3.2 ($\overline{\text{INT0}}$)	$\overline{\text{PSEN}}$	29
13	P3.3 ($\overline{\text{INT1}}$)	(A15) P2.7	28
14	P3.4 (T0)	(A14) P2.6	27
15	P3.5 (T1)	(A13) P2.5	26
16	P3.6 ($\overline{\text{WR}}$)	(A12) P2.4	25
17	P3.7 ($\overline{\text{RD}}$)	(A11) P2.3	24
18	XTAL2	(A10) P2.2	23
19	XTAL1	(A9) P2.1	22
20	GND	(A8) P2.0	21

图 1.15　经典型 51 单片机的 DIP40 封装引脚图

1. 主电源引脚 GND 和 VCC

（1）GND 接地。

（2）VCC 为单片机供电电源。具体电压值视具体芯片而定，如 AT89S52 的供电电压范围为 4.0～5.5 V，典型供电电压为 5 V。宏晶科技公司兼容 AT89S52 的 STC89C52RC 芯片也可以在 4.0～5.5 V 供电范围工作，低压版本的微处理器芯片 STC89LE52RC 的供电电压范围为 2.4～3.8 V。目前，能够在 3.3 V 供电条件下工作已经成为微处理器的主流，只有少部分芯片支持在 5 V 供电条件下工作。

2. 复位引脚 RESET 与复位电路

由数字电子技术或数字逻辑等课程可知，时序逻辑电路在上电时内部各存储单元的初始状态未知，一般通过异步操作置初始状态后开始有序工作。计算机也是如此，计算机将这个异步操作称为复位。经典型 51 单片机，当振荡器运行后，在 RESET 引脚上出现两个机器周期的高脉冲电平，将使单片机复位。上电并复位后，单片机开始工作。

为实现上电后单片机能够自动运行，需要构建单片机上电自动复位电路。这可以采用 RC 一阶电路实现。另外，还可以通过按键进行手动复位。图 1.16 为两种典型的简单复位电路接法。

在图 1.16 所示的电路中，加电瞬间，RESET 端的电位与 VCC 相同，随着 RC 电路充电电流的减小，RESET 引脚的电位下降，在电位下降至阈值电压之前，只要 RESET 端保持两个机器周期以上的时间就能使经典型 51 单片机有效地复位。

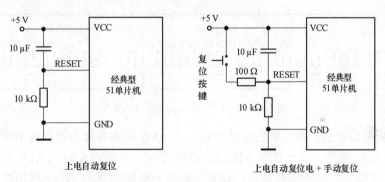

图 1.16　经典型 51 单片机的复位电路

复位电路在实际应用中很重要，不能可靠复位会导致系统不能正常工作，所以现在有专门的复位电路，如 MAX810 系列。这些专用的复位集成芯片除集成了复位电路外，有些还集成了看门狗（将在第 11 章学习）、E^{2}PROM 存储等其他功能，让使用者视具体实际情况灵活选用。

3. 时钟电路与时序

微处理器是复杂的同步时序逻辑电路，需要高速同步时钟才能工作。嵌入式微处理器一般都提供外接晶振引脚 XTAL1 和 XTAL2 来构建时钟输入电路，且芯片内部集成部分时钟电路。图 1.17 所示为经典型 51 单片机使用内部时钟电路和外接时钟电路的两种典型接法，其有两种电路工作形式。

（1）XTAL1 为内部振荡电路反相放大器的输入端，是外接晶体的一个引脚。当采用外部振荡器时，此引脚接时钟输入。

（2）XTAL2 为内部振荡电路反相放大器的输出端，是外接晶体的另一端。当采用外部振荡器时，此引脚悬空。

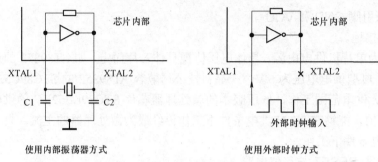

图 1.17 单片机使用内部时钟电路和外接时钟电路的两种典型接法

使用内部振荡器方式时钟电路,在 XTAL1 和 XTAL2 引脚上外接选频元件。选频元件通常采用石英晶体,石英晶体与内部振荡电路构成多谐振荡器产生时钟。晶振两侧等值抗振电容值在 18~33 pF 之间选择,电容的大小可起频率微调作用。

经典型 51 单片机的工作时序以机器周期作为基本时序单元。1 个机器周期具有 12 个时钟周期,分为 6 个状态(记为 S1~S6),每个状态又分为两拍(记为 P1 和 P2),如图 1.18 所示。经典型 51 单片机典型的指令周期(执行一条指令的时间称为指令周期)以机器周期为单位,分为单机器周期指令、双机器周期指令和 4 机器周期指令。对于系统工作时钟 f_{OSC} 为 12 MHz 的经典型 51 单片机,1 个机器周期为 1 μs,即 12 MHz 时钟实际按照 1 MHz 实际速度工作。

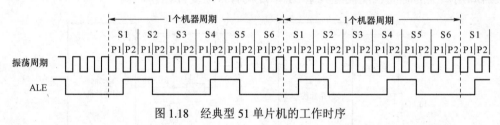

图 1.18 经典型 51 单片机的工作时序

由图 1.18 可以看出,单片机的地址锁存信号 ALE 引脚在每个机器周期中两次有效:一次在 S1P2 与 S2P1 期间,另一次在 S4P2 与 S5P1 期间。正常操作时为 ALE 允许地址锁存功能把地址的低字节锁存到外部锁存器,ALE 引脚以不变的频率(f_{OSC}/6)周期性地发出正脉冲信号。因此,它可用作对外输出的时钟,或用于定时目的。但要注意,每当访问外部数据存储器时,将跳过一个 ALE 脉冲。ALE 引脚的核心用途是为了实现经典型 51 单片机的 P0 口作为外部数据总线与地址总线低 8 位的复用口线,以节省总线 I/O 个数。相关内容将在第 6 章叙述。

需要说明的是,改进的衍生型 51 单片机,其机器周期从 12 个时钟周期缩短为 6 个、4 个,甚至是 1 个,分别称为 12T、6T、4T 和 1T 时钟工作模式,从而大幅提升了指令的执行效率。STC89C52RC/STC89LE52RC 就支持设定机器周期为 6 T;C8051F 和 STC8 等衍生型 51 单片机采用 1T 时钟工作模式内核。

4. $\overline{\text{EA}}$、P0、P2、ALE、$\overline{\text{RD}}$、$\overline{\text{WR}}$、$\overline{\text{PSEN}}$ 与系统总线结构

经典型 51 单片机外漏系统总线通过系统总线可以方便扩展系统级存储器和外设。P0 口的 8 根线既作为数据总线,又作为地址总线的低 8 位,P2 口作为地址总线的高 8 位,$\overline{\text{WR}}$、$\overline{\text{RD}}$、ALE 和 $\overline{\text{PSEN}}$ 作为控制总线。

$\overline{\text{EA}}$ 为内部程序存储器和外部程序存储器选择端。当 $\overline{\text{EA}}$ 为高电平时,访问内部程序存储

器，当 $\overline{EA}$ 为低电平时，则访问外部程序存储器。在访问外部程序存储器指令时，$\overline{PSEN}$ 为外部程序存储器读选通信号输出端。

系统总线的相关技术将在第 6 章叙述。

5. 输入输出引脚 P0.0～P0.7、P1.0～P1.7、P2.0～P2.7、P3.0～P3.7 与端口

输入输出引脚又称为 I/O 接口或 I/O 口，是单片机对外部实现控制和信息交换的必经之路。

经典型 51 单片机设有 4 个 8 位双向端口（P0、P1、P2、P3），每个端口有 8 个引脚，每个引脚都能独立地用作输入或输出。每个引脚都有一个锁存器，保持输出的数据。各引脚作为普通 I/O 口，内部是 OD 门结构。具体内容详见本书 5.1 节。

鉴于 Intel 的 51 系列单片机没有实际产品，而且 AT89S52 芯片与增强型 51 单片机的结构完全对应，本书是通过 AT89S52 芯片来学习经典型 51 单片机。另外，AT89S52 芯片的 Flash 只能反复擦写 1 000 次，符合生产实际，但不利于经常性实验，具体实践时建议采用与其兼容的宏晶科技公司的 STC89C52RC（STC89LE52RC）芯片，其擦写次数可达 10 万次。

1.5.2 经典型 51 单片机的最小系统

所谓最小系统，是指可以保证计算机工作的最少硬件构成。如果单片机内部资源已能够满足智能硬件需要，可直接采用最小系统。显然，最小系统是智能硬件的核心硬件部分。

由于微处理器不能集成时钟电路所需的晶体振荡器，大多也不集成复位电路，在构成最小系统时必须外接这些部件。另外，根据片内有无程序存储器，51 系列单片机的最小系统分为两种情况：必须扩展程序存储器的最小系统和无须扩展程序存储器的最小系统。

8031 和 8032 片内无程序存储器，因此，在构成最小系统时，不仅要外接晶体振荡器和复位电路，还应在外扩展程序存储器。第 6 章将会介绍，由于 P0 口、P2 口在扩展程序存储器时作为地址线和数据线，不能作为 I/O 线，因此只有 P1 口、P3 口作为用户 I/O 接口使用。8031 和 8032 早已淡出单片机应用系统设计领域。

对于具有片上程序存储器的经典型 51 单片机，其最小系统电路如图 1.19 所示。此时 P0 口和 P2 口可以从总线应用中解放出来，以作为普通 I/O 使用。

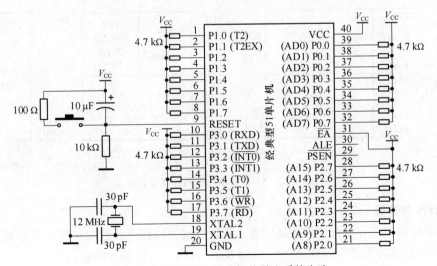

图 1.19 经典型 51 单片机的最小系统电路

需要特别指出的是，P0 口作为普通 I/O 使用时由于开漏结构必须外接上拉电阻。P1、P2 和 P3 口在内部虽然有上拉电阻，但由于内部上拉电阻太大，拉电流太小，有时因为电流不够，也会再并一个上拉电阻，逻辑传输一般用 4.7 kΩ 上拉电阻，其他情况根据接连电路的阻抗特性确定上拉电阻的具体值。具体内容详见第 5 章。

如果经典型 51 单片机的最小系统没有正常工作，检查步骤如下。

（1）检查电源是否连接正确。

（2）检查复位电路。

（3）查看单片机 $\overline{EA}$ 引脚有没有问题，使用片内 Flash 时该脚必需接高电平。

（4）检查时钟电路，即检查晶体和瓷片电容，主要是器件质量和焊接质量检查，或辅助示波器查看 XTAL2 引脚波形。

按照以上步骤检测时，要将无关的外围芯片去掉或断开，因为有一些故障是因为外围器件的故障导致了单片机最小系统没有工作。

1.6　51 系列单片机的存储器结构

51 系列单片机采用哈佛结构，芯片内部的程序存储器和数据存储器各自有自己的地址总线、数据总线和控制信号。基于此，改进的衍生型 51 单片机通过流水线等方式，将机器周期从 12T 改进为 6T、4T，甚至 1T。

1.6.1　51 系列单片机的存储器构成

从物理地址空间看，所有的 51 系列单片机都有四个存储器地址空间，即片内程序存储器、片外程序存储器、内部数据存储器及外部数据存储器。51 系列单片机的存储器结构都是一致的，兼容基本型的 51 单片机内部数据存储器容量一致，都为 128 B，兼容增强型的 51 单片机内部数据存储器容量也一致，都为 256 B，只是集成的片内程序存储器容量大小不一，甚至部分机型集成一定容量的外部数据存储器。51 系列单片机的存储器构成如图 1.20 所示。

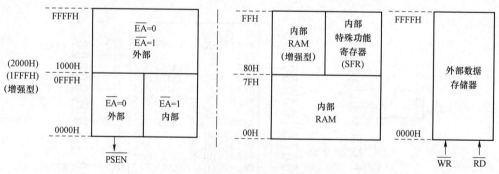

图 1.20　51 系列单片机的存储器构成

1. 程序存储器

程序存储器用来存放程序和表格常数。程序存储器以程序计数器（PC）作地址指针，通过 16 位地址总线，可寻址的地址空间为 64 KB。片内、片外统一编址。

（1）片内有程序存储器且存储空间足够。例如，在 AT89S51 片内，带有 4 KB 内部程序存储器，4 KB 可存储约两千多条指令，对于一个小型的单片机控制系统来说就足够了，不必另加程序存储器，若不够还可选 8 KB 容量的 AT89S52 芯片，甚至更多容量的芯片。

（2）片内有程序存储器且存储空间不够。若开发的嵌入式应用系统较复杂，片内程序存储器存储空间不够用时，可外扩程序存储器。具体扩展多大的芯片需要计算，由两个因素决定：一是看程序容量大小，二是看扩展芯片容量大小，最多扩展 64 KB 容量程序存储器。具体扩展方法见第 6 章相关部分。扩展 64 KB 容量程序存储器后，若再不够就只能换其他类型的单片机了，因为 51 系列单片机已经无法胜任。

对 AT89S51/52 芯片而言，外部程序存储器地址空间为 1000H/2000H～FFFFH。当 $\overline{EA}$ 引脚接高电平，则程序从片内程序存储器开始执行，当 PC 值超出内部程序存储器的容量时，会自动转向外部程序存储器空间。若把 $\overline{EA}$ 接低电平，则程序从片外程序存储器开始执行，没有浪费扩展存储器的空间，且不用考虑片内和片外的地址分界和定位。扩展片外程序存储器，建议 $\overline{EA}$ 接低电平。

这里需要特别指出的是，给嵌入式微处理器扩展外部程序存储器已经很少用了。主要原因是，现在的单片机系列很丰富，作为需要较大程序存储器的应用，只需要购买更大程序存储器容量的单片机即可。扩展外部程序存储器会增加成本、增大产品体积。

（3）片内无程序存储器。8031/8032 芯片没有内部程序存储器，只能在片外扩展非易失性程序存储器芯片。在设计时 $\overline{EA}$ 应始终接低电平。

2. 数据存储器

51 系列单片机的数据存储器无论在物理上或逻辑上都分为两个地址空间，一个为内部数据存储器，访问内部数据存储器用 MOV 指令；另一个为外部数据存储器，访问外部数据存储器用 MOVX 指令，用间接寻址方式，通过 R0、R1 和 DPTR 指针间接寻址访问，寻址方式将在第 2 章学习。51 系列单片机具有扩展至多 64 KB 外部数据存储器和设备的能力，这对很多应用领域已足够使用。

外部数据存储器不一定是片外数据存储器，其有两种形式。外漏系统总线的 51 系列单片机通过系统总线扩展数据存储器，有关外部存储器的扩展将在第 6 章详细介绍；部分 51 系列单片机产品内部集成了一定容量的外部数据存储器，例如，STC89C52RC/STC89LE52RC 就集成了 512 B 外部 RAM。

经典基本型 51 单片机的内部 RAM 的地址从 00H～7FH，增强型 51 单片机内部 RAM 的地址从 00H～FFH。从图 1.21 可以看出内部 RAM 与内部特殊功能寄存器（special function register，SFR）具有相同的地址 80H～FFH。为解决地址访问冲突问题，51 系列单片机采用内部 80H～FFH 区域 RAM 的访问与 SFR 的访问通过不同的寻址方式来实现，增强型的高 128 B RAM 的访问只能采用间接寻址，而 SFR 的访问则只能采用直接寻址。00H～7FH 的低 128 B RAM 采用直接寻址和间接寻址方式访问都可以。

图 1.21　51 系列单片机内部 RAM 的访问方式

内部 RAM 可以分为 00H～1FH、20H～2FH、30H～7FH（增强型为 30H～0FFH）三个功能各异的数据存储器空间。51 系列单片机内部 RAM 各区域地址分配及功能如表 1.2 所示。

表 1.2　51 系列单片机内部 RAM 各区域地址分配及功能

地址范围		区域	功能
80H～FFH（增强型，128 个单元）		用户区	一般的存储单元，可以做数据存储或栈区
30H～7FH（80 个单元）			
20H～2FH（16 个单元）		可位寻址区	每一个单元的 8 位均可以位寻址及操作，即对 16×8 共 128 位中的任何一位均可以单独置 1 或清 0
00H～1FH（32 个单元）	18H～1FH	工作寄存器区 3（R0～R7）	4 个工作寄存器区（R0、R1、R2、R3、R4、R5、R6、R7）
	10H～17H	工作寄存器区 2（R0～R7）	
	08H～0FH	工作寄存器区 1（R0～R7）	
	00H～07H	工作寄存器区 0（R0～R7）	

（1）00H～1FH（4 个寄存器组）。这 32 个存储单元以 8 个存储单元为一组分成 4 组寄存器。每组寄存器有 8 个寄存器，分别为 R0、R1、R2、R3、R4、R5、R6、R7，与 8 个存储单元一一对应。

单片机在工作时，同一时刻只有 1 组寄存器接受访问，其他 3 组作为普通 RAM。如表 1.3 所示，到底哪组寄存器作为通用寄存器由程序状态字（program status word，PSW）中的 b4 位（RS1）和 b3 位（RS0）确定。

表 1.3　工作寄存器区选择

PSW.4 (RS1)	PSW.3 (RS0)	当前使用的工作寄存器组 R0～R7	PSW.4 (RS1)	PSW.3 (RS0)	当前使用的工作寄存器组 R0～R7
0	0	第 0 组（00H～07H）（默认）	1	0	第 2 组（10H～17H）
0	1	第 1 组（08H～0FH）	1	1	第 3 组（18H～1FH）

CPU 通过对 PSW 中的 b4、b3 位内容的修改，就能任意指定具体的寄存器组，没有被确定的寄存器组保持原数据不变。第 0 组寄存器是单片机复位后的默认寄存器组。

工作区中的每一个内部 RAM 都有一个字节地址，为什么还要 R0、R1、R2、R3、R4、R5、R6、R7 来表示呢？前面已经指出，采用通用寄存器，软件可以实现高效运行，不用完全给出其 8 位地址，这样既可以实现时间上高速运行，又可以缩小指令，节约程序存储器。

那为什么要采用多组寄存器结构呢？因为这是一种高效的栈机制，多组寄存器切换可以进一步提高 51 系列单片机现场保护和现场恢复的速度，通过切换寄存器组来保护原寄存器中的上下文要比将通用寄存器一个一个的压入栈快许多，这对于提高单片机 CPU 的工作效率和实时性是非常有用的。如果在实际应用中不需要四个寄存器组，则没有用到的寄存器组仍然可以作为一般的数据存储器使用。

（2）20H～2FH（可以位寻址）。20H～2FH 区域称为可位寻址区，20H～2FH 称为可位寻址区的字节地址。这 16 个单元的每一位都有一个位地址，共 128 位，位地址范围为 00H～7FH，如表 1.4 所示。这 16 个字节，既可以与一般的存储器一样按字节操作，也可以对某一位进行位操作。位寻址区的每一位都可以由程序直接进行位处理，通常把布尔型变量或二值状态变量等定义为位变量以节约对内部 RAM 的使用，也极大地方便了面向控制的开关量处理。

表 1.4　RAM 寻址区位地址映射表

字节地址	位　地　址							
	b7	b6	b5	b4	b3	b2	b1	b0
20H	07H	06H	05H	04H	03H	02H	01H	00H
21H	0FH	0EH	0DH	0CH	0BH	0AH	09H	08H
22H	17H	16H	15H	14H	13H	12H	11H	10H
23H	1FH	1EH	1DH	1CH	1BH	1AH	19H	18H
24H	27H	26H	25H	24H	23H	22H	21H	20H
25H	2FH	2EH	2DH	2CH	2BH	2AH	29H	28H
26H	37H	36H	35H	34H	33H	32H	31H	30H
27H	3FH	3EH	3DH	3CH	3BH	3AH	39H	38H
28H	47H	46H	45H	44H	43H	42H	41H	40H
29H	4FH	4EH	4DH	4CH	4BH	4AH	49H	48H
2AH	57H	56H	55H	54H	53H	52H	51H	50H
2BH	5FH	5EH	5DH	5CH	5BH	5AH	59H	58H
2CH	67H	66H	65H	64H	63H	62H	61H	60H
2DH	6FH	6EH	6DH	6CH	6BH	6AH	69H	68H
2EH	77H	76H	75H	74H	73H	72H	71H	70H
2FH	7FH	7EH	7DH	7CH	7BH	7AH	79H	78H

（3）30H～7FH、FFH（用户区）。用户区用于定义一般的变量。另外，51 系列单片机的栈区也只能设在这个范围内。由于 51 系列单片机复位后，SP 初值为 07H，向上增长的堆栈模型，除了第 0 组寄存器外的内部 RAM 都是栈区，显然这是不合理的，覆盖了其他寄存器区、可位寻址区和整个用户区。因此，复位后，首先要通过初始化重置 SP 的值，指向用户区的某地址，该值作为栈底，该值以上地址区域为栈区。栈底的设置一定要合理，过小则用户区不够用；SP 初值过大则栈区太小，容易发生栈溢出。对于增强型 51 单片机，通常将栈放在高 128 B 区域中。

1.6.2　51 系列单片机的外设寄存器

1. 特殊功能寄存器区

51 系列单片机的外设寄存器称为特殊功能寄存器，简称 SFR，是 51 系列单片机 CPU 与片内外设（如 I/O 端口、串行口、定时器/计数器等）的接口，以 RAM 形式发出控制指令或获取外设信息。这些 SFR 离散地分布在地址从 80H～FFH 范围的 SFR 区域内。对于 51 系列单片机，其 SFR 只能通过直接寻址的方式进行访问。基本型 51 单片机具有 21 个 SFR，增强型 51 单片机具有 27 个 SFR，各 SFR 的地址固定。经典型 51 单片机特殊功能寄存器的地址分配情况如表 1.5 所示，其中定时/计数器 2 的 6 个 SFR 为增强型所特有。

表 1.5　经典型 51 单片机的特殊功能寄存器及地址分配

SFR 名称	标记	字节地址	位 地 址 b7	b6	b5	b4	b3	b2	b1	b0
P0 口锁存器	P0	80H	P0.7	P0.6	P0.5	P0.4	P0.3	P0.2	P0.1	P0.0
			87H	86H	85H	84H	83H	82H	81H	80H
栈指针	SP	81H								
数据地址指针（低 8 位）	DPL	82H								
数据地址指针（高 8 位）	DPH	83H				不支持位寻址				
电源控制寄存器	PCON	87H								
定时器/计数器控制寄存器	TCON	88H	TF1	TR1	TF0	TR0	IE1	IT1	IE0	IT0
			8FH	8EH	8DH	8CH	8BH	8AH	89H	88H
定时/计数器方式控制寄存器	TMOD	89H								
定时/计数器 0（低 8 位）	TL0	8AH								
定时/计数器 1（低 8 位）	TL1	8BH				不支持位寻址				
定时/计数器 0（高 8 位）	TH0	8CH								
定时/计数器 1（高 8 位）	TH1	8DH								
P1 口锁存器	P1	90H	P1.7	P1.6	P1.5	P1.4	P1.3	P1.2	P1.1	P1.0
			97H	96H	95H	94 H	93H	92H	91H	90H
串行口控制寄存器	SCON	98H	SM0	SM1	SM2	REN	TB8	RB8	TI	RI
			9FH	9EH	9DH	9CH	9BH	9AH	99H	98H
串行口数据寄存器	SBUF	99H				不支持位寻址				
P2 口锁存器	P2	A0H	P2.7	P2.6	P2.5	P2.4	P2.3	P2.2	P2.1	P2.0
			A7H	A6 H	A5 H	A4 H	A3H	A2H	A1H	A0H
中断允许控制寄存器	IE	A8H	EA	—	ET2	ES	ET1	EX1	ET0	EX0
			AFH	—	ADH	ACH	ABH	AAH	A9H	A8H
P3 口锁存器	P3	B0H	P3.7	P3.6	P3.5	P3.4	P3.3	P3.2	P3.1	P3.0
			B7H	B6H	B5H	B4H	B3H	B2H	B1H	B0H
中断优先级控制寄存器	IP	B8H			PT2	PS	PT1	PX1	PT0	PX0
					BDH	BCH	BBH	BAH	B9H	B8H
定时/计数器 2 状态控制寄存器	T2CON	C8H	TF2	EXF2	RCLK	TCLK	EXEN2	TR2	C/T2	CP/RL2
			CFH	CEH	CDH	CCH	CB8H	CAH	C9H	C8H
定时/计数器 2 方式控制寄存器	T2MOD	C9H								
定时/计数器 2 捕获寄存器低 8 位	RCAP2L	CAH								
定时/计数器 2 捕获寄存器高 8 位	RCAP2H	CBH				不支持位寻址				
定时/计数器 2（低 8 位）	TL2	CCH								
定时/计数器 2（高 8 位）	TH2	CDH								
程序状态字	PSW	D0H	CY	AC	F0	RS1	RS0	OV	F1	P
			D7H	D6H	D5H	D4H	D3H	D2H	D1H	D0H
累加器	ACC	E0H	E7	E6	E5	E4	E3	E2	E1	E0
B 寄存器	B	F0H	F7H	F6H	F5H	F4H	F3H	F2H	F1H	F0H

2．特殊功能寄存器的位寻址

某些 SFR 寄存器也可以位寻址，即对这些 SFR 的任何一位都可以进行单独的位操作。这一点与 20H～2FH 中的位操作是完全相同的。SFR 中字节地址为 8 的倍数的特殊功能寄存器可以进行位寻址，SFR 最低位的位地址与 SFR 的字节地址相同，次低位的位地址等于 SFR 的字节地址加 1，以此类推，最高位的位地址等于 SFR 的字节地址加 7。

综上所述，51 系列单片机有两个可位寻址区：一个是内部 RAM 字节地址为 20H～2FH 的区域，共 128 个位，位地址范围为 00H～7FH；另一个是字节地址能被 8 整除的 SFR，位地址范围为 80H～FFH。

3．几个重要的特殊功能寄存器

1）累加器

51 系列单片机设置专门的寄存器性质的累加器（记为 ACC 和 A，ACC 与 A 是有区别的，这将在本书 2.2 节说明），通用寄存器 R0～R7 不能作为累加器。在 51 系列单片机指令系统中，所有算术运算、逻辑运算几乎都要使用累加器；程序存储器和外部数据存储器的访问也只能通过它进行。只有很少的指令不需要 A 的直接参与。显然，累加器是指令执行中最繁忙的单元，因此，仅有一个累加器的 51 系列单片机具有瓶颈问题。

2）辅助寄存器 B

辅助寄存器 B 是为执行乘法和除法操作设置的，在不执行乘、除法操作的一般情况下可把 B 作为一个普通的直接寻址 RAM 使用。

3）程序状态字 PSW

51 系列单片机的标志寄存器就是程序状态字 PSW，是用来记录程序运行的状态。PSW 的 8 个位包含了程序状态的不同信息，包括进借位标志 CY、辅助进位标志 AC 和溢出标志 OV 等，但是没有零标志 Z。由于具有 OV 标志，因此也没有 S 标志和 N 标志。PSW 支持位寻址，是编程时特殊需要特别关注的一个 SFR，掌握并牢记 PSW 各位的含义十分重要，PSW 的格式及各位的定义如下：

	b7	b6	b5	b4	b3	b2	b1	b0
PSW	CY	AC	F0	RS1	RS0	OV	F1	P

（1）CY（PSW.7）：进借位标志位，在执行算术和逻辑指令时，作为累加器的进、借位标志，可以被硬件或软件置位或清除。在位处理器中，它作为位累加器。CY 也记为 C，二者的不同将在第 2 章讲述。

（2）AC（PSW.6）：辅助进位标志位，当进行加法或减法操作而产生由低四位数（十进制中的一个数字）向高 4 位进位或借位时，AC 将被硬件置 1，否则就被清除。AC 被用于十进位调整，同 DA 指令结合起来用。

（3）F0（PSW.5）和 F1（PSW.1）：用户位，作为普通 RAM 供用户使用，比如作为标志位使用等。标准的 51 系列单片机，PSW.1 位为保留位。包括 AT89S51/52 在内，多数经典和衍生产品还定义 PSW.1 位为 F1，作用与 F0 一致。

（4）RS1、RS0（PSW.4、PSW.3）：寄存器组选择控制位，用于确定工作寄存器组。

（5）OV（PSW.2）：溢出标志位。当执行算术指令时，由硬件置 1 或清 0，以指示溢出状态。各种算术运算对该位的影响情况较为复杂，将在第 2 章详细说明。

（6）P（PSW.0）：奇偶（parity）标志位。P 随累加器中数值变化即刻变化，当累加器中 1 的位数为奇数，P=1，否则 P=0，即 P 始终保持与累加器中 1 的总个数为偶数个。此标志位对串行口通信的数据传输有重要的意义，借助 P 表示可以实现偶校验，保证数据传输的可靠性。

4）栈指针 SP

栈指针用以辅助完成栈操作。51 系列单片机采用向上增长栈，入栈时 SP 加 1，出栈时 SP 减 1。

5）数据指针 DPTR（DPL 和 DPH）

51 系列单片机中，有两个 16 位寄存器，即数据指针 DPTR 和程序计数器 PC。PC 不是 SFR，但 DPTR 却是重要的 SFR，DPH 为 DPTR 的高 8 位，DPL 为 DPTR 的低 8 位。访问外部数据存储器时，必须以 DPTR 为数据指针通过 A 进行访问。DPTR 也可以用于访问程序存储器、读取常量表格数据等。因此，51 系列单片机的程序存储器和数据存储器的地址范围都是 $2^{16}= 64 K$。

标准的 51 系列单片机只有一个 DPTR，这样在进行数据块复制等动作时，必须对源地址指针和目标地址指针进行暂存，导致编程会非常麻烦。包括 AT89S51/52 在内，多数经典型和衍生型产品都有两个 DPTR，即 DPTR0（DP0L 地址为 82H，DP0H 地址为 83H）和 DPTR1（DP1L 地址为 84H，DP1H 地址为 85H），并设置了专门的特殊功能寄存器 AUXR1（地址为 A2H），清零其 b0 位（该位记为 DPS），则选中 DPTR0，置 1 其 b0 位，则选中 DPTR1。

编写软件时可以直接访问 DP0L、DP0H、DP1L 和 DP1H，但是只能书写 DPTR，而不能书写 DPTR0 或 DPTR1。也就是说，书写 DPTR、DPL 和 DPH 时的实际位置由 DPS 确定。

6）P0、P1、P2 和 P3

经典型 51 单片机有 P0、P1、P2 和 P3 4 个双向端口，P0、P1、P2 和 P3 为这 4 个端口的端口锁存器。如果需要从指定端口输出一个数据，只需将数据写入指定端口锁存器即可。如果需要从指定端口输入一个数据，需要保证先将 FFH（全部为 1）写入指定端口锁存器中，否则读入的数据有可能不正确，关于端口的详细内容将在第 5 章讲述。

4. 复位状态下的特殊功能寄存器状态

51 系列单片机，其复位操作使 PC 清零，CPU 从 0000H 地址开始执行程序；栈指针 SP 置为 07H；复位不影响 RAM 的状态。对于经典型 51 单片机，复位后各端口锁存器（P0～P3）置为 FFH，即：复位后所有的 I/O 都为高电平，其他 SFR 都复位为 00H。

习题与思考题

1. CPU 是由（   ）和（   ）构成的。

2. 根据 ISA，计算机可分为（   ）计算机和（   ）计算机。

3. 按 CPU 与存储器的访问的总线形式，计算机可分为（   ）结构计算机和（   ）结构计算机。

4. 51 系列单片机的 PC 为 16 位，因此程序存储器地址空间范围是（   ）。程序存储器用来存放（   ）和（   ）。

5. 51 系列单片机复位后，PC 值为（   ），SP 值为（   ），通用寄存器的当前寄存器组为（   ）

组，该组寄存器的地址范围是从（　　　　）到（　　　　）。

6. 复位状态下的，经典型 51 单片机的各端口锁存器的初始状态为（　　　　）。

7. 设置栈指针 SP=30H 后，进行一系列的栈操作。当进栈数据全部弹出后，SP 应指向（　　）。

    A. 30H 单元　　　　　　　　B. 07H 单元　　　　　　　C. 31H 单元　　　　　　　D. 2FH 单元

8. 程序计数器 PC 的值是（　　）。

    A. 当前正在执行指令的前一条指令的地址　　　　B. 当前正在执行指令的地址

    C. 当前正在执行指令的下一条指令的首地址　　　D. 控制器中指令寄存器的地址

9. 在单片机芯片内设置通用寄存器的用处不应该包括（　　）。

    A. 提高程序运行的可靠性　　　　　　　　　　B. 提高程序运行速度

    C. 为程序设计提供方便　　　　　　　　　　　D. 减小程序长度

10. 什么是上下文？什么是保护现场和恢复现场？

11. 指出 AT89S51 和 AT89S52 的区别。

12. 51 系列单片机内部 RAM 区的功能结构如何分配？4 组寄存器使用时如何选用？位寻址区域的字节地址范围是多少？

13. 在 51 系列单片机的特殊功能寄存器中，哪些 SFR 可以位寻址？它们的字节地址有什么特点？

14. 简述程序状态字（PSW）中各位的含义。

15. 在 51 系列单片机中，设计多组通用寄存器的意义和目的是什么？

第 2 章　指令系统与汇编程序设计

指令是 CPU 能够完成的基本操作，编制指令序列就是编程。本章以 51 系列单片机为模型机学习指令的寻址方式、四大类指令构成的指令系统，以及基于指令系统和伪指令的汇编语言程序设计。本章是计算机软件原理的基础，也是高级语言程序设计的基础。

2.1　汇编指令及伪指令

2.1.1　指令与汇编语言

指令系统中的指令是 CPU 能够完成的基本操作，计算机工作时是通过执行程序来解决问题的，而程序是由多条指令按一定的顺序组成，且计算机内部只能直接识别二进制机器指令。以二进制代码指令形成的计算机语言，称之为机器语言。现在一般的计算机都有几十甚至几百种指令。机器指令书写、记忆、理解和使用非常晦涩难懂、不方便，为便于阅读和书写，给每条机器指令赋予一个助记符号，这就形成了汇编指令。

用汇编语言编写的程序，除了应用汇编指令外，还会应用伪指令。伪指令不是计算机能够执行的指令，2.1.3 节将详细讲述。用汇编指令和伪指令编程序，称为汇编语言编程。汇编语言源程序必须翻译成机器代码才能运行，翻译的过程称为汇编。翻译通常由计算机通过汇编器来完成，称为机器汇编；若人工查表翻译则称为手工汇编。汇编语言与计算机硬件密切相关，不同类型的计算机，它们的机器语言和汇编语言指令不一样。

由于每个机型的指令系统和硬件结构不同，为了方便用户，程序所用的语句要与实际问题更接近，使得用户不必了解具体机型及其结构，就能编写程序，只考虑要解决的问题即可，这就是面向问题的语言，C 语言、Rust、Python 等各种高级语言都属于此类。高级语言容易理解、学习和掌握，用户用高级语言编写程序就方便多了，可大大减少工作量。但计算机执行时，必须将高级语言编写的源程序翻译成机器语言表示的目标代码方能执行。这个"翻译"就是各种编译器（compiler）或解释器（interpreter）。第 3 章将学习 51 系列单片机的 C 语言程序设计。本章学习 51 系列单片机的寻址方式、指令系统和汇编语言程序设计。

2.1.2　指令系统与指令格式

51 系列单片机的指令系统共有 111 条指令，42 种指令助记符，其中有 49 条单字节指令，45 条双字节指令和 17 条三字节指令；有 64 条为单机器周期指令，45 条为双机器周期指令，只有乘、除法两条指令为四机器周期指令。

51 系列单片机的指令系统，从功能上可分为五大类指令：数据传送指令、算术运算指令、逻辑操作指令、控制转移指令和位操作指令。前四类指令是数字计算机都具备的指令类型。鉴于位操作指令是 51 系列单片机的特有指令，包括位传送和位逻辑运算操作指令，由于位操作指令与前四类指令有很多相似之处，因此本教程将其并入前四类指令讲解。这 111 条指令的具体功能自 2.3 节开始将会逐条地讲解和分析，同时给出典型应用实例。下面首先学习 51 系列单片机的指令格式和常用标识。

指令系统中的不同指令所完成的操作不同，因此指令格式也不一样。但从总体上来说，每条指令通常由操作码和操作数两部分组成。51 系列单片机的指令格式为：

[标号：] 操作码助记符 [目的操作数]，[源操作数] [；注释]

其中：

（1）操作码表示计算机执行该指令将进行何种操作，也就是说操作码助记符表明指令的功能，不同的指令有不同的指令助记符，它一般用说明其功能的英文单词的缩写形式表示。

（2）操作数用于给指令的操作提供数据，数据的地址或指令的地址。不同的指令，指令中的操作数不一样。操作数有目的操作数和源操作数之分。目的操作数不但参与指令操作，并保存最后操作的结果；而源操作数只参与指令操作，而本身不改变。

51 系列单片机指令系统的指令按操作数的多少可分为无操作数、单操作数、双操作数和三操作数四种情况。其中，无操作数的指令是指该指令中不需要操作数或操作数采用隐含形式指明。例如 NOP 指令，它的功能是不进行任何操作，指令中也无需操作数。

（3）标号是该指令的符号地址，后面须带冒号。它主要作为函数名（函数的入口地址）或为转移指令提供转移的目的地址。

（4）注释是对指令的解释，前面须带分号。它们是编程者根据需要加上去的，用于对指令进行说明。对于指令本身功能而言是可以不要的。

为便于后面的学习，在这里先对指令中用到的一些符号的约定意义加以说明。

（1）Ri 和 Rn：表示当前工作寄存器区中的工作寄存器。i 取 0 或 1，表示 R0 或 R1；n 取 0～7，表示 R0～R7。

（2）#data 或#d8：表示包含在指令中的 8 位立即数。

（3）#data16 或#d16：表示包含在指令中的 16 位立即数。

（4）rel：以补码形式表示的 8 位相对偏移量，范围在 -128～127，主要用在相对寻址的指令中。

（5）addr16 和 addr11：分别表示 16 位直接地址和 11 位直接地址。

（6）direct 或 d：表示直接寻址的地址。

（7）bit：表示可按位寻址的直接位地址。

（8）(X)：表示 X 单元中的内容。

（9）((X))：表示以 X 单元的内容为地址的存储单元内容，即(X)作地址，该地址单元的内容用((X))表示。

（10）←符号：表示操作流程，将箭尾一方的内容送入箭头所指一方的存储单元中去。

2.1.3　伪指令

汇编语言编写的程序，除了应用指令系统中的指令外，还会应用伪指令。指令系统中的指令在汇编程序汇编时能够产生相应的指令代码，而伪指令在汇编程序汇编时不会产生机器代码，只是对汇编过程进行相应的控制和说明，在汇编源代码被汇编成机器代码过程中指示汇编程序如何对源程序进行汇编。伪指令通常在汇编语言源程序中用于定义数据、分配存储空间、宏定义等。51 系列单片机汇编语言常用的伪指令只有几条。

1. ORG 伪指令

指令格式为：

```
ORG 地址（十六进制表示）
```

这条伪指令放在一段源程序或数据的前面，汇编时用于指明程序或数据从程序存储空间什么位置开始存放。ORG 伪指令后的地址是程序或数据的起始地址。例如：

```
        ORG 1000H
START:  MOV  A, #7FH
        ⋮
```

指明后面的程序从程序存储器的 1000H 单元开始放。

2. DB 伪指令

指令格式为：

```
【标号:】 DB 项或项表
```

DB 伪指令用于定义程序存储器中的字节数据，可以定义一个字节，也可以定义多个字节。定义多个字节时，两两之间用逗号间隔，定义的多个字节在程序存储器中是连续存放的。定义的字节可以是一般常数，也可以是字符串。字符和字符串以引号括起来，字符数据在存储器中以 ASCII 码形式存放。

在定义时前面可以带标号，定义的标号在程序中是起始单元的地址。例如：

```
        ORG 3000H
TAB1:DB 12H, 34H
        DB '5', 'A', "abc"
```

汇编后，各个数据在存储单元中的存放情况如图 2.1 所示。

3. DW 伪指令

指令格式为：

```
【标号:】 DW 项或项表
```

这条指令与 DB 相似，但用于定义程序存储器中的字数据。项或项表所定义的一个字在存储器中占两个字节。汇编时，低字节存放在程序存储器的高地址单元，高字节存放在程序存储器的低地址单元。这种存储数据的方式称为大端模式。例如：

```
        ORG  3000H
TAB1:  DW  1234H, 5678H
```

汇编后，各个数据在存储单元中的存放情况如图 2.2 所示。

对应于大端模式，1 个字的低字节存储在存储器的低地址单元，高字节存放在存储器的高地址单元。这种存储数据的方式称为小端模式。

4. DS 伪指令

指令格式为：

```
【标号:】 DS 数值表达式
```

该伪指令用于在程序存储器中保留一定数量的字节单元。保留存储空间主要为以后存放数据。保留的字节单元数由表达式的值决定。例如：

```
        ORG 3000H
TAB1:DB 12H, 34H
```

```
DS  4H
DB  '5'
```

汇编后，各个数据在存储单元中的存放情况如图 2.3 所示。

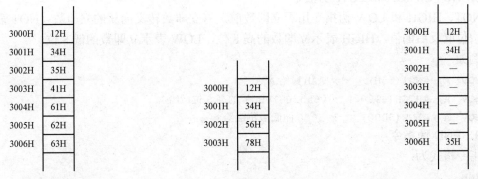

3000H	12H			3000H	12H
3001H	34H			3001H	34H
3002H	35H	3000H	12H	3002H	—
3003H	41H	3001H	34H	3003H	—
3004H	61H	3002H	56H	3004H	—
3005H	62H	3003H	78H	3005H	—
3006H	63H			3006H	35H

图 2.1 DB 数据分配图例   图 2.2 DW 数据分配图例   图 2.3 DS 数据分配图例

5. EQU 伪指令

指令格式为：

符号 EQU 项

该伪指令的功能是宏替代，是将指令中的项的值赋予 EQU 前面的符号。项可以是常数、地址标号或表达式。EQU 指令后面的语句就可以通过使用对应的符号替代相应的项。例如：

```
TAB1 EQU 1000H
TAB2 EQU 2000H
```

汇编后 TAB1、TAB2 分别等于 1000H、2000H。程序后面使用 1000H、2000H 的地方就可以用符号 TAB1、TAB2 替换。

用 EUQ 伪指令对某标号赋值后，该符号的值在整个程序中不能再改变。

利用 EQU 伪指令可以很好地增强软件的可读性，例如：

```
LED  EQU P1.0
SETB LED
```

很明显，在 P1.0 口有一个 LED 发光二极管，并将其点亮。

6. DATA 伪指令

指令格式为：

符号 DATA 数值

数值的值应在 0～255 之间。例如：

```
P0   DATA 80H
```

DATA 指令用于将一个内部 RAM 的地址赋给指定的符号名。通过该伪指令可以事先将所有的 SFR 定义好，然后直接应用 SFR 的符号名称进行汇编语言程序设计。

用 DATA 定义的地址前面加#，则变为立即数。

7. bit 伪指令

指令格式为：

符号 bit 位地址

该伪指令用于给位地址赋予符号，经赋值后可用该符号代替 bit 后面的位地址。例如：

```
PLG bit  F0
AI  bit  P1.0
```

定义后，在程序中位地址 F0、P1.0 就可以通过 PLG 和 AI 来使用。

8. NOT、HIGH 和 LOW 伪指令

NOT、HIGH 和 LOW 伪指令用于立即数前，将立即数转义为新的立即数。NOT 表示立即数按位取反后的值，HIGH 表示立即数的高 8 位，LOW 表示立即数的低 8 位。

例如：

MOV A, #NOT(55H)   ; AAH 赋给 A
MOV A, #HIGH(-1000) ;（65536-1000）的高 8 位赋给 A
MOV A, #LOW(5000)   ; 5000 的低 8 位赋给 A

9. END 伪指令

指令格式为：

```
END
```

该指令放于程序最后位置，用于指明汇编语言源程序的结束位置。当汇编程序汇编到 END 伪指令时，汇编结束。END 后面的指令，汇编程序都不予处理。一个源程序只能有一个 END 命令，否则就有一部分指令不能被汇编。

2.2 寻址方式

2.2.1 寻址方式及三种面向

汇编指令的操作对象是操作数，寻址方式就是微处理器根据指令中给出的地址信息确定操作数或操作数地址的方式。

多数计算机都将主存、寄存器、栈分别编址，因此分别有面向主存、面向寄存器和面向栈的寻址方式。面向寄存器的寻址操作数主要访问寄存器，少量访问主存和栈；面向栈的寻址操作数主要访问栈，少量访问主存或寄存器；面向主存的寻址操作数主要访问主存，少量访问寄存器。因为用户程序的多样性及高级语言源程序编译的不同阶段的不同特点，各种面向的寻址方式不应相互排斥，寻址各有特点，相互取长补短。面向寄存器的寻址速度快、地址位段极少，因此存储效率也高，但寄存器数量极其有限，寄存器数量增加还可以减少编译时优化分配寄存器的负担。面向栈的寻址利于减轻对高级语言编译器的负担，考虑寄存器的优化分配和使用，利用支持子程序嵌套、递归调用时的参数、返回地址及现场等的保护与恢复。栈寻址可省去许多地址位段，省程序空间，存储效率高，免去了复杂的地址计算。面向主存的寻址速度稍慢，但存储容量大。

寻址方式按操作数的类型可分为数的寻址和指令寻址，51 系列单片机也是如此。数的寻址用于获取数据对象或数据对象的地址，有常数寻址（立即寻址）、寄存器寻址和存储器寻址（包括直接寻址方式、寄存器间接寻址方式、变址寻址方式、栈寻址方式），51 系列单片机的存储器寻址还包括位寻址。指令寻址是在程序跳转时，获取 PC 的目的地址，即指令寻址用于获取指令在程序存储器中的地址。指令寻址有绝对寻址和相对寻址两类。不同的 ISA 计算机的寻址方式不尽相同，但原理趋同。下面介绍 51 系列单片机的寻址方式，相关知识可类

比到其他类型计算机。

2.2.2　数的寻址

1. 立即（数）寻址

如果操作数是常数，该操作数称为立即数。立即数寻址，简称立即寻址，是指立即数直接出现在指令中，紧跟在操作码的后面，作为指令的一部分，与操作码一起存放在程序存储器中，不需要经过别的途径去寻找。在 51 系列单片机的汇编指令中，立即数前面以"#"符号作前缀。在程序中，立即数寻址通常用于给寄存器或存储单元赋初值，例如：

  MOV A, #70H

的功能是把立即数 70H 送给累加器，其中源操作数 70H 就是立即数。指令执行后累加器 A 中的内容为 70H。立即数可以写为二进制、十六进制或十进制都可，分别用后缀字母 B、H 和 D（可省略）表示进制即可。

2. 寄存器寻址

寄存器寻址是指令中直接提供通用寄存器名称的寻址方式。51 系列单片机的通用寄存器包括 Rn 和累加器 A。例如：

  MOV A, R2

的功能是把 R2 中的数据送给累加器。在指令中，源操作数 R2 和目的操作数都为寄存器寻址。如果指令执行前 R2 中的内容为 20H，则指令执行后累加器中的内容为 20H。

汇编软件设计要优先使用通用寄存器，寄存器寻址是计算机执行效率最高的寻址方式。但是，应用寄存器寻址，必须把数据先存入通用寄存器，基于寄存器完成数据操作后，还需要将寄存器中的内容放回到存储器，因此，使用寄存器寻址有读入和存回的代价。

3. 直接寻址

存储器的寻址是指，被访问的数据在存储器中，通过提供存储器地址来寻址。根据地址的提供方式，存储器的寻址方式有直接寻址和间接寻址两种方式。间接寻址，有寄存器间接寻址和"基址+变址"寻址两种方式。

首先学习直接寻址。直接寻址是在指令中直接提供存储器单元地址。51 系列单片机中，片内低 128 字节 RAM 和 SFR 区可以采用直接寻址访问，且 SFR 只能采用直接寻址访问。例如：

  MOV A, 20H

的功能是把片内数据存储器 20H 单元的内容送给累加器。如果指令执行前 20H 地址单元中的内容为 30H，则指令执行后累加器的内容为 30H。

注意：在 51 系列单片机的汇编中，数据前面不加"#"是指存储单元地址，而不是常数，常数前面要加符号"#"。另外，无论是立即数，还是直接寻址，当采用十六进制表达，且以 A、B、C、D、E 或 F 开头时，为了区分标识符命名规则，则在数的前面要加 0，如 0F4H。

由于每个 SFR 的地址是固定的，开发环境中用 DATA 进行了宏定义，直接使用这些宏，就是使用直接寻址，增强了软件的可读性。例如：

  MOV A, P0

的功能是把 P0 口的内容送给累加器 A。P0 是特殊功能寄存器 P0 锁存器的符号地址，该指令在汇编成机器码时，P0 就转换成直接地址 80H。

要说明的是，ACC 与 A 在汇编语言指令中是有区别的。尽管都代表同一物理位置，但 A

为寄存器寻址，作为累加器；而 ACC 为直接寻址的 SFR。所以在强调直接寻址时，必须写成 ACC，如进行栈操作和对其某一位进行位寻址时只能用 ACC，而不能写成 A。再如，指令 INC A 的机器码是 04H，写成 ACC 后则成了"INC direct"的格式，对应机器码为 05E0H。

类似地，51 系列单片机的 8 个寄存器（R0～R7）是片内 RAM 对应存储单元的别名。但是，两种不同的写法，生成的机器码不同。假设当前寄存器组为第 0 组，则"MOV 40H, R0"和"MOV 40H,00H"指令功能相同，不过前者属于寄存器寻址，而后者属于直接寻址。当然建议使用前者，借助寄存器编写软件可以减少指令尺寸和提升计算机的工作速度。

4. 位寻址

在 51 系列单片机中有一个独立的位处理器，有多条位处理指令，能够进行各种位运算。可位寻址位的访问需要提供相应的位地址。位寻址是指操作数是位地址的寻址方式，因此，51 系列单片机的位寻址是一种直接寻址。位寻址的表示可以用以下几种方式。

（1）直接位寻址（00H～0FFH），例如：20H。

（2）字节地址带位号，例如：20H.3 表示 20H 单元的 3 位。

（3）宏定义特殊功能寄存器名带位号，例如：P0.1 表示 P0 的 b1 位。

（4）宏定义位地址，例如：TR0 是定时/计数器 T0 的启动位。

5. 寄存器间接寻址

51 系列单片机，寄存器间接寻址和"基址+变址"寻址两种间接寻址方式都支持。

寄存器间接寻址是指数据存放在存储器单元中，而存储单元的地址存放在寄存器中。存放地址的寄存器称为寄存器间接寻址的指针。51 系列单片机，在指令中通过"@寄存器名称"表示寄存器间接寻址，例如：

MOV A, @R1

的源操作数是寄存器间接寻址，指令功能是将以 R1 中的内容为地址的片内 RAM 单元的数据传送到累加器中。显然，这与 C 语言中的指针操作是一致的。寄存器间接寻址示意图如图 2.4 所示，若 R1 中的内容为 80H，片内 RAM 的 80H 地址单元的内容为 20H，则执行该指令后，累加器的内容为 20H。

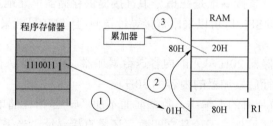

图 2.4　寄存器间接寻址示意图

51 系列单片机中，可以作为寄存器间接寻址的寄存器只能是通用寄存器 Ri（R0 和 R1）和数据指针寄存器 DPTR。51 系列单片机，寄存器间接寻址用于片内 RAM 和外部数据存储器的寻址，其中，片内 RAM 只能用 R0 或 R1 做间接访问，外部数据存储器则还也可以用 16 位的 DPTR 做指针间接访问，且高端地址（超过低 256 字节范围）的字节单元只能以 DPTR 做指针访问。

6. 变址寻址

"基址+变址"寻址简称为变址寻址，属于间接寻址。与寄存器间接寻址不同的是，变址寻址的操作数地址由基址寄存器的值加上变址寄存器的值得到，基址寄存器给出基础地址，变址寄存器在基址的基础上给出无符号偏移量。变址寻址方式通常用于访问程序存储器中的表格型数据，表首单元的地址为基址，访问的单元相对于表首的位移量为变址，二者相加得到访问单元地址。51 系列单片机中，变址寻址以数据指针 DPTR 或程序计数器 PC 为基址，累加器为变址，51 系列单片机的变址寻址指令共 3 条：

JMP　@A+DPTR
MOVC　A, @A+PC
MOVC　A, @A+DPTR

第 1 条是指令寻址，PC 跳转到（A+DPTR）地址处；后两条是查表指令，读取程序存储器对应地址单元的数据到累加器中。如图 2.5 所示，以"MOVC A,@ A+DPTR"说明变址寻址的运用，设指令执行前数据指针寄存器 DPTR 的值为 2000H，累加器 A 的值为 09H，程序存储器 2009H 单元的内容为 30H，则指令执行后，累加器中的内容为 30H。

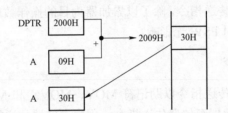

图 2.5　"MOVC A,@ A+DPTR"变址寻址示意图

2.2.3　指令寻址

指令寻址用在控制转移指令中，它的功能是得到程序转移跳转的目的位置的地址。因此操作数用于提供程序中目的位置的地址。51 系列单片机中，程序存储器的目的位置可以通过以下两种方式实现。

1. 绝对寻址

绝对寻址是在指令的操作数中直接提供程序跳转目的位置的地址或地址的一部分。在 51 系列单片机中，长转移和长调用指令直接提供目的位置的 16 位地址，绝对转移和绝对调用指令提供目的位置的 16 位地址的低 11 位，它们都为绝对寻址。

2. 相对寻址

相对寻址是以当前程序计数器 PC 值加上指令中给出的偏移量 rel 得到目的位置的地址。相对转移指令的操作数是 PC 和 rel。由于偏移量 rel 是有符号数，以补码表示，所以相对于当前的 PC，当为负值时向前转移，当为正数向后转移。在使用相对寻址时要注意以下两点。

（1）当前 PC 值是指转移指令执行时的 PC 值，它等于转移指令的地址加上转移指令的字节数，实际上是转移指令的下一条指令的首地址。例如：若转移指令的地址为 2010H，转移指令的长度为 2 字节，则转移指令执行时的 PC 值为 2012H。

（2）在 51 系列单片机中，8 位有符号偏移量 rel 的取值范围为−128～+127。编写汇编软件时，偏移量直接写跳转位置的行号即可，汇编时，汇编器会根据标号自动计算出 rel 值。当然，应用相对跳转时，要预估目标位置是否超出 8 位有符号数范围，一旦超出则编译失败。

综上所述，相对寻址的目的地址为：

目的地址 = 当前 PC 值（就是当前指令的地址+指令所占的字节数） + rel

51 系列单片机指令系统的特点是不同的存储空间的寻址方式不同，适用的指令不同，读者要严格区分。

2.3　数据传送指令

指令系统主要包括四大类指令：数据传送指令、算术运算指令、逻辑操作指令和控制转移指令。本节学习数据传送指令。

数据传送指令是指令系统中使用最频繁的一类指令，用以实现数据的复制性传送（注意，是复制性传递，而非剪切性）。51 系列单片机的数据传送指令可分为 4 种类型：普通传送指令、数据交换指令、栈操作指令，以及 51 系列单片机特有的位传送指令。普通传送指令和栈操作指令是计算机必备指令。

51 系列单片机的数据传送指令，除了以累加器为目的操作数的传送指令对 P 标志位有影响外，其余的传送类指令对 PSW 无影响。

2.3.1　普通传送指令

51 系列单片机的普通传送指令以助记符 MOV、MOVX 和 MOVC 为基础，分成片内数据存储器传送指令、外部数据存储器传送指令、程序存储器传送指令和位传送指令。

1. 片内数据存储器传送指令

指令格式为：

MOV 目的操作数, 源操作数

其中，源操作数可以为 A、Rn、@Ri、direct 和#data，可以作为目的操作数的有 A、Rn、@Ri 和 direct，组合起来总共 16 条，按目的操作数的寻址方法被划分为以下 5 组。

1）以 A 为目的操作数的数据传送指令

顾名思义，这几条指令就是将源操作数中的数据复制到累加器中。指令及示例如下：

指　令		示　例
MOV A, Rn	;(A) ← (Rn)	**MOV** A, R7
MOV A, direct	;(A) ← (direct)	**MOV** A, 30H
MOV A, @Ri	;(A) ← ((Ri))	**MOV** A, @R0
MOV A, #data	;(A) ← #data	**MOV** A, #55H

另外，还有一条专门给累加器清零指令：

CLR A

用于对累加器清零。清零操作非常常用，该指令占具有更小的指令空间和更高的执行效率。

【例 2.1】写出对 R0 寄存器内容求反的程序段。程序如下：

MOV A, R0

CPL A

MOV R0, A

2）以 Rn 为目的操作数的数据传送指令

这里，Rn 指 R0、R1、R2、R3、R4、R5、R6 和 R7。这几条指令是将源操作数中的数据复制到 Rn 中。指令及示例如下：

指　　令		示　　例
MOV Rn, A	;(Rn) ← (A)	**MOV** R3, A
MOV Rn, direct	;(Rn) ← (direct)	**MOV** R2, 30H
MOV Rn, #data	;(Rn) ← #data	**MOV** R0, #20H

3）以直接地址 direct 为目的操作数的数据传送指令

这几条指令是将源操作数中的数据复制到片内 RAM 的直接地址中。指令及示例如下：

指　　令		示　　例
MOV direct, A	;(direct) ←(A)	**MOV** 22H, A
MOV direct, Rn	;(direct) ←(Rn)	**MOV** 40H, R7
MOV direct, direct	;(direct) ←(direct)	**MOV** 30H, 40H
MOV direct, @Ri	;(direct) ←((Ri))	**MOV** 70H, @R1
MOV direct, #data	;(direct) ←#data	**MOV** 33H, #12H

4）以间接地址@Ri 为目的操作数的数据传送指令

这几条指令是将源操作数中的数据复制到 Ri 指针指向的存储器单元中。指令及示例如下：

指　　令		示　　例
MOV @Ri, A	;((Ri)) ← (A)	**MOV** @R0, A
MOV @Ri, direct	;((Ri)) ← (direct)	**MOV** @R1, 40H
MOV @Ri, #data	;((Ri)) ← #data	**MOV** @R0, #8

5）以 DPTR 为目的操作数的数据传送指令

该指令是将立即数中的数据复制到 DPTR 中。仅 1 条，指令及示例如下：

指　　令		示　　例
MOV DPTR, #data16 ;DPTR ← #data16		**MOV** DPTR, #1234H

注意：51 系列单片机指令系统中，源操作数和目的操作数不可同时为 Rn 与 Rn、@Ri 与@Ri，以及 Rn 与@Ri。例如，不允许有"MOV Rn, Rm"，"MOV @Ri, Rn"等指令。这与其他类型计算机有较大差别。

【例 2.2】 将 R0 的内容传送到 R6 中。

分析：由于 Rn 间不能数据传送，要借助中间变量中转。程序如下：

```
MOV A, R0
MOV R6, A
```

2. 外部数据存储器传送指令

对外部 RAM 单元访问只能使用寄存器间接寻址方式。共有以下 4 条指令：

```
MOVX  A, @DPTR   ;(A) ← ((DPTR))
MOVX  @DPTR, A   ;((DPTR)) ← (A)
MOVX  A, @Ri     ;(A) ← ((Ri))
MOVX  @Ri, A     ;((Ri)) ← (A)
```

其中，前两条指令中的指针是 DPTR，可以对整个 64 KB 外部数据存储器访问。后两条指令中，Ri 作为指针，因此只能对外部数据存储器的低 256 B 空间进行访问。

综上所述，外部数据存储器的访问具有以下 3 个特点。

（1）采用 MOVX 指令。

（2）必须通过累加器传送。

（3）访问时，只能通过 Ri 或 DPTR 作为指针，以间接寻址的方式进行访问。另外，如果采用 Ri 作为指针，不影响 P2 口的状态，P2 口不作为地址总线。这将在第 6 章详细讲述。

需要特别指出的是，虽然现在有很多衍生型 51 单片机把外部 RAM 集成到微处理器内部了，但在指令上仍要作为外部 RAM 寻址。

【例 2.3】写出完成下列功能的程序段。

（1）将内部 RAM 30H 单元的内容复制到外部 RAM 的 60H 地址单元中。

分析：要借助 A 中转，通过 MOVX 指令传送。程序如下：

```
MOV  A, 30H
MOV  R0, #60H
MOVX @R0, A
```

（2）将外部 RAM 的 2000H 地址单元的内容复制到内部 RAM 的 20H 地址单元中。

分析：要借助 A 中转，通过 MOVX 指令传送。程序如下：

```
MOV  DPTR, #2000H
MOVX A, @DPTR
MOV  20H, A
```

3. 程序存储器传送指令

很多时候，预先把重要的常数数据以表格形式存放在程序存储器中，然后使用查表指令查表读出以实现各种应用。这种读出表格数据的程序就称为查表程序。51 系列单片机指令系统中，用于访问程序存储器表格数据的查表指令有两条：

```
MOVC  A, @ A+DPTR ; (A) ← ((A+DPTR))
MOVC  A, @ A+PC   ; (A) ← ((A+PC))
```

在学习指令系统的时候已经见到过这两条指令。查表指令是采用"基址+变址"寻址，PC 或 DPTR 作为基址，指向表格的首地址，A 作为变址，存放待查表格中数据相对表首的地址偏移量。由于 A 的内容为 8 位无符号数，因此只能在基址以下 256 个地址单元范围内进行查表。指令执行后对应表格元素的值就取出放于累加器 A 中。这两条指令的使用差异是：

在第一条指令中，基址 DPTR 提供 16 位基址，而且还能在使用前给 DPTR 赋值，一般用于指向常数表（数组）的首地址。而在第二条指令中，用 PC 作为基址寄存器来查表。由于程序计数器 PC 始终指向下一条指令的首地址，在程序执行过程中用户不能随意改变。因而就不能直接把基址放在 PC 中。基址如何得到呢？基址值可以通过由当前的 PC 值加上一个相对于表首位置的差值得到。这个差值不能加到 PC 中，可以通过加到累加器中实现。

【例 2.4】程序存储器中的某数据表的起始地址为 2035H，各数据为单字节类型。试将表格的第 4 个元素（位移量为 03H）的内容复制到片内 RAM 的 30H 地址单元中。

分析： 要先将程序存储器中的数据读入到 A，然后才能实现将程序存储器中的数据写入片内 RAM。采用 DPTR 做基址，则变址为 3。程序如下：

```
MOV  A, #3
MOV  DPTR, #2035H
MOVC A, @A+DPTR
MOV  30H, A
```

如果采用 PC 做基址的查表指令，且假设"MOVC A, @A+PC"指令所在地址为 2000H，则执行该指令时 PC 的值为 2001H。程序如下：

```
MOV  A, #03H    ;表格元素相对于表首的位移量送累加器
ADD  A, #34H    ;当前程序计数器 PC 相对表首的差值加到变址寄存器中
MOVC A, @A+PC   ;查表，查得第 4 个元素的内容送累加器
```

看来，应用指令"MOVC A, @A+PC"比较烦琐，必须仔细计算当前程序计数器 PC 相对表首的差值，即计算指令"MOVC A, @A+PC"距离表格首地址所有指令所占程序存储器的字节数。显然，PC 作为基址没有 DPTR 作为基址方便。不过，由于查表指令"MOVC A, @A+PC"的长度为 1 个字节，占用更少的程序存储器空间。

综上所述，MOV、MOVX 和 MOVC 指令的区别在于：MOV 用于寻址片内数据存储器；MOVX 用于寻址外部数据存储器或设备；MOVC 用于寻址程序存储器，片内片外由 $\overline{\text{EA}}$ 引脚决定。

2.3.2 数据交换指令

普通传送指令实现将源操作数的数据传送到目的操作数，指令执行后源操作数不变，数据传送是单向的。数据交换指令实现数据双向传送，传送后，前一个操作数原来的内容传送到后一个操作数中，后一个操作数原来的内容传送到前一个操作数中。

51 系列单片机具有 4 个字节交换和半字节交换指令，且要求第一个操作数必须为累加器 A。指令及示例如下：

指 令	示 例
XCH A, Rn ;(A) ↔ (Rn)	XCH A, R2
XCH A, direct ;(A) ↔ (direct)	XCH A, 30H
XCH A, @Ri ;(A) ↔ ((Ri))	XCH A, @R1
XCHD A, @Ri ;(A[3:0]) ↔ ((Ri))[3:0]	XCHD A, @R1

例如，若 R0 的内容为 30H，片内 RAM 的 30H 单元中的内容为 23H，累加器 A 的内容为 45H，则：若执行"XCH A, @R0"指令后片内 RAM 30H 单元的内容为 45H，累加器 A 中的内容为 23H。

【例 2.5】 将 R0 的内容和 R1 的内容互相交换。

分析： R0 的内容和 R1 的内容不能直接互换，要借助 A 来帮忙。程序如下：

```
MOV A, R0
XCH A, R1
MOV R0, A
```

2.3.3 栈操作指令

前面已经叙述过，栈是在片内 RAM 中按"先进后出，后进先出"原则设置的专用数据存储区。数据的进栈和出栈由指针 SP 统一管理。栈指令操作码有两个：PUSH 和 POP，其中PUSH 是入栈指令，POP 是出栈指令。51 系列单片机采取向上增长栈模型，入栈和出栈对象为直接寻址字节操作数，即只有片内 RAM 低 128 B 和 SFR 可以作为栈指令的操作数。

（1）入栈时：读出直接地址中的数据到内部数据总线→SP 指针加 1→将数据总线上的数据压入栈。

（2）出栈时：读出栈顶数据（出栈）到内部数据总线→SP 指针减 1→将数据总线上的数据写入直接地址单元。

```
PUSH  direct   ;(SP) ← (SP)+1,((SP)) ← (direct)
POP   direct   ;(direct) ← ((SP)),(SP) ← (SP)-1
```

注意：51 系列单片机的栈指令操作数为直接寻址，而更具有一般意义的计算机大多对通用寄存器保护而进行栈操作的。另外，累加器作为 SFR 时名字为 ACC，即作为栈操作对象时必须写为 ACC，不能写作 A。这一点要尤为注意。

用栈暂存数据时，要保证先入栈的内容后出栈，后入栈的内容先出栈。例如，若入栈保存时入栈的顺序为：

```
PUSH  ACC
PUSH  B
```

则出栈的顺序为：

```
POP   B
POP   ACC
```

若出栈顺序弄错，则将两个存储单元的数据交换，是软件编写常见的错误。另外，忘记出栈致使栈溢出也是常见的错误。

51 系列单片机复位后，SP 的值为 07H，对于向上增长栈，栈区覆盖了高 3 组寄存器区、可位寻址区和用户区。前面已经讲述，编写软件时，首先将 SP 指向高端的用户区，让开通用寄存器区和可位寻址区，用户区部分作为用户区，高端作为栈区。

2.3.4 位传送指令

在 51 系列单片机中，除了有一个 8 位的累加器外，还有一个位累加器 C，对应的实际存储位置是 CY 标志。C 和 CY 的区别在于：C 是通用寄存器性质，CY 是直接寻址。51 系列单片机的位传送指令有两条，用于实现位累加器与一般可位寻址位之间的相互传送。位传送指令的操作码也为 MOV，指令及示例如下：

指　　令	示　　例
MOV C, bit ;(C) ← (bit)	MOV C, 20H.6
MOV bit, C ;(bit) ← (C)	MOV F0, C

片内 RAM 的数据传送指令和位传送指令的操作码都是 MOV，那么如何区分呢？对于MOV 指令是否为位传送指令，就看指令中是否有位累加器 C 即可，有则为位传送指令，否

则为片内 RAM 的普通传送指令。

【例 2.6】 把片内 RAM 中位寻址区的 20H 位的内容传送到 30H 位。

分析：位传送指令在使用时必须有位累加器 C 的参与，不能直接进行两个位之间的传送；如果进行两位之间的传送，可以通过位累加器 C 来实现。程序如下：

MOV C, 20H
MOV 30H, C

另外，位赋值指令也是重要的位传送指令。位赋值指令包括位清零指令和位置 1 指令。位清零指令用于将可位寻址位赋值为 0。指令及示例如下：

指 令		示 例
CLR C	;(C) ← 0	
CLR bit	;(bit) ← 0	**CLR** P1.0

位"置 1"指令用于将可位寻址位赋值为 1，指令及示例如下：

指 令		示 例
SETB C	;(C) ← 1	
SETB bit	;(bit) ← 1	**SETB** ACC.4

2.4 算术运算指令

算术运算类指令是计算机的标配指令，一般包括加法指令、带进位加法指令（两数相加后还加上进位位 CY）、减法指令、带借位减法指令（两数相减后还减去借位位 CY）、自增指令（加 1）、自减指令（减 1）、乘法指令和除法指令。部分计算机没有除法指令，甚至没有乘法指令。

51 系列单片机的算术运算类指令中没有减法指令，但有乘法和除法指令，另外还有 1 个十进制调整指令。51 系列单片机的算术运算指令对标志位的影响如下。

（1）自增、自减指令不影响 CY、OV、AC 标志位。

（2）加、减运算指令影响 P、OV、CY、AC 标志位。

（3）乘、除指令使 CY=0，当乘积大于 255，或除数为 0 时，OV=1。

要说明的是，不论编程者使用的数据是有符号数还是无符号数，51 系列单片机的 CPU 按上述规则影响 PSW 中的各个标志位。数的含义及如何运用标志位由编程者在算法设计的时候自定。

具体指令对标志位的影响可参阅附录 1。标志位的状态是控制转移指令的条件，因此指令对标志位的影响应该熟记。

2.4.1 加法指令

普通加法指令有加法指令、带进位的加法指令和自增指令。

1. 普通加法指令

普通加法（addition）指令的操作码为 ADD，目的操作数固定为 A（不能写成 ACC）。指令功能是计算目的操作数 A 与源操作数的和，结果存入 A，并影响标志位 CY、OV、AC 和 P。指令及示例如下：

指　　令		示　　例
ADD A, Rn	;(A) ← (A)+(Rn)	**ADD** A, R4
ADD A, direct	;(A) ← (A)+(direct)	**ADD** A, 12H
ADD A, @Ri	;(A) ← (A)+((Ri))	**ADD** A, @R0
ADD A, #date	;(A) ← (A)+#date	**ADD** A, #3

2. 带进位 C 的加法指令

带进位 C 的加法指令的操作码为 ADDC，用于实现：

$$(A) ← (A)+源操作数+(CY)$$

并影响标志位 CY、OV、AC 和 P。与 ADD 指令相比多了 1 个源操作数 CY，其他与 ADD 指令一致。ADDC 指令及示例如下：

指　　令		示　　例
ADDC A, Rn	;(A) ← (A)+(Rn)+(C)	**ADDC** A, R2
ADDC A, direct	;(A) ← (A)+(direct)+(C)	**ADDC** A, 33H
ADDC A, @Ri	;(A) ← (A)+((Ri))+(C)	**ADDC** A, @R0
ADDC A, #date	;(A) ← (A)+#date+(C)	**ADDC** A, #08H

3. 十进制调整指令

51 系列单片机中，有 1 条十进制调整指令：

DA A

该指令只能用在 ADD 或 ADDC 指令后面，用来对 ADD 或 ADDC 指令相加后存放于累加器中的结果进行调整，使之得到正确的十进制结果。通过该指令可实现两位十进制 BCD 码数的加法运算。它的调整过程如下。

（1）若累加器的低四位为十六进制的 A～F（大于 9）或辅助进位标志 AC 为 1，则累加器中的内容做加 06H 调整。

（2）若累加器的高四位为十六进制的 A～F（大于 9）或进位标志 CY 为 1，则累加器中的内容做加 60H 调整。

【例 2.7】在 R3 中数为 67H，在 R2 中数为 85H，用十进制运算，运算的结果放于 R5 中。程序如下：

```
MOV A, R3      ;A ← 67H
ADD A, R2      ;A ← 67H+85H = ECH(152)
DA  A          ;A ← 52H
MOV R5, A
```

程序中的指令对 ADD 指令运算出来的放于累加器中的结果进行调整，调整后，累加器中的内容为 52H，CY 为 1，最后放于 R5 中的内容为 52H（十进制数 52）。

4. 自增指令

自增（increment）指令实现操作数的自加 1，当执行前操作数为满值（FFH），运行该指令后，结果为 0。指令及示例如下：

指　　令		示　　例
`INC A`	`;(A) ← (A)+1`	`INC R0`
`INC Rn`	`;(Rn) ← (Rn)+1`	`INC 30H`
`INC direct`	`;(direct) ← (direct)+1`	`INC @R0`
`INC @Ri`	`;((Ri)) ← ((Ri))+1`	
`INC DPTR`	`;DPTR ← DPTR+1`	

要注意的是，ADD 和 ADDC 指令在执行时要影响 CY、AC、OV 和 P 标志位。而 INC 指令除了"INC A"要影响 P 标志位外，对其他标志位都没有影响。

常用 ADD 和 ADDC 配合使用实现多字节加法运算。

【例 2.8】试把存放在 R1、R2 和 R3、R4 中的两个 16 位数相加，结果存于 R5、R6 中。

分析：软件设计时自低位字节进行加法，然后再将高位字节相加，高位字节加法要采用带有进位 C 的加法指令。因此，该例中，R2 和 R4 用一般的加法指令 ADD，结果存放于 R6 中，R1 和 R3 用带进位的加法指令 ADDC，结果存放于 R5 中。程序如下：

```
MOV A, R2
ADD A, R4
MOV R6, A
MOV A, R1
ADDC A, R3
MOV R5, A
```

2.4.2　减法指令

51 系列单片机指令系统中的减法（subtraction）指令有带借位减法指令和自减指令，没有普通减法指令。

1. 带借位减法指令

带借位减法指令，操作码为 SUBB，用于实现：

$$(A) ← (A) - 源操作数 - (CY)$$

并影响 CY、AC、OV 和 P 标志位。指令及示例如下：

指　　令		示　　例
`SUBB A, Rn`	`;(A) ← (A)-(Rn)-(C)`	`SUBB A, R3`
`SUBB A, direct`	`;(A) ← (A)-(direct)-(C)`	`SUBB A, 50H`
`SUBB A, @Ri`	`;(A) ← (A)-((Ri))-(C)`	`SUBB A, @R0`
`SUBB A, #date`	`;(A) ← (A)-#date-(C)`	`SUBB A, #4`

【例 2.9】求(R3) ← (R2) - (R1)。

分析：51 系列单片机由于没有普通减法指令，若实现一般的减法操作，可以通过先对 CY 标志清零，然后再执行带借位的减法来实现。程序如下：

```
MOV  A, R2
CLR  C
SUBB A, R1
MOV  R3, A
```

2. 自减指令

自减（decrement）指令实现操作数的自减 1。当执行前操作数为 00H，运行该指令后，结果为 FFH。DEC 指令除了"DEC A"要影响 P 标志位外，对其他标志位都没影响。指令及示例如下：

指　　令		示　　例
DEC A	;(A) ← (A) - 1	DEC A
DEC Rn	;(Rn) ← (Rn) - 1	DEC R7
DEC direct	;(direct) ← (direct) - 1	DEC 30H
DEC @Ri	;((Ri)) ← ((Ri)) - 1	DEC @R0

注意：在 51 系列单片机的指令系统中有"INC DPTR"指令，但没有"DEC DPTR"指令。

2.4.3 乘法和除法指令

1. 乘法指令

在 51 系列单片机中，有一条无符号乘法（multiplication）指令：

```
MUL  AB
```

该指令执行时将对存放于累加器中的被乘数和放于辅助寄存器 B 中的乘数相乘，积的高字节存放于 B 中，低字节存放于累加器中。

指令执行后将影响 CY 和 OV 标志，CY 清 0。对于 OV，当积大于 255 时（此时 B 中不为 0），OV 为 1，否则，OV 为 0。

2. 除法指令

在 51 系列单片机中，有一条无符号除法（division）指令：

```
DIV  AB
```

该指令执行时将存放在累加器 A 中的被除数与存放在辅助寄存器 B 中的除数相除，除的结果，商存放于累加器 A 中，余数存放于 B 中。

指令执行后将影响 CY 和 OV 标志，一般情况 CY 和 OV 都清 0，只有当积存器中的除数为 0 时，OV 才被置 1。

【例 2.10】 8 位无符号数存放在 35H 单元，要求提取其个位、十位、百位的 BCD 码，并分别存放在 40H、41H 和 42H 单元。

分析：利用除法指令，除以 10，则余数就是个位。程序如下：

```
MOV  A, 35H
MOV  B, #10
DIV  AB
```

```
MOV  40H, B ;存个位
MOV  B, #10
DIV  AB
MOV  41H, B ;存十位
MOV  42H, A ;存百位
```

综上所述，51 系列单片机是 8 位计算机，其指令系统只提供了单字节和无符号数的加、减、乘、除指令，而在实际程序设计中经常要用到有符号数及多字节数的加、减、乘、除运算，这需要编写程序实现，因此，软件编写时要尽量选用指令直接支持的变量类型以提升软件效率。

2.5 逻辑运算指令

逻辑运算指令用于实现逻辑运算操作，包括逻辑与指令、或指令、异或指令、累加器求反和累加器循环移位指令。以 A 为目的操作数的逻辑运算指令影响标志为 P，带 C 的循环移位指令影响 CY，其他逻辑运算指令不影响标志位。另外，还有位逻辑运算指令。

2.5.1 逻辑与、逻辑或和逻辑异或指令

逻辑与指令、逻辑或指令和逻辑异或指令实现按位逻辑操作，即实现对应位的与、或和异或。逻辑与、逻辑或和逻辑异或指令格式一致，操作码分别为 ANL、ORL 和 XRL。

1. 逻辑与指令

指令及示例如下：

指 令		示 例
ANL A, Rn	;(A) ← (A)&(Rn)	ANL A, R4
ANL A, direct	;(A) ← (A)&(direct)	ANL A, 40H
ANL A, @Ri	;(A) ← (A)&((Ri))	ANL A, @R0
ANL A, #data	;(A) ← (A)& #data	ANL A, #12H
ANL direct, A	;(direct) ← (direct)&(A)	ANL 30H, A
ANL direct, #data	;(direct) ← (direct)&#data	ANL 60H, #55H

2. 逻辑或指令

指令及示例如下：

指 令		示 例
ORL A, Rn	;(A) ← (A)|(Rn)	ORL A, R4
ORL A, direct	;(A) ← (A)|(direct)	ORL A, 30H
ORL A, @Ri	;(A) ← (A)|((Ri))	ORL A, @R1
ORL A, #data	;(A) ← (A)| #data	ORL A, #0AAH
ORL direct, A	;(direct) ← (direct)|(A)	ORL 40H, A
ORL direct, #data	;(direct) ← (direct)|#data	ORL 71H, #0FH

3. 逻辑异或指令

指令及示例如下：

指　　　令	示　　　例
XRL A, Rn　　　;(A) ← (A)^(Rn)	**XRL** A, R4
XRL A, direct　;(A) ← (A)^(direct)	**XRL** A, 30H
XRL A, @Ri　　;(A) ← (A)^((Ri))	**XRL** A, @R1
XRL A, #data　;(A) ← (A)^#data	**XRL** A, #0AAH
XRL direct, A　;(direct) ← (direct)^(A)	**XRL** 40H, A
XRL direct, #data;(direct) ← (direct)^#data	**XRL** 71H, #0FH

在使用中，逻辑指令具有以下作用。

（1）"与"运算一般用于位清零和位测试。与 1 "与"不变，与 0 "与"清零。位清零，即对指定位清 0，其余位不变。待"清零"位和 0 "与"，其他位和 1 "与"。51 系列单片机没有位测试指令，详见控制转移指令 JZ 和 JNZ。

（2）"或"运算一般用于位"置 1"操作，与 0 "或"不变，与 1 "或"置 1，即对指定位置 1，其余位不变。待"置 1"位与 1 "或"，其他位与 0 "或"。

（3）"异或"运算用于"非"运算，与 0 "异或"不变，与 1 "异或"取反，即用于实现指定位取反，其余位不变。待取反位与 1 "异或"，其他位与 0 "异或"。

【例 2.11】写出完成下列功能的指令段。

（1）对累加器 A 中的 b1、b3 和 b5 位清 0，其余位不变。程序如下：

ANL A, #11010101B

（2）对累加器 A 中 b2、b4 和 b6 位置 1，其余位不变。程序如下：

ORL A, #01010100B

（3）对累加器 A 中的 b0 和 b1 位取反，其余位不变。程序如下：

XRL A, #00000011B

2.5.2　累加器的逻辑运算指令

1. A 的逻辑按位取反指令

指令格式为：

CPL A ;A ← /A

在 51 系列单片机中，只能对累加器按位求反，如要对其他对象求反，则需复制到累加器 A 中进行，运算后再放回原位置，即通过"读–修改–写"实现。

【例 2.12】写出对 R0 寄存器内容求反的程序段。程序如下：

MOV A, R0

CPL A

MOV R0, A

2. 循环移位指令

移位指令用于实现移位寄存器操作。51 系列单片机有 5 条对累加器 A 的移位指令，其中有 4 条循环移 1 位指令，另外还有 1 条移 4 位指令。

1）循环移 1 位指令

4 条循环移位指令都是进行 1 个二进制位的移位操作。其中，两条只在累加器中进行循环移位，两条还要带进位标志 CY 进行循环移位。指令格式为：

```
RL    A    ;累加器 A 循环左移
RR    A    ;累加器 A 循环右移
RLC   A    ;带进位 C 的循环左移
RRC   A    ;带进位 C 的循环右移
```

51 系列单片机的循环移位指令示意图如图 2.6 所示。

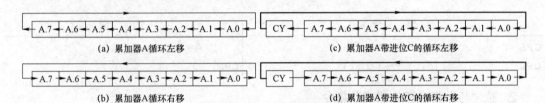

图 2.6 51 系列单片机的循环移位指令示意图

其中，带标志 CY 进行循环移位相当于 9 位移位，CY 就是第 9 位。带标志 CY 循环移位 8 次，A 的各个位将分别移位到 CY 中，该方法常应用于通过串行移位提取每个位。

例如，若累加器 A 中的内容为 10001011B，CY=0，则执行 "RLC A" 指令后累加器 A 中的内容为 00010110B，CY=1。

2）半字长环移指令

自交换指令用于实现高 4 位和低 4 位的互换。该指令相当于一次 4 位环移，环移 8 位机半个字长，在多次移位中经常使用，因此又称为半字长环移指令。如要实现左环移 3 位功能，完全不必左环移 3 次，而是先自交换 1 次后移位 1 次即可，两条指令即可实现。指令格式为：

```
SWAP  A    ;(A[3:0]) ←→ (A[7:4])
```

移位指令通常用于位测试、位统计、串行通信、乘以 2（左移 1 位）和除以 2（右移 1 位）等操作。

【例 2.13】设在 30H 和 31H 单元中各有一个 8 位数据：

$(30H)=X_7X_6X_5X_4X_3X_2X_1X_0$ $(31H)=Y_7Y_6Y_5Y_4Y_3Y_2Y_1Y_0$

现在要从 30H 单元中取出低 5 位，并从 31H 单元中取出低 3 位完成拼装，拼装结果送 40H 单元保存，并且规定：

$(40H)=Y_2Y_1Y_0X_4X_3X_2X_1X_0$

利用逻辑指令 ANL、ORL、XRL 等来完成数据的拼拆。

分析：将 30H 地址单元内容的高 3 位屏蔽，并暂存到 40H 地址单元；31H 地址单元内容的高 5 位屏蔽，高低四位交换，左移一位；然后与 30H 地址单元的内容相或，拼装后更新到 40H 地址单元。程序如下：

```
MOV  A, 30H
ANL  A, #00011111B
MOV  40H, A
MOV  A, 31H
ANL  A, #00000111B
```

```
SWAP A
RL   A
ORL  40H, A
```

2.5.3　位逻辑操作指令

位逻辑操作指令包括位取反、位"与"和位"或"指令。

1. 位"取反"指令

位取反指令用于可位寻址位的非运算。指令及示例如下：

指　　　令		示　　例
CPL C	;(C) ← /(C)	
CPL bit	;(bit) ← (/bit)	**CPL** F0

2. 位"与"指令和位"或"指令

位"与"指令和位"或"指令用于可位寻址位的与、或运算，以 CY 为目的操作数。其中，"/"表示非运算。指令及示例如下：

指　　　令		示　　例
ANL C, bit	;(C) ← (C)&(bit)	**ANL** C, 2AH.0
ANL C, /bit	;(C) ← (C)&(/bit)	**ANL** C, /P1.0
ORL C, bit	;(C) ← C|(bit)	**ORL** C, 2AH.0
ORL C, /bit	;(C) ← C|(/bit)	**ORL** C, /P1.0

注意：其中的"ANL C, /bit"和"ORL C, /bit"指令中的 bit 位是源操作数，指令执行后内容并没有取反改变，只是用其取反值进行运算。

利用"位与"和"位或"逻辑运算指令可以实现各种各样的逻辑功能。

【**例 2.14**】利用位逻辑运算指令编程实现两个位的异或操作。

分析：51 系列单片机指令系统中没有直接的两个位的异或指令。要通过下式实现：

$$位变量 X 和 Y 的异或结果 = X\overline{Y} + \overline{X}Y$$

假定 X 和 Y 的位地址为 20H.0 和 20H.1，结果存储到位累加器 C 中。程序如下：

```
MOV  C, 20H.1
ANL  C, /20H.0
MOV  F0, C      ;暂存
MOV  C, 20H.0
ANL  C, /20H.1
ORL  C, F0
```

2.6　控制转移指令与汇编软件设计

计算机运行过程中，有时因为操作的需要，程序不能按顺序逐条执行指令，需要改变程序运行方向，即将程序跳转到某个指定的地址再顺序执行下去。控制转移类指令的功能就是根据要求修改程序计数器 PC 的内容，以改变程序运行方向，实现转移。控制转移指令通常用于实现循环结构和分支结构，以及子程序调用等。

显然，控制转移指令属于指令寻址。控制转移指令包括无条件转移指令、条件转移指令、子程序调用及返回指令、空操作指令。

2.6.1　无条件转移指令

无条件转移指令是指当执行该指令后，程序将无条件地转移到指令指定的地方去。51 系列单片机中，无条件转移指令包括长转移指令、绝对转移指令、相对转移指令和间接转移指令。

1．长转移指令

指令格式为：

`LJMP addr16  ;(PC) ← addr16`

LJMP 指令采用绝对寻址，其操作数是 16 位的跳转目标地址，执行该指令则直接将该 16 位地址送给程序指针 PC，程序无条件地转到 16 位目标地址位置。对于 16 位的目标地址，该指令可以转移到 64 KB 程序储存器的任意位置，故得名"长转移"。该指令不影响标志位，使用方便。缺点是 3 字节指令，占用较多程序存储器空间。

2．绝对转移指令

指令格式为：

`AJMP addr11`

AJMP 指令是双字节指令，也采用绝对寻址方式，其操作数是 11 位的跳转目标地址，执行该指令时将该 11 位地址 addr11 送给程序指针 PC 的低 11 位，而程序指针的高 5 位不变，执行后转移到 PC 指针指向的新位置。

51 系列单片机的程序存储器分为共 32 个区域，每个区域为 2 KB，称为 1 页。由于 11 位地址 addr11 共 2 KB 范围，而目的地址的高 5 位不变，所以程序转移的位置只能是和当前 PC 指向（AJMP 指令地址+2）在同一 2 KB 范围内，而不能跳转到 2 KB 范围外的其他区域。编写软件过程中，工程师常因此犯错，发生跳转位置的跨页错误。

【例 2.15】若 AJMP 指令地址为 3000H。AJMP 后面带的 11 位地址 addr11 为 123H，则执行指令"AJMP addr11"后转移的目的位置是多少？

分析：执行 AJMP 指令时 PC 值为 3000H+2=3002H=0011000000000010B；指令中的 addr11=123H=00100100011B；转移的目的地址为 0011000100100011B=3123H。

3．相对转移指令

指令格式为：

`SJMP rel      ;(PC) ← SJMP 指令地址+2+rel`

SJMP 指令采用相对寻址，其后面的操作数 rel 是 8 位有符号补码数，执行时，先将 SJMP 指令所在地址加 2（该指令长度为 2 字节）得到程序指针 PC 的值，然后与指令中的偏移量 rel 相加得到转移的目的地址，即：

$$转移的目的地址 = （PC）+ rel$$

因为 8 位补码的取值范围为 −128～+127，所以该指令中的指令寻址范围是：相对 PC 当前值向前 128 字节，向后 127 字节。

【例 2.16】在 2100H 单元有 SJMP 指令，若 rel=5AH（正数），则转移的目的地址为 215CH（向后转）；若 rel=F0H（负数），则转移的目的地址为 20F2H（向前转）。

分析：用汇编语言编程时，指令中的相对地址 rel 往往用目的位置的标号（符号地址）表示。机器汇编时，汇编器动算出相对地址；但手工汇编时需自己计算相对地址 rel。rel 的计算方法为：

$$rel = 目的地址 - (SJMP 指令地址 + 2)$$

如目的地址等于 2013H，SJMP 指令的地址为 2000H，则相对地址 rel 为 11H。当然，现在早都不用手工汇编了。

4. 间接转移指令

指令格式为：

```
JMP  @A+DPTR  ;(PC) ← (A)+(DPTR)
```

JMP 指令是 51 系列单片机中唯一的一条间接转移指令，转移的目的地址是由数据指针 DPTR 的内容与累加器中的内容相加得到。指令执行后不会改变 DPTR 及 A 中原来的内容。数据指针 DPTR 的内容一般为基址，累加器的内容为相对偏移量，在 64 KB 范围内无条件转移。

该指令的特点是转移地址可以在程序运行中加以改变，为 PC 指针可编程提供了可能。

2.6.2　子程序调用及返回指令

在程序设计中，通常将反复出现、具有通用性和功能相对独立的程序段设计成子程序。子程序可以有效地缩短程序长度，节约存储空间；可被其他程序共享，便于模块化，便于阅读、调试和修改。

为了能够成功地调用子程序，就需要通过子程序调用指令转入子程序，子程序完成后应能够通过其末尾的返回指令返回到调用指令的下一条指令处（称为断点地址）继续执行。因此，调用子程序指令不但要完成将子程序入口地址送给 PC 实现程序转移，还要将断点地址存入栈保护起来。而返回指令则将断点地址从栈中取出送给 PC，实现返回到断点处继续原来的程序。子程序调用示意图如图 2.7 所示。

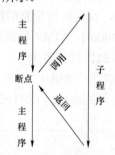

图 2.7　子程序调用示意图

51 系列单片机子程序调用及返回指令有 4 条：2 条子程序调用指令，2 条返回指令。

1. 子程序构成与返回指令

51 系列单片机的子程序构成如下：

```
FUN:              ;子函数名称,注意不能以数字起始
    PUSH  direct  ;可选
          :       ;子程序任务
    POP   direct  ;可选
    RET
```

其中，RET 指令为子程序返回指令。RET 指令的执行过程如下：

（1）(PC)[15:8] ← ((SP))；

（2）(SP)　← (SP) − 1；

（3）(PC)[7:0] ← ((SP))；

（4）(SP)　← (SP) − 1。

RET 指令通常作为子程序的最后一条指令，用于返回到主程序。执行 RET 返回指令的本质是两次出栈操作，并将 PC 作为出栈的操作数，自动回到原程序的断点处，继续执行。第 1 次出栈的内容赋值给 PC 的高 8 位，第 2 次出栈的内容赋值给 PC 的低 8 位。执行完后，程序转移到新的 PC 指向位置执行指令。由于执行子程序调用指令执行时压入栈的 PC 内容是其下一条指令的首地址，因而 RET 指令执行后，程序将返回到调用指令的下一条指令执行。

另外，51 系列单片机还有 1 条中断返回指令，指令格式为：

RETI

当 51 系列单片机响应中断时，由一条长转移指令使程序转移到中断服务程序的入口地址，在转移之前，由硬件将当前的断点地址压入栈保存，以便于以后通过中断返回到断点位置后继续执行。RETI 指令用于中断服务子程序后面，作为中断服务子程序的最后一条指令。其不但具有同 RET 指令一致的执行过程，即用于返回到中断断点的位置，还继续执行断点位置后面的指令；此外，执行 RETI 指令的同时还清除了该已被响应中断的优先级状态位，使已申请的较低优先级中断请求得以响应。关于中断的知识将在第 4 章学习。

2. 长调用指令

指令格式为：

LCALL　addr16

该指令的执行过程如下：

（1）(SP) ← (SP)+1；

（2）(SP) ← (PC)[7:0]；

（3）(SP) ← (SP)+1；

（4）(SP) ← (PC)[15:8]；

（5）(SP) ← addr16。

该指令执行时，先将当前的 PC（"LCALL 指令的首地址" + "LCALL 指令的字节数 3"）值压入栈保存，入栈时先低字节，后高字节。然后转移到指令中 addr16 所指定的地方执行。由于后面带 16 位地址，因而可以转移到程序存储空间的任一位置。

显然，子程序调用时会发生无条件跳转，那么与无条件转移指令有什么区别呢？区别在于，子程序调用指令，在无条件跳转之前，进行了现场断点保护，即将 PC 压入栈中。也正是因为自动保存断点地址，才使得能够使用 RET 指令返回。

3. 绝对调用指令

指令格式为：

ACALL　addr11

其执行过程如下：

（1）(SP) ← (SP)+1；

（2）(SP) ← (PC)[7:0]；

（3）(SP) ← (SP)+1;

（4）(SP) ← (PC)[15:8];

（5）(PC)[10:0] ← addr11。

该指令执行过程与 LCALL 指令类似，只是该指令与 AJMP 一样只能实现在 2 KB 范围内转移，用 ACALL 指令调用，转移位置与 ACALL 占领的下一条指令必须在同一个 2 KB 范围内，即它们的高 5 位地址相同。指令的结果是将指令中的 11 位地址 addr11 送给 PC 指针的低 11 位。

4. 实现指向函数的指针及函数指针数组

51 系列单片机中，由于间接转移指令的转移地址可以在程序运行中加以改变，RET 指令的本质也是修改 PC，这两条指令为 PC 指针可编程提供了可能。间接转移指令的转移地址直接对 DPTR 和 A 赋值即可；通过 RET 指令实现程序转移，要先将转移位置的地址用两条 PUSH 指令入栈，16 位地址的低字节在前，高字节在后，然后执行 RET 指令。

间接转移指令和 RET 指令都可以与子程序调用指令配合来实现基于指向函数的指针调用函数；另外，基于间接转移指令和 RET 指令都可以实现函数指针数组，以及散转跳转或散转函数调用。

（1）通过间接转移指令实现指向函数指针及函数调用。

具体方法为：先通过调用指令将 PC 压入栈，但调用的位置不是实际调用的函数，其与调用指令只隔了 1 条短跳转指令，然后将子函数的地址装入 DPTR，A 清零，这样 JMP 指令直接跳转到子程序。当子程序返回时，PC 重新指向调用指令后的短跳转指令，通过执行短跳转指令，程序接着 JMP 的下一条指令执行。程序如下：

```
    LCALL N1          ;完成 PC 压栈，保护断点
    SJMP  N2
N1:MOV   DPH, #HIGH(FUN_LABLE)
   MOV   DPL, #LOW(FUN_LABLE)
   CLR   A
   JMP   @(A+DPTR)  ;跳转
 N2:
```

（2）通过 RET 指令实现指向函数指针及函数调用。

同样，先通过调用指令将 PC 压入栈，但调用的位置不是实际调用的函数，其与调用指令只隔了 1 条短跳转指令，然后将子函数的地址低 8 位和高 8 位先后入栈，最后执行 RET，将刚入栈的子程序入口地址装载给 PC，实现调用子程序。当子程序返回时，PC 也是重新指向调用指令后的短跳转指令，通过执行短跳转指令，程序接着 RET 指令的下一条指令执行。程序如下：

```
    LCALL N1     ;完成 PC 压栈，保护断点
    SJMP  N2
N1:MOV   A, #LOW(FUN_LABLE)
   PUSH  ACC
   MOV   A, #HIGH(FUN_LABLE)
   PUSH  ACC
   RET         ;跳转
 N2:
```

（3）通过间接转移指令实现基于函数指针数组的散转跳转或散转函数调用。

【例 2.17】 现有 128 路分支，分支号分别为 0～127，要求根据 R2 中的分支信息转向各个分支的程序，即当

```
(R2)=0，转向 PR0
(R2)=1，转向 PR1
  ⋮
(R2)=127，转向 PR127
```

分析： 用 PR0, PR1, ..., PR127 表示各分支程序的入口地址，通过 DW 伪指令列成函数指针数组表。显然，R2 是函数指针数组的角标。由于函数地址是双字节数，因此 R2 作为角标需要乘以 2。DPTR 指向函数指针数组首地址，R2 的值给变址寄存器，先通过两次查表指令获取函数指针并存入 DPTR，清零累加器后，执行 "JMP @A+DPTR" 实现散转跳转，即根据函数指针数组中的函数指针任意跳转。程序如下：

```
        MOV   A, R2
        RL    A                 ;分支地址为两个字节，所以乘2
        MOV   B, A              ;暂存
        INC   A                 ;偏移量指向转移地址的低字节
        MOV   DPTR, #TAB        ;DPTR 指向转移指令表首地址
        MOVC  A, @A+DPTR        ;读转移地址的低 8 位
        PUSH  ACC
        MOV   A, B
        MOVC  A, @A+DPTR        ;读转移地址的高 8 位
        MOV   DPH, A            ;转移地址的高 8 位写入 DPTR 的高 8 位
        POP   DPL              ;转移地址的低 8 位写入 DPTR 的低 8 位
        CLR   A
        JMP   @A+DPTR           ;转向对应分支
TAB:DW    PR0, PR1, …, PR127   ;函数指针数组表
PR0:
        ⋮
        LJMP  OUT
PR1:
        ⋮
        LJMP  OUT

PR127:
        ⋮
OUT:
```

如果结合前面的基于函数指针调用函数的方法，该程序稍加改造就可以实现基于函数指针数组的散转函数调用。感兴趣的读者可以尝试修改，这里不再赘述。

（4）采用 RET 指令实现基于函数指针数组的散转跳转或散转函数调用。

同前一例题，用 RET 指令实现函数指针数组及函数调用的方法是：先把各个分支的目的地址通过 DW 伪指令存储为函数指针数组表，函数指针数组的角标 R2 乘以 2 作为查表指令

的偏移量，DPTR 指向函数指针数组首地址，通过两次查表指令获取函数指针压入栈，先压栈低字节，后压栈高字节，然后执行 RET 指令，执行后则转到对应的目的位置，实现散转跳转。程序如下：

```
            MOV  DPTR, #TAB         ;DPTR 指向目的地址表
            MOV  A, R2              ;分支信息存放于累加器 A 中
            RL   A                 ;分支信息乘 2，因为 1 个 DW 占两个字节
            MOV  B, A              ;保存分支地址信息
            INC  A                 ;加 1 得到目的地址的低 8 位的变址
            MOVC A, @A+DPTR        ;取转向地址低 8 位
            PUSH ACC               ;低 8 位地址入栈
            MOV  A, B              
            MOVC A, @A+DPTR        ;取转向地址高 8 位
            PUSH ACC               ;高 8 位地址入栈
            RET                    ;转向目的地址
    TAB:    DW   PR0,PR1,PR2,...   ;函数指针数组表
    PR0:
              ⋮
            LJMP OUT
    PR1:
              ⋮
            LJMP OUT
              ⋮
    PR127:
              ⋮
    OUT:
```

同样，如果结合基于函数指针调用函数的方法，该程序稍做修改就可以实现基于函数指针数组的散转函数调用。此处不再赘述。

2.6.3 条件转移指令及应用

条件转移指令是指当条件满足时，程序转移到指定位置；条件不满足时，程序将继续顺次执行。显然，条件转移指令用于分支程序，分支转移指令使计算机有了判断和选择具体做法的能力。

51 系列单片机的条件转移指令采用相对寻址，转移的目的地址在以下一条指令的起始地址为中心的 1 个字节补码范围。当条件满足时，把 PC 的值（下一条指令的首地址）加上相对偏移量 rel（−128～+127）计算出转移地址。共有 4 种条件转移指令：累加器判零条件转移指令、位控制转移指令、比较不相等转移指令和减 1 不为零转移指令。

1. 累加器判零条件转移指令

判 0 指令：累加器为 0 则跳转。指令如下：

JZ rel   ;双字节指令,若 A=0,则(PC) ← (PC)+rel,否则继续向下执行

判非 0 指令：累加器不为 0 则跳转。指令如下：

JNZ rel   ;双字节指令,若 A≠0,则(PC) ← (PC)+rel,否则继续向下执行

要说明的是，由于 51 系列单片机没有零标志，因此结果是否为零的判断步骤是：首先将结果复制到 A 中，然后通过 JZ 和 JNZ 指令来判断。

【例 2.18】把片外 RAM 自 30H 单元开始的数据块传送到片内 RAM 自 40H 开始的位置，直到出现零为止。

分析：片内、片外数据传送以累加器 A 过渡。每次传送一个字节，通过循环处理，直到处理到传送的内容为 0 结束。程序如下：

```
      MOV   R0, #30H
      MOV   R1, #40H
LOOP: MOVX  A, @R0
      MOV   @R1, A
      INC   R1
      INC   R0
      JNZ   LOOP
```

【例 2.19】利用"逻辑与"及 JZ、JNZ 指令实现位测试。

分析：位测试是指判断被测试对象字节中的第 n（0～7）位是 0 还是 1。位测试通过"逻辑与"运算实现。测试的基本要求是不能改变测试对象中的内容，所以被测试对象一般不作为目的操作数，而是将 A 作为目的操作数，并指向被测试位（令 A 中的内容只有第 n 位为 1），然后执行逻辑与运算指令"ANL A, 被测试对象地址"，同时，由于运算结果存入 A 便于运用 JZ、JNZ 指令判断被测试位的值。若 A 不等于 0 说明被测试对象的第 n 位为 1，否则为 0。

例如，要实现"若 30H 地址单元的 b3 位为 0 则 B=5，否则 B=8"的功能，其代码如下：

```
      MOV  A, #08H      ;指向 b3 位
      ANL  A, 30H       ;测试 30H 单元的 b3 位，不能改变 30H 中的内容
      JNZ  N1
      MOV  B, #5
      LJMP N2
N1:   MOV  B, #8
N2:
```

位测试是计算机的基础应用软件功能，很多计算机都具有专门的测试指令（TEST），读者必须深入体会和掌握。

2. 位控制转移指令

51 系列单片机有 5 条位转移指令。指令如下：

```
JB  bit, rel   ;(bit)=1 时转移,(PC) ← (PC)+rel,否则程序继续执行
JNB bit, rel   ;(bit)=0 时转移,(PC) ← (PC)+rel,否则程序继续执行
JBC bit, rel   ;(bit)=1 时转移,并清零 bit 位,(PC) ← (PC)+rel,否则继续执行
JC  rel        ;CY=1 时转移,(PC) ← (PC)+rel,否则程序继续执行
JNC rel        ;CY=0 时转移,(PC) ← (PC)+rel,否则程序继续执行
```

其中，以普通可位寻址位作为判别条件的指令有 3 条，都为 3 字节指令。利用 JB、JNB 和 JBC 指令可以根据可位寻址位的内容进行决策和分支，比如，根据 OV 来判断是否发生溢出等，应用广泛。

根据进借位标志（位累加器）CY 的值实现有条件跳转，包括 JC 和 JNC 两条指令。一般

是在该条语句之前，执行了能够对 C 产生影响的语句，程序需要根据进位位不同结果，跳转到不同程序段执行不同功能。JC 和 JNC 指令是各类型计算机都具备的指令。

【例 2.20】 将 1 位十六进制数转换成 ASCII 码。

分析： 1 位十六进制数有十六个符号 0～9、A、B、C、D、E、F。其中，0～9 的 ASCII 码为 30H～39H，A～F 的 ASCII 码为 41H～46H。转换时，只要判断十六进制数是在 0～9 之间还是在 A～F 之间，如在 0～9 之间，加 30H，如在 A～F 之间，加 37H，就可得到 ASCII。设十六进制数放于 R2 中，转换的结果放于 R2 中。程序如下：

```
        MOV   A, R2
        CLR   C
        SUBB  A, #0AH     ;减去 0AH，判断在 0~9 之间，还是在 A~F 之间
        MOV   A, R2
        JC    ADD30       ;如在 0~9 之间，直接加 30H
        ADD   A, #07H     ;如在 A~F 之间，先加 07H，再加 30H
ADD30:  ADD   A, #30H
        MOV   R2, A
```

3. 比较不相等转移指令

比较指令实质是两个数做减法并影响标志位，但不存储计算结果，即两个数只是数值大小比较，而不会改变这两个数，之后根据标志位再进行跳转。

51 系列单片机没有比较指令，但有比较不相等转移指令（CJNE）。CJNE 指令用于对两个数相减做比较，不存差值，但影响标志位 CY，且两数不相等就相对转移。CJNE 指令有 4 条，都为 3 字节指令。指令及示例如下：

指　　令	示　　例
CJNE A, #date, rel	CJNE A, #12H, rel
CJNE Rn, #date, rel	CJNE R0, #33H, rel
CJNE @Ri, #date, rel	CJNE @R1, #0F0H, rel
CJNE A, direct, rel	CJNE A, 30H, rel

CJNE 指令的执行过程为：

若目的操作数=源操作数，则 C=0，不转移，继续向下执行；

若目的操作数>源操作数，则 C=0，转移：$(PC) \leftarrow (PC)+rel(-128～+127)$；

若目的操作数<源操作数，则 C=1，转移：$(PC) \leftarrow (PC)+rel(-128～+127)$。

显然，尽管 51 系列单片机没有专门的比较指令，但是 CJNE 指令已经隐含一般的比较指令功能，可以直接利用该指令做比较，例如：

```
    CJNE  A, #12H, Ni
Ni:
```

该条指令，无论 A 中的内容是否为 12H，都执行到了其下一行，目的是影响标志位 CY，若 A>=12H，则 C=0，否则 C=1，从而根据 C 就可以实现 A 中的数与 12H 的大小关系判断。

表 2.1 所示为 30H 单元与立即数 3 的数值大小条件判断跳转应用实例。条件利用 C 语言形式给出，并假定 i 变量即为 30H 单元。表 2.1 所示的 30H 单元与立即数 3 的数值大小条件

判断跳转应用实例极具典型性，敬请读者揣摩。

表 2.1　30H 单元与立即数 3 的数值大小条件判断跳转应用实例

C 语言形式	汇编语言形式	
	示例代码	说　　明

if(i == 3)
{
}
else
{
}
	MOV A, 30H
	CJNE A, #3 , ELSE_
	;此处填写满足条件时的任务
	SJMP N2
	ELSE_:
	;此处填写不满足条件时的任务
	N2:
		由于 else 部分是不等于部分，因此，直接采用 CJNE 指令跳转到 else 即可

if(i != 3)
{
}
else
{
}
	MOV A, 30H
	XRL A, #3
	JZ ELSE_
	;此处填写满足条件时的任务
	SJMP N2
	ELSE_:
	;此处填写不满足条件时的任务
	N2:
		先通过减法或 XRL 指令将问题转换为判零问题，然后通过 JZ 或 JNZ 的配合完成分支。等于的判断也可以采用该方法

if(i >= 3)
{
}
else
{
}
	MOV A, 30H
	CJNE A, #3, N1
	N1:JC ELSE_
	;此处填写满足条件时的任务
	SJMP N2
	ELSE_:
	;此处填写不满足条件时的任务
	N2:
		"大于等于"：直接做减法，满足条件时进位标志 CY 等于 0

if(i < 3)
{
}
else
{
}
	MOV A, 30H
	CJNE A, #3 ,N1
	N1:JNC ELSE_
	;此处填写满足条件时的任务
	SJMP N2
	ELSE_:
	;此处填写不满足条件时的任务
	N2:
		"小于"：直接做减法，满足条件时进位标志 CY 等于 1

if(i <= 3)
{
}
else
{
}
	MOV A, #3
	CJNE A, 30H, N1
	N1:JC ELSE_
	;此处填写满足条件时的任务
	SJMP N2
	ELSE_:
	;此处填写不满足条件时的任务
	N2:
		"小于等于"的判断不能直接比较，因为 CY 等于 1 只能说明"小于"，不能反映"等于"的情况。
		　要比较对象调换位置，转换为"大于等于"的分支结构

C 语言形式	汇编语言形式	
	示例代码	说　　明

if(i > 3)
{
}
else
{
}
	MOV A, #3
	CJNE A, 30H, N1
	N1:**JNC** ELSE_
	　　;此处填写满足条件时的任务
	SJMP N2
	ELSE_:
	　　;此处填写不满足条件时的任务
	N2:
		"大于"的判断也不能直接比较，因为 CY 等于 0 不但说明"大于"，还可表明"等于"的关系。
		　要将比较对象调换位置，转换为"小于"的分支结构

在单片机中，可以通过控制转移指令很方便地构造两个分支的程序，对于类似于 C 语言的 switch-case 多个分支的程序，也是通过 CJNE 指令来实现。

【例 2.21】现有 4 路分支，分支号为常数，要求根据 R2 中的分支信息转向各个分支的程序，即：

当(R2) = #data1 时，转向 PR1；

当(R2) = #data2 时，转向 PR2；

当(R2) = #data3 时，转向 PR3；

当(R2) = 其他值时，转向 PR4。

分析：通过比较转移指令 CJNE 指令来实现。用 PR1、PR2、PR3 和 PR4 表示各分支程序的入口地址。需要注意的是，各分支程序结束后，要通过无条件转移指令跳出。程序如下：

```
    MOV   A, R2
    CJNE  A, #data1, PR2
PR1:


    LJMP  OUT
PR2:CJNE  A, #data2, PR3


    LJMP  OUT
PR3:CJNE  A,#data3, PR4


    LJMP  OUT
PR4:


OUT:
```

4. 减 1 不为零转移指令

减 1 不为零转移指令 DJNZ 是先将操作数的内容减 1 并保存结果，再判断其内容是否等于零，若不为零，则转移，否则继续向下执行。DJNZ 指令与 CY 无关，CY 不发生变化。DJNZ 指令共有两条，指令及示例如下：

指　　令	示　　例
DJNZ Rn, rel	**DJNZ** R7, rel
DJNZ direct, rel	**DJNZ** 30H, rel

DJNZ 指令也为相对寻址，PC 将指向距该指令一个字节补码范围（−128～127）的位置。在 51 系列单片机中，通常用 DJNZ 指令来构造循环结构，实现重复处理，如图 2.8 所示。

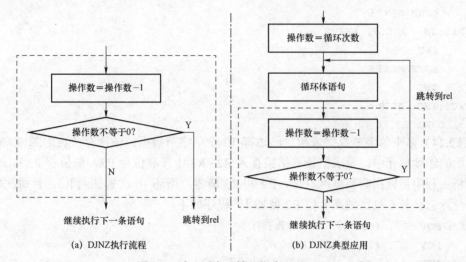

图 2.8　减 1 不为 0 转移指令（DJNZ）

【例 2.22】将内部 RAM 以 40H 为起始地址的 8 个单元中的内容传到外部存储器以 2000H 为起始地址的 8 个单元中。

分析：连续地址块操作，一定要借助指针构筑循环来实现。本例可采用两个指针分别指向两块 RAM 区域，以寄存器间接寻址方式，循环 8 次实现复制数据块功能。程序如下：

```
        MOV  R0, #40H        ;指向内部 RAM 数据块的起始地址
        MOV  DPTR, #2000H    ;指向外部存储器存数单元的起始地址
        MOV  R7, #8          ;设定送数的个数
LOOP:   MOV  A, @R0          ;读出数送 A 暂存
        MOVX @DPTR, A        ;送数到新单元
        INC  R0              ;取数单元加 1，指向下一个单元
        INC  DPTR            ;存数单元加 1，指向下一个单元
        DJNZ R7, LOOP        ;8 个送完了吗？未完转到 LOOP 继续送
```

【例 2.23】从片外 RAM 中 1030H 单元开始有 100 个数据，统计其中正数、0 和负数的个数，分别放于 R5、R6、R7 中。

分析：设用 R2 作计数变量，用 DJNZ 指令对 R2 减 1 转移进行循环控制；在循环体外通过 DPTR 指针指向片外 RAM 区首地址（1030H），并对 R5、R6、R7 清零；在循环体中用指针 DPTR 依次取出片外 RAM 中的 100 个数据，然后判断：如大于 0，则 R5 中的内容加 1；如等于 0，则 R6 中的内容加 1；如小于 0，则 R7 中的内容加 1。程序如下：

```
        MOV   R2, #100
        MOV   DPTR, #1030H
        MOV   R5, #0
        MOV   R6, #0
        MOV   R7, #0
LOOP:   MOVX  A, @DPTR
        CJNE  A, #0, NEXT1
        INC   R6
        SJMP  NEXT3
NEXT1:  JB    ACC.7, NEXT2
        INC   R5
        SJMP  NEXT3
NEXT2:  INC   R7
NEXT3:  INC   DPTR
        DJNZ  R2, LOOP
```

【例 2.24】多个单字节数据求和。已知有 10 个单字节数据，依次存放在内部 RAM 40H 单元开始的连续单元中。要求把计算结果存入 R2-R3 中（高位存 R2，低位存 R3）。

分析：利用指针指向数据区首址，R2 和 R3 清零，循环 10 次累加到 R3。且每次相加后判断进位标志，若 C=1，则高 8 位 R2 就加 1。程序如下：

```
 SAD:  MOV   R0, #40H      ;设数据指针
       MOV   R7, #10       ;加 10 次
 SAD1: MOV   R2, #0        ;和的高 8 位清零
       CLR   A             ;和的低 8 位清零
 LOOP: ADD   A, @R0
       JNC   LOP1
       INC   R2            ;有进位,和的高 8 位+1
 LOP1: INC   R0            ;指向下一数据地址
       DJNZ  R7, LOOP
       MOV   R3, A
```

【例 2.25】将片内 RAM 的 20H 单元的内容记为：

$$(20H)=X_7X_6X_5X_4X_3X_2X_1X_0$$

试编写程序，把该单元内容反序后放回 20H 单元，即：$(20H)=X_0X_1X_2X_3X_4X_5X_6X_7$。

分析：可以通过先把原内容带进位 C 右移一位，低位移入 C 中，然后结果进行带进位 C 左移一位，C 中的内容移入，通过 8 次处理即可。由于 8 次过程相同，可以通过循环完成，移位过程当中必须通过累加器来处理。设 20H 单示原来的内容先通过 R3 暂存，结果先通过 R4 暂存，R2 用作循环变量。程序如下：

```
        MOV   R3, 20H
        MOV   R4, #0
        MOV   R2, #8
LOOP:   MOV   A, R3
        RRC   A
        MOV   R3, A
```

```
        MOV   A, R4
        RLC   A
        MOV   R4, A
        DJNZ  R2, LOOP
        MOV   20H, R4
```

【例 2.26】找最大值。自内部 RAM 的 20H 地址开始存放 8 个数，找出最大值存放到 2BH。

分析：此类问题是典型的比较问题。解决方法就是设定 1 个存储最大值的变量并初始为 0，8 个数据依次比较 8 次，该变量每比较一次都被赋予其中较大的值。或者设定 1 个存储最大值的变量并初始为第 1 个数，8 个数据依次比较 7 次，该变量每比较一次都被赋予其中较大的值。下列程序采样第二种方式。

```
        MOV   R0, #20H
        MOV   R7, #7          ;比较 7 次
        MOV   A, @R0
   LOOP:INC   R0
        MOV   B, @R0
        CJNE  A, B, CHK       ;比较影响标志位 C
   CHK: JNC   LOOP1
        MOV   A, @R0
 LOOP1:DJNZ  R7, LOOP
        MOV   2BH, A
```

【例 2.27】冒泡法排序。设有 N 个数，它们依次存放于 LIST 地址开始的存储区域中，将 N 个数比较大小后，使它们按由小到大（或由大到小）的次序排列，存放在原存储区域中。

分析：依次将相邻两个单元的内容做比较，即第一个数和第二个数比较，第二个数和第三个数比较……，如果符合从小到大的顺序则不改变它们在内存中的位置，否则交换它们之间的位置。如此反复比较，直至数列排序完成为止。

由于在比较过程中将小数（或大数）向上冒，因此这种算法称为"冒泡法"排序，它是通过一轮一轮的比较来进行排序：

第一轮经过 N−1 次两两比较后，得到一个最大数；

第二轮经过 N−2 次两两比较后，得到次大数；

……

每轮比较后得到本轮最大数（或最小数），该数就不再参加下一轮的两两比较，故进入下一轮时，两两比较次数减 1。为了加快数据排序速度，程序中设置一个标志位，只要在比较过程中两数之间没有发生过交换，就表示数列已按大小顺序排列了，可以结束比较。

设数列首地址为 20H，共 8 个数，从小到大排列，F0 为交换标志。程序如下：

```
        MOV   R6, #8         ;数个数
        CLR   F0            ;F0 为交换标志
   SORT:DEC   R6            ;计算需要比较的次数
        MOV   A, R6
        JZ    EXT           ;本轮交换次数为零,结束
        MOV   R7, A         ;比较次数循环变量,R7 ← R6
        MOV   R0, #20H      ;R0 指向数据区首址
```

```
        MOV  R1, #20H    ;R1 指向数据区首址
LOOP:MOV   B, @R1       ;取数据
        INC  R0
        MOV  A, @R0
        CJNE A, B, N1    ;两数比较影响标志位
  N1:JNC   LESS          ;X[i]<X[i+1]转 LESS
        MOV  @R0, B      ;两数交换位置
        MOV  @R1, A
        SETB F0          ;给出标志
LESS:INC   R1
        DJNZ R7, LOOP    ;进行下一次比较
        JBC  F0, SORT    ;交换过数据,进行下一次冒泡
EXT:
```

2.6.4　空操作指令与软件延时

空操作指令的格式为：

NOP

这是一条单字节指令，执行时不做任何操作，因此称为空操作。执行 NOP 指令将程序计数器 PC 的内容加 1，使 CPU 指向下一条指令继续执行程序。它要占有一个机器周期，常用来产生时间延迟，构造延时程序。

延时程序广泛应用于计算机应用系统。软件延时程序与执行空操作指令的时间有关。对于经典型 51 单片机而言，如果使用 12 MHz 晶振，一个机器周期为 1 μs，计算出循环体各指令执行的时间给出相应的循环次数，便能达到延时的目的。1 s 延时程序如下：

```
DEL: MOV  R5, #20        ;1μs
DEL0:MOV  R6, #200       ;1μs
DEL1:MOV  R7, #123       ;1μs
        NOP              ;1μs
DEL2:DJNZ R7, DEL2       ;123*2μs
        DJNZ R6, DEL1    ;(1+1+123×2+2)*200μs=50000μs=50ms
        DJNZ R5, DEL0    ;1+50000+2）×20=1000060μs
        RET              ;2μs
```

其中，指令"DEL2: DJNZ R7, DEL2"和"DJNZ R7, $"是等效的，这是因为符号$表示转移跳转到符号$所在的指令，指令的书写得到简化。在 51 系列单片机的汇编语言程序设计中，凡是跳转到自身的语句均可以写为类似写法，例如：

SJMP $

指令的功能是在自己本身上循环，进入等待状态。

上例延时程序是一个三重循环程序，共计 1 000 060 + 2 = 1 000 062 μs 延时，利用程序嵌套的方法对时间实行延迟是程序设计中常用的方法。使用多重循环程序时，必须注意以下几点。

（1）循环嵌套，必须层次分明，不允许产生内外层循环交叉。

（2）外循环可以一层层向内循环进入，结束时由里往外一层层退出。

（3）内循环体可以直接转入外循环体，实现一个循环由多个条件控制的循环结构方式。

习题与思考题

1. 区分下列指令有什么不同?

（1）**MOV** A, 20H　和 **MOV** A, #20H。

（2）**MOV** A, @R1　和 **MOVX** A, @R1。

（3）**MOV** A, R1　和 **MOV** A, @R1。

（4）**MOVX** A, @R1　和 **MOVX** A, @DPTR。

（5）**MOVX** A, @DPTR和 **MOVC** A, @A+DPTR。

2. 在错误的指令后面的括号中打×。

MOV @R1, #80H　（　）	**MOV** R7, @R1　（　）
MOV 20H, @R0　（　）	**MOV** R1, #0100H　（　）
CPL R4　（　）	**SETB** R7.0　（　）
MOV 20H, 21H　（　）	**ORL** A, R5　（　）
ANL R1, #0FH　（　）	**XRL** P1, #31H　（　）
MOV A, 2000H　（　）	**MOV** 20H, @DPTR　（　）
MOV A, DPTR　（　）	**MOV** R1, R7　（　）
PUSH DPTR　（　）	**POP** 30H　（　）
MOVC A, @R1　（　）	**MOVC** A, @DPTR　（　）
MOVX @DPTR, #50H　（　）	**RLC** B　（　）
ADDC A, C　（　）	**MOVC** @R1, A　（　）

3. 写出完成下列操作的指令。

（1）R7 的内容送到 R1 中。

（2）片内 RAM 的 50H 单元内容送到片外 RAM 的 3000H 单元中。

（3）外部 RAM 的 2000H 单元内容送到外部 RAM 的 20H 单元中。

（4）程序存储器的 1000H 单元内容送到片内 RAM 的 50H 单元中。

4. 在对外部 RAM 单元的寻址中，用 Ri 间接寻址与用 DPTR 间接寻址有什么区别?

5. 在位处理中，位地址的表示方式有哪几种?

6. 51 系列单片机的 PSW 程序状态字中无 ZERO（零）标志位，怎样判断某内部数据存储单元的内容是否为 0?

7. 执行返回指令后，返回的断点是（　　　）。

　　A. 调用指令的首地址　　　　　　　　　　B. 调用指令的末地址

　　C. 调用指令的下一条指令的首地址　　　　D. 返回指令的末地址

8. 通过栈操作实现子程序调用，首先要把（　　　）的内容入栈，以进行断点保护。调用返回时再进行出栈操作，把保护的断点送回（　　　）。

9. 51 系列单片机中，设置栈指针 SP 为 37H 后就发生子程序调用，这时 SP 的值变为（　　　）。

　　A. 37H　　　　　　　　B. 38H　　　　　　　　C. 39H　　　　　　　　D. 3AH

10. 已知初始状态：(A)=02H，(R1)=7FH，(DPTR)=2FFCH，程序存储器(2FFEH)=64H，片内RAM(7FH)=70H，外部 RAM(2FFEH)=11H，试分别写出以下各条指令执行后目标单元的内容。

（1）**MOV** A, @R1。

（2）**MOVX** @DPTR, A。

（3）**MOVC** A, @A+DPTR。

（4）**XCHD** A, @R1。

11. 设内部 RAM 中(59H)＝50H，执行下列程序段：

```
MOV  A, 59H
MOV  R0, A
MOV  A, #0
MOV  @R0, A
MOV  A, #25H
MOV  51H, A
MOV  52H, #70H
```

A=＿＿＿，(50H)=＿＿＿，(51H)=＿＿＿，(52H)=＿＿＿。

12. 已知程序执行前有 A=02H、SP=52H、(51H)=FFH、(52H)=FFH，下述程序执行后：

```
POP  DPH
POP  DPL
MOV  DPTR, #4000H
RL   A
MOV  B, A
MOVC A, @A+DPTR
PUSH ACC
MOV  A, B
INC  A
MOVC A, @A+DPTR
PUSH ACC
RET
ORG  4000H
DB   10H, 80H, 30H, 50H, 30H, 50H
```

A=（   ），SP=（   ），(51H)=（   ），(52H)=（   ），PC=（   ）。

13. 设片内 RAM 的(20H)=40H、(40H)=10H、(10H)=50H、(P1)=0CAH，分析下列指令执行后片内 RAM 的 30H、40H、10H 单元及 P1、P2 锁存器中的内容：

```
MOV  R0, #20H
MOV  A, @R0
MOV  R1, A
MOV  @R1, A
MOV  @R0, P1
MOV  P2, P1
MOV  10H, A
MOV  30H, 10H
```

14. 设(A)=83H、(R0)=17H、(17H)=34H，分析当执行完下面指令段后累加器 A、R0、17H 单元的内容。

ANL　A，#17H

ORL　17H，A

XRL　A，@R0

CPL　A

15. 写出完成下列要求的指令。

（1）将 A 累加器的低四位数据送至 P1 口的高四位，P1 口的低四位保持不变。

（2）累加器 A 的低 2 位清零，其余位不变。

（3）累加器 A 的高 2 位置 1，其余位不变。

（4）将 P1.1 和 P1.0 取反，其余位不变。

16. 用位处理指令实现 P1.4=P1.0&(P1.1|P1.2)|P1.3 的逻辑功能。

17. 试编程将片内 RAM 的 40H～60H 地址单元中内容传送到外部 RAM 以 2000H 为首地址的存储区中。

18. 在外部 RAM 首地址为 DATA 的存储器中，有 10 个字节的数据。试编程将每个字节的高 4 位无条件地置 1。

19. 编程实现将片外 RAM 的 2000H～2030H 地址单元的内容，全部移到片内 RAM 的 20H 地址单元开始位置，并将原位置清零。

20. 试编程把字符串从内部 RAM 首地址为 20H 的存储器中向外部 RAM 首地址为 1234H 的存储器进行传送。

21. 编程将外部 RAM 的 1000H 单元开始的 100 个字节数据相加，结果存放于 R7R6 中。

22. 编程统计从片外 RAM 自 2000H 地址开始的 100 个单元中 0 的个数存放于 R2 中。

23. 在内部 RAM 的 40H 单元开始存有 48 个无符号数，试编程找出最小值并存入 B 中。

24. 设有两个无符号数 X、Y 分别存放在内部 RAM 的 50H、51H 地址单元，试编程计算 3X+20Y，并把结果送入 52H、53H 地址单元（大端存储）。

25. 编程实现把片内 RAM 的 20H 地址单元的 0 位、1 位，21H 单元的 2 位、3 位，22H 单元的 4 位、5 位，23H 单元的 6 位、7 位，按原位置关系拼装在一起并存放于 R2 中。

26. 试编程把内部 RAM 自 40H 为首地址的连续 20 个单元的内容按降序排列，并存放到外部 RAM 自 2000H 为首地址的存储区中。

27. 设在片内 RAM 的 30H 地址单元开始有一个 4 字节数据，30H 为低字节，对该数据求补，结果放回原位置。

28. 编写两个 8 位带符号数（补码）的乘法程序。子程序入口：R5 存放被乘数，R4 存放乘数。子程序出口：R3 存放积的高 8 位，R2 存放积的低 8 位。

29. 编写两个 16 位无符号数乘法程序。子程序入口：(R7R6)中是被乘数，(R5R4)中是乘数，(R0)中存放乘积的起始地址。子程序出口：(R0)指向地址，大端存储。

30. 编写两个 16 位无符号数除法程序。子程序的入口：(R7R6)中是被除数，(R5R4)中是除数。子程序出口：(R7R6)中是商，PSW.5（F0），除数为 0 标志。

第3章　嵌入式C程序设计与开发调试

本章通过 51 系列单片机的 C 语言程序设计学习嵌入式 C 程序设计，以及嵌入式软件的开发调试方法。

3.1　51 系列单片机的 C 编译器

前面介绍了 51 系列单片机汇编语言程序设计，汇编语言有执行效率高、速度快、编写的程序代码短、与硬件结合紧密等特点。尤其在进行设备管理时，使用汇编语言快捷、直观。但汇编语言比高级语言编程难度大，用汇编语言编写 51 系列单片机程序必须要考虑其存储器结构，尤其必须考虑其片内数据存储器与特殊功能寄存器的使用及按实际地址处理端口数据，可读性差，不便于移植，应用系统设计的周期长，调试和排错也比较难，开发时间长。

由于不同机型的指令系统和硬件结构不同，为了方便用户，编写程序所用的语句应该与实际问题的描述更接近，而且用户不必了解具体结构，就能编写程序，只考虑要解决的问题即可，这就是 C 语言、Java、Python 等各种高级语言。高级语言容易理解、学习和掌握，因此用户用高级语言编写程序就方便多了，可大大减少工作量。但计算机执行时，必须将高级语言编写的源程序翻译成机器语言表示的目标代码方能执行。这个"翻译"就是各种编译器（compiler）或解释器（interpreter）。

另外，基于 C 语言的程序设计相对来说比较容易。C 语言支持多种数据类型，功能丰富，表达能力强，灵活方便，应用面广，目标程序效率高，可移植性好。尤其是 C 语言具有指针功能，允许直接访问物理地址，且具有位操作运算符，能实现汇编语言的大部分功能，可以对硬件直接进行操作。C 语言既具有高级语言的特点，也具有汇编语言的特点，能够按地址方式访问存储器或设备，方便进行底层软件设计。当然，采用 C 语言编写的应用程序必须由对应单片机的 C 语言编译器转换生成单片机可执行的汇编程序。

众所周知，汇编语言生成的目标代码的效率是最高的。基于 C 语言开发，不要有采用高级语言产生代码太长、运行速度太慢的错误认识。目前，51 系列单片机的 C 语言代码长度，已经做到了汇编水平的 1.2～1.3 倍。然而，如果谈到开发速度、软件质量、可读性和可移植性等方面的话，则 C 语言的完美绝非汇编语言编程所可比拟的。现在，采用 C 语言进行嵌入式系统软件开发已经成为主流。

51 系列单片机的 C 编译器主要有 Keil C51、IAR C/C++ Compiler for 8051 和 SDCC（small device C compiler）。相比前两种 C 编译器，SDCC 开源、免费，支持 C99 规范，编译选项设定为-mmcs51 时可作为 51 系列单片机的 C 编译器。由于 Keil C51 以它的代码紧凑和使用方便等特点而应用广泛，本书以 Keil C51 编译器介绍 51 系列单片机 C 语言程序设计。和汇编器 A51 一样，C51 被集成到 μVision2/3/4/5 的集成开发环境中，C 语言源程序经过 C51 编译器编译、L51（或 BL51）链接/定位后生成 BIN 和 HEX 的目标程序文件。Ax51、Cx51 和 Lx51 是汇编器、编译器和链接器的新版本名称。

　　C51/Cx51 程序结构与标准的 C 语言程序结构相同，兼容 C89/C90 标准。如表 3.1～表 3.5 所示，C51/Cx51 的运算符及表达式与 C89/C90 标准一致。显然，C89/C90 标准是应用 C51/Cx51 进行软件开发的基础。

表 3.1　C51/Cx51 的算术运算符

符号	功能	符号	功能
+	加或取正值运算符	/	除运算符
−	减或取负值运算符	%	整数取余运算符
*	乘运算符		

表 3.2　C51/Cx51 的比较关系运算符

符号	功能	符号	功能
>	大于	>=	大于等于
<	小于	<=	小于等于
==	等于	!=	不等于

表 3.3　C51/Cx51 的逻辑关系运算符

符号	功能	格式
&&	逻辑与	条件式 1 && 条件式 2
‖	逻辑或	条件式 1 ‖ 条件式 2
!	逻辑非	! 条件式

表 3.4　C51/Cx51 的逻辑运算符

符号	功能	符号	功能
&	按位与	~	按位取反
		按位或	<<	左移
^	按位异或	>>	右移

表 3.5　C51/Cx51 中支持的复合赋值运算符

符号	功能	符号	功能
+=	加法赋值	−=	减法赋值
*=	乘法赋值	/=	除法赋值
%=	取模运算	&=	逻辑与赋值
|=	逻辑或赋值	^=	逻辑异或赋值
>>=	右移位赋值	<<=	左移位赋值

　　当然，C51/Cx51 也支持指针运算符*和取地址运算符&。

　　逻辑运算符在 C 语言课程中一般较少学习和使用，当具备数字电子技术或数字逻辑课程基础后，逻辑运算作为 ALU 的基本运算在嵌入式 C 程序设计中经常被使用。

　　C51/Cx51 与 C89/C90 标准一致，具有两类条件判断语句、三种循环语句和四种无条件跳转语句。条件判断语句和三种循环语句本质都是有条件跳转语句。

　　（1）两类条件判断语句。一是 if 语句[if(){}、if(){}else{}、if(){}else if(){}else if(){}else{}]；二是 switch 语句[switch(){case : break; case : break;……default}]。if 语句一般表示两个分支或是嵌套表示少量的分支，但如果分支很多时应用 switch 语句更明晰。

　　（2）三种循环语句。C 语言具有 for()、while()和 do{ }while()三种循环语句。

　　（3）四种无条件跳转语句。

　　① 函数内条件跳转语句：goto。goto 可构成无条件的"死循环"。

　　② 跳出循环或结束 switch-case 语句：break。

　　③ 结束本次循环，启动下次循环语句：continue。

④ 返回值语句：return。

C51/Cx51 的语法规定、程序结构及程序设计方法都与 C89/C90 标准的 C 语言程序设计兼容，但用 C51 编写单片机应用程序与 C89/C90 标准也有区别。

（1）用 C51/Cx51 编写单片机应用程序时，需要根据单片机存储结构及内部资源定义相应的数据类型和变量，而标准的 C 语言程序不需要考虑这些问题。在 C51 中还增加了几种针对 51 系列单片机特有的数据类型，即特殊功能寄存器和位变量的定义。

（2）C51/Cx51 变量的存储模式与标准 C 中变量的存储模式不一样，C51/Cx51 中变量的存储模式是与 51 系列单片机的存储器密切相关的。

（3）C51/Cx51 中定义的库函数和标准 C 定义的库函数不同。通用计算机的库函数是按通用计算机来定义的，而 C51/Cx51 中的库函数是按 51 系列单片机相应情况来定义的。

（4）C51/Cx51 与 C89/C90 的数据输入/输出函数实现方式不一样，在 C51/Cx51 中是通过 51 系列单片机的串行口来完成的，调用输入/输出函数前必须要对串行口进行初始化。

（5）C51/Cx51 程序中可以用“/*……*/”或“//”对 C 程序中的任何部分做注释，以增加程序的可读性。C89/C90 一般只支持“/*……*/”注释法。

（6）C51/Cx51 与 C89/C90 语法在函数使用方面也有一定的区别，C51/Cx51 中有专门的中断函数。

本章将主要介绍 Keil C51 与 C89/C90 不兼容的相关语句，其中 C51/Cx51 下中断函数的编写将在第 4 章的中断技术部分讲述。

3.2 C51/Cx51 的数据类型及定义

3.2.1 C51/Cx51 的数据类型

与 C89/C90 标准一致，C51/Cx51 的数据有常量和变量之分。变量，即在程序运行中其值可以改变的量。一个变量由变量名和变量值构成，变量名就是存储单元的符号表示，而变量值就是该单元存放的内容。定义一个变量，编译系统就会自动为它安排一个存储单元，具体的地址值编程人员不必在意。

C89/C90 标准的数据类型由字符型（char）、整型（int）、长整型（long）、浮点型（float）和双精度型（double）等基本类型，以及数组、结构体类型、共同体类型、枚举类型、指针类型和空类型等类型构成。C51/Cx51 的数据类型兼容 C89/C90 标准，要说明的是 C51/Cx51 的 int 型与 short 型相同（为双字节），float 型与 double 型相同（都为 4 字节）。另外，C51/Cx51 中还有专门针对 51 系列单片机的特殊功能寄存器型和位类型。C51/Cx51 的数据类型具体情况如下。

1. 字符型

字符型变量（char）有 signed char 和 unsigned char 之分，默认为 signed char。它们的长度均为一个字节，用于存放一个单字节的数据。对于 signed char，它用于定义带符号字节数据，补码表示，所能表示的数值范围是 $-128 \sim +127$；对于 unsigned char，它用于定义无符号字节数据或字符，表示的数值范围为 $0 \sim 255$。unsigned char 可以用来存放无符号数，也可以存放西文字符，一个西文字符占一个字节，在计算机内部用 ASCII 码存放。

2. 整型

整型变量（int）有 signed int 和 unsigned int 之分，用于存放一个双字节数据，默认为 signed int。signed int 用于存放两字节带符号数，补码表示，所能表示的数值范围为−32 768～+32 767。对于 unsigned int，它用于存放两字节无符号数，所能表示的数值范围为 0～65 535。

3. 长整型

长整型变量（long）有 signed long 和 unsigned long 之分，默认为 signed long。它们的长度均为 4 个字节。对于 signed long，它用于存放 4 字节带符号数，补码表示，所能表示的数值范围为−2 147 483 648～+2 147 483 647。对于 unsigned long，它用于存放 4 字节无符号数，所能表示的数值范围为 0～4 294 967 295。

51 系列单片机采用大端模式，即 int 型和 long 型变量，其高位字节存入低地址，低位字节存入高地址。这点，在共用体应用时尤为要注意。

4. 浮点型

浮点型变量（float）的长度为 4 个字节，格式符合 IEEE−754 单精度标准。51 系列单片机没有浮点运算器，需要软件编程实现浮点运算。

5. 指针型

指针型变量（*）存放指向某一个变量的地址。指针型变量要占用一定的内存单元。对不同的处理器其长度不一样，在 C51 中它的长度为 1B 或 2B。指向片内 RAM，则 1B；指向片外 64 KB RAM 或程序存储器则要 2B。

6. 特殊功能寄存器型

特殊功能寄存器型变量（sfr）是 C51/Cx51 扩充的数据类型，用于访问 51 系列单片机中的特殊功能寄存器数据。它分 sfr 和 sfr16 两种类型，其中：sfr 为单字节型特殊功能寄存器类型，占 1 个内存单元，利用它可以访问 51 系列单片机内部的所有 SFR；sfr16 为双字节型 SFR 类型，占用 2 个字节单元，利用它可以访问 51 系列单片机内部的所有两个字节的特殊功能寄存器。在 C51/Cx51 中对特殊功能寄存器的访问必须先用 sfr 或 sfr16 进行声明，而不能用指针，因为特殊功能寄存器只支持直接寻址，而不支持间接寻址。声明之后，程序中就可以直接引用寄存器名。例如：

```
sfr SCON = 0x98;     //串行通信控制寄存器地址 98H
sfr TMOD = 0x89;     //定时器模式控制寄存器地址 89H
sfr ACC  = 0xe0;     //累加器 A 地址 E0H
sfr P1   = 0x90;     //P1 端口地址 90H
```

C51/Cx51 也建立一个头文件 reg51.h（增强型为 reg52.h），在该文件中对所有的特殊功能寄存器进行了 sfr 定义，对特殊功能寄存器的有位名称的可寻址位进行了 sfr 定义，因此，只要用包括语句#include<reg52.h>，就可以直接引用特殊功能寄存器名，或直接引用位名称。

7. 位类型

C51/Cx51 扩充了信息数据类型，用于访问 51 系列单片机中的可寻地址的位单元。C51/Cx51 采用位类型（bit）来定义位变量，通过 sbit 声明固定地址或已分配位地址的位变量。具体如下。

1）用 bit 定义位变量

用 bit 定义的位变量在 C51/Cx51 编译器编译时，被分配到 20H～2FH 可位寻址区，并由编译器指定具体位地址。例如：

```
bit n;
```

n 为位变量，其值只能是 0 或 1，其位地址 C51/Cx51 自行安排的可位寻址区的 bdata 区。

2）通过 sbit 声明固定地址或已分配位地址的位变量

sbit 用于对直接寻址变量的位进行声明时，位序号通过"^"给出，运算符"^"相当于汇编语言中的"."。需要注意的是，"^"在 C89/C90 中表示异或运算，所以位提取符号"^"只有在 sbit 定义中才能使用。

对定义在 20H~2FH 可位寻址区中的字节寻址变量进行位声明。例如：

```
bdata int ibase;        //ibase 定义为整型变量
sbit mybit = ibase^15;  //mybit 定义为 ibase 的第 15 位
```

对可位寻址的 SFR 中的位进行位声明。例如：

```
#include <reg52.h>
sbit LED1 = 0x80^2;     //0x80 是 P0 端口的地址，定义 LED1 为 P0 端口的第 2 位
sbit ac = ACC^7;        //ac 定义为累加器 A 的第 7 位
sbit LED2 = P1^1;       //LED2 为 P1 端口的第 1 位
```

另外，使用头文件 reg52.h，特殊功能寄存器区中的可位寻址位已经在 reg52.h 头文件中通过 sbit 定义好，直接用位名称。例如：

```
#include <reg52.h>
RS1 = 1;
RS0 = 0;
```

表 3.6 为 Keil C51/Cx51 编译器能够识别的基本数据类型。其中，bit、sbit、sfr 和 sfr16 数据类型专门用于 51 系列单片机，不属于 C89/C90 标准。C51/Cx51 编译器除了能支持这些基本数据类型之外，还支持数组类型、结构体和共用体等结构类型，定义和使用方法同 C89/C90。

表 3.6　Keil C51/Cx51 编译器能够识别的基本数据类型

数据类型	位长度	字节长度	取值范围
bit	1		0~1
signed char	8	1	−128~+127
unsigned char	8	1	0~255
enum	16	2	−32 768~+32 767
signed int	16	2	−32 768~+32 767
unsigned int	16	2	0~65 535
signed long	32	4	−2 147 483 648~+2 147 483 647
unsigned long	32	4	0~4 294 967 295
float	32	4	+1.175 494E−38~+3.402 823E+38
sbit	1		0~1
sfr	8	1	0~255
sfr16	16	2	0~65 535

当结果表示不同的数据类型时，C51/Cx51 编译器自动转换数据类型。例如，位变量在整

数分配中就被转换成一个整数。除了数据类型的转换之外，带符号变量的符号扩展也是自动
完成的。C51/Cx51 允许任何标准数据类型的隐式转换，隐式转换的优先级顺序如下：

$$bit \rightarrow char \rightarrow int \rightarrow long \rightarrow float$$

$$signed \rightarrow unsigned$$

也就是说，当 char 型与 int 型进行运算时，先自动将 char 型扩展为 int 型，然后与 int 型
进行运算，运算结果为 int 型。同 C89/C90 标准，C51/Cx51 除了支持隐式类型转换外，还可
以通过强制类型转换符 "( )" 对数据类型进行强制转换。

C51/Cx51 兼容 C89/C90 标准，自然支持常量。常量，即在运行中其值不变的量，可以为
字符、十进制数或十六进制数（用 0x 表示）。常量分为数值常量和符号型常量，如果是符号
型常量，则需用宏定义指令（#define）对其运行定义（相当于汇编 EQU 伪指令），例如：

```
#define PI 3.1415
```

那么程序中只要出现 PI 的地方，编译程序都将其译为 3.1415。

3.2.2　C51/Cx51 的存储类型

C51/Cx51 是面向 51 系列单片机的编译器，它定义的任何变量必须以一定的存储类型的
方式定位在 51 系列单片机的某一存储区中，否则便没有意义。因此，在定义变量类型时，还
必须定义它的存储类型。C51/Cx51 变量的存储类型如表 3.7 所示，通过 data、bdata、idata、
pdata、xdata 和 code 限定对象被分配的物理区域。

表 3.7　C51/Cx51 变量的存储类型

存储类型	描　　述
data	直接寻址内部数据存储区，访问变量速度最快（128 B）
bdata	可位寻址内部数据存储区，允许位与直接混合访问（16 B）
idata	间接寻址内部数据存储区，可访问全部内部地址空间（256 B）
pdata	分页（256 B）外部数据存储区，由操作码 MOVX @Ri 访问
xdata	外部数据存储区（64 KB），由操作码 MOVX @DPTR 访问
code	代码存储区（64 KB），由操作码 MOVC @A+DPTR 访问

【例 3.1】变量定义存储种类和存储类型相关情况。

```
char data var1;              //在片内 RAM 低 128 B 定义用直接寻址方式访问的字符型变量
int idata var2;              //在片内 RAM 256 B 定义用间接寻址方式访问的整型变量
unsigned long data var3;     //在片内 RAM 低 128 B 定义自动无符号长整型变量
float xdata var4;            //在片外 RAM 64 KB 空间用间接寻址方式访问的外部变量
unsigned char bdata var6;    //在片内 RAM 20H~2FH 单元定义 1 个无符号字符型变量
```

在定义变量时，变量的数据类型和存储类型可以互换位置。

相比 const 将常量定义在 RAM 中，C51/Cx51 引入 code 关键字用于将常量定义到程序存
储器中，以通过 MOVC A,@A+DPTR 或 MOVC A,@A+PC 指令访问，有效地节约了 RAM。例如：

```
int code var5;               //在程序存储器空间定义整型数据
code unsigned char w1 = 99;  //99 是程序存储器中的常量
unsigned int code w2 = 9988; //code 可以与变量类型说明的位置互换
```

调用时，直接写名字即可，例如：

```
i = w1;                        //运行后 i=99
```

定义变量时也可以缺省"存储类型"，缺省时 C51/Cx51 编译器将按编译模式默认存储模式，这将在 3.2.3 节介绍。

3.2.3　C51/Cx51 的存储模式

C51/Cx51 编译器支持 3 种存储模式：SMALL 模式、COMPACT 模式和 LARGE 模式，如表 3.8 所示。不同的存储模式对变量默认的存储器不一样。

表 3.8　C51/Cx51 的存储器模式

存储器模式	描　述
SMALL	参数及局部变量放入可直接寻址的内部存储器（最大 128 B，默认存储类型 data）
COMPACT	参数及局部变量放入分页外部存储区（最大 256 B，默认存储类型 pdata）
LARGE	参数及局部变量直接放入外部数据存储器（最大 64 KB，默认存储类型为 xdata）

（1）SMALL 模式。SMALL 模式称为小编译模式，在 SMALL 模式下，编译时函数参数和变量被默认在片内 RAM 中，存储类型为 data。

（2）COMPACT 模式。COMPACT 模式称为紧凑编译模式，在 COMPACT 模式下编译时函数参数和变量被默认在外部 RAM 的低 256 B 空间，存储类型为 pdata。

（3）LARGE 模式。LARGE 模式称为大编译模式，在 LARGE 模式下，编译时函数参数和变量被默认在外部 RAM 的 64 B 空间，存储类型为 xdata。

变量的存储模式可以通过配置编译选项设定。变量的存储模式也可以在程序中通过 #pragma 预处理命令来重新给定。函数的存储模式可通过在函数定义时后面带存储模式说明。如果没有指定，则系统都隐含为 SMALL 模式。

【例 3.2】变量的存储模式。

```
#pragma small                 //变量的存储模式为 SMALL
char k1;
int xdata m1;
#pragma compact               //变量的存储模式为 compact
char k2;
int xdata m2;
int funcl(int x1,int y1)large  //函数的存储模式为 LARGE
{
    return (x1+y1);
}
int func2(int x2,int y2)       //函数的存储模式隐含为 SMALL
{
    return (x2-y2);
}
```

程序编译时，k1 变量存储类型为 data，k2 变量存储类型为 pdata，而 m1 和 m2 由于定义时带了存储类型 xdata，因而它们为 xdata 型；函数 func1 的形参 x1 和 y1 的存储类型为 xdata 型，而函数 func2 由于没有指明存储模式，隐含为 SMALL 模式，形参 x2 和 y2 的存储类型为 data。

综上所述，C51/Cx51 的变量数据类型及存储类型定义应注意以下 7 点。

（1）尽可能使用最小数据类型。51 系列单片机是 8 位机，因此对具有 char 类型的对象的操作比 int 或 long 类型的对象方便得多。建议编程者只要能满足要求，应尽量使用最小数据类型。这可用一个乘积运算来说明，两个 char 类型对象的乘积与 51 系列单片机操作码 MUL AB 刚好相符，如果用整型完成同样的运算，则需调用库函数。

（2）只要有可能，使用 unsigned 数据类型。51 系列单片机的 CPU 不直接支持有符号数的运算，因而 C51/Cx51 编译必须产生与之相关的更多的代码，以解决这个问题。如果使用无符号类型，则产生的代码要少得多。

（3）常量定义要通过 code 定义到程序存储器中以节约 RAM。

（4）只要有可能，就使用局部函数变量。编译器总是尝试在寄存器里保持局部变量。例如，将索引变量（如 for 和 while 循环中的计数变量）声明为局部变量是最好的，这个优化步骤只对局部变量执行。使用 unsigned char/int 类型的对象通常能获得最好的结果。

（5）初始化时 SP 要从默认的 0x07 指向高端，以避开寄存器组区。片内 RAM 由寄存器组、数据区和堆栈构成，且堆栈与用户 data 类型定义的变量可能重叠，为此必须合理初始化 SP，有效划分用户区和栈区。

（6）访问片内 RAM 要比访问片外 RAM 快得多，经常访问的数据对象放入片内 RAM 中。

（7）当需要 RAM 较多时，尤其是外扩 RAM 或片上集成了外部 RAM 时，存储模式要设置为 COMPACT 或 LARGE，更多的片内 RAM 作为栈。

3.3　C51/Cx51 中绝对地址的访问

在 C51/Cx51 中，可以通过变量的形式访问 51 系列单片机的存储器，也可以通过绝对地址来访问存储器。对于绝对地址，访问的形式有 3 种。

1. 使用 absacc.h 中的预定义宏访问

C51 编译器提供了一组宏定义来对 51 系列单片机的 code、data、pdata 和 xdata 空间进行绝对寻址。规定只能以无符号数方式访问，定义了 8 个强指针宏定义。其函数原型如下：

```
#define CBYTE  ((unsigned char volatile code *) 0)
#define DBYTE  ((unsigned char volatile data *) 0)
#define PBYTE  ((unsigned char volatile pdata *) 0)
#define XBYTE  ((unsigned char volatile xdata *) 0)

#define CWORD  ((unsigned int volatile code *) 0)
#define DWORD  ((unsigned int volatile data *) 0)
#define PWORD  ((unsigned int volatile pdata *) 0)
#define XWORD  ((unsigned int volatile xdata *) 0)
```

这些函数原型放在 absacc.h 文件中。使用时需用预处理命令把该头文件包含到文件中，形式为：

```
#include <absacc.h>
```

其中，宏名 CBYTE 以字节形式对 code 区寻址，DBYTE 以字节形式对 data 区寻址，PBYTE 以字节形式对 pdata 区寻址，XBYTE 以字节形式对 xdata 区寻址，CWORD 以字形式对 code 区寻址，DWORD 以字形式对 data 区寻址，PWORD 以字形式对 pdata 区寻址，XWORD 以字形式对 xdata 区寻址。访问形式如下：

宏名[地址]

其中，地址为存储单元的绝对地址，一般用十六进制形式表示。

【例 3.3】绝对地址对存储单元的访问。

```
#include <absacc.h>          //将绝对地址头文件包含在文件中
#include <reg52.h>           //将寄存器头文件包含在文件中
#define uchar unsigned char  //定义符号 uchar 为数据类型符 unsigned char
#define uint unsigned int    //定义符号 uint 为数据类型符 unsigned int
void main(void){
    uchar var1;
    uint  var2;
    var1 = XBYTE[0x0005];    //XBYTE[0x0005]访问片外 RAM 的 0005 字节单元
    var2 = XWORD[0x0002];    //XWORD[0x0002]访问片外 RAM 的 0002 字单元
    …
    while(1);
}
```

在上面程序中，XBYTE[0x0005]是以绝对地址方式访问片外 RAM 0005 字节单元；XWORD[0x0002]是以绝对地址方式访问的片外 RAM 0002 字单元。

2. 使用指针访问

采用指针的方法，可以实现在 C51 程序中对任一支持间接寻址的存储器单元进行访问。

【例 3.4】通过指针实现绝对地址的访问。

```
#define uchar unsigned char  //定义符号 uchar 为数据类型符 unsigned char
#define uint  unsigned int   //定义符号 uint 为数据类型符 unsigned int
void func(void){
    uchar data var1;
    uchar pdata *dp1;        //定义一个指向 pdata 区的指针 dp1
    uint xdata *dp2;         //定义一个指向 xdata 区的指针 dp2
    uchar data *dp3;         //定义一个指向 data 区的指针 dp3
    dp1 = 0x30;             //dp1 指针赋值，指向 pdata 区的 30H 单元
    dp2 = 0x1000;          //dp2 指针赋值，指向 xdata 区的 100H 单元
    *dp1 = 0xff;           //将数据 0xff 送到片外 RAM 的 30H 单元
    *dp2 =0x1234;          //将数据 0x1234 送到片外 RAM 的 1000H 单元
    dp3 = &var1;           //dp3 指针指向 data 区的 var1 变量
    *dp3 = 0x20;           //给变量 var1 赋值 0x20
}
```

3. 使用 C51/Cx51 扩展关键字_at_访问

使用_at_对指定的存储空间的绝对地址进行访问，一般格式为：

【存储类型】　数据类型说明符　变量名_at_　地址常数；

其中，存储类型为 data、bdata、idata、pdata 等 C51 能识别的数据类型，如省略则按存储模式规定的默认存储类型确定变量所存储的区域；数据类型为 C51 支持的数据类型；地址常数用于指定的绝对地址，必须位于有效的存储器空间之内；使用_at_定义的变量必须为全局变量。

【例 3.5】通过_at_实现绝对地址的访问。

```
#define uchar unsigned char    //定义符号 uchar 为数据类型符 unsigned char
#define uint  unsigned int     //定义符号 uint 为数据类型符 unsigned int
int main(void){
    data uchar x1 _at_ 0x40;    //在 data 区中定义单字节变量 x1,地址为 40H
    xdata uint x2 _at_ 0x2000;  //在 xdata 区中定义双字节变量 x2,地址为 2000H
    x1 = 0xff;
    x2 = 0x1234;
    ...
    while(1);
}
```

当然，对于 SFR 只能采用 sfr 和 sfr16 关键字进行绝对地址访问定义，因为，SFR 不支持间接寻址，也就不支持指针。而位地址的绝对地址访问定义只能采用 sbit 关键字。

3.4　Keil μVision 嵌入式集成开发环境

Keil μVision 是 ARM 公司用于 51 系列单片机和 ARM 系列微处理器的 IDE（integrated drive electronics）环境。本节讲述基于 Keil μVision 的 51 系列单片机软件开发方法。

双击 Keil μVision 图标 进入 Keil μVision 集成开发环境，如图 3.1 所示。

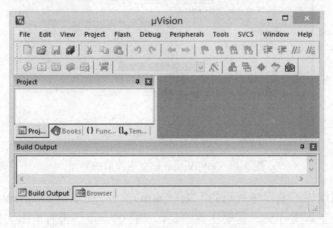

图 3.1　Keil μVision 集成开发环境

软件设计，首先需要建立用于软件工程管理的工程文件。单击 Project|New μVision Project...，弹出软件工程存储路径选择对话框。一般预先新建好一个工程文件夹，且一个工程对应一个文件夹。输入工程名并保存，弹出如图 3.2 所示界面。

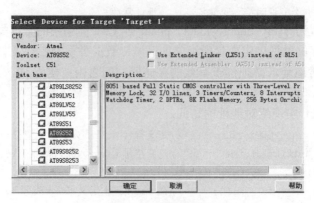

图 3.2 工程器件选择

选择 Atmel 公司的 AT89S52 单片机作为应用和实验对象。右侧是 Keil 环境自动给出的关于 AT89S52 的宏观描述。单击"确定"按钮弹出提示对话框，如图 3.3 所示。

图 3.3 启动代码添加提示对话框

若在该工程文件夹第一次建立 C51 工程，则单击"是（Y）"按钮，用以添加启动代码。若非第一次建立 C51 工程，或者建立汇编应用，则单击"否（N）"，进入如图 3.4 所示界面。

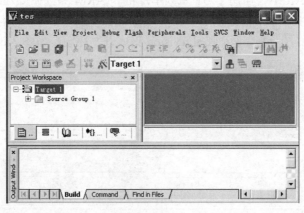

图 3.4 Keil μVision 建立工程后的界面

下面建立用以编辑汇编程序代码的汇编（*.asm）文件。先单击 File|New，再单击 File | Save 将文件存储到对应工程文件夹。需要注意的是，文件名一定要带有汇编文件扩展名".asm"。若建立 C 程序，则文件名的扩展名为".c"。需要注意的是，扩展名一定要正确输入。

然后，在左侧 Project Workspace 栏中的 Source Group 1 项上单击右键选择 Add Files to Group' Source Group 1'，或在 Source Group 1 项上双击进入"添加资源文件"对话框，如图 3.5 所示。

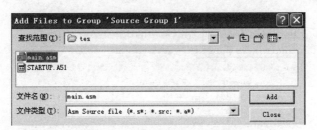

图 3.5 “添加资源文件”对话框

文件类型选择“Asm Source file (*.s*; *.src; *.a*)”。添加“.asm”文件后，单击 Close 按钮，进入如图 3.6 所示的界面，即可编辑和调试程序。同理，可添加“.c”文件。

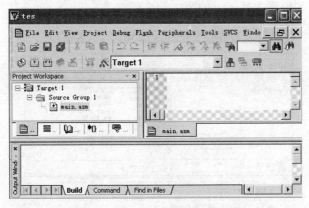

图 3.6 Keil μVision 软件编辑环境

编辑软件之前，先要设定工程的一些编译条件或要求等。单击 Project | Options for Target 'Target 1'，进入如图 3.7 所示对话框。Memory Model 选项用于设置 C51/Cx51 的存储模式，默认为 Small，还要设置仿真的晶振频率。

其中，图 3.7（b）的 Create HEX File 选项一定要选上，这样才能够编译生成用于下载到单片机的十六进制可执行文件*.HEX。

（a）设置仿真的晶振频率

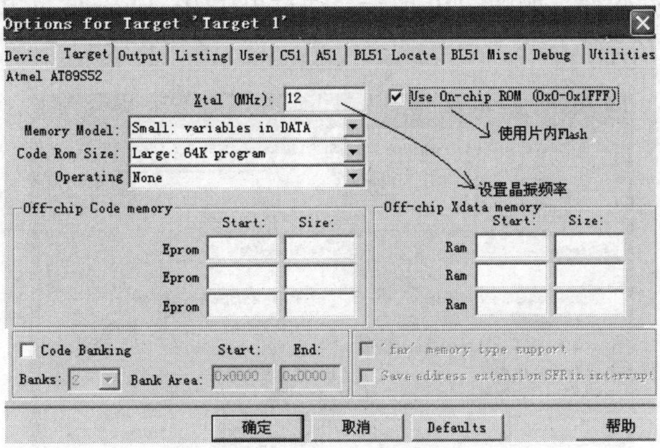

图 3.7 “工程选项设置”对话框

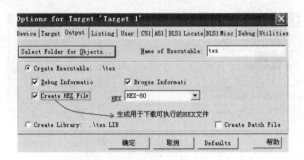

（b）勾选生成 HEX 文件

图 3.7　"工程选项设置"对话框（续）

接着就可以编写和编译软件了，如图 3.8 所示。

图 3.8　软件编写和编译

若有编译错误，双击错误信息，软件将指示编译错误行。一般从第一个错误排错开始。当排除所有错误之后，单击 Debug|Start|Stop Debug Session 进入软件模拟仿真调试状态。当然若停止调试，也是单击该处。再次进入图 3.7（a）界面，并进入 Debug 选项卡，如图 3.9 所示。之后就可以进行软件仿真调试，通过执行"单步执行""运行到光标处"等察看各寄存器的状态，辅助仿真调试软件，如图 3.10 所示。通过单击 Peripherals 菜单还可以仿真模拟片上资源设备，如图 3.11 所示。

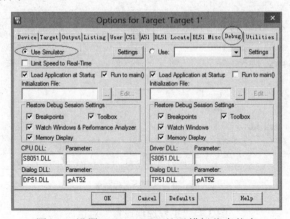

图 3.9　设置 Keil μVision 处于模拟仿真状态

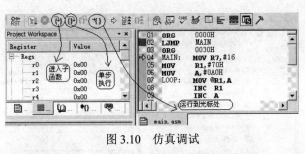

图 3.10　仿真调试

图 3.11　"仿真模拟片上资源设备"菜单

若想观察存储器中的数据，可以通过 View|Memory Windows 菜单打开存储器观察窗口直接观察对应地址的数据。若观察片内低 128 B RAM 或 SFR 中的数据，地址栏中直接输入 D:地址，再回车即可；若观察片内高 128 B RAM 中的数据，地址栏中直接输入 I:地址，再回车即可；若观察片内外 RAM 中的数据，地址栏中直接输入 X:地址，再回车即可；若观察 ROM 中的数据，地址栏中直接输入 C:地址，再回车即可。当然，若调试 C 语言软件，多用 View|Watch 菜单的 Watch 窗口，直接给出变量名即可观察变量信息。

另外，使用 Keil μVision 的逻辑分析仪仿真功能还可以仿真时序波形，一边看代码，一边查看变量波形，如图 3.12 所示实例。

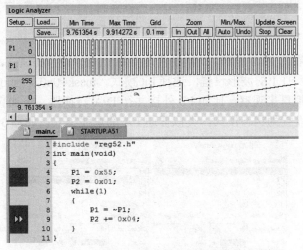

图 3.12　Keil μVision 的逻辑分析仪仿真输出示例

那么，如何进入 Keil μVision 的逻辑分析仪仿真波形状态呢？首先，要确保 Keil μVision 处于模拟仿真状态。然后，按图 3.13 所示，使用菜单或者工具栏打开逻辑分析仪 UI 界面。然后，把所关心的变量添加到 Watch 窗口，并用鼠标把信号从 Watch 窗口拖到 LA 窗口即可，如果把 P1 和 P2 分别拖了两次，可以看到有两个 P1 和 P2，如图 3.14 所示。当然，也可以通过 Setup 按钮添加。

图 3.13　使用菜单或者工具栏打开逻辑分析仪 UI 界面

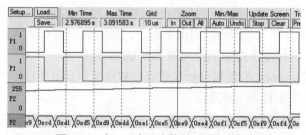

图 3.14　在 LA 窗口中拖拽式添加变量

　　本例中，若要查看的 P1.0 波形，具体设置是要将 P1 选择为 bit 模式，mask=0x01，shift=0，如图 3.15（a）所示。P1.1 的波形设置，选择 bit 模式，mask=0x02，shift=1，如图 3.15（b）所示。把 P2 视作模拟量来观察，比如 P2 外接并行 D/A 转换器，更加直观，如图 3.15（c）所示。也可以把 P2 设置为状态模式，类似普通 LA 的总线模式，如图 3.15（d）所示。

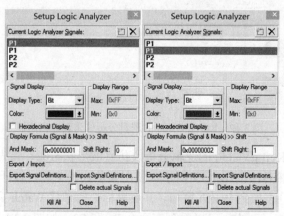

（a）设置 P1.0 波形显示　　　　（b）设置 P1.1 波形显示

图 3.15　仿真信号设置

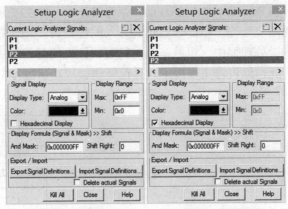

（c）设置 P2 波形显示　　　（d）设置 P2 十六进制显示

图 3.15　仿真信号设置（续）

当仿真通过之后，即可将软件下载到单片机的程序存储器中。

3.5　嵌入式开发工具与调试

3.5.1　嵌入式系统的开发工具

对嵌入式系统的设计、软件和硬件调试称为开发。嵌入式系统的软件开发分为编程、编译和调试 3 个步骤，如图 3.16 所示。

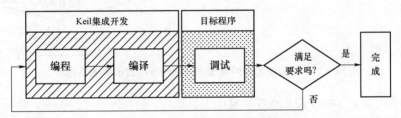

图 3.16　嵌入式系统的开发过程

嵌入式系统的开发需要借助开发工具来进行软硬件调试和程序固化。嵌入式开发工具性能的优劣直接影响嵌入式系统产品的开发周期。本节从嵌入式开发工具所应具有的功能出发，说明各类嵌入式开发工具的功能及应用要点。

嵌入式开发工具有计算机、编程器和仿真机。如果使用 EPROM 作为程序存储器，还需一台紫外线擦除器。其中最基本的、必不可少的工具是计算机。仿真机和编程器与计算机的串行口 COM 或 USB 等相连。

随着嵌入式技术的高速发展，OTP（one time programmable）型和 Flash 型程序存储器广泛应用，嵌入式软件的调试和下载（亦称编程或烧录）越来越方便。目前有编程器（programmer）烧写、在系统可编程（in system programming，ISP）、在应用可编程（in application programming，IAP）等。

1. 编程器

编程器又称烧写器、下载器，通过它将调试好的程序烧写到微处理器内的程序存储器或片外的程序存储器（EPROM、E²PROM 或 Flash 存储器）中。图 3.17 所示为通过编程器给微处理器烧写程序的示意图及流程。微处理器正确插入编程器后，在计算机端操作将程序通过数据线和编程器烧录到微处理器中。也就是说，只要软件有问题，芯片就要从原来的电路板上拿下来重新烧写。因此，编程器主要用于软件已经调试成功后进行批量生产的设备。

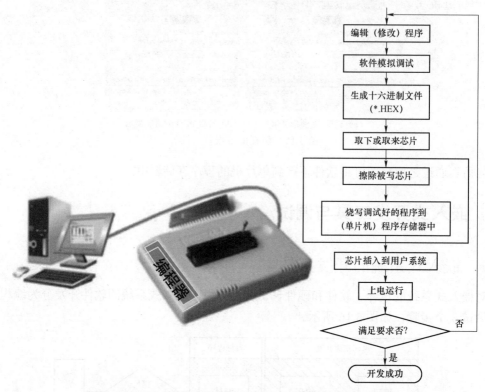

图 3.17　通过编程器给微处理器烧写程序的示意图及流程

由图 3.17 可见，这种方式是通过反复地上机试用、插、拔芯片和擦除、烧写完成开发的。

2. 在系统可编程

Atmel 公司已经宣布停产 AT89C51 和 AT89C52 等 C 系列仅能烧写器编程的产品，转向全面生产 AT89S51、AT89S52 等 S 系列的产品。S 系列的最大特点就是具有在系统可编程功能。如图 3.18 所示，用户只要连接好下载电路，就可以在不拔下微处理器芯片的情况下，直接在系统中进行程序下载烧录编程。当然，编程期间系统是暂停运行的，下载完成软件继续运行。

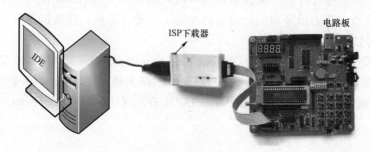

图 3.18　ISP 软件下载

3. 在应用可编程

在应用可编程比在系统可编程又更进了一步。IAP 型微处理器允许应用程序在运行时通过自己的程序代码对自身的 Flash 进行编程，一般是为达到更新程序的目的。通常在系统芯片中采用多个可编程的程序存储区来实现这一功能。

4. 仿真机与实时在线仿真调试

仿真机又称为在线仿真机，也称仿真器，英文为 in circuit emulation（ICE），它是以被仿真的微处理器为核心的专业设备，使用时拔下 MPU 或 MCU，换插仿真头，这样用户系统就成了仿真器的操控对象，原来由 MPU 或 MCU 执行程序改由仿真机来执行，利用仿真机的完整的硬件资源和监控程序，实现对用户目标码程序的跟踪调试，观察程序执行过程中的寄存器和存储器的内容，根据执行情况随时修改程序。如图 3.19 所示。Keil 既支持软件仿真，也支持连接配套的仿真器进行硬件实时仿真。但是，由于在线仿真器较贵，且现在的微处理器大多支持 JTAG（joint test action group），所以该方法已濒近淘汰。

图 3.19　单片机的在线仿真

JTAG 技术是先进的在线调试和编程技术。仿真器与支持 JTAG 的微处理器应用 JTAG 下载调试引脚相连，微处理器直接作为"仿真头"，即 JTAG 实现了在系统且不占用任何片内资源的在线调试。目前具有 JTAG 调试功能的 51 系列单片机典型产品是 Silicon Lab 公司的 C8051F 系列高性能单片机。

目前，有的嵌入式微处理器通过 UART 与计算机的串口相连进行下载和调试，但其相对于 JTAG 技术，占用了微处理器的 UART 资源。

3.5.2　嵌入式系统的调试

当嵌入式系统设计并安装完毕，应先进行硬件的静态检查，即在不加电的情况下用万用表等工具检查电路的接线是否正确，电源对地是否短路。加电后在不插芯片的情况下，检查各插座引脚的电位是否正常，检查无误以后，再在断电的情况下插上芯片。静态检查可以防止电源短路或烧坏元器件，然后再进行软、硬件的联调。

嵌入式系统的调试有以下两种方式。

1. 计算机+仿真器（+编程器/下载器）

购买一台仿真器，若不支持 JTAG，则还需买一台编程器或下载器。利用仿真器完整的硬件资源和监控程序，实现对用户目标码程序的跟踪调试，在跟踪调试中侦错和即时排除错误。在线仿真时开发系统应能将仿真器中的微处理器完整地（包括片内的全部资源及外部可扩展的程序存储器和数据存储器）出借给目标系统，不占用任何资源，也不受任何限制，仿真微处理器的电气特性也应与用户系统的微处理器一致，使用户可根据微处理器的资源特性进行设计。

2. 计算机+模拟仿真软件+ISP 下载器

如果在烧写前先进行软件模拟调试，待程序执行无误后再烧写，可以提高开发效率。这样，软件模拟调试后再 ISP 或 IAP 下载也是常用的开发调试方法。因为，支持 ISP 或 IAP 的微处理器可通过其自身的 I/O 口线，在不脱离应用电路板的情况下即可实现计算机端程序的下载并可立即执行。

当然，ISP 或 IAP 下载器开发嵌入式系统的缺点是无跟踪调试功能，只适用于小系统开发，开发效率较低。

习题与思考题

1. 列举出 C51/Cx51 中扩展的关键字。
2. 试说明 pdata 和 xdata 定义外部变量时的区别。
3. 试说明 C51/Cx51 中 bit 和 sbit 位变量定义的区别。
4. 试说明 static 变量的含义。
5. 试说明特殊功能寄存器区是否可以通过指针来访问，为什么？

第4章 中断与中断系统

中断与中断系统集中体现了计算机对异常事件的处理能力。本章将首先讲解异步事件的查询工作方式，学习计算机系统中的中断（interrupt）与中断系统的基本概念和原理，然后系统学习 51 系列单片机的中断系统和外中断，最后介绍 DMA 技术。

4.1 异步事件的查询工作方式和中断工作方式

4.1.1 异步事件的查询工作方式

CPU 通过总线和输入输出接口与片上、片外的设备进行接口。CPU 的工作时钟和外部设备的时钟一般是相互异步的，外设发生的事件与 CPU 不同步。为了实现 CPU 与片上外设的同步，微处理设计了外设寄存器。外设寄存器是 CPU 与片内外设（如通信口、定时器/计数器等）的接口，外设寄存器具有固定的地址，CPU 以访问 RAM 的形式发出控制指令或获取外设信息。51 系列单片机的外设寄存器称为 SFR。

基于外设寄存器，当 CPU 需要主动控制片上外设或与片上外设交互信息时，CPU 暂停执行原程序，转去执行与外设配合和交互信息的程序，且通常出现需要不断地读取外设寄存器来查询等待该外设的事件，用以判断外设是否准备就绪，外设已经准备就绪后才能进行数据传送。计算机的这种与外设之间的数据传送方式称为程序查询方式，其流程图如图 4.1 所示。

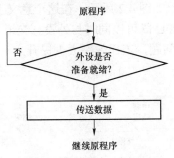

图 4.1　程序查询方式流程图

显然，查询工作方式需要等待异步事件就绪，这个过程中 CPU 白白地浪费了时间，没有执行具体的任务。如果外设相比 CPU 的工作时钟速度是低速设备，则这种查询等待使得计算机失去了高速运行的优势，显然不合理。

4.1.2 异步事件的中断工作方式

中断工作方式是 CPU 不再查询异步事件，如果有异步事件发生，微处理器的硬件会自动感知到，进而再去响应这个异步请求。称异步事件为中断请求。显然，异步事件的中断工作方式可以避免查询等待异步事件，从根本上提升 CPU 的利用率。

所谓异步是相对于 CPU 而言的，即 CPU 不知道什么时候会来中断请求，也不知道中断到达时自己运行到程序的什么地方、处于什么状态。且很多异步事件具有紧急性，需要 CPU 即刻响应。

中断（interrupt）是自动响应中断请求的过程。CPU 在没有接到中断请求时无须理会外设是否准备就绪，也不必查询外设是否准备就绪。某时刻，异步的高级事件"主动"向 CPU 发出中断请求信号，请求 CPU 去迅速处理该准备就绪任务；CPU 只有在接收到中断请求后才会响应，转向处理对应外设相关任务。CPU 暂停运行原程序，并自动去执行与异步事件相应的子程序，该子程序称为中断服务子程序（interrupt service routine, ISR），暂停的位置称为断点。异步事件处理结束后，再回到原来暂停的地方，接续处理原来的任务的过程。

显然，前述的异步事件请求属于需要优先立即处理的任务需求，比如，在使用智能手机玩游戏时，有电话接入，电话请求是高级任务，智能手机将会立即切换到接听电话的界面。显然，中断的过程和调用子程序有类似的地方，但中断调用是由异步事件触发，并由中断系统自动调用的，且很多异步事件具有随机性。

需要进一步说明的是，因为 ISR 是由硬件自动调用的子程序，调用时刻具有随机性，因此，ISR 没有形式参数和返回值。

中断的主要功能可以概括为以下两点。

（1）协同工作，分时操作，提高 CPU 的工作效率。采用中断后，使得 CPU 与各外设之间不再是通过查询一个一个依次完成任务，而是共同运行、协同工作。CPU 启动外设后，仍然继续执行主程序，此时 CPU 和启动的外设处于同时工作状态。而外设要与 CPU 进行数据交换时，就发出中断请求信号；当 CPU 响应中断后就会暂离主程序，转去执行对应的 ISR；ISR 执行完后返回到原程序暂停处继续执行，这样使 CPU 和外设可以协同地工作。由于采用中断后，CPU 只是在外设数据准备就绪时才响应外设，尤其是在速度较慢的外设中断的平均周期长，CPU 照常执行主程序，如图 4.2 所示。在这个意义上来说，CPU 与各外设的一些操作宏观效果上是并行完成的，CPU 既可以同时与外设打交道，又能同时处理一般任务，有效解决了 CPU 和外设之间的同步问题，工作效率大大提升。

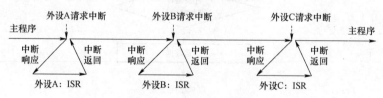

图 4.2　中断处理示意图

（2）实时处理。在实时控制中，计算机的故障检测与自动处理、异常警讯请求实时处理和信息通信等都往往通过中断来实现，即能够立即响应并及时加以处理，这样的及时处理在查询工作方式下是做不到的。

4.2　计算机的中断系统及中断响应过程

微处理器中用于实现中断的硬件资源称为中断系统，亦称为中断控制器，其功能是使计算机对外设和异常等异步事件具有实时处理能力。中断是计算机中很重要的一个概念和思想,中断系统是计算机的重要组成部分。下面首先学习中断系统的相关概念和工作机制,然后给出中断响应的细致过程和注意事项。

4.2.1 中断系统

1. 中断源及中断标志

引起异步事件的触发源,即产生能作为中断请求信号的设备称为中断源。微处理器的引脚输入作为中断源时称为外部中断源,简称外中断;微处理器内部的外设作为中断源时称为内部中断源。

每个中断源至少具有 1 个中断标志,当中断源请求 CPU 中断时,对应的中断标志置位。中断标志就是中断源"主动"向 CPU 发出请求信号。CPU 在执行每条指令期间都检查是否有中断标志置位,中断标志置位是 CPU 响应中断的触发条件。可见,中断标志建立起 CPU 与中断系统之间的桥梁。

2. 中断允许与中断屏蔽

当中断源提出中断请求,即对应的中断标志置位,CPU 检测到后是否立即进行中断处理呢?这不一定。CPU 要响应中断,还受到中断系统多个方面的控制,其中基础条件受中断使能和中断屏蔽的控制。中断允许也称为中断使能,中断屏蔽也叫作中断除能。如果某个中断源被系统设置为屏蔽状态,则无论中断请求是否提出,都不会响应;当中断源设置为使能状态,并提出了中断请求,则 CPU 才会响应。一般,计算机复位后,所有中断源都处于被屏蔽状态。

另外,计算机通常会有总的中断允许和屏蔽控制开关,只有在总的中断屏蔽被取消,即总的中断被允许后,各个中断源的中断允许和屏蔽控制才有效。

3. 中断优先级与中断嵌套

当系统有多个中断源被使能时,有时会出现几个中断源同时发出中断请求,或者正在响应中断请求过程中又有新的中断请求,然而 CPU 在某个时刻只能对一个中断源进行响应,响应哪一个呢?这就涉及中断优先级控制问题。在实际系统中,往往根据中断源的重要程度给不同的中断源设定不同的优先等级。当多个中断源同时提出中断请求时,优先级高的先响应,优先级低的后响应;当 CPU 正在处理一个中断源请求的时候,又发生了另一个优先级比它高的中断源请求,CPU 将暂时中止对原较低级别中断处理程序的执行,转而去处理优先级更高的中断源请求,待处理完以后,再继续执行原来被中断的低级中断处理程序,这样的过程称为中断嵌套。

具有中断优先级控制的中断系统才支持中断嵌套功能。二级中断嵌套过程示意图如图 4.3 所示。

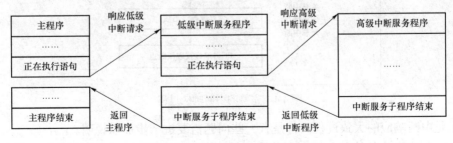

图 4.3 二级中断嵌套过程示意图

显然，低优先级中断不能打断同级或更高级中断，即：当有高优先级中断正在响应时，也会屏蔽同级中断和低优先级中断。

4．中断向量

由于 ISR 的调用是由中断系统自动调用的，因此，计算机必须事先知晓每个外设的 ISR 程序存储器入口地址，该地址称为中断向量。因此每个中断源的中断向量需要设定为固定地址，计算机能自动直接获取到。

4.2.2　中断响应过程

完整的中断响应过程如图 4.4 所示。CPU 在执行每条指令期间都检查是否有中断标志置位，当 CPU 检测到中断源提出中断请求（对应的中断标志置位），且对应中断未被屏蔽（中断使能且无更高级或同级中断正在响应），则响应中断。中断系统硬件自动执行一条调用指令，完成保护断点（PC 入栈，以待 ISR 完成后能正确接断点处继续运行），并把 PC 指向对应 ISR 的中断向量，开始执行 ISR；在 ISR 中先保护现场（将标志寄存器和使用的通用寄存器等入栈），然后进行相应的中断处理；最后，恢复现场（标志寄存器和使用的通用寄存器等出栈），并通过中断返回指令返回断点（PC 出栈），结束 ISR，CPU 继续执行原断点处的程序。

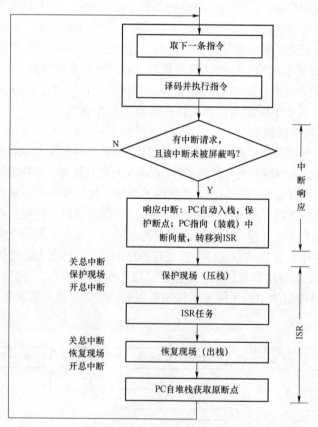

图 4.4　完整的中断响应过程

以上是中断响应的大致过程，但是有一些问题需要进一步加以说明。

（1）中断响应的条件和中断响应时间。在总的中断允许使能和中断源中断也使能的情况下，当有中断请求，即中断标志置位时，该中断源中断进入响应的就绪状态，能否即刻被响应的条件和影响中断响应时间的因素包括以下几个方面。

① 只有当前指令执行完成，CPU 才能响应中断。指令是计算机执行的最小单元，是原子操作，中断不能打断一条指令。

② 若当前执行的指令是出栈给 PC 的相关指令，执行完该指令且紧随其后的另一条指令也已执行完毕才能响应中断，否则栈已弹出，之前的 PC 目标地址丢失。

③ 若当前执行的指令是修改中断源使能情况或中断源优先级，执行完该指令后，也要将紧随其后的另一条指令执行完毕才能响应中断，因为可能要被响应的中断使能被关闭了，或者优先级被修改了，需要再执行一条指令由硬件重新判断是否响应该中断。

④ 无同级或高级中断正在响应，有则等待，不能被实时响应。

中断响应时间是指 CPU 检测到中断请求信号到转入 ISR 入口所需要的时间。显然，影响中断响应时间的因素中，中断优先级是最可能会产生长时间滞后响应的条件。因此，若某个中断源要求具有最快的响应速度，有两个方法：一是仅使能该中断源，其他中断源全部屏蔽；二是仅使能该中断源为高级中断源，其他中断源或屏蔽、或设置为低级中断源。

（2）中断处理过程是由硬件和软件共同完成的。其中，中断响应由硬件实现，ISR 由软件实现。计算机响应中断后，由硬件自动执行如下的功能操作。

① 一般来说，有几个中断优先级，微处理器上会有几个优先级状态触发器，各优先级状态触发器用来记录本级中断源是否正在执行 ISR。如果正在中断，则硬件自动将其优先级状态触发器置 1。若高优先级的状态触发器置 1，则屏蔽所有后来的中断请求。若较低的优先级状态触发器置 1，则屏蔽所有后来的低优先级中断，但允许高优先级中断形成二级嵌套。当中断响应结束时，对应的优先级状态触发器由硬件自动清零。

② 保护断点，即把程序计数器 PC 的内容压入栈保存，把被响应的 ISR 中断向量送入 PC，从而转入相应的中断向量以执行相应的 ISR。

③ 当中断源请求 CPU 中断时，CPU 中断一次以响应中断请求，但是不能出现中断请求产生一次，CPU 却响应多次的情况，这就要求中断请求被响应后中断请求信号要及时被撤销，即清零相应的中断标志。中断请求信号的撤销分为响应中断后被硬件自动撤销和在 ISR 中通过软件清零中断标志撤销两种情况，应用时要细加甄别。只能通过软件清零中断标志的，必须在 ISR 中具有清零标志语句。中断请求信号被硬件自动撤销的一定是该中断源只有一个中断标志，且该计算机的中断系统实现了相应的自动清零硬件。一般来说，仅有一个中断标志的中断源，开始执行其 ISR，中断系统会自动清零其中断标志，51 系列单片机就是这样。

如果中断源不止一个中断标志位，则执行 ISR 时硬件不会自动清零中断标志，这是因为每个中断标志对应中断源的事件不同，到底是何种事件引发的中断，在 ISR 中需要通过软件进行查询来判断，根据中断标志执行不同的处理程序。即不止一个中断标志的中断源，在 ISR 中必须通过软件清零中断标志。

（3）ISR 的构成如下。

① 现场保护和现场恢复。所谓现场就是指中断时刻标志寄存器或通用寄存器的状态。由于 ISR 中可能也要用到这些寄存器，为了使 ISR 的执行不破坏现场，就要把它们送入栈中保存起来，以免在中断返回后影响原程序的运行。这就是现场保护。现场保护是 ISR 在具体执行任务之前的首要工作。至于要保护哪些现场内容，应该由用户根据 ISR 的情况来决定。

任务完成，在 ISR 返回原程序之前，应把被保护的现场从栈中弹出，以恢复相关寄存器的内容，这就是现场恢复。现场恢复是 ISR 最后必须要做的事情，与现场保护一一对应。

② 总的中断允许和屏蔽。在一个多中断源系统中，为保证重要中断能执行到底，不被其他中断所嵌套，除采用设定高优先级之外，还可以采用关总中断的方法来解决。即在现场保护之前先将总的中断屏蔽，即关总中断，彻底屏蔽其他中断，待中断处理完成后再将总的中断允许打开，即开总中断。

即使中断处理可以被嵌套，为防止现场保护和恢复不被打扰，分别在它们的程序段前后进行关、开中断。这样做可以在除现场保护和现场恢复的片刻外，仍然为系统保留中断嵌套功能。

当然，在 ISR 中是否需要屏蔽总中断和使能总中断要视情况而定，大多不需要该操作。

③ 中断处理。中断处理是 ISR 要完成的任务，为实现计算机的整体并行，该部分要短小，具有足够高的时间效率。

④ 中断返回。ISR 的最后一条指令必须是中断返回指令。CPU 执行这条指令时，恢复响应中断时优先级标记寄存器内容，再从栈中弹出断点地址送入程序计数器 PC，以便从断点处重新执行被中断的原程序。

4.3 51 系列单片机的中断系统及软件设计方法

4.3.1 经典型 51 单片机的中断源和中断系统

对于经典型 51 单片机而言，基本型提供 5 个中断源，包括：2 个外部引脚作为中断请求源的外中断 0（$\overline{\text{INT0}}$）和外中断 1（$\overline{\text{INT1}}$），定时/计数器 0（Timer0）和定时/计数器 1（Timer1）的溢出中断，以及串行口发送和接收中断。增强型 51 单片机还提供定时/计数器 2（Timer2）中断源。

1. 中断源的中断向量

51 系列单片机的各个中断源具有固定的中断向量入口地址。经典型 51 单片机中断源的中断向量如表 4.1 所示。

表 4.1 经典型 51 单片机中断源的中断向量

中断源	中断向量	中断源	中断向量
外中断 0	0003H	定时/计数器 1	001BH
定时/计数器 0	000BH	串行口	0023H
外中断 1	0013H	定时/计数器 2	002BH

2. 中断允许控制

51 系列单片机的中断允许控制采用两级设置机制，即各中断源都受总的中断允许的控制，其次还要受各中断源自己的中断允许控制。

51 系列单片机中，中断允许寄存器 IE 用于总的中断允许和各中断源使能设置。IE 的字节地址为 A8H，支持位寻址，各位的定义如下：

	b7	b6	b5	b4	b3	b2	b1	b0
IE	EA	—	ET2	ES	ET1	EX1	ET0	EX0

EA：总的中断允许位，也称为总中断控制位。EA=0，屏蔽所有的中断请求；EA=1，总的中断允许被使能。EA 的作用是使中断允许形成两级控制。

ET2：Timer2 的溢出中断允许位，只用于增强型 51 单片机，基本型 51 单片机无此位。ET2=0，禁止 Timer2 中断；ET2=1，允许 Timer2 中断。

ES：串行口中断允许位。ES=0，禁止串行口中断；ES=1，允许串行口中断。

ET1：Timer1 的溢出中断允许位。ET1=0，禁止 Timer1 中断；ET1=1，允许 Timer1 中断。

EX1：外中断 1 的中断允许位。EX1=0，禁止外中断 $\overline{\text{INT1}}$ 中断；EX1=1，允许外中断 $\overline{\text{INT1}}$ 中断。

ET0：Timer0 的溢出中断允许位。ET0=0，禁止 Timer0 中断；ET0=1，允许 Timer0 中断。

EX0：外中断 0 的中断允许位。EX0=0，禁止 $\overline{\text{INT0}}$ 中断；EX0=1，允许 $\overline{\text{INT0}}$ 中断。

单片机复位后，IE 的内容为 00H，总中断和中断源中断都处于被屏蔽状态。

3. 中断优先级控制

经典型 51 单片机，每个中断源有两级优先级设置：高优先级和低优先级，通过中断优先级寄存器 IP 来设置。IP 的字节地址为 B8H，支持位寻址，各位的定义如下：

	b7	b6	b5	b4	b3	b2	b1	b0
IP	—	—	PT2	PS	PT1	PX1	PT0	PX0

PT2：Timer2 的中断优先级控制位，只用于增强型 51 单片机；

PS：串行口的中断优先级控制位；

PT1：Timer1 的中断优先级控制位；

PX1：外中断 1 的中断优先级控制位；

PT0：Timer0 的中断优先级控制位；

PX0：外中断 0 的中断优先级控制位。

如果某位被置 1，则对应的中断源被设为高优先级；如果某位被清零，则对应的中断源被设为低优先级。通过 IP 改变中断源的优先级顺序可以实现两个方面的功能：改变系统中断源的优先级顺序和实现二级中断嵌套。

对于同级中断源，有默认的优先级顺序。默认优先级决定了当多个同级中断源一同具备响应条件时如何响应的问题，默认优先级高的先被响应。经典型 51 单片机中断源的默认优先级顺序如表 4.2 所示。

表 4.2　经典型 51 单片机中断源的默认优先级顺序

中断源	同级内的中断优先级（自然优先级）
外中断 0	
定时/计数器 0	
外中断 1	最高
定时/计数器 1	↓
串行口	最低
定时/计数器 2	

　　外中断 0 和外中断 1 都仅有一个溢出中断标志，分别为 IE0 和 IE1；Timer0 和 Timer1 也都仅有一个溢出中断标志，分别为 TF0 和 TF1；串行口有两个中断标志，发送完成中断标志 TI 和接收到一帧数据中断标志 RI。Timer2 和串行口一样，有两个溢出中断标志，分别为溢出中断标志 TF2 和捕获中断标志 EXF2。其中，IE0、IE1、TF0 和 TF1 标志在特殊功能寄存器 TCON 中，TI 和 RI 标志在特殊功能寄存器 SCON 中，TF2 和 EXF2 标志在特殊功能寄存器 T2CON 中。外中断在本章讲述，Timer 中断将在第 7 章讲述，串行口中断将在第 8 章讲述。经典型 51 单片机的中断源、中断标志、中断允许和中断优先级关系如图 4.5 所示。

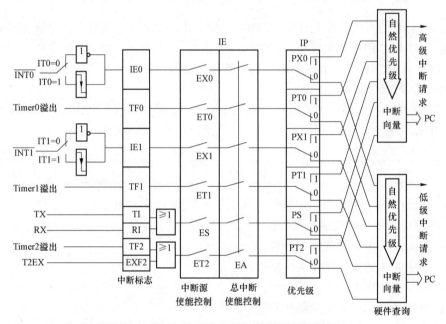

图 4.5　经典型 51 单片机中断系统的逻辑关系图

4.　51 系列单片机的中断响应条件与影响中断响应时间的因素

　　当 51 系列单片机的中断源中断使能，则当中断源有请求，执行完当前指令后，影响 CPU 响应中断的条件如下。

　　（1）无同级或高级中断正在处理。

　　（2）若现行指令为 RETI 或访问 IE、IP 的指令时，执行完该指令且紧随其后的另一条指令也已执行完毕。

4.3.2　51 系列单片机中断程序的编制

　　51 系列单片机复位后程序计数器 PC 的内容为 0000H，从程序存储器的 0000H 单元开始取指，并执行程序，它是系统执行程序的起始地址，通常在该单元中存放一条跳转指令，而用户程序从跳转地址开始存放程序。当有中断请求时，自动跳转中断向量处，即 PC 指向中断向量执行相应的 ISR。

1.　汇编中断程序的编制

　　含有中断应用的完整汇编程序框架如下：

```
    ORG   0000H              INT0_ISR:
    LJMP  MAIN                   ⋮
    ORG   0003H              RETI
    LJMP  INT0_ISR           T0_ ISR:
    ORG   000BH                  ⋮
    LJMP  T0_ ISR            RETI
    ORG   0013H              INT1_ ISR:
    LJMP  INT1_ ISR              ⋮
    ORG   001BH              RETI
    LJMP  T1_ ISR            T1_ ISR:
    ORG   0023H                  ⋮
    LJMP  SERIAL_ ISR        RETI
    ORG   002BH              SERIAL_ ISR:
    LJMP  T2_ ISR                ⋮
    ORG   0030H              RETI
MAIN:                        T2_ ISR:
    ⋮                            ⋮
LOOP:                        RETI
    ⋮                        END
    LJMP  LOOP
```

当然，具体应用时不使用的中断源代码可以去除。ISR 不允许用于外部函数调用，即只能中断触发自动调用，它对目标代码影响如下。

（1）当调用函数时，SFR 中的 ACC、B、DPH、DPL 和 PSW 在需要时入栈。

（2）如果不使用寄存器组切换，ISR 所需的所有寄存器 Rn 都采用直接地址方式入栈；退出 ISR 前，入栈的寄存器出栈。

（3）ISR 由 RETI 指令终止。

2. C51/Cx51 中断程序的编制

C51/Cx51 使用户能直接基于 C 语言编写 51 系列单片机的 ISR，编译器能够将其编译为中断机器代码。C51/Cx51 的 ISR 定义为：

```
void 中断服务函数名(void) interrupt n [using m]
```

其中，必选项"interrupt n"表示该函数被声明为中断服务函数，n 为中断源编号，可以是 0~31 之间的整数。注意，不允许 n 是带运算符的表达式。中断源编号 n 的取值含义如表 4.3 所示。

表 4.3　中断源编号 n 的取值含义

中断源编号	中断源	中断源编号	中断源
0	外中断 0	3	定时/计数器 1
1	定时/计数器 0	4	串行口
2	外中断 1	5	定时/计数器 2

加"[ ]"表示是可选项。可选项"using m"用于定义 ISR 使用的工作寄存器组，m 的取值范围为 0~3。它对目标代码的影响是：函数入口处为保护当前寄存器组，切换寄存器组，ISR 中使用第 m 组寄存器；函数退出时，切换回原寄存器组。"using m"不写则由 C51/Cx51 自动分配 ISR 使用的寄存器组。

4.4　外中断

本节有两个内容：一是学习外中断，二是借助外中断学习中断软件的设计方法。

4.4.1　外中断及其中断请求触发方式

外中断用于响应微处理器外部的紧急请求，中断请求信号直接连接微处理器的中断请求输入引脚接收。外中断请求输入引脚是微处理器的外部异常请求的输入端，主要用于时刻标记或报警事件，以及设备故障的实时处理等。

作用于中断输入引脚的中断请求信号有两种基本触发中断形式，电平触发和边沿触发。

以下降沿触发为例说明外中断的边沿触发方式。CPU 在执行每条指令期间都检测中断输入引脚是否有负跳变，如果有下降沿跳变则将中断标志对应的触发器置位。该标志一直保持，除非被软件清零，或中断请求被响应并执行相应的 ISR 时被清零。

以低电平触发为例说明外中断的电平触发方式。CPU 在执行每条指令期间都检测中断输入引脚是否为低电平，如果输入引脚为低电平，则将中断标志置位，否则清零。也就是说，电平触发外中断，中断标志位对于请求信号来说是"透明"的。即使执行其 ISR，软硬件也都无法清零中断标志。这就可能出现以下两个问题。

（1）低电平请求脉冲过于短暂，这样当中断请求被同级或高优先级 ISR 阻塞而没有得到及时响应时，待到能够响应的时候该低电平请求已经撤销，此次请求将被丢失。换句话说，要使电平触发的外中断被 CPU 响应并执行，必须保证外部的中断请求信号维持到中断被执行为止。

（2）如果在 ISR 返回时外部的中断请求信号还为有效的触发电平，则又会申请中断，这样就会出现发出一次请求而中断多次的情况。

为解决以上问题，可以通过外加中断撤销电路来实现。还是以低电平触发外中断为例，如图 4.6 所示，外中断请求信号通过 D 触发器加到微处理器的中断输入引脚上。当外中断请求信号使 D 触发器的 CK 端发生跳变时，由于 D 端接地，Q 端输出 0，向微处理器发出中断请求。D 触发器会一致保持这个电平信号，这样就可以解决第 1 个问题了；第 2 个问题是在 CPU 响应中断执行 ISR 时解决的，方法就是给 D 触发器异步置位引脚（$\overline{S}$）一个低脉冲，已经响应中断请求，将请求撤销。这样，此后再次产生的外中断请求信号又能向微处理器申请中断。

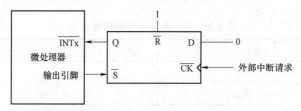

图 4.6　低电平触发外中断的中断撤销电路

4.4.2　经典型 51 单片机的外中断及软件设计

经典型 51 单片机有两个外中断：外中断 0 和外中断 1。外中断 0 和外中断 1 的中断请求信号从外部引脚 $\overline{INT0}$（P3.2）和 $\overline{INT1}$（P3.3）输入。

外中断 0 和外中断 1 都有两种触发方式：低电平触发和下降沿触发。这两种触发方式可以通过对特殊功能寄存器 TCON 编程来选择。TCON 寄存器的高 4 位与 Timer0 和 Timer1 有关，低 4 位用于外中断。TCON 各位的含义如下：

	b7	b6	b5	b4	b3	b2	b1	b0
TCON	TF1	TR1	TF0	TR0	IE1	IT1	IE0	IT0

IT0（IT1）：外中断 0（或 1）触发方式控制位。IT0（或 IT1）被设置为 0，则选择外中断为低电平触发方式；IT0（或 IT1）被设置为 1，则选择外中断为下降沿触发方式。

IE0（IE1）：外中断 0（或 1）的中断标志位。

【例 4.1】对于图 4.7 所示的电路，要求每次按下按键，出现一个低电平，触发外中断一次，发光二极管显示状态取反。电容用于按键去抖动。

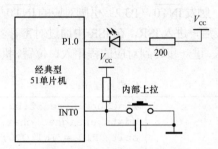

图 4.7　单键触发外中断实例

程序如下：

汇编语言程序：	C 语言程序：

```
    ORG  0000H
    LJMP MAIN
    ORG  0003H
    LJMP INT0_ISR
    ORG  0030H
MAIN:
    SETB EA
    SETB EX0
    SETB IT0
    SJMP $
INT0_ISR:
    CPL  P1.0
    RETI
```

```
#include <reg52.h>
sbit LED = P1^0;
int main(void)
{   EA = 1;     //开总中断
    EX0 = 1;    //允许 INT0 中断
    IT0 = 1;    //下降沿触发中断
    while(1);   //等待中断
}
void int0_ISR(void) interrupt 0
{
    LED = !LED;
}
```

主函数执行"while(1);"语句，进入死循环，等待中断。当触按 $\overline{INT0}$ 的开关后，进入 ISR，输出控制 LED。执行完中断，返回到等待中断的"while(1);"语句，等待下一次中断。进入外中断的 ISR，硬件自动清零其中断标志，不用软件清零标志位 IE0。

4.4.3　多外部中断源查询中断系统设计

经典型 51 单片机仅两个外中断，当需要更多中断源时，一般采用如下的中断查询方法。扩展多个外部中断源的电路连接图如图 4.8 所示。

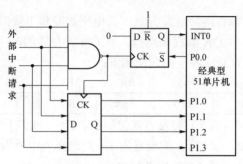

图 4.8　扩展多个外部中断源的电路连接图

　　多个外部中断源扩展通过外中断 $\overline{INT0}$ 来实现，图 4.8 中把多个外部中断源通过与非门接于 D 触发器的 CK 端，常态都为高电平。那么无论哪个中断源提出请求，CK 端都会产生上升沿而使 D 触发器输出低电平，触发 $\overline{INT0}$（P3.2）引脚对应的 $\overline{INT0}$ 中断，同时将各请求中断情况锁入寄存器。中断请求被响应后，进入 ISR，在 ISR 中通过对寄存器输出位的逐一检测来确定是哪一个中断源提出了中断请求，进一步转到对应的程序入口位置，执行对应的中断请求处理程序。

汇编语言程序：

```
ORG 0000H
LJMP MAIN
    ORG  0003H
    LJMP INT0_ISR
    ORG  0030H
MAIN:
    SETB EA
    SETB EX0
    SJMP $
INT0_ISR:
    MOV A, P1
    CLR P0.0 ;撤销中断请求
    SETB P0.0
    JNB ACC.0, INT00
    JNB ACC.1, INT01
    JNB ACC.2, INT02
    JNB ACC.3, INT03
INT00:
    :
    RETI
INT01:
    :
    RETI
INT02:
    :
    RETI
INT03:
    :
    RETI
```

C 语言程序：

```
#include  <reg52.h>
bdata unsigned char   INT_Q;
sbit  P10 = INT_Q^0;
sbit  P11 = INT_Q^1;
sbit  P12 = INT_Q^2;
sbit  P13 = INT_Q^3;
sbit  P00 = P0^0;
int main(void)
{   EA = 1;
    EX0 = 1 ;
    while(1);
}
int00(void ){ …
}
int01(void){ …
}
int02(void){ …
}
int03(void){ …
}
void INT0_ISR(void) interrupt 0
{   INT_Q = P1;
    P00 = 0;                //撤销中断请求
    P00 = 1;
    //查询调用对应的函数
    if    (P10 == 1) int00( );
    else if(p11 == 1) int01( ) ;
    else if(P12 == 1) int02( ) ;
    else if(P13 == 1) int03( ) ;
    else ;
}
```

若为边沿触发，且中断请求的低电平足够长，则电路可以简化为如图 4.9 所示的电路连接图。

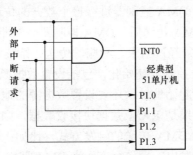

图 4.9　扩展多个外部中断源的简化电路连接图

4.5　外设及存储器的 DMA 工作方式

通过 4.1 节的学习可知，中断方式克服了查询方式中 CPU 原地等待的问题，实现了外设与 CPU 的并行协同工作，提高了 CPU 的工作效率。但是 CPU 在执行 ISR 时，仍然还需要暂停正在执行的程序。计算机应用系统中，A/D 转换、通信等实时信息处理经常涉及批量数据的传送，如果当高速的外设需要与存储器频繁地交换数据时，外设将使 CPU 频繁地中断正在执行的程序，执行 ISR，完成保护现场和恢复现场，以及传送任务。显然，每次数据甚至每个数据传送都需要 CPU 执行若干条指令，因而传输速度受 CPU 指令速度的限制，CPU 的负担也非常的重。尤其对于批量数据交换的场合，对 CPU 的要求过高。

直接内存访问（direct memory access，DMA）方式是一种完全由硬件执行数据交换的工作方式。DMA 传送将自动完成数据从存储器或外设寄存器的一个地址空间复制到另一个地址空间，包括外设到存储器传送（P2M）、存储器到外设传送（M2P），甚至外设与外设（P2P）、存储器与存储器（M2M）之间的高速数据传输，且允许不同速度的硬件传输。

具有 DMA 控制器的微处理器，当 CPU 初始化该 DMA 控制器的传输任务后，则该传输任务由 DMA 控制器来执行和完成，每个数据的传送过程不再由 CPU 控制，而是在 DMA 控制器的控制和管理下进行直接传送，通过硬件为传输对象间开辟一条直接传输数据的通道，DMA 控制器与 CPU 并行工作。DMA 工作方式，数据传送无须 CPU 直接干预，数据不需要再"绕道"CPU 转存，为 CPU 减负，提高了传送速率的同时 CPU 还得到了释放以用作其他用途。DMA 控制器完成设定数目的所有数据传送后会给出 DMA 传送完成标志，CPU 可以查询或以 DMA 结束中断处理方式进行后续工作。

DMA 控制器是现代微控制器的普遍集成的技术，是计算机原理的重要组成部分。但是，DMA 工作方式是以增加微处理器的硬件复杂度和成本为代价的，是用硬件控制代替了软件执行，因此，不是所有的微处理器都集成 DMA 控制器。例如，仅个别的 51 系列单片机才集成 DMA 控制器，例如，Megawin 公司的 MG82F6D16/17/32/64 系列和江苏国芯科技有限公司的 STC8A8K64D4 衍生 1T 指令周期的 51 系列单片机具有 DMA，ADI 公司的 51 系列单片机 ADμC812 具有 A/D 转换器到 RAM 的 DMA。尽管如此，为读者能够适应各类微处理器进行智能硬件设计，下面介绍 DMA 传送的相关技术问题。

1. DMA 传送过程

在 DMA 传送时，由于 DMA 控制器能直接使用微处理器内部系统总线，因此，存在着一个总线控制权转移问题。即 DMA 控制器进行每个数据的传送前，CPU 要把总线控制权交给 DMA 控制器，而在结束 DMA 传送后，DMA 控制器应立即把总线控制权再交回给 CPU。一个完整的 DMA 传送过程必须经过请求、响应、传送、结束 4 个步骤。

（1）请求。CPU 对 DMA 控制器初始化，包括设置数据源地址，如果数据源是 RAM 中的数据块，则该地址为数据块起始地址，还要设置数据源的地址为递增模式，以实现依次传送；设置接收数据的地址，如果是 RAM 数据块接收数据，则也设置其地址为递增模式；设置数据的个数；设置单个数据 DMA 传送的触发方式，比如：输入输出外设是 DMA 传送的对象，则要设置输入输出外设发出的操作命令作为 DMA 请求。

（2）响应。如果还有数据没有传送完成，DMA 控制器对 DMA 请求判别优先级及屏蔽，向总线裁决逻辑提出总线请求。当 CPU 执行完当前总线周期即可释放总线控制权。此时，总线裁决逻辑输出总线应答，表示 DMA 已经响应，DMA 控制器获得总线控制权。

（3）传送。DMA 控制器获得总线控制权后，CPU 即刻挂起或继续执行与总线无关的指令，由 DMA 控制器输出读写命令，完成数据传送。

（4）结束。周期性传送任务，比如定时采样，则 DMA 数据传送也是间歇性的，单次的一个数据的 DMA 传送完成后，DMA 控制器释放总线控制权，CPU 获取到总线使用权限。当完成设定的批量数据全部传送完成后，DMA 控制器完全释放总线控制权，不再会申请总线控制权，除非再次使能 DMA 传送过程，此时 DMA 控制器向 CPU 提出 DMA 中断请求，使 CPU 根据需求介入执行收尾性程序。

2. DMA 和 CPU 的内存访问冲突及解决方法

DMA 技术的出现，使得 RAM、输入输出外设可以通过 DMA 控制器直接访问内存，与此同时，CPU 可以继续执行程序。那么 DMA 控制器与 CPU 怎样分时使用内存呢？通常采用以下 3 种方法：停止 CPU 访问内存、周期挪用、DMA 与 CPU 交替访问内存。

（1）停止 CPU 访问内存。如图 4.10 所示，当输入输出外设请求传送一批数据时，由 DMA 控制器发一个停止信号给 CPU，要求 CPU 放弃对地址总线、数据总线和有关控制总线的使用权。DMA 控制器获得总线控制权以后，开始进行数据传送。在一批数据传送完毕后，DMA 控制器通知 CPU 可以使用内存，并把总线控制权交还给 CPU。很显然，在这种 DMA 传送过程中，CPU 基本处于不工作状态，或者说保持状态。

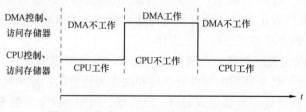

图 4.10　停止 CPU 访问内存的 DMA 方式

这种方式控制简单，适用于数据传送率很高的外设进行成组传送。其缺点是在 DMA 控制器访问内存阶段，CPU 处于保持的不工作状态，再有就是应用中的数据传送速度相对于内存的访问速度是较低的，外设传送两个数据之间的间隔一般总是大于内存存储周期，即使高速 I/O 设备也是如此，导致内存访问的效能没有充分发挥，相当一部分内存工作周期是空闲的，并且众多空闲的存储周期不能被 CPU 利用。

但是，当 CPU 和 DMA 同时访问相同的目标（RAM 或 I/O 设备）时，DMA 请求会暂停 CPU 访问系统总线达若干个周期，只能采用该方法。

（2）周期挪用。当 I/O 设备没有 DMA 请求时，CPU 按程序要求来访问内存。一旦 I/O 设备有 DMA 请求，则由 I/O 设备挪用一个或几个内存周期的总线占用权，这种方式称为周期挪用或周期窃取。I/O 设备要求 DMA 传送时可能遇到以下 3 种情况。

情况 1：此时 CPU 不需要访问内存，如 CPU 正在执行多时钟周期指令，此时 I/O 访问内存与 CPU 访问内存没有冲突，即 I/O 设备挪用一两个内存周期对 CPU 执行程序没有任何影响，DMA 可以直接访问内存。

情况 2：CPU 正在访问内存，这时必须等待 CPU 存取周期结束后，CPU 才能将总线的控制权让出。

情况 3：I/O 设备要求访问内存时 CPU 也要求访问内存，这就产生了访问冲突，在这种情况下 I/O 设备访问内存优先，因为 I/O 访问内存有时间要求，前一个 I/O 数据必须在下一个访问请求到来之前存取完毕。显然，在这种情况下 CPU 延缓了对指令的执行，或者更明确地说，在 CPU 执行访问内存指令的过程中插入 DMA 传送。因为 I/O 设备每一次周期挪用都有申请总线控制权、建立总线控制权和归还总线控制权的过程，所以传送一个字对内存来说要占用一个内存周期，但对 DMA 接口来说一般要 2～5 个内存周期。

与停止 CPU 访问内存的 DMA 方法比较，周期挪用的方法既实现了数据传送，又较好地发挥了内存和 CPU 的效率，是一种广泛采用的方法。

（3）DMA 与 CPU 交替访问内存。如果 CPU 的工作周期比内存存取周期长很多，此时采用交替访问内存的方法可以使 DMA 传送和 CPU 同时发挥最高的效率。例如，一个 CPU 周期分为 C1 和 C2 两个周期，则可以在 C1 专门提供 CPU 的内存访问权限，而在 C2 专门提供 DMA 的内存访问权限。这种方式不需要总线使用权的申请、建立和归还过程，总线使用权是通过分时使用的。CPU 和 DMA 控制器各自有自己的访问内存地址寄存器、数据寄存器和读/写信号等控制寄存器。这种总线控制权的转移几乎不需要什么时间，所以对 DMA 传送来讲效率是很高的，CPU 既不停止主程序的运行，也不进入等待状态，是一种高效率的工作方式。当然，相应的硬件逻辑也就更加复杂。这是当前各种处理器 DMA 的主要工作方式。

综上所述，结合 4.1 节知识，异步事件的处理有 3 种方法：程序查询方式、程序中断方式和 DMA 方式。其中，程序查询方式是纯软件的方法，适用于响应实时性要求不高的地方；程序中断方式是常用方法，可有效提升任务的协同性和实时性；不是所有的处理器都具备 DMA 方式。

51 系列单片机如果希望片外输入输出外设能够进行 DMA 传送，则可以基于 "PLD+高速 SRAM" 数据缓冲逻辑结构实现，PLD（CPLD/FPGA）实现 DMA 控制器功能，DMA 传送完成信号与单片机的外中断输入连接。单片机首先设定 DMA 控制器为 SRAM 缓冲工作模式，数据源外设的数据依次存入 SRAM，数据缓冲完成后申请中断；单片机再设定 DMA 控制器为读取缓冲工作模式，单片机通过接口依次读取缓冲中的数据。当然，也可以基于 FIFO 或双口 RAM 等进行数据缓冲完成 DMA 传送。

习题与思考题

1. 比较采用查询方式和中断方式进行单片机应用系统设计的优缺点。

2. 简述中断响应的过程。

3. 在单片机的下列功能或操作中，不使用中断方法的是（　　　　）。

    A. 外部紧急事件请求　　　　　　　　　　B. 实时处理

    C. 故障处理　　　　　　　　　　　　　　D. 存储器读/写操作

4. 51 系列单片机响应中断后，产生长调用指令 LCALL，执行该指令的过程包括：首先把（　　　　）的内容压入栈，以进行断点保护，然后把长调用指令的 16 位地址送（　　　　　　），使程序执行转向（　　　　　　　）中的中断向量区。

5. 经典型 51 单片机，需要外加电路实现中断撤除的是（　　　　）。

    A. 定时中断　　　　　　　　　　　　　　B. 脉冲方式的外部中断

    C. 外部串行中断　　　　　　　　　　　　D. 电平方式的外部中断

6. 为什么低电平触发外中断一般需要中断撤销电路？

7. 为什么中断服务子程序不能用 RET 指令返回？

8. 下列关于栈的描述中，错误的是（　　　　）。

    A. 51 系列单片机的栈在内部 RAM 中开辟，所以 SP 只需 8 位就够了

    B. 栈指针 SP 的内容是栈顶的地址

    C. 在 ISR 中没有 PUSH 和 POP 指令，说明该 ISR 与栈无关

    D. 在中断响应时，断点地址自动进栈，中断返回时断点地址自动出栈

9. 中断查询确认后，在下列各种单片机运行情况中，能立即进行响应的是（　　　　）。

    A. 当前正在进行高优先级中断处理

    B. 当前正在执行 RETI 指令

    C. 当前指令是 DIV 指令，且正处于取指阶段

    D. 当前指令是单周期指令

10. 下列有关中断优先级控制的叙述中，错误的是（　　　　）。

    A. 低优先级不能中断高优先级，但高优先级能中断低优先级

    B. 同级中断不能嵌套

    C. 同级中断请求按时间的先后顺序响应

    D. 同一时刻，同级的多中断请求，将形成阻塞，系统无法响应

11. 用于定时测试压力和温度的单片机应用系统，以 Timer0 实现定时，当压力超限和温度超限的报警信号分别由 $\overline{INT0}$ 和 $\overline{INT1}$ 输入，中断优先顺序由高到低为：压力超限→温度超限→定时检测。为此，中断允许控制寄存器 IE 最低 3 位的状态应是（　　　　），中断优先级控制寄存器 IP 最低 3 位的状态应是（　　　　　　）。

12. 对 51 系列单片机而言，在哪些情况下，CPU 将推迟中断请求？

13. 试说明子程序和中断服务子程序在构成及调用上的异同。

14. 试说明 DMA 控制器与 CPU 是如何协同工作的。

第 5 章　GPIO 及人机接口技术初步

嵌入式微处理器的内部资源之一就是通用输入输出接口。通用输入输出引脚及接口技术是嵌入式系统应用的最基础功能。本章还将介绍在嵌入式系统中通常使用的输入设备——键盘，以及输出设备——LED（light emitting diode）数码管显示器与微处理器的接口。下面以51 系列单片机为模型机学习上述知识，并用汇编语言和 C51 分别给出相应例子。

5.1　微处理器的 GPIO

5.1.1　GPIO 的基本结构

I/O 指代 input/output，表示微处理器的输入、输出引脚。通用输入输出接口（general purpose input/output，GPIO）是微处理器的通用数字输入、输出引脚。一般，微处理器的每个数字引脚都具有 GPIO 功能。

1. GPIO 作为输入口的基本结构

如图 5.1 所示，GPIO 作为输入时都带有三态缓冲器进行隔离，也就是说 GPIO 的输入特性就是门电路的输入特性，因此对于 CMOS 工艺的处理器芯片，GPIO 是具有高阻输入特性的。当输入的数字信号有毛刺时，可选用具有施密特触发输入特性的门电路作为输入，对输入进行整形。作为输入是不能悬空的，否则输入状态未定，因此要给定常态电平。若常态电平为高电平，则接上拉电阻，若常态电平是低电平，则接下拉电阻。对于现代的微处理器芯片，GPIO 作为输入口时，是否具有施密特特性、是否具有上拉或下拉电阻都是可以通过软件进行设置的。

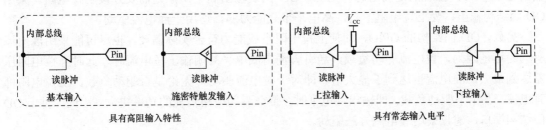

图 5.1　微处理器 GPIO 的输入结构

要强调的是，外界的开关量信号的电平幅度必须与微处理器的 GPIO 电平兼容，否则必须要对其进行电平转换或搭接功率驱动等，再与微处理器的 GPIO 连接。

2. 推挽输出 GPIO 的基本结构

GPIO 作为输出口时，为了释放 CPU 和总线，每个 GPIO 都具有一个锁存器或触发器作为输出寄存器，来保持输出电平的状态。本节以触发器作为输出寄存器来讲述。

　　GPIO 作为输出口，输出极有两种输出结构：推挽输出和开漏输出。如图 5.2 所示，推挽输出就是 CMOS 反相器结构输出，开漏输出就是 OD 门输出。

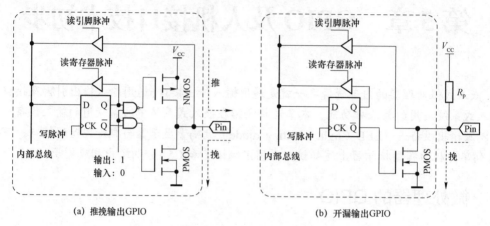

(a) 推挽输出GPIO　　　　　　　　　(b) 开漏输出GPIO

图 5.2　微处理器 GPIO 的结构

　　推挽输出的 GPIO，作为输出口其输出极是 CMOS 反相器结构，因此具有较强的带载能力。写入寄存器中为 1 时，输出高电平，NMOS 截止，PMOS 导通，连接电源和引脚负载；写入寄存器中为 0 时，输出低电平，PMOS 截止，NMOS 导通，连接引脚和地。高电平和低电平输出都具有较小的导通内阻，一般能够驱动至少 5 mA 的电流。

　　推挽输出结构的 GPIO，设置为输入时，PMOS 和 NMOS 都截止，引脚处于高阻状态。

　　输出寄存器可写可读，因此，这就涉及在读 GPIO 的时候就分为两种情况，即读 Pin 引脚上的电平，还是读输出寄存器中的值。若为前者就是 GPIO 作为输入的情况，这是有本质区别的，应用中要明确。

3. 开漏输出 GPIO 的基本结构

　　对于开漏输出的 GPIO，也一定有一个输出寄存器，所不同的是，其输出极采用漏极开路的 OD 门作为输出。与推挽结构相比，由于 OD 门没有 PMOS 管，所以只能输出低电平，当输出逻辑 1 时，呈现的是高阻态。为此，OD 门要输出高电平，则需要外接上拉电阻。采用 OD 门结构输出，受上拉电阻影响，高电平带载能力弱，适用于灌电流驱动。

　　另外，OD 门结构的 GPIO，即使上拉电阻带载能力符合实际需要，也尽可能采用灌电流驱动。这是因为，拉电流驱动负载，当引脚输出低电平关闭输出拉电流时，此时上拉电阻压差达到最大，灌电流也达到了最大值。即对于拉电流驱动，无论是否驱动负载，上拉电阻都有电流，甚至不驱动负载，即输出低电平时，整个驱动电路消耗的功率更大，因此，对于 OD 门结构端口，建议采用灌电流方法驱动。

　　如果开漏结构的 GPIO 作为输入口，也就是读引脚时，读入引脚电平状态前必须保证 GPIO 的寄存器内是 1，保证 NMOS 管处于截止状态。具体分析如下。

　　（1）若读引脚之前，引脚锁存器中为 0，则 $\overline{Q}$=1，即 NMOS 始终处于导通状态，读引脚将始终保持为低，外部电平无法输入，甚至导致烧毁引脚。

　　（2）若读引脚之前，引脚锁存器中为 1，则 $\overline{Q}$=0，即 NMOS 始终处于高阻输出，引脚电平与外部输入保持一致。

因此，开漏结构的 GPIO 作为输入口使用时，必须保证引脚寄存器中为 1，从而保证引脚可以读入外部电平。

另外，OD 门可以实现"线与"逻辑。OD 门构成的"线与"结构，使得连接在一起的 GPIO 不会发生烧毁引脚现象。推挽结构输出不能进行"线与"，当有逻辑 1 和逻辑 0 同时输出时，推挽结构形成一个低阻通路，此时，输出电平不能确定，逻辑功能被破坏，更严重的是，电源与地近似短路，产生大电流，可能烧毁器件。

5.1.2 GPIO 的输出驱动电路

嵌入式应用系统，常常需要采用许多开关量作为输入和输出信号。这些信号只有开和关、通和断，或者高电平和低电平两种状态，相当于二进制数的 0 和 1。如果要控制某个执行器的工作状态，只需输出 0 或 1，即可接通发光二极管、继电器等，以实现诸如声光报警、阀门的开启和关闭、控制电动机的启停等。

微处理器的 GPIO 常驱动小功率负载器件如图 5.3 所示，有发光二极管、数码管、蜂鸣器、小功率继电器等。一般来说，要求 GPIO 能够提供给小功率负载 2～40 mA 的驱动能力。

推挽输出 GPIO 电流驱动能力约为 5 mA。OD 门输出 GPIO，灌电流驱动能力约为 5 mA，拉电流需要上拉电阻提供，且能力很弱。

发光二极管　　数码管　　蜂鸣器　　小功率继电器

图 5.3　微处理器的 GPIO 常驱动小功率负载器件

当 GPIO 的驱动能力大于负载电流时，则可以直接驱动负载；但是，如果负载电流超过 5 mA，则 GPIO 需要级联驱动电路来驱动小功率负载。共分为以下 5 种情况。

1. 驱动近似高阻型负载——电平传输

如图 5.4 所示，驱动近似高阻型负载，由于此时属于电平传输，只要电平匹配即可。

当然，若 GPIO 是开漏结构，GPIO 是需要接上拉电阻的，以形成高电平通路，此种情况上拉电阻约为 4.7 kΩ。

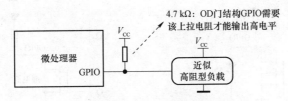

图 5.4　GPIO 驱动近似高阻型负载

2. 负载电流不超过 5 mA——推挽结构 GPIO 的拉电流驱动

如图 5.5 所示，负载电流不超过 5 mA，且为推挽结构 GPIO 的拉电流驱动，此时 GPIO 直接连接负载即可。

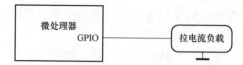

图 5.5 负载电流不超过 5 mA——推挽结构 GPIO 的拉电流驱动电路

3. 负载电流不超过 5 mA——灌电流驱动

如图 5.6 所示，负载电流不超过 5 mA，且为灌电流驱动，此时 GPIO 也直接连接负载即可。开漏结构 GPIO 可以没有上拉电阻，以减少功耗。

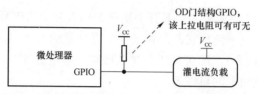

图 5.6 负载电流不超过 5 mA——灌电流驱动电路

以驱动发光二极管（LED）为例。一般，发光二极管的工作电压为 2～3 V，工作电流为 3～10 mA。因此，5 V 和 3.3 V 电平系统，都不可以直接驱动发光二极管，而是要串接限流分压电阻。限流电阻的阻值范围为 200～1 000 Ω。如图 5.7 所示，推挽结构 GPIO 驱动 LED，无论灌电流驱动，还是拉电流驱动，直接串接限流电阻即可。

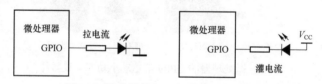

图 5.7 推挽结构 GPIO 驱动 LED 电路

如图 5.8 所示，如果 GPIO 为 OD 门结构，则要采用灌电流驱动，使得 LED 不发光时引脚没有电流。拉电流驱动时，上拉电阻就是 LED 的限流电阻，点亮 LED 时，上拉电阻的工作电流与 LED 一致；熄灭 LED 时，上拉电阻承受全部压降，较大电流灌入 NMOS，浪费大量电能，违背了智能硬件的低功耗设计要求，不要采用。

图 5.8 OD 门结构 GPIO 驱动 LED 电路

4. 负载电流超过 5 mA——拉电流驱动

如图 5.9 所示，负载电流超过 5 mA，此时 GPIO 不能直接驱动负载。GPIO 通过驱动拉电流驱动电路，由驱动电路的电源产生拉电流驱动负载。

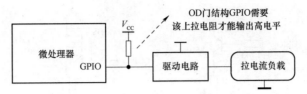

图 5.9　负载电流超过 5 mA——拉电流驱动电路

若 GPIO 是开漏结构，且高电平时驱动电路的拉电流开关才开启，则需要接上拉电阻。

5. 负载电流超过 5 mA——灌电流驱动

如图 5.10 所示，负载电流超过 5 mA，此时，GPIO 不能直接灌入电流驱动负载。GPIO 通过驱动灌电流驱动电路，由驱动电路吸收负载流过来的灌电流。同样，若 GPIO 是开漏结构，且高电平时驱动电路的灌电流开关才开启，则需要接上拉电阻。

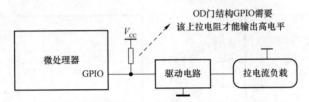

图 5.10　负载电流超过 5 mA——灌电流驱动电路

如果微处理器的 GPIO 的驱动能力不能直接驱动负载。下面介绍几种中小功率驱动电路。

（1）74HC245 是推挽结构 8 位双向总线驱动器 MSI 芯片，驱动能力达到 35 mA，常用于作为 GPIO 的功率驱动器。另外，74HC245 具有输出的三态控制，因此也常作为 GPIO 的输入、输出隔离器件。

（2）较大功率时，常直接采用开关管作为开关器件，即：通过三极管非门，或增强型、低导通电阻 MOS 管构成的非门，驱动较大功率负载。GPIO 的输出逻辑与负载的工作逻辑相反。

如图 5.11 所示，灌电流驱动负载时，采用 NPN 型三极管或增强型 NMOS 管。要说明的是，开漏结构的 GPIO，驱动 NPN 型三极管，属于拉电流驱动；驱动 NMOS 管为高电平驱动，进而使得负载进入工作状态。

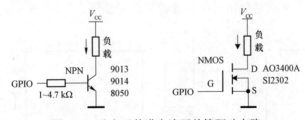

图 5.11　分立元件灌电流开关管驱动电路

由于开关管驱动电路逻辑被反相，如果正逻辑驱动，前面需要级联非逻辑。75451 就是基于此考虑的驱动芯片。一片 75451 集成两个灌电流负载开关，每个的驱动电流可达 300 mA。

如图 5.12 所示，采用开关管拉电流驱动，则需要采用 PNP 型三极管或增强型低导通电阻 PMOS 管实现。GPIO 驱动 PNP 型三极管属于灌电流驱动，驱动 PMOS 管为低电平驱动，进而使得负载进入工作状态。

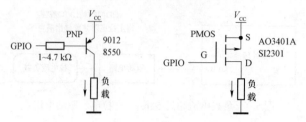

图 5.12　分立元件拉电流开关管驱动电路

综上所述，采用开关管直接驱动负载时，灌电流驱动负载，则 GPIO 为拉电流驱动开关管；拉电流驱动负载，则 GPIO 为灌电流驱动开关管。下面再举几个例子说明。

蜂鸣器的工作电流约为 20 mA，图 5.13 所示为开漏输出 GPIO 驱动蜂鸣器的电路，请读者品味上述结论。开漏结构 GPIO，建议采用图 5.13（b）方法驱动。

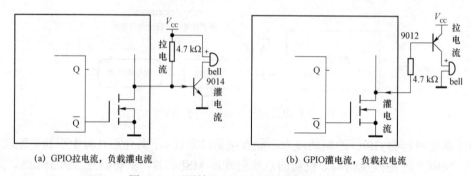

(a) GPIO 拉电流，负载灌电流　　　　　　　　(b) GPIO 灌电流，负载拉电流

图 5.13　开漏输出 GPIO 驱动蜂鸣器的电路

继电器常用作为强电、用电器的电源开关。小功率继电器线圈的工作电流约 20 mA，也不能用 GPIO 直接驱动，需要驱动电路。图 5.14 所示为用三极管驱动小功率继电器的电路。同样，如果采用开关管驱动，GPIO 为灌电流时，开关管采用拉电流驱动负载时功耗得到了优化，建议采用图 5.14（b）的方法驱动。与驱动一般负载不同的是，驱动线圈就是驱动电感，根据楞次定律，线圈断电时会产生很大的反相电动势，为此要在继电器外给线圈跨接二极管 VD。当晶体管由导通变为截止时，线圈产生很高的自感电动势与电源电压叠加后的电压被二极管的正向导通钳位，从而避免击穿晶体管等驱动元器件。

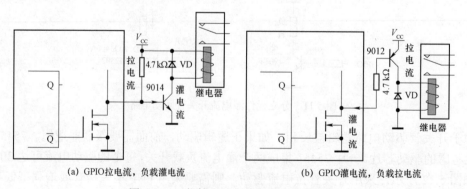

(a) GPIO 拉电流，负载灌电流　　　　　　　　(b) GPIO 灌电流，负载拉电流

图 5.14　三极管驱动小功率继电器的电路

ULN2003/ULN2803 等多路达林顿芯片，其在芯片内部集成了消线圈反电动势的二极管。ULN2003 可以驱动 7 个继电器，ULN2803 驱动 8 个继电器。ULN2003 的输出端允许灌入 200 mA 电流，饱和压降 VCE 约 1 V，耐压约为 36 V。ULN2803 及其内部结构如图 5.15 所示。

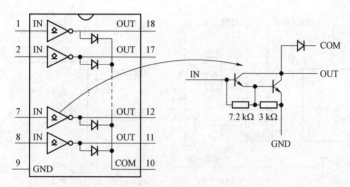

图 5.15　ULN2803 及其内部结构

5.2　经典型 51 单片机的 GPIO

经典型 51 单片机有 4 个 8 位的并行输入/输出接口：P0、P1、P2 和 P3 端口（以下简称 P0、P1、P2 和 P3 口）。这 4 个端口既可以并行输入或输出 8 位数据，又可以按位方式使用，即每一个引脚作为 GPIO 均能独立做输入、输出。

图 5.16 所示为 P0、P1、P2 和 P3 口作为 GPIO 的公共电路模型。经典型 51 单片机的每个 GPIO 均采用 OD 门结构。

P0、P1、P2 和 P3 口内部分别有一个 8 位锁存器和一个 8 位数据输入缓冲器。4 个锁存器命名为 P0、P1、P2 和 P3，皆为特殊功能寄存器，用于锁存输出数据。

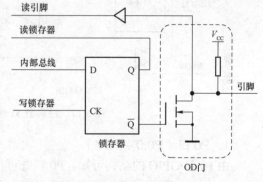

图 5.16　经典型 51 单片机的 GPIO

微处理器的 GPIO 有写端口、读端口和读引脚 3 种操作。写端口实际上就是输出数据，是将数据传送到端口锁存器中，并驱动 OD 门输出。

读端口不是真正的从外部输入数据，而是将端口锁存器中输出数据读到 CPU 中。读引脚才是真正地读外部引脚的电平。一般来说，读取 P0～P3 都是在读引脚，目的是获取与之相连的外部电路的状态。而读锁存器是在执行类似下述语句时由 CPU 自行完成的：

```
INC P0    ; P0 自加 1
```
执行这个语句时，采用"读-改-写"的过程，先读取 P0 锁存器中的数据，再加 1，然后送到 P0 锁存器里。而与实际的引脚电平状态无关。

注意： 锁存器和引脚状态可能是不一样的。例如，用一个引脚直接驱动一个 NPN 型三极管的基极，那么需要向引脚的寄存器写 1，写 1 后引脚输出高电平，但一旦三极管导通，则这一引脚的实际电平将是 0.7 V（1 个 PN 结压降）左右，为低电平。这种情况下，读 I/O 的操作如果是读引脚，将读到 0，但如果是读锁存器，仍是 1。

经典型 51 单片机 P0、P1、P2 和 P3 口的引脚内部结构如图 5.17 所示，基本结构都具有开漏输出的特点，下面分别来介绍。

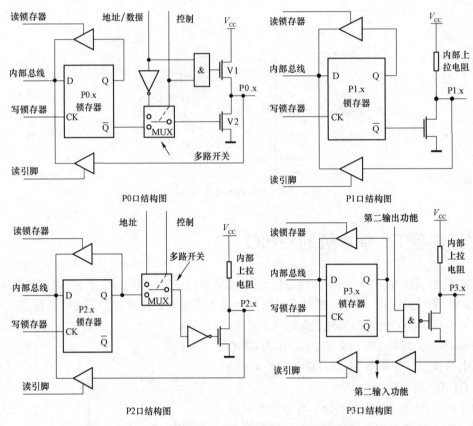

图 5.17　经典型 51 单片机端口 GPIO 的结构图

1. P0 口（P0.0 ~ P0.7）

由 P0 口 GPIO 的结构可知，P0 口既可作为 GPIO，又可作为地址总线和数据总线使用。

（1）P0 口作 GPIO。对于具有内部程序存储器的 51 系列单片机，P0 口也可以作 GPIO 使用，此时控制端为低电平，锁存器的 $\overline{Q}$ 端连至 NMOS 的栅极，V1 管处于截止状态，输出级为 OD 结构，处于高阻浮空状态，作为输出口时要外接上拉电阻实现线与逻辑输出。作输入口用时，应先将锁存器写 1，这时输出级两个场效应管均截止，可作高阻抗输入，通过三态输入缓冲器读取引脚信号，完成输入操作，否则 V2 常导通，引脚恒低。

（2）P0 口作地址/数据总线。若从 P0 口输出地址或数据信息，此时控制端应为高电平。转换开关 MUX 将地址或数据的反相输出与输出级场效应管 V2 接通，同时控制 V1 开关的与门开锁。内部总线上的地址或数据信号通过与门去驱动 V1 管，通过反相器驱动 V2 管，形成推挽结构。当地址或数据为 1 时，V2 截至，V1 导通，推挽输出高电平；当地址或数据为 0 时，V1 截至，V2 导通，推挽输出低电平。工作时低 8 位地址与数据线分时使用 P0 口。低 8

位地址由 ALE 信号的负跳变使它锁存到外部地址锁存器中，而高 8 位地址由 P2 口输出。系统总线知识在第 6 章讲述。

在某个时刻，P0 口上输出的是作为总线的地址数据信号还是作为 GPIO，是依靠多路开关 MUX 来切换的。而 MUX 的切换又是根据单片机指令来区分的。当指令为外部存储器指令，如"MOVX A, @DPTR"，MUX 切换到地址/数据总线上；而当普通 MOV 传送指令操作 P0 口时，MUX 切换到内部总线上。

其他端口 P1、P2 和 P3，在内部直接将 P0 口中的 V1 换成了上拉电阻，所以不用外接，但内部上拉电阻太大，电流太小，有时因为电流不够，也会再并一个上拉电阻。

因为端口 P1、P2 和 P3 有固定的内部上拉，所以有时候它们被称为准双向口。而端口 P0 就被认为是真正的双向，因为当它被设置为输入的时候是高阻态的。

2. P1 口（P1.0～P1.7）

P1 口是一个有内部上拉电阻的准双向口，每一位口线能独立用作 GPIO。作输出时，如将 0 写入锁存器，场效应管导通，输出线为低电平，即输出为 0。因此在作输入时，必须先将 1 写入锁存器，使 NMOS 截止，此时引脚由内部上拉电阻提拉成高电平，同时也能被外部输入源拉成低电平，即当外部输入 1 时该口线为高电平，而输入 0 时，该口线为低电平。P1 口作输入时，可被任何 TTL 电路和 MOS 电路驱动，由于具有内部上拉电阻，也可以直接被集电极开路和漏极开路电路驱动，不必外加上拉电阻。

另外，经典增强型 51 单片机的 P1.0 和 P1.1 具有第二功能，P1.0 可作 Timer2 的外部计数触发输入端 T2，P1.1 可作 Timer2 的外部捕获输入端 T2EX。

3. P2 口（P2.0～P2.7）

P2 口除了作为 GPIO，还用作地址总线。

（1）P2 口作 GPIO。当 P2 口作 GPIO 使用时，是一个准双向口，此时转换开关 MUX 倒向下边，输出级与锁存器接通，引脚可接 I/O 设备，其输入输出操作与 P1 口完全相同。

（2）P2 口用作地址总线。当系统中接有外部存储器时，P2 口用于输出高 8 位地址 A[15:8]。这时在 CPU 的控制下，转换开关 MUX 倒向上边，接通内部地址总线。P2 口的口线状态取决于片内输出的地址信息。

若外接数据存储器容量为 256 B 或以内，则可使用"MOVX A, @Ri"或"MOVX @Ri, A"指令，由 P0 口送出 8 位地址，P2 口此时为 GPIO；若外接存储器容量较大，则需用"MOVX A, @DPTR"或"MOVX @DPTR, A"指令，由 P0 口和 P2 口送出 16 位地址。在读写周期内，P2 口引脚上将保持地址信息，与 P2 口的各锁存器内容无关。MOVX 指令执行后，P2 口锁存器的内容又会重新出现在引脚上。

4. P3 口（P3.0～P3.7）

P3 口也是一个准双向口，作为第一功能使用时，其功能同 P1 口。

另外，P3 口是一个多用途的端口，当作第二功能使用时，每一位的功能如表 5.1 所示。此时，相应的口线锁存器必须为"1"状态。在 P3 口的引脚信号输入通道中有两个三态缓冲器，第二功能的输入信号取自第一个缓冲器的输出端。

表 5.1　P3 口的第二功能

端口功能	第二功能
P3.0	RXD，串行输入（数据接收）口
P3.1	TXD，串行输出（数据发送）口
P3.2	$\overline{INT0}$，外部中断 0 输入线
P3.3	$\overline{INT1}$，外部中断 1 输入线
P3.4	T0，定时器 0 外部输入
P3.5	T1，定时器 1 外部输入
P3.6	$\overline{WR}$，外部数据存储器写选通信号输出
P3.7	$\overline{RD}$，外部数据存储器读选通信号输入

【例 5.1】如图 5.18（a）所示，利用单片机实现流水灯效果（每一个 LED 轮流依次点亮）。

分析：显然，电路符合开漏输出 GPIO 的灌电流驱动要求。流水灯效果设计的软件流程如图 5.18（b）所示，一个独冷变量不断地循环移位送至 8 个 GPIO。

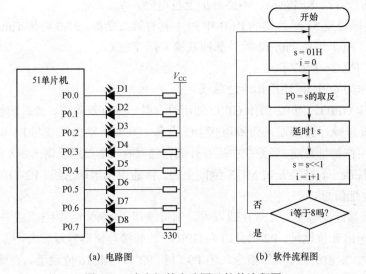

(a) 电路图　　　　　　　(b) 软件流程图

图 5.18　流水灯的电路图及软件流程图

程序如下：

汇编语言程序：	C 语言程序：

```
汇编语言程序：


MAIN:MOV   A, #0FEH

LOOP:MOV   P0, A
     LCALL DL1S
```

```c
#include "reg52.h"
void delay1s(void){
    unsigned int i,j;
    for(j=0; j<1000; j++){
        for(i=0; i<120; i++);
```

```
      RL    A
      SJMP  LOOP

DL1S:MOV   R5, #20
  D2:MOV   R6, #200
  D1:MOV   R7, #123
      DJNZ  R7, $
      DJNZ  R6, D1
      DJNZ  R5, D2
      RET
      END
```

```
   }
}
int main(void)
{
   unsigned char i,s;
   while (1){
      s = 0x01;
      for(i=0;i<8;i++){
         P0 = ~s;
         delay1s();
         s <<= 1;
      }
   }
}
```

5.3　LED 数码管显示器接口技术

　　LED 数码管显示器虽然显示信息简单，但它具有显示清晰、寿命长、与微处理器接口方便等特点，在嵌入式应用系统中经常用 LED 数码管作为显示输出设备。

5.3.1　LED 数码管显示器及译码方式

　　如图 5.19 所示，LED 数码管显示器是由发光二极管按一定的结构组合起来的显示器件。数码管有共阴极和共阳极两种，其中图 5.19（a）为共阴极结构，八段发光二极管的阴极端连接在一起，阳极端分开控制，使用时公共端接地；要使哪段发光二极管亮，则对应的阳极端接高电平；图 5.19（b）为共阳极结构，各发光二极管的阳极端连接在一起，阴极端分开控制，使用时公共端接电源；要使哪段发光二极管亮，则对应的阴极端接低电平。其中，七段发光二极管构成 7 笔的字形 "8"，还有 1 个发光二极管形成小数点，图 5.19（c）为其引脚图。

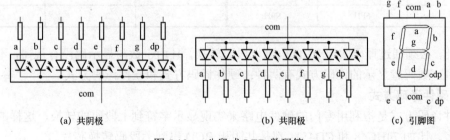

　　　(a) 共阴极　　　　　　　　　　　(b) 共阳极　　　　　　(c) 引脚图

图 5.19　八段式 LED 数码管

　　数码管中的每个 LED 的工作电压为 2～3 V，工作电流为 3～10 mA。因此，3.3 V 和 5 V 电平系统不可以直接驱动发光二极管，而是要串接限流电阻，本质上也起到分压的作用。限流电阻的阻值范围为 200～1 000 Ω。OD 门结构的 GPIO，若驱动共阴极数码管，上拉电阻就是数码管每个段选的限流电阻；若驱动共阳极数码管，则直接串入限流电阻，如图 5.20 所示。

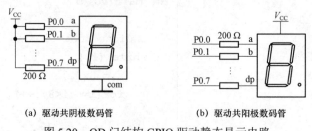

(a) 驱动共阴极数码管　　　　　　　　(b) 驱动共阳极数码管

图 5.20　OD 门结构 GPIO 驱动静态显示电路

对于 OD 门结构 GPIO，建议采用共阳极接法。因为，共阳极接法只有亮（LED 导通）的段产生电流，不亮的段不消耗电能。推挽结构的 GPIO 驱动共阳极或共阴极数码管都是采用串入限流电阻，且只有亮的 LED 因导通而耗能。

参见图 5.19（c），从 a～g 引脚输入不同的 7 位二进制编码，可显示不同的数字或字符。该 7 位二进制编码称为七段码。不同数字或字符其七段码不一样，对于同一个数字或字符，共阴极连接和共阳极连接的七段码互为反码。常见的数字和字符的共阴极和共阳极七段码如表 5.2 所示。其中，b6～b0 对应 g、f、e、d、c、b 和 a，b7 位默认为小数点，不点亮。

表 5.2　常见的数字和字符的共阴极和共阳极七段码

显示字符	共阴极七段码	共阳极七段码	显示字符	共阴极七段码	共阳极七段码
0	3FH	C0H	A	77H	88H
1	06H	F9H	B	7CH	83H
2	5BH	A4H	C	39H	C6H
3	4FH	B0H	D	5EH	A1H
4	66H	99H	E	79H	86H
5	6DH	92H	F	71H	8EH
6	7DH	82H	P	73H	8CH
7	07H	F8H	L	38H	C7H
8	7FH	80H	"灭"	00H	FFH
9	6FH	90H			

因此，必须通过译码实现 BCD 码到七段码转换，且由于数与显示码没有规律，不能通过运算得到。数码管显示的译码方式有两种：硬件译码方式和软件译码方式。

1. 硬件译码方式

硬件译码方式是指利用专门的硬件电路来实现显示字符到七段码的转换，这样的硬件电路有很多，比如 74HC48 和 CD4511 都是共阴极 BCD 码到七段码转换芯片。

如图 5.21 所示，硬件译码时，要显示一个数字，只需送出这个数字的 4 位 BCD 码即可，软件开销较小，但需要增加硬件译码芯片。在嵌入式系统中，数码管的硬件译码方式早已被软件译码取代。

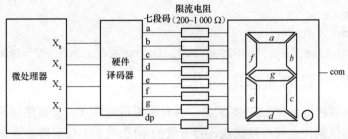

图 5.21　硬件译码显示电路

2. 软件译码方式

如图 5.22 所示，软件译码方式就是编写软件译码程序，通过译码程序来得到要显示的字符的七段码。译码程序通常为查表程序，增加了少许的软件开销，但硬件线路简单，在实际系统中经常使用。

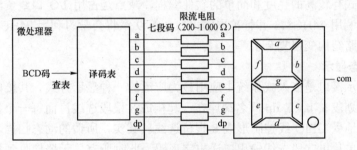

图 5.22　软件译码显示电路

0～9 的共阴极和共阳极七段码译码一般放到以下的数组中，方便程序调用。

汇编语言译码表：

```
BCDto7SEG_C:        ;共阴极七段码译码
    DB 3fH,06H,5bH,4fH,66H,6dH,7dH,07H,7fH,6fH          ;对应 0-9
BCDto7SEG_A:        ;共阳极七段码译码
    DB 0C0H,0f9H,0a4H,0b0H,99H,92H,82H,0f8H,80H,90H     ;对应 0-9
```

C 语言译码表：

```
unsigned char code BCDto7SEG_C[10] =  //共阴极七段码译码
    {0x3f,0x06,0x5b,0x4f,0x66,0x6d,0x7d,0x07,0x7f,0x6f};//对应 0-9
unsigned char code BCDto7SEG_A[10] =  //共阳极七段码译码
    {0xc0,0xf9,0xa4,0xb0,0x99,0x92,0x82,0xf8,0x80,0x90};//对应 0-9
```

对于汇编程序的译码表通过 DB 伪指令建表，通过 DPTR 指向对应译码表首址，将 A 中的 BCD 码，通过"MOVC A, @A+DPTR"指令查表译码。BCD 由 A 传入，七段码由 A 返回，汇编语言程序如下：

```
CONVERT:PUSH DPH
        PUSH DPL
        MOV  DPTR, #TAB          ;DPTR 指向表首地址
        MOVC A, @A+DPTR          ;查表指令转换
        POP  DPL
```

```
    POP  DPH
    RET
TAB: DB 0C0H,0f9H,0a4H,0b0H,99H,92H,82H,0f8H,80H,90H  ;显示码表,对应 0-9
```

5.3.2　LED 数码管的显示驱动方式

n 个数码管可以构成 n 位 LED 显示器,共有 n 根位选线(直接或经驱动连接至公共端)和 $8n$ 根段选线。依据位选线和段选线连接方式的不同,LED 显示器有静态显示和动态显示两种方式。

1. LED 静态显示

采用静态显示时,位选线同时选通,每位的段选线分别与一个 8 位锁存器输出相连,各数码管间相互独立。各数码管显示一经输出,端口锁存器将维持各显示内容不变,直至显示下一字符为止。共阳极数码管静态显示电路如图 5.23 所示。

静态显示方式有较高的亮度和简单的软件编程,缺点是占用 I/O 口线资源太多。当然,第 6 章将会学习利用 74HC573 并行扩展输出口,第 9 章将会学习利用 74HC595 串入并出扩展输出口,但电路结构变得复杂了。

2. LED 动态显示

动态扫描显示接口是嵌入式系统中应用最为广泛的一种显示方式。其接口电路是把所有数码管的 8 个笔划段 a, b, ..., dp 同名端连在一起构成 8 根段选线,而每一个显示器的公共极 com 则各自独立地受 GPIO 线控制形成 8 根位选线。其实,所谓的动态扫描,就是指采用分时扫描的方法,单片机向段选线输出口送出字形码,此时所有显示器接收到相同的字形码,但究竟是哪个显示器亮,则取决于由 GPIO 控制的 com 端。共阳极数码管动态显示电路如图 5.24 所示。

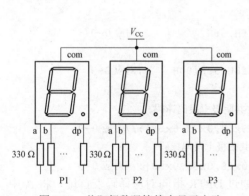

图 5.23　共阳极数码管静态显示电路

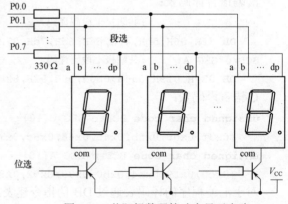

图 5.24　共阳极数码管动态显示电路

设有 n 个数码管,则动态显示过程如下。

(1)CPU 首先送出第一个数码管的译码给段选,然后仅让第一个数码管位选导通,其他数码管公共端截止,这样,只有第一个数码管显示段选信息。

(2)显示延时一会,保证亮度,然后关闭该数码管显示,即关闭位选。

(3)CPU 再给出第二个数码管的译码信息到段选,同样,仅让第二个数码管导通一会。

(4)依次类推,显示完最后一个数码管后,再重新动态扫描第一个数码管,使各个显示器轮流刷新点亮。

　　在轮流点亮扫描过程中，每位显示器的点亮时间是极为短暂的（≥1 ms），但由于人的视觉暂留现象，尽管实际上各位显示器并非同时点亮，但只要扫描的速度足够快（一般为不小于 40 Hz），给人的印象就是一组稳定的显示数据，不会有闪烁感。

　　动态显示方式在使用时需要注意三个方面的问题。第一，显示扫描的刷新频率。每位轮流显示一遍称为扫描（刷新）一次，只有当扫描频率足够快时，对人眼来说才不会觉得闪烁。对应的临界频率称为临界闪烁频率。临界闪烁频率跟多种因素相关，人的视觉反应是 25 ms，即一般当刷新频率大于 40 Hz 就不会有闪烁感。第二，数码管个数与显示亮度问题。若一位数码管显示延时为 1 ms，扫描大于 25 位，延时就大于 25 ms 了，则定会闪烁；然而，为了增多数码管而减少延时，会降低数码管亮度。当然，在能保证扫描频率的情况下，增大延时，会增强数码管亮度。第三，LED 显示器的驱动问题。LED 显示器驱动能力的高低是直接影响显示器亮度的又一个重要的因素。驱动能力越强，通过发光二极管的电流越大，显示亮度则越高。通常一定规格的发光二极管有相应的额定电流的要求，这就决定了段驱动器的驱动能力，而位驱动电流则应为各段驱动电流之和，因此位选要有专门的驱动电路。从理论上看，对于同样的驱动器而言，n 位动态显示的亮度不到静态显示亮度的 $1/n$，任意时刻只有一个数码管耗费功率。

　　动态显示所用的 GPIO 口线少（8+n 条），平均为 1 个数码管的功耗，但软件开销大，需要单片机周期性地对它刷新，因此会占用 CPU 大量的时间。

　　【例 5.2】动态显示方式驱动 4 位共阳极数码管，P0 口作为段选，P2.4～P2.7 作为位选（有三极管驱动）。待显示的显存为 4 个元素的数组，假设显存对应片内 30H～33H 地址单元，C 语言中将该数组定义为 d[4]。试采用汇编语言和 C51 分别编写驱动程序。

　　分析：为了任务间协同和隔离，各个数码管分别建立一个 RAM 单元，用于存储对应数码管的显示内容。这些 RAM 单元称为显存。动态扫描数码管的程序只负责读取对应显存中的内容扫描显示。而其他的任务在需要改变显示内容时，修改显存中的内容即可。

　　根据动态显示原理，驱动程序如下：

汇编语言程序：

```
     ORG    0000H
     LJMP   MAIN
     ORG    0030H
MAIN:
     MOV    DPTR, #BCDto7_TAB
LOOP:
     LCALL  DISPLAY
     LJMP   LOOP

DISPLAY:
     MOV    R7, #4
     MOV    R0, #30H   ;R0 指针指向显示缓存首址
     MOV    R2, #7FH   ;P2.7 对应第 1 个数码管位选
ND:  MOV    A, @R0
     MOVC   A, @A+DPTR  ;译码
```

C 语言程序：

```c
#include "reg52.h"
unsigned char d[4];   //显示缓存
void delay_1ms(void){
    unsigned int i;
    for(i=0; i<124; i++);
}
void display(void)    //循环扫描 1 遍
{
    unsigned char i;
    //软件译码表
    code unsigned char BCD_7[10] = {
        0xc0,0xf9,0xa4,0xb0,0x99,
        0x92,0x82,0xf8,0x80,0x90
    };
    for(i=0; i<4; i++){
```

```
    MOV   P0, A          ;给出段选
    MOV   A, R2
    ANL   P2, A          ;给出位选，对应数码管显示
    INC   R0             ;R0 指针指向下 1 个显存
    MOV   A, R2
    RR    A              ;位选移到下 1 位
    MOV   R2, A          ;保存位选信息
    LCALL DELAY_1MS      ;亮一会
    ORL   P2, #0F0H      ;关显示
    DJNZ  R7, ND
    RET
BCDto7_TAB:             ;软件译码表
    DB 0c0H,0f9H,0a4H,0b0H,99H
    DB 92H, 82H, 0f8H,80H, 90H

DELAY_1MS:
    MOV R6, #4
D1MS:
    MOV R5, #125
    DJNZ R5, $
    DJNZ R6, D1MS
    RET
```

```c
        P0 = BCD_7[d[i]];
        P2 &= ~(0x80>>i);  //开显示
        delay_1ms();       //亮一会
        P2 |= 0xf0;        //关显示
    }
}
int main(void)
{
    while(1)
    {
        //...
        display();
    }
}
```

　　实际的嵌入式系统中，除动态扫描显示外，同时在扫描间隔时间内还需要做其他的事情，然而在两次调用显示程序之间的时间间隔很难控制，如果时间间隔比较长，就会使显示不连续，而且实际工作中是很难保证所有工作都能在很短时间内完成的，也就是每个数码管显示都要占用不少于 1 ms 的时间，这在很多场合是不允许的，怎么办呢？一种方法是直接将运行时间约为 1 ms 的任务作为显示延时，两个任务协同工作。另一种方法是借助于定时器。如图 5.25 所示，定时时间一到，产生中断，点亮一个数码管，然后马上返回，这个数码管就会一直亮到下一次定时时间到，而不用调用延时程序了，这段时间可以留给主程序完成其他任务。到下一次定时时间到则显示下一个数码管。这样，显示与其他任务不但很好协同，也简化了其他任务的软件设计过程。当然，这需要一个定时器的配合。

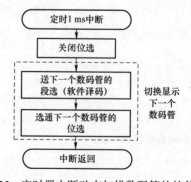

图 5.25　定时器中断动态扫描数码管的软件流程

另外，市场上还有一些专用的 LED 扫描驱动显示模块，如 MAX7219、HD7279、ZLG7290 和 CH452 等，其内部都带有译码单元等，功能很强大。成本允许时建议使用，可大幅简化软件设计难度，并增强软件的可读性。

总之，数码管作为最广泛使用的仪器显示器件，是每一位嵌入式工程师必须掌握的知识之一，具体应用对象不同注定会出现各种数码管应用技术。

5.4　机械键盘接口技术

键盘是嵌入式系统中最常用的输入设备，在嵌入式系统中，操作人员一般都是通过键盘向单片机系统输入指令、地址和数据，实现简单的人机通信。本节对键盘设计中按键去抖、按键确认、键盘的设计方式、键盘的工作方式等问题进行讨论。

5.4.1　键盘的工作原理

键盘实际上是一组按键开关的集合，平时按键开关总是处于断开状态，当按下键时它才闭合。如图 5.26 所示，当按键开关未按下时，开关处于断开状态，由上拉电阻确定常态，GPIO 输入为高电平；当按键开关按下时，开关处于闭合状态，GPIO 输入为低电平。也就是说，GPIO 读入低电平，表示有按键动作。

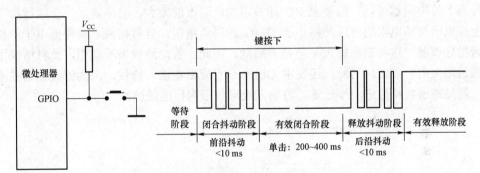

图 5.26　机械按键及按键动作产生的电平抖动

通常按键开关为机械式开关，由于机械触点的弹性作用，一个按键开关在闭合时不会马上稳定地接通，断开时也不会马上断开，因而在闭合和断开的瞬间都会伴随着一串的抖动。相对于门槛电压，在抖动处产生一串脉冲。抖动时间的长短由按键开关的机械特性决定，一般为 5～10 ms，这种抖动对于人来说是感觉不到的，但对于计算机的工作速度来说，则是可以感应到每一个"细节"的漫长过程。

在图 5.26 中，按键动作形成的电压波形过程说明如下。

（1）等待阶段：此时按键尚未按下，处于常态的空闲阶段。

（2）闭合抖动阶段：此时按键刚刚按下，信号处于抖动状态，也称为前沿抖动阶段。

（3）有效闭合阶段：此时抖动已经结束，一个有效的按键动作已经产生，为 200～400 ms。系统应该在此时执行按键功能；或将按键所对应的编号（简称"键号"或"键值"）记录下来，待按键释放时再执行。

（4）释放抖动阶段：此时按键处于抬起动作过程中，信号输出处于抖动状态，也称为后沿抖动阶段。

（5）有效释放阶段：如果按键是采用释放后再执行功能，则可以在这个阶段进行相关处理。处理完成后转到等待阶段；如果按键是采用闭合时立即执行功能，则在这个阶段可以直接切换到等待阶段。

键盘的处理主要涉及以下两个方面的内容。

1．抖动的消除

按键动作时，无论按下还是放开都会产生抖动。对于微处理器，5～10 ms 的抖动时间太过于"漫长"，极易形成一次按键请求多次被响应的错误后果。为使 CPU 能正确地读出端口的状态，对每一次按键只作一次响应，就必须考虑如何去除抖动。同时，消除抖动的另一个作用是可以剔除信号线上的干扰，防止误动作。消除按键抖动通常有两种方法：硬件去抖动和软件去抖动。

（1）硬件去抖动。硬件去抖动，需要额外的硬件电路来实现消除抖动。硬件去抖动主要有两种方法，滤波法和采样法。

滤波法去抖动的原理是通过低通滤波器把抖动的高频成分滤除掉，将前后沿平滑处理。如图 5.27 所示，一般采用 RC 一阶电路实现按键去抖，且时间常数 τ 的值较大。如果没有内部上拉电阻，必须外接上拉电阻，此时，RC 滤波电路一般采用较大的电阻来优化电路的体积和布局布线。外部上拉电阻对滤波电路无影响。但是，如果 GPIO 内部有上拉电阻，此时是否有外部上拉电阻都可以，但要求 RC 滤波器的电阻不能太大，必须满足：在按键按下时，内部上拉电阻与该电阻的分压严格小于 GPIO 的阈值电压，且有裕量，确保低电平能够有效输入给微处理器。这与需要较大 τ 值是矛盾的，因此，若滤波效果不理想，此种情况下，一般是通过增大电容实现。另外，还要求 GPIO 具有施密特输入特性，因为滤波输出并不会很平滑，通过施密特特性进一步过滤，将输入波形整形为标准低脉冲。

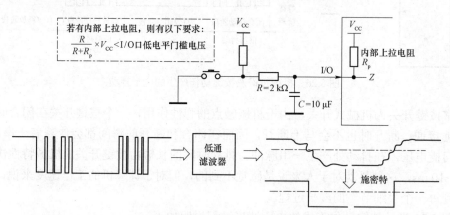

图 5.27　滤波法去抖动电路

如图 5.28 所示，采样法去抖动的原理是用一个 100 Hz 脉冲对按键信号进行采样，采样时间间隔是 10 ms，10 ms 的采样间隔使得在抖动期间最多一次采样。如果采样没有发生在抖动期间，自然躲过了抖动。如果某次采样发生在抖动期间，且采样值与之前一致，说明保持原状态；若采样值与前次采样不一致，说明已经进入新的稳定状态，再经过 10 ms 后采样一定还是该电平，发生在前沿则进入稳定按下的低电平状态，发生在后沿则进入抬起后的常态高电平。

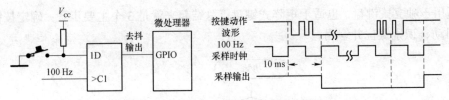

图 5.28　采样法去抖动电路及工作时序

（2）软件去抖动。软件去抖动法是在 GPIO 获得端口为低的信息后，不立即认定按键开关已被按下，而是延时 10 ms 或更长一些时间后再次检测端口，如果仍为低，说明按键开关的确按下了，进行按键请求处理，这实际上是避开了按键按下时的抖动时间。而在检测到按键释放后（端口为高）再延时 10 ms，消除后沿的抖动。一般情况下，不对按键释放的后沿进行事件处理。

软件去抖动无额外硬件开销，处理灵活，是嵌入式系统主要采用的去抖方法。

2．独立式键盘及编码

从硬件连接方式来看，键盘通常可分为独立式键盘和矩阵式键盘两类。

如图 5.29 所示，独立式键盘是指各按键相互独立，每个按键分别与微处理器的一根输入 GPIO 线相连，且常态上拉为高电平，通过读取各 GPIO 的电平就可以判断哪个按键被按下了。独立式键盘电路配置灵活，软件简单，但在按键数较多时会占用大量的 GPIO，因此适用于按键较少的场合。

嵌入式应用系统通常包含多个按键，为了区分按键需要将各个按键进行编码。常用的按键编码方式有二进制组合编码和顺序编码。单个按键按下时，直接采用读回的值作为按键编码称为二进制组合编码。二进制组合编码非常简单，但不连续，编码效率低。将键位按照自然数顺序编号，称为顺序编码。顺序编码可以有效利用编码数值空间，但编码过程需要专门处理。当没有按键按下时，也要分配一个编码，本书将 FFH 作为无按键按下时的编码称为 FFH 无键码。应用软件将获取的按键编码与 FFH 无键码进行比较，可判断是否有按键动作。

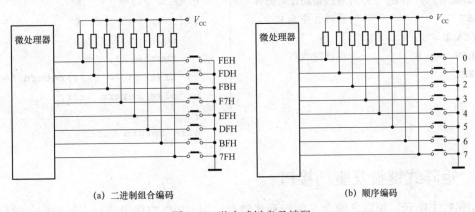

(a) 二进制组合编码　　　　　　　　　(b) 顺序编码

图 5.29　独立式键盘及编码

如图 5.30 所示，读取键盘的程序流程是：读键盘，如果没有键按下，直接返回无键码 FFH，否则延时去抖动后再读键盘，如果又变为无键按下，说明此前是后沿抖动，直接返回无键码 FFH。如果再读键盘还是有键按下，确认是前沿的按键事件，识别按键并返回编码。这个流程，既适用于独立式键盘，也适于矩阵式键盘。总结起来就是 3 个主要步骤：确定按键动作、延时去抖动、识别键位并编码。

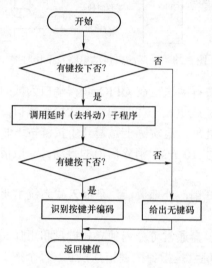

图 5.30   读取键盘的程序流程图

下面是读取 8 按键独立式键盘并采用二进制组合编码的读按键子程序。独立式键盘接到 P1 口，将 P1 口设置为输入口后，严格按照图 5.30 所示的程序流程图设计子程序，代码非常简洁，这是独立式键盘的优点。程序如下：

汇编语言程序：		C 语言程序：
READ_KEY:	;按键值通过 A 返回	`unsigned char Read_key(void){`
MOV P1, #0FFH	;置 P1 口为输入状态	`    unsigned char temp;`
MOV A, Pl	;键状态输入	`    P1 = 0xff; //置 P1 口为输入状态`
CJNE A, #0FFH, Nk	;有按键动作则去抖	`    temp = P1;`
RET	;此时 A 中为 FFH	`    if(temp != 0xff) {`
Nk:**LCALL** DELAY_10MS		`        delay_ms(10);`
MOV A, Pl	;再读键状态	`        temp = P1;`
RET		`        if(temp != 0xff)return temp;`
		`        else return 0xff;`
		`    }`
		`    else return 0xff;`
		`}`

5.4.2   矩阵式键盘及驱动接口

如图 5.31 所示，矩阵式键盘又叫行列式键盘，用 GPIO 口线组成行、列结构，键位设置在行、列的交点上。例如 4×4 的行、列结构可组成 16 个键的键盘，比一个键位用一根 GPIO 的独立式键盘节省了大量的 GPIO。而且键位越多，情况越明显。因此，在按键数量较多时，往往采用矩阵式键盘。

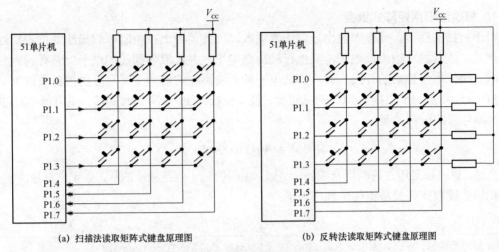

(a) 扫描法读取矩阵式键盘原理图　　　　　　　　　(b) 反转法读取矩阵式键盘原理图

图 5.31　矩阵式键盘电路举例

　　矩阵式键盘按键的识别通常有两种方法：扫描法和反转法。图 5.31（a）为扫描法读取矩阵式键盘原理图，图 5.31（b）为反转法读取矩阵式键盘原理图。但无论是扫描法，还是反转法，读取矩阵式键盘整体分为确定按键动作，以及确定键位并编码两步。如图 5.32 所示，确定按键动作是为了判断键盘是否有键被按下，其方法为：列线具有上拉电阻，让所有行线输出低电平，读入各列线值，若全为高说明没有按键动作；否则有按键被按下的动作，延时去抖动后，再读入各列线值，若全为高说明之前是后沿抖动，否则通过扫描法或反转法确定动作按键并编码。

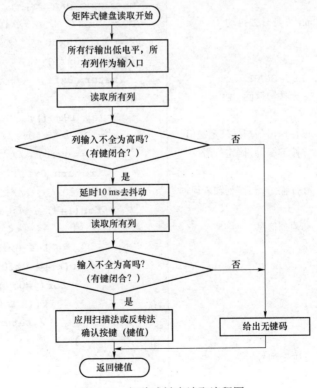

图 5.32　矩阵式键盘读取流程图

1. 扫描法识别矩阵式键盘

对于扫描法而言，行作为输出，列作为输入，因此需要上拉电阻。扫描法键位识别过程和原理是：逐行独冷输出低电平，其他行输出高电平，并读取各列线的电平。若有列为低电平，确认该低电平输出的行线、读入为低电平的列线，在它们的交叉点处的按键被按下。如图 5.31（a）所示，P1 口接 4×4 矩阵式键盘，低 4 位接行线，高 4 位接列线。采用顺序编码时，行、列编号都是 0～3，则：

$$编码值 = 4×行编号+列号$$

当然，也可以采用二进制组合编码。例如，编码的低 4 位是独冷的行，高 4 位是独冷的列。

扫描法读取矩阵式按键的子程序如下：

汇编语言程序：

```
;通过A返回按键值,0~15,无按键返回FFH
Read_key:
    MOV  P1, #0F0H   ;行输出全为0,
                     ;列给1作输入口
    MOV  A, P1
    ANL  A, #0F0H    ;读列信息
    CJNE A, #0F0H, KEY_C
    MOV  A, #0FFH    ;无按键返回FFH
    RET
KEY_C:
    LCALL Delay_10ms ;延时去抖动
    MOV  A, P1
    ANL  A, #0F0H
    CJNE A, #0F0H, KEY_SCAN
    MOV  A, #0FFH    ;无按键返回FFH
    RET
KEY_ SCAN:           ;行输出列扫描确定键值
    MOV  R5, #0      ;按键编码,确定行号
    MOV  R4, #0FEH
S_C:MOV  P1, R4      ;行输出,列为输入口
    MOV  A, P1
    ANL  A, #0F0H    ;读列信息
CJNE A, #0F0H, H_ok
    INC  R5
    MOV  A, R4
    RL   A
    MOV  R4, A
    SJMP S_C
H_ok:MOV R4, #0      ;确定列号
R_C:JNB  ACC.4, L_over
    INC  R4
```

C 语言程序：

```c
void Delay_10ms(void){
    unsigned char i;
    unsigned int j;
    for(i=0; i<10; i++){
        for(j=0; j<123; j++);
    }
}
unsigned char Read_key(void)    //扫描法
{
    unsigned char i, j, k;
    P1 = 0xf0;         //行全输出0,列作输入口
    k = P1 & 0xf0;     //读列
    if(k == 0xf0)
        return 0xff;   //无按键动作,返回0xff
    else {
        Delay_10ms();  //延时去抖动
        k = P1 & 0xf0; //再次读列
        if(k==0xf0)    //无按键动作,返回0xff
            return 0xff;
        else {         //行输出列扫描确定键值
            for(i=0; i<4; i++) {
                P1 = ~(1 << i);
                k = P1 & 0xf0;
                if(k != 0xf0) {
                    for(j=0; j<4; j++){
                        if((k & (0x10 << j)) == 0)
                            return i*4+j;
                    }
                }
            }
        }
    }
}
```

```
    RR    A                              }
    SJMP  R_C                         }
L_over:
    MOV   A, #4
    MOV   B, R5
    MUL   AB          ;按键编码=4*行号+列号
    ADD   A, R4
    RET
Delay_10ms:
    MOV   R6, #20
 DY:MOV   R7, #250
    DJNZ  R7, $
    DJNZ  R6, DY
    RET
```

扫描法读取 P1 口 4×4 键盘汇编子程序，通过 A 返回键值。先是判断是否有按键动作，P1 装载 F0H，使得行输出全为 0，列给 1 作输入口，读列，用比较指令判断列是否全为高电平，用以确认是否有按键动作。有动作则延时去抖动后再次确认。确实有按键按下后，逐行将 R4 的独冷位依次输出、读列，直至通过比较指令确认列不为全高电平时，找到动作按键。确认行号和列号，得到按键编码。C 子程序思路与汇编一致，采用两层 for 循环获取顺序编码的过程比汇编语言程序简练，且可读性强。

2. 反转法识别矩阵式键盘

图 5.31（b）所示为反转法识别矩阵式键盘的原理图，微处理器与矩阵式键盘连接的线路也共分为两组，即行和列。但是与扫描法不同的是不再限定行和列的输入输出属性，且分时分别作为输入口和输出口，因此，都有作为输入口的时候，也就要求所有 GPIO 都要加上拉电阻，这些上拉电阻作为输入口时的常态上拉，提供高电平。

反转法识别矩阵式键盘的核心原理就是行和列的输入输出属性互换，即：当行全部输出 0 后，读列，去抖动后若确定确实有按键按下，则在记录了不是 1 的列线号后，行列的输入输出反转，将列全部设为输出口，并全部输出低电平，然后将所有行设为上拉输入口，读取所有行的状态，并记录下电平为低的行线作为行号。最终由列号和行号即可确定按下的按键。

反转法读取矩阵式按键的子程序如下：

汇编语言程序：

```
;通过 A 返回按键值,0~15,无按键返回 FFH
Read_key:
    MOV   P1, #0F0H ;行输出 0,列作输入口
    MOV   A, P1
    ANL   A, #0F0H ;读列信息
    CJNE  A, #0F0H, KEY_C
    MOV   A, #0FFH ;无按键返回 FFH
    RET
KEY_C:
    LCALL Delay_10ms ;延时去抖动
```

C 语言程序：

```c
void Delay_10ms(void){
    unsigned char i;
    unsigned int j;
    for(i=0; i<10; i++){
        for(j=0; j<123; j++);
    }
}
//读按键，键值 0~15,无按键返回 0xff
unsigned char Read_key(void)
{
```

```
    MOV   A, P1
    ANL   A, #0F0H
    CJNE  A, #0F0H, KEY_C1
    MOV   A, #0FFH
    RET
KEY_C1:
    MOV   B, A        ;保存列信息
    MOV   P1, #0FH    ;反转:列输出0,行输入
    MOV   A, P1
    ANL   A, #0FH     ;读行信息
    MOV   R5, #0
H_C:JNB   ACC.0, H_over;确定行号
    INC   R5
    RR    A
    SJMP  H_C
H_over:
    MOV   A, B
    MOV   R4, #0
L_C:JNB   ACC.4, L_over
    INC   R4
    RR    A
    SJMP  L_C
L_over:
    MOV   A, #4
    MOV   B, R5
    MUL   AB          ;按键编码=4*行号+列号
    ADD   A, R4
    RET
Delay_10ms:
    MOV   R6, #20
DY:MOV    R7, #250
    DJNZ  R7, $
    DJNZ  R6, DY
    RET
```

```c
unsigned char i, m, n, k;
P1 = 0xf0;          //行输出0,列作为输入口
n = P1 & 0xf0;      //读列信息
if(n == 0xf0)return 0xff;
else {
    Delay_10ms ();  //延时去抖动
    n = P1 & 0xf0;
    if(n == 0xf0)return 0xff;
    else {
        P1 = 0x0f;      //反转:列输出0,行输入
        m = P1 & 0x0f;  //读行信息
        //按键编码,确定行号
        for(i=0; i<4; i++) {
            if((m & (1 << i)) == 0) {
                k = 4 * i;
                break;
            }
        }
        //按键编码, 确定列号
        for(i=0; i<4; i++) {
            if((n & (0x10 << i)) == 0)
                return k + i;
        }
    }
}
```

反转法汇编子程序，也是通过 A 返回键值。和扫描法一样，先是判断是否有按键动作，P1 口装载 F0H，使得行输出全为 0，列给 1 作输入口，读列，用比较指令判断列是否全为高电平，进而确认是否有按键动作。有按键动作，则延时去抖动后再次确认，确实有按键按下，记录列位置并反转，列全输出 0，行作为输入口，获得行位置。最后，通过循环，逐位查看来确定行号，以及循环、逐位查看来确认列号，并计算得到按键编码。反转法相比扫描法的逐行扫描，更节约时间和代码量。

5.4.3 键盘的工作方式

微处理器读取键盘有 3 种工作方式：查询工作方式、定时扫描工作方式和中断工作方式。

1. 查询工作方式

键盘的查询工作方式是直接在程序的主循环中调用读取键盘子程序。如果没有键按下，则跳过键识别，继续执行其他程序；如果有键按下，则通过键盘扫描子程序识别按键，得到按键的编码值，然后根据编码值进行相应的处理，处理完后再回到主程序执行。键盘的查询工作方式软件流程图如图 5.33 所示。

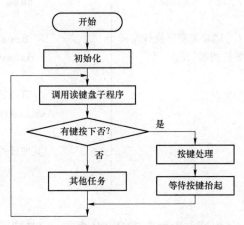

图 5.33　键盘的查询工作方式软件流程图

查询工作方式涉及等待按键抬起的问题。计算机在查询读取按键时，不断地扫描键盘，扫描到有键按下后，进行键值处理。它并不等待键盘释放再退出键盘处理程序，而是直接退出键盘处理程序，返回主程序继续工作。计算机系统执行速度快，很快又一次执行到键盘处理程序，并再次检测到按键还处于按下的状态，微处理器还会去执行对应的处理程序。这样周而复始，按一次按键系统会执行相应处理程序很多次。而工程师的意图一般是只执行一次，这就是等待按键抬起问题。等待按键抬起问题的一般解决办法是，等待直至当按键抬起后再次按下才再次执行相应的处理程序。

【例 5.3】假设有 8 个按键，以独立式键盘方式接到 51 系列单片机的 P1 口。读键盘子程序的返回值是独冷的二进制组合编码，没有按键按下时返回 FFH。试编写查询工作方式软件。

分析：8 个不同的按键请求，主程序查询读回按键编码后，通过比较指令，逐一判别该编码所对应的按键，即：根据按键编码，跳转到对应的任务代码。完成相应的处理任务后，无条件跳到等待按键抬起，按键抬起后回到主程序。程序如下：

汇编语言程序：	C 语言程序：

<pre>MAIN:
    ; 初始化...
LOOP:
    LCALL READ_KEY
    CJNE A, #0FFH, KEY0
    其他任务
    LJMP LOOP ;无键按下，返回死循环开始处
KEY0:CJNE A, # 0FEH, KEY1
    ⋮   ;0 号键功能程序</pre>
	<pre>#include "reg52.h"
	unsigned char key;
	int main(void){
	    while(1) {
	      key = Read_key();
	      if(key != 0xff) {
	        switch(key) {
	          case 0xfe:
	            ⋮ //0 号键功能程序</pre>

```
    LJMP  OUTKEY       ;0 号键功能程序执行完
KEY1:CJNE A, #0FDH, KEY2
    ⋮                  ;1 号键功能程序
    LJMP  OUTKEY       ;1 号键功能程序执行完成
    ⋮
KEY7:CJNE A, #7FH, OUTKEY;7 号键功能程序
    ⋮
                       ;7 号键功能程序执行完成
OUTKEY:               ;等待按键抬起
    LCALL READ_KEY
    CJNE  A, #0FFH, OUTKEY
    LJMP  LOOP
```

```
      break;
      case 0xfd:
      ⋮   //1 号键功能程序
      break;
      ⋮
      case 0x7f:
      ⋮   //7 号键功能程序
      break;
      default:
      }
      //等待按键抬起
      while(Read_key() != 0xff);
    }
    //其他任务
  }
}
```

2. 定时扫描工作方式

定时扫描方式的键盘硬件电路与查询方式的电路相同。定时扫描工作方式是利用微处理器内部定时器产生 10 ms 定时中断，每隔 10 ms 对键盘采样 1 次，这与采样法硬件去抖动的原理是完全一致的。如果前次检测没有按键动作，下次检测有，则认为产生动作前沿，然后识别出该键位，并执行相应的键处理功能程序。键盘的定时扫描工作方式软件流程图如图 5.34 所示。

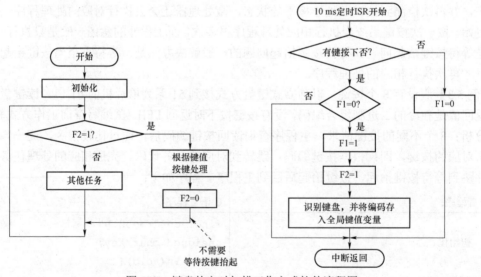

图 5.34　键盘的定时扫描工作方式软件流程图

因为各个键处理的功能程序不会都非常短小，所以键处理代码不会写在 ISR 中，或在 ISR 中调用。一般采用的方法是，在 ISR 中建立标志，主程序循环检测该标志，根据该标志情况执行相应的键处理程序。

定时中断 ISR 的流程图中设置了标志位 F1 和 F2，F1 作为消除抖动标志，F2 则作为键请

求是否被处理的标志。F1、F2 初始化为 0。定时中断 ISR 中，首先检测是否有键按下，如果无按键按下，将消除抖动标志 F1 清 0。如果有键按下，先检查消除抖动标志 F1，如果 F1=0，这时把 F1 置 1，键处理标志变量 F2 也置 1，告知主程序有按键动作需要处理，然后识别键位，并将按键的编码存入某全局变量。当再次执行定时中断 ISR 时，按键仍处于按下状态，保持 F1=1，直接返回。

软件主程序流程中，循环查询 F2 标志，如果 F2 标志为 1，则根据键值变量的值，执行按键处理程序，然后将 F2 清零。

键盘的定时扫描工作方式，避免了查询方式每次读取按键需要延时去抖动。由于软件流程只响应按键动作的起始沿，也避免了执行完按键处理程序后需要长时间等待按键抬起的问题。

定时器和定时器中断相关知识将在第 7 章学习。

3. 中断工作方式

在计算机应用系统中，大多数情况下并没有按键输入，但无论是查询方式还是定时扫描方式，CPU 都在不断地对键盘进行检测，这样会大量占用 CPU 执行时间。为了提高效率，可采用中断方式。如图 5.35 所示，键盘的中断方式通过增加一根外中断请求信号线，其中的与门可采用二极管与门。当没有按键时无中断请求，有按键时，向 CPU 提出中断请求，CPU 响应后执行 ISR，在 ISR 中才对键盘进行识别。这样在没有键按下时，CPU 就不会执行扫描程序，提高了 CPU 工作的效率。

基于外中断的键盘中断工作方式，最好采用硬件去抖动，因为若采用软件去抖动，抖动期间会频繁进入 ISR。用滤波法硬件去抖动，GPIO 需要施密特特性；使用采样法硬件去抖动则需要 100 Hz 时钟。

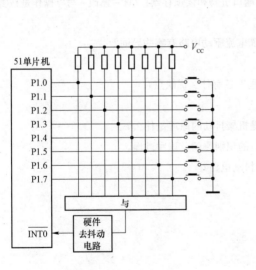 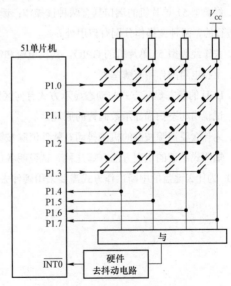

(a) 独立式键盘的中断工作方式电路　　　　　(b) 矩阵式键盘的中断工作方式电路

图 5.35　键盘的中断工作方式电路

键盘的中断工作方式软件流程图如图 5.36 所示。和定时扫描工作方式一样，键盘处理程序如果非常短小，可以直接在外中断的 ISR 中执行；否则，需要在 ISR 中建立标志，主程序循环检测该标志，如果该标志为 1，则根据全局的键值变量执行相应的处理程序，处理完成，清零该标志。

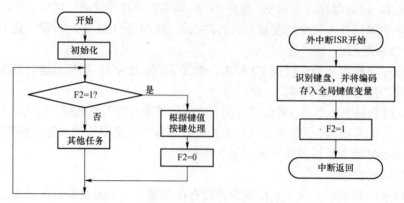

图 5.36　键盘的中断工作方式软件流程图

　　显然，具有硬件去抖动电路的中断工作方式键盘，也能避免执行完按键处理程序后需要长时间等待抬起按键的问题。

习题与思考题

　　1. 试比较经典型 51 单片机 P0、P1、P2 和 P3 口结构的异同。

　　2. 51 系列单片机的 GPIO 作为输入口使用时为何要事先写入 1？

　　3. 经典型 51 单片机的端口具有两种读操作：读端口引脚和读锁存器。"读–修改–写"操作是按哪一种操作进行的？两种读操作分别有何用处？

　　4. 关于经典型 51 单片机的 GPIO，其拉电流和灌电流驱动电路有哪些异同？

　　5. 上拉电阻的作用有哪些？

　　6. LED 的静态显示方式与动态显示方式有何区别？各有什么优缺点？

　　7. 试说明动态扫描显示数码管的原理。

　　8. 为什么要消除按键的机械抖动？软件消除按键机械抖动的原理是什么？

　　9. 矩阵式键盘的识别方法有哪几种？试说明各自的识别原理及识别过程。

　　10. 为什么键盘的中断工作方式需要采用硬件去抖动电路？

第6章 系统总线与系统扩展技术

系统总线用于微处理器扩展系统级组成部件，是计算机应用系统硬件设计的必备知识。本节学习系统总线及基于系统总线的系统级扩展技术。

6.1 系统总线及时序

6.1.1 微处理器的系统总线

系统总线是 CPU 能够自动访问或通过指令自动寻址的微处理器总线接口。在很多复杂的应用情况下，在微处理器内的 RAM 和程序存储器容量，以及片上设备有限，不够使用，尤其是 RAM 或程序存储器不够用时，一般只能通过系统总线进行扩展，以满足应用系统的需要。外漏系统总线接口的微处理器，基于系统总线接口可以方便地扩展系统级存储器和系统级设备。也就是说，只能通过系统总线才能使扩展器件成为系统级的计算机组成部分。

系统总线有 Intel 8080 和 Motorola 6800 两种总线时序。外漏系统总线引脚的微处理器一般都采用 Intel 8080 时序。Intel 8080 时序又称为 8086 时序或 8088 时序，基于 Intel 8080 时序的系统总线及系统级扩展连接框图如图 6.1 所示。

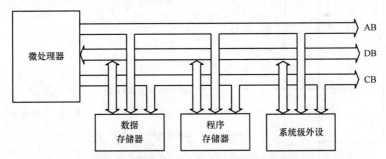

图 6.1 基于 Intel 8080 时序的系统总线及系统级扩展连接框图

Intel 8080 时序系统总线由数据总线（data bus，DB）、地址总线（address bus，AB）和控制总线（control bus，CB）构成，合称为三总线，分别说明如下。

1. 数据总线

微处理器的系统级扩展包括数据存储器、程序存储器和 I/O 设备的扩展。数据总线用来在微处理器与存储器或 I/O 设备之间传送指令或数据，各扩展器件的数据接口都要并接在它上面。CPU 的位数与数据总线的位数一般情况下是一致的。

数据总线是双向三态的，不但数据可从微处理器中送出，或从外部读入，而且通过三态控制可使微处理器内部数据总线与外部数据总线连接或断开。

2. 地址总线

微处理器对各功能部件的访问是按地址进行的，地址总线用来传送 CPU 发出的地址信息，以访问被选择的存储器单元或 I/O 接口电路。地址总线是单向三态的，只要 CPU 向外送出地址即可，通过三态控制可使 CPU 内部地址总线与外部地址总线连接或断开。地址总线的位数决定了可以直接访问的存储单元（或 I/O 接口）的最大可能数量（容量）。

3. 控制总线

微处理器发出的控制信号由控制总线给出。控制总线用于控制数据总线上的数据流的传送方向、对象、动作等。控制总线的位数与 CPU 的位数无直接关系，由具体的功能而定，一般至少包含读写控制信号线，控制数据的读出和写入。

综上所述，由于数据总线是信息的公共通道，各外围芯片必须分时使用才不至于产生使用总线的冲突。各基于系统总线扩展的外围器件，在其片选引脚未使能时，其数据总线为高阻状态，计算机正是分时给出片选使能信号而仅使对应外围芯片的数据总线接入总线（脱离高阻状态）的。使用存储器或 I/O 设备的哪个单元，是靠地址总线区分的。进行什么操作，以及确定操作对象等是受控制总线信号控制的，而这些信号是通过执行相应的指令产生的，这就是计算机系统总线的工作机理。

6.1.2　经典型 51 单片机的系统总线

51 系列单片机源于 Intel 公司，外漏的系统总线采用 Intel 8080 时序。经典型 51 单片机的系统总线接口如图 6.2 所示。

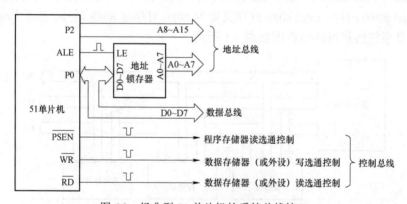

图 6.2　经典型 51 单片机的系统总线接口

（1）P0 口作为数据总线，为节省单片机自身的 GPIO，与地址总线的低 8 位复用。在接口电路中，51 系列单片机的 ALE 脉冲信号作为外置地址锁存器的锁存信号，用于锁存 P0 口的低 8 位地址 A[7:0]，将地址锁存器的输出作为实际的地址总线低 8 位，进而使 P0 口可以由地址总线切换为数据总线，实现复用。另外，P0 口作为系统总线时是推挽结构，不需要外接上拉电阻。

（2）P2 口作为地址总线的高 8 位，扩展外部存储器或设备时送出高 8 位地址 A[15:8]。

由于 51 系列单片机地址总线宽度为 16 位，因此，片外可扩展的芯片最大寻址范围为 2^{16}= 64 KB，即地址范围为，0000H～FFFFH。扩展芯片的地址线与 51 系列单片机的地址总线由低位到高位依次相接。

（3）$\overline{\text{PSEN}}$ 作为程序存储器的读选通控制信号线，$\overline{\text{RD}}$ (P3.7)、$\overline{\text{WR}}$ (P3.6)为数据存储器或外设的读写控制信号线，这是区分访问对象的唯一依据。$\overline{\text{PSEN}}$ 信号在 51 系列单片机读外部程序存储器中的指令时自动给出；$\overline{\text{RD}}$ 和 $\overline{\text{WR}}$ 在执行 MOVX 读写指令时，由硬件自动产生的不同的控制信号。因此，51 系列单片机的 $\overline{\text{PSEN}}$ 连接程序存储器的输出允许端 $\overline{\text{OE}}$；51 系列单片机的 $\overline{\text{RD}}$ 应连接数据存储器或外设的 $\overline{\text{OE}}$（输出允许）或 $\overline{\text{RD}}$ 端，51 系列单片机的 $\overline{\text{WR}}$ 应连接数据存储器或外设的 $\overline{\text{WR}}$ 或 $\overline{\text{WE}}$ 端。由于很少扩展程序存储器，因此 $\overline{\text{PSEN}}$ 很少用。

综上所述，经典型 51 单片机的系统总线，占用的 GPIO 包括 P0 口、P2 口、P3.6 和 P3.7。当 $\overline{\text{EA}}$ 悬空或接低电平时，P0 口和 P2 口只能作为系统总线使用。$\overline{\text{EA}}$ 接高电平，且 PC 小于片内存储器最大地址时，则仅仅是在执行 MOVX 指令期间，P0 口、P2 口、P3.6 和 P3.7 作为系统总线；如果此种情况下还不使用 MOVX 指令，51 系列单片机所有的系统总线引脚都作为 GPIO 使用。另外，仅使用 Ri 作为外部的指针时，P2 口始终是 GPIO。

常用的 8 位地址锁存器有 74HC373 和 74HC573，引脚及内部结构如图 6.3 所示。74HC373 和 74HC573 都是带三态控制的 D 型锁存器，不过鉴于 74HC373 引脚排列不规范，不利于 PCB 板的设计，建议锁存器采用 74HC573。地址锁存器使用时，74HC373 或 74HC573 的 LE 端接至单片机的 ALE 引脚，$\overline{\text{OE}}$ 输出使能端接地。当 ALE 为高电平时，锁存器输入端数据直通到输出端，当 ALE 负跳变时，数据锁存到锁存器中。

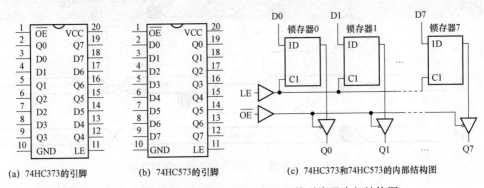

(a) 74HC373的引脚   (b) 74HC573的引脚   (c) 74HC373和74HC573的内部结构图

图 6.3　8 位锁存器 74HC373 和 74HC573 的引脚及内部结构图

6.1.3　经典型 51 单片机的系统总线时序

系统总线的动作行为是通过控制总线来触发的，即通过读、写信号来执行读、写动作。一般包括三种情况：一是读指令或读常数时序，二是 MOVX 读时序，三是 MOVX 写时序。控制总线分别为：$\overline{\text{PSEN}}$、$\overline{\text{RD}}$ 和 $\overline{\text{WR}}$。

1. 读指令或读常数的时序，$\overline{\text{PSEN}}$ 作为控制使能信号

当 $\overline{\text{EA}}$ 引脚接至低电平，程序在片外的程序存储器中。经典型 51 单片机的程序存储器扩展电路图如图 6.4 所示。系统总线上读指令或读常数的时序如图 6.5 所示。

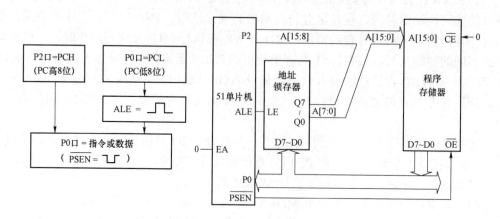

图 6.4　经典型 51 单片机的程序存储器扩展电路图

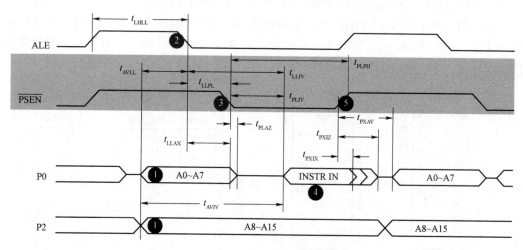

图 6.5　系统总线上读指令或读常数的时序图

首先在 ALE 的下降沿锁存地址之前要自 P0 口和 P2 口输出 16 位的地址，ALE 的下降沿锁存低 8 位地址到地址锁存器，此时，地址锁存器与 P2 口共同形成 16 位程序存储器地址。P0 口由地址总线切换为数据总线。此后，$\overline{\text{PSEN}}$ 给出低电平的读使能信号，程序存储器将对应地址处的数据输出到数据总线，51 系列单片机在 $\overline{\text{PSEN}}$ 回到高电平前将数据总线上的数据读入单片机内部，完成一次读过程。

2. MOVX 读时序，$\overline{\text{RD}}$ 作为控制使能信号

经典型 51 单片机的数据存储器（或系统级设备）扩展电路图如图 6.6 所示。通过"MOVX A, @DPTR"和"MOVX @DPTR, A"指令访问外部数据存储器（或系统级设备），当 $\overline{\text{RD}}$ 或 $\overline{\text{WR}}$ 有效时，P0 口将读写数据存储器（或系统级设备）中的数据。

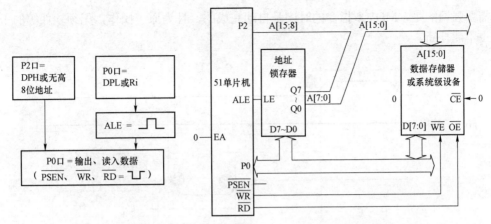

图 6.6　经典型 51 单片机的数据存储器（或系统级设备）扩展电路图

MOVX 读时序如图 6.7 所示。同样，首先在 ALE 的下降沿锁存地址之前要自 P0 口和 P2 口输出 16 位的地址，ALE 的下降沿锁存低 8 位地址到地址锁存器，地址锁存器与 P2 口共同形成 16 位地址。P0 口由地址总线切换为数据总线。此后，$\overline{\text{RD}}$ 给出低电平的读使能信号，片外 RAM 或设备将对应地址处的数据输出到数据总线，51 系列单片机在 RD 回到高电平前将数据总线上的数据读入 51 系列单片机内部，完成一次读过程。

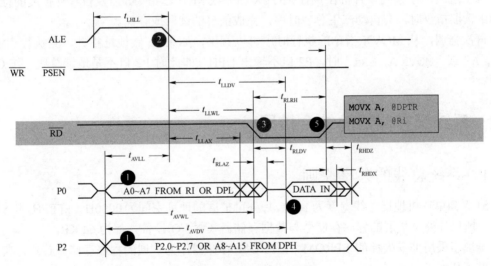

图 6.7　MOVX 读时序图

3. MOVX 写时序，$\overline{\text{WR}}$ 作为控制使能信号

MOVX 写时序如图 6.8 所示。写时序也是从给出地址开始的，同样，首先在 ALE 的下降沿锁存地址之前要自 P0 口和 P2 口输出 16 位的地址，ALE 的下降沿锁存低 8 位地址到地址锁存器，地址锁存器与 P2 口共同形成 16 位地址。P0 口由地址总线切换为数据总线。

与读过程不一样的是，51 系列单片机要在给出写选通使能信号之前，先把数据放到数据总线上。此后，$\overline{\text{WR}}$ 给出低电平的写使能信号，外部 RAM 或 I/O 设备将数据总线上的数据写入片内对应地址处，待 $\overline{\text{WR}}$ 回到高电平，完成一次写过程。

需要强调的是，MOVX 指令的时序是自动完成的，且为原子操作，无须软件等的干预，中断也不能打断。

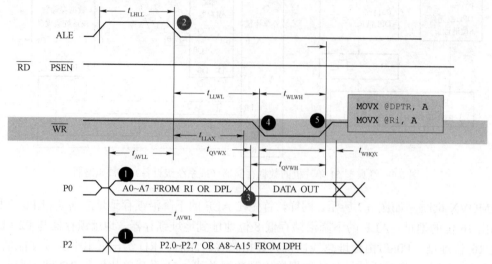

图 6.8　MOVX 写时序图

综上所述，51 系列单片机在执行 MOVX 指令或 MOVC 指令，以及自片外扩展的程序存储器中读取指令时，会自动产生总线时序，完成信息的读取或存储。

再次强调，从 MOVX 指令的执行时序可以看出，如果 Ri 做地址指针，当执行 "MOVX @Ri, A" 或 "MOVX A, @Ri" 时，P2 口不输出 DPH，即此时 P2 口不是地址总线，作 GPIO 使用。

6.2　系统级存储器的综合扩展

6.2.1　系统总线的共享原则

51 系列单片机地址总线宽度为 16 位，片外可扩展的地址空间为 0000H～FFFFH，共 64 KB 容量。所以片外可扩展的程序存储器与数据存储器（含 I/O 设备）都为 64 KB。

一般多采用非易失性的 EPROM、E²PROM 存储器作为扩展的程序存储器芯片，典型芯片有以下几种。

EPROM：2732（4 K×8 位）、2764（8 K×8 位）和 27256（32 K×8 位）等。

E²PROM：2816（2 K×8 位），2864（8 K×8 位），28128（16 K×8 位）等。

当然，E²PROM 也可作为数据存储器扩展，因为 E²PROM 支持电可擦除，即可写。

作为外扩数据存储器使用的 SRAM，常用芯片有 6216、6264、62256，分别为 2 K×8 位、8 K×8 位和 32 K×8 位 SRAM。

由图 6.1 可知，连接微处理器的各扩展部件共享系统总线。系统总线扩展的原则有以下 2 个。

（1）使用相同控制信号的器件之间，不能有相同的地址。

（2）使用相同地址的器件之间，控制信号不能相同，即：程序存储器和数据存储器（含系统级外设）通过不同的控制信号和指令进行访问，读取指令和执行 MOVC 指令使用 $\overline{\text{PSEN}}$ 控制；使用 MOVX 指令操作外部数据存储器（含 I/O 设备）使用 $\overline{\text{RD}}$ 、 $\overline{\text{WR}}$ 作为读、写控制信号。 $\overline{\text{PSEN}}$ 和 $\overline{\text{RD}}$ / $\overline{\text{WR}}$ 不会同时出现，因此，允许扩展的程序存储器和数据存储器（含 I/O 设备）的 64 KB 地址空间重叠。

例如，外部扩展的数据存储器和 I/O 外设，均以 $\overline{\text{RD}}$ 和 $\overline{\text{WR}}$ 作为读、写控制信号，均使用 MOVX 指令传送信息，它们不能具有相同的地址；外部程序存储器和外部数据存储器（含 I/O 设备）的操作采用不同的控制总线选通信号，它们可具有相同的地址。

6.2.2　相同控制信号系统级器件的综合扩展

能与微处理器的系统总线进行接口的器件也具备三总线引脚，微处理器和这些芯片的连接的方法是对应的线相连。设扩展的器件有 n 根地址线引脚，且地址线的根数因芯片不同而不同，取决于其片内可访问单元的个数。如果微处理器是 51 系列单片机，要满足 $n \leqslant 16$ 。

同时，所扩展的芯片一般还会有 1 个片选引脚（ $\overline{\text{CE}}$ 或 $\overline{\text{CS}}$ ）。当片选端接高，芯片所有的总线引脚处于高阻或输入状态。当接入微处理器系统总线的同类扩展芯片仅一片时，其芯片的片选端可直接接地。因为此类芯片仅此 1 片，别无选择，使它始终处于选中状态，如图 6.9（a）所示。

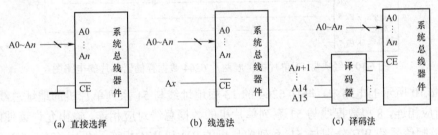

(a) 直接选择　　　　(b) 线选法　　　　(c) 译码法

图 6.9　8080 时序系统总线同类部件的片选连接方法

一般来说，扩展芯片的地址线数目少于微处理器地址总线的数目，因此连接后，微处理器的高位地址线总有剩余。当由于系统应用需要，需要扩展多个同类和同样的芯片时，地址总线分成两部分，即字选和片选。用于选择片内的存储单元或端口的地址线，称为字选或片内选择。为区别同类型的不同芯片，利用系统总线扩展芯片的片选引脚与单片机地址总线高位直接或间接相连，即超出扩展芯片地址线数目的剩余地址线直接或间接地作为片选，与扩展芯片的片选信号线（ $\overline{\text{CE}}$ 或 $\overline{\text{CS}}$ ）相接。一个芯片的某个单元或某个端口的地址由片选的地址线和片内字选地址线共同组成，即：

字选：外围芯片的字选地址线（片内地址选择）引脚直接连接微处理器的从 A0 开始的低位地址线。

片选：当接入微处理器的同类扩展芯片为多片时，要通过片选端确定操作对象，有线选法和译码法两种方法。

1. 线选法

如图 6.9（b）所示，各扩展芯片的片选引脚分别接至微处理器的剩余高位地址线上，称为线选法。线选法用于外围芯片不多的情况，是最简单、最低廉的方法。但线选法故有的缺点就是微处理器给出的高位片选地址线是独冷的，只有待访问器件的高位片选地址线为 0，其他全为高，这就造成扩展的同类芯片间地址不连续，浪费地址空间，且当有高位地址线剩余时地址不唯一。同时，可扩展芯片数量受剩余高位地址线多少限制。

【例 6.1】 51 系列单片机采用线选法扩展两片 8 K×8 位数据存储器。

分析：6264 具 13 根地址线、8 根数据线、一根输出允许信号线 $\overline{\text{OE}}$ 和一根写控制信号线 $\overline{\text{WE}}$，两根低电平有效片选信号线 CE1 和 CE2，两个片选连在一起作为器件的片选线。采用两片 6264 数据存储器芯片，其扩展电路图如图 6.10 所示。

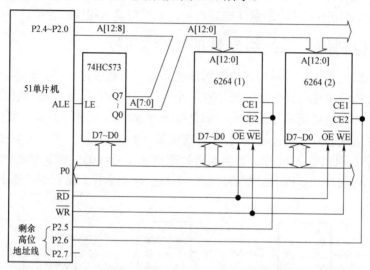

图 6.10　经典型 51 单片机扩展两片 6264 数据存储器芯片的电路图

在图 6.10 所示的电路中，每片 6264 的 13 根地址线与 51 系列单片机的地址总线低 13 位 A[12:0]对应相连，8 根数据线与 51 系列单片机的数据总线对应相连。输出允许读使能信号线 $\overline{\text{OE}}$、写控制信号线 $\overline{\text{WE}}$ 分别与 51 系列单片机的 $\overline{\text{RD}}$ 和 $\overline{\text{WR}}$ 相连，两片 6264 的片选信号线分别与 51 系列单片机的地址线 A13、A14 相连，则 A13 为低电平 0 选中第一片，A14 为 0 选中第二片，A15 未用。

P2.7（A15）为低电平，两片 6264 芯片的地址空间如下。

第一片：0100000000000000～0101111111111111，即 4000H～5FFFH。

第二片：0010000000000000～0011111111111111，即 2000H～3FFFH。

P2.7（A15）为高电平，两片 6264 芯片的地址空间如下。

第一片：1100000000000000～1101111111111111，即 C000H～DFFFH。

第二片：1010000000000000～1011111111111111，即 A000H～BFFFH。

分别用地址线直接作为芯片的片选信号线使用时，要求一片片选信号线为低电平，则另一片的片选信号线就应为高电平，否则会出现两片同时被选中的情况。

2. 译码法

如图 6.9（c）所示，扩展芯片的片选引脚接至高位地址线经过译码后的输出，称为译码法。当采用剩余地址线的低位地址线作为译码输入时，译码法具有地址连续的优点。译码可采用部分译码法或全译码法。所谓部分译码，就是用片内寻址剩下的高位地址线中的几根，进行译码；所谓全译码，就是用片内寻址剩下的所有的高位地址线，进行译码，全译码法的优点是地址唯一，能有效地利用地址空间，适用于大容量多芯片的连接，以保证地址连续。译码法的缺点是要增加地址译码器。

（1）使用逻辑门译码。使用逻辑门译码就是通过逻辑门电路实现译码器，即微处理器的剩余高位地址线作为该组合逻辑电路输入，组合逻辑电路的输出连至扩展芯片的片选。

【例 6.2】设某一芯片的字选地址线为 A0～A12，使用逻辑门进行地址译码，当剩余高位地址线 A[15:13]为 011B 时选中该芯片的片选 $\overline{\text{CE}}$。

分析：片选 $\overline{\text{CE}}$ 低有效，因此一个与非门的最小项就可以实现任务要求。使用逻辑门进行地址译码的电路及芯片的地址排列如图 6.11 所示。

图 6.11　使用逻辑门进行地址译码的电路及芯片的地址排列

16 位地址的字选部分是从最小地址（A[12:0]＝0000H）到最大地址（A[12:0]＝1FFFH），共 8 KB 容量，8 192 个地址；16 位地址的高 3 位地址由中 A15、A14 和 A13 的硬件电路接法决定，仅当 A[15:13]=011 时，$\overline{\text{CE}}$ 才为低电平，选择该芯片工作，因此它的地址范围为 6000H～7FFFH。由于 16 根地址线全部接入，因此是全译码方式，所扩展芯片的每个单元的地址是唯一的。

（2）利用译码器芯片进行地址译码。如果利用译码器芯片进行地址译码，常用的译码器芯片有：通过非门实现 1－2 译码器、74HC139（双 2－4 译码器）、74HC138（3－8 译码器）和 74HC154（4－16 译码器）等。74HC138 是 3－8 译码器，它有 3 个输入端、3 个控制端及 8 个输出端，其引脚如图 6.12 所示，其真值表如表 6.1 所示。74HC138 译码器只有当控制端 OE3、$\overline{\text{OE1}}$、$\overline{\text{OE2}}$ 为 100 B 时，才会在输出的某一端（由输入端 C、B、A 的状态决定）输出低电平信号，其余的输出端仍为高电平。74HC154 很少用，一般采用两片 74HC138 利用使能端构成 4－16 译码器。

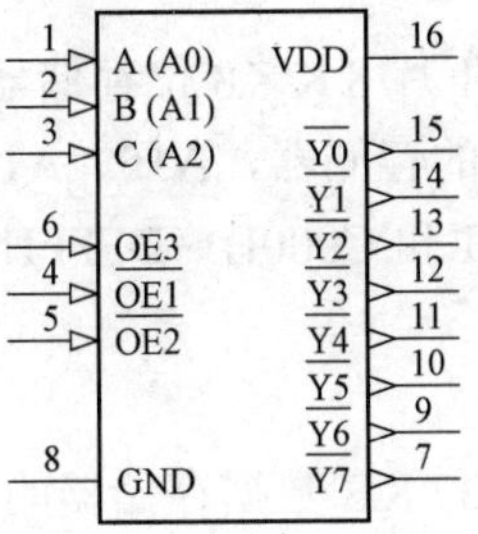

表 6.1　74HC138 真值表

输入						输出							
OE1	OE2	OE3	C	B	A	Ȳ0	Ȳ1	Ȳ2	Ȳ3	Ȳ4	Ȳ5	Ȳ6	Ȳ7
L	L	H	L	L	L	L	H	H	H	H	H	H	H
L	L	H	L	L	H	H	L	H	H	H	H	H	H
L	L	H	L	H	L	H	H	L	H	H	H	H	H
L	L	H	L	H	H	H	H	H	L	H	H	H	H
L	L	H	H	L	L	H	H	H	H	L	H	H	H
L	L	H	H	L	H	H	H	H	H	H	L	H	H
L	L	H	H	H	L	H	H	H	H	H	H	L	H
L	L	H	H	H	H	H	H	H	H	H	H	H	L
1	×	×	×	×	×	H	H	H	H	H	H	H	H
×	1	×	×	×	×	H	H	H	H	H	H	H	H
×	×	0	×	×	×	H	H	H	H	H	H	H	H

图 6.12　74HC138 引脚

【例6.3】 用 8 K×8 位的存储器芯片组成容量为 64 K×8 位的存储器,试问:

(1) 共需几个芯片?共需多少根地址线寻址? 其中:几根为字选线? 几根为片选线?

(2) 若用 74HC138 进行地址译码,试画出码电路,并标出其输出线的地址范围。

(3) 若改用线选法,能够组成多大容量的存储器?试写出各线选线的选址范围。

解: (1) 64 K/8 K=8;即共需要 8 片 8 K×8 位的存储器芯片。

64 K=2^{16},所以组成 64 K 的存储器共需要 16 根地址线寻址。

8 K=2^{13},即 13 根为字选线,选择存储器芯片片内的单元。

16−13=3,即 3 根为片选线,选择 8 片存储器芯片。

(2) 8 K×8 位芯片有 13 根地址线,A12~A0 为字选线,余下的高位地址线是 A15~A13,所以译码电路对 A15~A13 进行译码,译码电路及译码输出线的地址范围如图 6.13 所示。

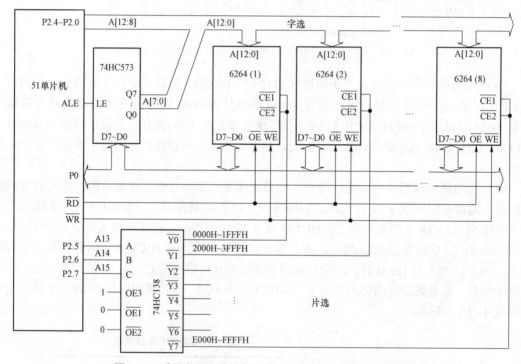

图 6.13 采用全译码法扩展 8 片 6264 的电路图及地址范围

(3) 改用线选法,地址线 A15、A14 和 A13 各作为 1 片 8 K×8 位存储器的片选线。3 根地址线只能接 3 个芯片,故仅能组成容量为 24 K×8 位的存储器,A15、A14 和 A13 所选芯片的地址范围分别为:6000H~7FFFH、A000H~BFFFH 和 C000H~DFFFH。

6.2.3 同时扩展程序存储器与数据存储器

图 6.14 是 51 系列单片机扩展 32 KB 程序存储器及 32 KB 数据存储器的电路图。其中程序存储器采用 27256,数据存储器采用 62256。由于只有一片程序存储器和一片数据存储器,故片选直接接低即可。

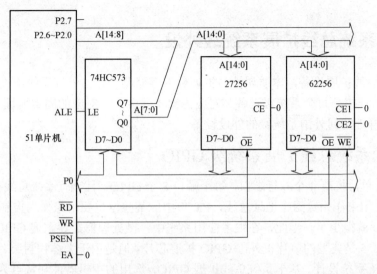

图 6.14 51 系列单片机扩展 32 KB 程序存储器及 32 KB 数据存储器的电路图

当有多片程序或数据存储器时，还需要利用高位剩余地址线产生片选信号。以扩展两片 2764 和两片 6264 为例，采用译码法进行程序存储器与数据存储器综合扩展的电路如图 6.15 所示。

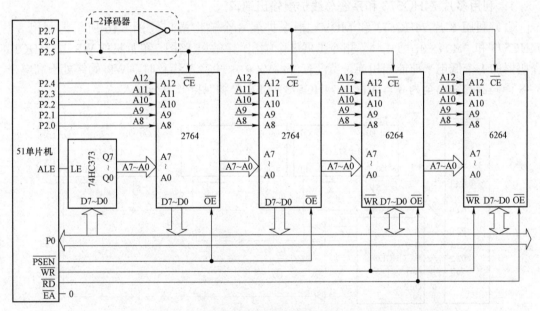

图 6.15 采用译码法进行程序存储器与数据存储器综合扩展的电路图

通过观察电路可以发现，译码器的输出同时接到了程序存储器和数据存储器。这是因为，译码器的输出就是间接形成的地址，地址线是要连接到所有基于系统总线扩展部件的，地址是否有效要看控制总线。控制总线才是区分程序存储器和数据存储器是否工作的动作信号。另外，还要注意，程序存储器的数据总线是单向的，数据存储器的数据总线是双向的。

6.3　基于系统总线扩展系统级外设

采用系统总线扩展设备，本质属性与扩展数据存储器一致。外部系统级设备通过系统总线接口与 CPU 连接，每个系统级设备其对应内部单元会一一对应的固定地址，CPU 可以像访问存储器一样地访问外围系统级的外设设备。

6.3.1　基于系统总线扩展系统级 GPIO

经典型 51 单片机有 4 个并行端口，每个端口 8 个 GPIO，且当有系统总线扩展设备时 P0 口、P2 口要被用来作为数据、地址总线，P3 口中的某些位也要用来作为控制总线。这时留给用户的 GPIO 就很少了。因此，在很多应用系统中，微处理器需要扩展 GPIO。

8155 和 8255 是典型的单片机外围 GPIO 扩展芯片。但是由于大体积封装、陈旧等原因已经逐渐退出电子系统设计。基于系统总线扩展 GPIO，选用的逻辑器件和特点为：通过三态缓冲器输入，通过锁存器输出。通过三态缓冲器输入是因为三态缓冲器的输出，具有三态控制，高阻输出时不影响总线；通过锁存器输出是因为锁存器可以锁存输出状态，能够释放总线。常用的锁存器芯片有 74HC573、74HC373，常用的三态数据缓冲器有 74HC244、74HC245 等。实际上，只要具有输入三态、输出锁存的电路，就可以用作 GPIO 扩展。

1. 利用多片 74HC573 和系统总线扩展输出端口

（1）利用 8 片 74HC573 和 MOVX 指令扩展 8 个输出端口。图 6.16 所示为利用 8 片 74HC573 和 "MOVX @DPTR, A" 指令扩展 8 个输出端口的电路图。单片机的 $\overline{WR}$ 与 74HC138 译码器的 1 个低电平使能端相连。当没有 "MOVX @DPTR,A" 指令时，$\overline{WR}$ 始终处于高电平，3-8 译码器的输出全为高，即每个 74HC573 的 LE 引脚保持低电平输入。

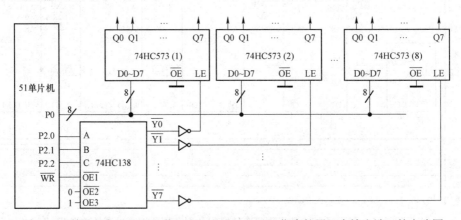

图 6.16　利用 8 片 74HC573 和 "MOVX @DPTR, A" 指令扩展 8 个输出端口的电路图

另外，由于锁存器的锁存信号是高有效，与控制总线的写选通使能信号 $\overline{WR}$ 动作电平正好相反。因此，$\overline{WR}$ 要经过非逻辑连接到锁存器的锁存引脚。

当执行 "MOVX @DPTR, A" 指令时，DPTR[10:8]作为 3-8 译码器的译码输入，且当 $\overline{WR}$ 低脉冲期间，3-8 译码器译码输出致使对应的 74HC573 的 LE 引脚为高，此时数据总线上的数据（累加器 A 中的数据）从对应的 74HC573 锁存输出。

　　图 6.17 所示为利用 8 片 74HC573 和 "MOVX @R0,A" 指令扩展 8 个输出端口的电路图,
将低 8 位地址的地址锁存器输出作为译码器的输入端,使得 P2 口解放出来作为 GPIO 使用。
当执行 "MOVX @R0,A" 指令时,R0[2:0] 作为 3-8 译码器的译码输入,且当 $\overline{WR}$ 低脉冲期间,
3-8 译码器对应的输出将数据总线数据锁存入对应的 74HC573。

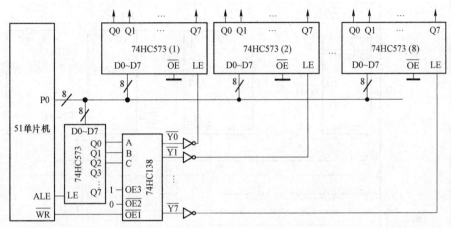

图 6.17　利用 8 片 74HC573 和 "MOVX @R0,A" 指令扩展 8 个输出端口的电路图

　　当然,若放弃 MOVX 指令,而自行操作引脚模拟时序,比如以 P0 口作为 8 位数据输出,
P2 口的 8 个引脚分别作为 8 个 74HC573 的锁存引脚,则可扩展 64 个 I/O,如图 6.18 所示。
需要注意的是,此时,P0 口作为 GPIO,必须外接上拉电阻。

　　例如,74HC573（8）输出 56H,其他口状态不变,则:

```
MOV   P2, #00H
      :
MOV   P0, #56H
SETB  P2.7
CLR   P2.7
      :
```

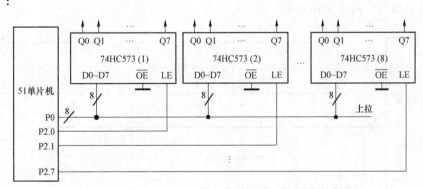

图 6.18　利用 74HC573 进行多输出端口扩展的电路图

（2）扩展 1 片 8 KB 数据存储器的同时扩展两个输出端口。

　　下面再看一个比较综合的例子:采用线选法同时扩展 1 片 8 KB 的 RAM 和两个输出端口。
两个输出端口通过两片 74HC573 实现。两个端口和 1 片数据存储器共扩展 3 个外设。8 KB

的数据存储器有 13 根地址线, 剩余地址线共 3 条, 所以直接应用线选法即可, 直接通过高位的剩余地址线选择扩展器件, 即那个高位地址线为低就被选中。扩展 1 片 8 KB 数据存储器的同时扩展两个输出端口的扩展电路如图 6.19 所示。

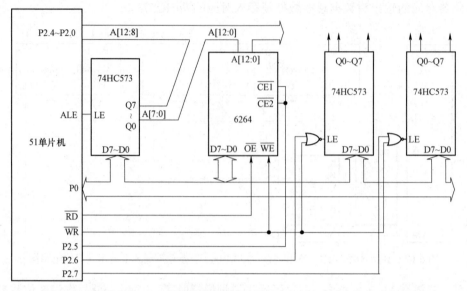

图 6.19   扩展 1 片 8 KB 数据存储器的同时扩展两个输出端口的扩展电路图

2. 利用多片 74HC244 和系统总线扩展输入端口

扩展输入端口, 需要三态缓冲器。常用的多位三态缓冲器芯片为 74HC244。74HC244 是一颗双 4 位三态缓冲器, 合并使用, 可以作为 8 位三态缓冲器。当扩展多个输入端口时, 每个 74HC244 作为一个系统级设备, 且仅有一个地址。

图 6.20 所示为利用 8 片 74HC244 和 "MOVX A, @DPTR" 指令扩展 8 个输入端口的电路图。单片机的 $\overline{RD}$ 与 74HC138 译码器的 1 个低电平使能端相连。当没有 "MOVX A,@DPTR" 或 "MOVX A, @Ri" 指令时, $\overline{RD}$ 始终处于高电平, 3-8 译码器的输出全为高, 即每个 74HC244 的 $\overline{1G}$ 和 $\overline{2G}$ 引脚保持高电平输入。

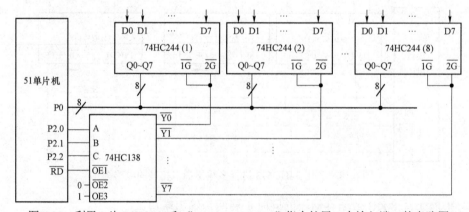

图 6.20   利用 8 片 74HC244 和 "MOVX A,@DPTR" 指令扩展 8 个输入端口的电路图

三态缓冲器的三态控制为低使能, 与 $\overline{RD}$ 读选通动作信号电平一致, 不需要非逻辑转换。

当执行 "MOVX A,@DPTR" 指令时，DPTR[10:8]作为 3–8 译码器的译码输入，且当 $\overline{RD}$ 低脉冲期间，3–8 译码器译码输出致使对应的 74HC244 的 $\overline{1G}$ 和 $\overline{2G}$ 引脚为低，此时数据总线上的数据为对应 74HC244 输入端数据，读入累加器 A 中。未被译码选中的 74HC244 输出处于高阻状态。

3. 基于系统总线扩展双向端口

双向端口，即引脚既可以作为输入口，也可以作为输出口。扩展一个双向端口：需要额外一个锁存器设定 GPIO 的方向。假设扩展的 8 位端口称为 PA 口。

根据 GPIO 知识，输入和输出属性是要设定的。因此，每个引脚都要有一个寄存器位用来设置该引脚的输入和输出状态。如果对应引脚被设置为输出口，则引脚输出 "端口锁存器" 对应位的逻辑，否则呈现为高阻态，作为输入。

因此，一个端口需要两个输出锁存器，一个是端口锁存器，另一个是端口方向设置锁存器。

端口输出锁存器不能直接作为引脚，其输出要经过三态控制才能作为扩展的输出引脚，三态的使能端接至方向设置锁存器的输出。端口的输入和前面讲述的内容一致。

综上所述，扩展一个双向输出端口，需要扩展 3 个设备，两个锁存器分别用于输出锁存和设置方向，1 个三态缓冲器用于输入缓冲。也就是需要 3 个片选。采用译码法扩展双向端口的电路如图 6.21 所示。注意：译码器的输出接至锁存器的锁存信号端时要串接非门。

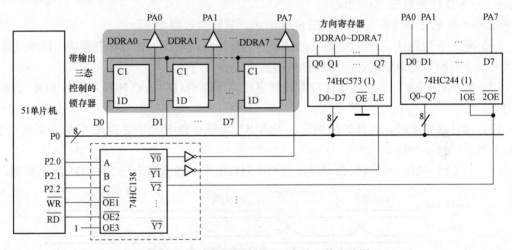

图 6.21　采用译码法扩展双向端口的电路图

读者不要 "惧怕" 这么复杂的连线，基于原理图方式，将它们都放入到复杂可编程逻辑器件（complex programmable logic device，CPLD）即可，既实用、方便，又成本低。当然，基于 HDL 进行描述更好，请读者自行尝试编写。

6.3.2　基于系统总线扩展系统级外设举例：扩展 A/D 转换器（ADC0809）

8 位逐次逼近型 A/D 转换器 ADC0809 在数字电子技术或数字逻辑课程中已经学习过。ADC0809 具有 8 路模拟量输入通道，有转换起停控制，模拟输入电压范畴为 $0\sim5$ V，转换时间为 100 μs。ADC0809 的引脚及内部结构如图 6.22 所示。

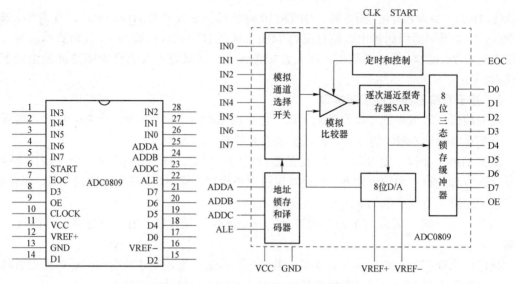

图 6.22　ADC0809 的引脚及内部结构图

ADC0809 由 8 路模拟通道选择开关、地址锁存与译码器、比较器、8 位 D/A 转换器、逐次逼近型寄存器、定时和控制电路和三态输出锁存器等组成。基准电压输入端 VREF+ 和 VREF− 为 A/D 转换器提供基准电压。

ADC0809 的工作流程与时序如图 6.23 所示。其转换过程如下。

（1）输入 3 位地址，并使 ALE=1，ALE 的上升沿将地址存入地址锁存器中，经地址译码器译码从 8 路模拟通道中选通一路模拟量送到比较器。

（2）START 的上升沿使逐次比较寄存器复位，下降沿启动 A/D 转换，并使 EOC 信号为低电平。

（3）当转换结束时，转换的结果送入到输出三态锁存器中，并使 EOC 信号回到高电平，通知 CPU 已转换结束。

（4）当 CPU 执行一读数据指令时，使 OE 为高电平，则从输出端 D0～D1 读出数据。

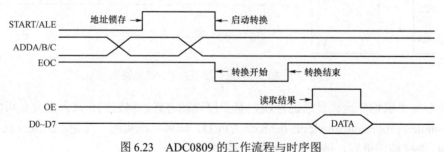

图 6.23　ADC0809 的工作流程与时序图

图 6.24 是一种 ADC0809 与经典型 51 单片机的系统总线接口电路图，125 kHz 时钟为 ADC0809 的逐次逼近比较过程提供工作时钟。通过或非门将 A15 作为 ADC0809 的片选地址线，低有效；A10 到 A8 作为模拟通道地址。工作时序是：首先执行 MOVX 写时序，通过地址总线给出模拟通道地址和片选信号，并在 $\overline{WR}$ 写使能信号的起始沿，产生模拟通道锁存上升沿，锁存并开启对应模拟开关通道；在 $\overline{WR}$ 的结束沿，产生 START 的下降沿开始 A/D 转

换。待到 A/D 转换结束，要读取转换结果时，只需执行 MOVX 读指令，在 $\overline{\text{RD}}$ 为低电平时，OE 有效，转换的数字量通过 D0～D7 输出并读入单片机内部。

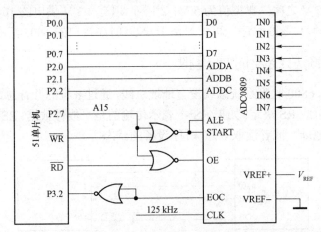

图 6.24　一种 ADC0809 与 51 系列单片机的系统总线接口电路图

驱动软件主要分 3 步进行：第一步，写时序给出模拟通道并启动 A/D 转换；第二步，查询等待转换完成；第三步，通过读时序获取转换结果。程序如下：

汇编语言程序：	C 语言程序：

	``
	sbit ADC0809_EOC = P3^2;
	unsigned char channel; //0-7
	unsigned char AD_value;
	unsigned char xdata *ad_adr;
	``

``
    MOV DPH, #00H ;指向通道 IN0
LOOP:MOVX @DPTR, A ;给出 WR 信号，
                   ;启动A/D转换
HERE:JB   P3.2, $;等待转换完成
    MOVX A, @DPTR   ;读取转换结果
``
	``
	channel = 0; //指向通道 IN0
	ad_adr = (unsigned int)channel << 8;
	*ad_adr = 0; //启动 channel 通道A/D转换，
	                        //后边的赋值 0 无任何意义
	while(ADC0809_EOC); //等待转换完成
	AD_value = *ad_adr; //读取当前通道转换结果
	``

当然，可以不采用总线结构操作 ADC0809，而是直接软件模拟时序，请读者自行尝试编写软件。

6.4　1602 字符液晶及其 6800 时序接口技术

在智能硬件的人机交流界面中，一般的输出显示方式有发光管、LED 数码管、液晶显示器。液晶显示的分类方法有很多种，通常可按其显示方式分为段式、字符式、点阵式等。除了黑白显示外，液晶显示器还有多灰度和彩色显示等。本节介绍字符型、单色液晶显示器 1602 的应用。

1602 就是一款极常用的字符型液晶，可显示 1 行 16 个字符或 2 行 16 个字符。1602 液晶模块内带字符点阵，内部的字符发生存储器已经存储了 160 个 5×7 点阵字符，32 个 5×10 的点阵字符，每一个字符与其 ASCII 码相对应，比如大写的英文字母"A"的代码是 41H，显示时，只要将 41H 存入显示数据存储器 DDRAM 即可，液晶自动将地址 41H 中的点阵字符图形显示出来，就能看到字母"A"。另外，还有 64 字节 RAM，供用户自定义字符。1602工作电压在 4.5～5.5 V 之间，典型值为 5 V。当然，也有 3.3 V 供电的 1602 液晶，选用时要加以确认。本节先学习 6800 时序，再学习基于 6800 时序接口的 1602 液晶。

6.4.1　6800 系统总线及时序模拟

如图 6.25 所示，6800 时序系统总线没有地址总线，通过 8 位的并行总线 DB 来传输数据，数据的性质由控制总线 RS 决定。如果 RS=1 表示传输的是一般性数据；RS=0 时，表示给 6800时序设备写命令或地址，或者读取 6800 时序设备的状态等。

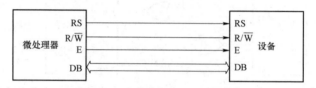

图 6.25　6800 时序接口电路图

6800 的控制总线有 3 条，除了 RS，还有 R/$\overline{\text{W}}$ 和 E。E 是操作使能，常态为低电平，其他信号就绪后，通过 E 的高脉冲完成一次总线操作。R/$\overline{\text{W}}$ 决定 DB 的传输方向，当 R/$\overline{\text{W}}$ 为高电平时，E 为高电平设备输出数据，此期间微处理器读回数据；当 R/$\overline{\text{W}}$ 为低电平时，E 下降沿执行写操作。这与 51 系列单片机的 8080 时序系统总线有很大差异。

6800 时序中，RS 和 R/$\overline{\text{W}}$ 的配合选择决定操作时序的 4 种模式，如表 6.2 所示。

表 6.2　6800 时序的 E、RS 和 R/$\overline{\text{W}}$ 信号的含义

RS	R/$\overline{\text{W}}$	E 高脉冲
L	L	高→低：总线上的地址或命令写入 6800 时序设备
L	H	低→高：6800 时序设备自总线输出其工作状态
H	L	高→低：总线上的数据写入 6800 时序设备
H	H	低→高：6800 时序设备自总线输出其内部数据

6800 总线的读时序如图 6.26 所示。

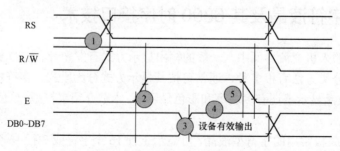

图 6.26　6800 总线的读时序图

通过 RS 给出 DB 总线上数据的性质。如果是一般性质的数据则 RS 给 1，否则 RS 给 0。同时 R/$\overline{\text{W}}$ 给出高电平表示读。这两步与先后顺序无关，一同给出也可以。

RS 和 R/$\overline{\text{W}}$ 稳定后，E 给出高电平，此时，设备有效输出，微处理器读入 DB 上的数据后，E 还原回低电平，读过程结束。

6800 总线的写时序如图 6.27 所示。

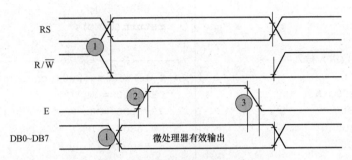

图 6.27　6800 总线的写时序图

写时序，同样，通过 RS 给出 DB 总线上数据的性质，如果是一般性质的数据则 RS 给 1，否则 RS 给 0。R/$\overline{\text{W}}$ 给出低电平表示写。同时，微处理器将数据写到 DB 上。

以上 3 步，本质上是不分先后顺序的，一同给出也可以。

RS、R/$\overline{\text{W}}$ 和 DB 都稳定后，E 给出高电平，DB 总线上的数据写入设备，当满足写入时间后，E 还原回低电平，写结束。

51 系列单片机不直接支持 6800 时序总线。操作 6800 时序设备，可以通过 GPIO 模拟时序实现。软件模拟 6800 时序的驱动程序如下：

汇编语言程序：

```
RS_6800    EQU P2.0
RW_6800    EQU P2.1
E_6800     EQU P2.2
DB_6800    EQU P0
;----读数据,返回值在 A 中------
ReadData6800:
    MOV  DB_6800, #0FFH;输入口
    SETB RS_6800
    SETB RW_6800
    SETB E_6800
    MOV  A, DB_6800
    CLR  E_6800;
    RET




;----读状态,返回值在 A 中-----
ReadStatus6800:
```

C 语言程序：

```
#include "reg52.h"
#define uchar  unsigned char
sbit  RS_6800 = P2^0;
sbit  RW_6800 = P2^1;
sbit  E_6800  = P2^2;
#define LCM_Data P0
//-----------读数据-----------
uchar ReadData6800(void){
    uchar temp;
    DB_6800 = 0xFF;  //输入口
    RS_6800 = 1;
    RW_6800 = 1;
    E_6800 = 1;
    temp = DB_6800;
    E_6800 = 0;
    return(temp);
}
//-----------读状态-----------
void ReadStatus6800(void){
```

```
    MOV  DB_6800, #0FFH;输入口
    CLR  RS_6800
    SETB RW_6800
    SETB E_6800
    MOV  A, DB_6800
    CLR  E_6800
    RET
```

```
;----写数据,参数由 A 传入-----
WriteData6800:
    MOV  DB_6800, A
    SETB RS_6800
    CLR  RW_6800
    SETB E_6800
    CLR  E_6800
    RET
;---写指令/地址,参数由 A 传入---
WriteCommand6800:
    MOV  DB_6800, A
    CLR  RS_6800
    CLR  RW_6800
    SETB E_6800
    CLR  E_6800
    RET
```

```
    uchar temp;
    DB_6800 = 0xFF;  //输入口
    RS_6800 = 0;
    RW_6800 = 1;
    E_6800 = 1;
    temp = DB_6800;
    E_6800 = 0;
    return(temp);
}
//-----------写数据------------
void WriteData6800(uchar WDLCM){
    DB_6800 = WDLCM;
    RS_6800 = 1;
    RW_6800 = 0;
    E_6800 = 1;
    E_6800 = 0;
}
//----------写指令/地址----------
void WriteCommand6800(uchar WCLCM){
    DB_6800 = WCLCM;
    RS_6800 = 0;
    RW_6800 = 0;
    E_6800 = 1;
    E_6800 = 0;
}
```

有读数据和读状态两种读时序,分写为两个子函数来模拟时序。在将并行总线设为输入口、R/$\overline{W}$ 设置为 1 表示读后,在 E 高电平期间读总线,并返回。读数据还是状态,由 RS 区分。读数据子函数,RS 设置为 1;读状态子函数,RS 设置为 0。

写数据时序和写指令(或地址)时序,也分成分写为两个子函数来模拟时序。在并行总线上输出并行数据,R/$\overline{W}$ 设置为 0 表示写,RS 设置为 1 表示写数据,或者 RS 设置为 0 表示写指令(或地址)后,在 E 高电平期间数据被写入设备。

软件模拟 6800 时序的缺点是操作速度慢,8080 系统总线指令不能直接操控。如图 6.28 所示,当有较快操作要求,可以通过转换电路,直接实现 8080 系统总线操作 6800 时序设备。

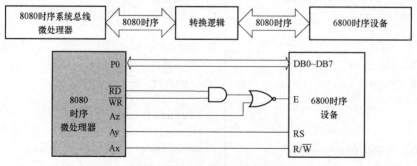

图 6.28　8080 时序转换为 6800 时序结构框图及电路

8080 系统总线通过高位剩余地址线给出片选，确定访问对象。Az 是 1 根高位剩余地址线，等效作为 6800 时序设备的片选端，当地址线 Az 为低时操作有效。字选地址 Ay 和 Ax，分别作为 6800 系统总线的 RS 和 R/$\overline{\text{W}}$ 信号。8080 时序的 WR 和 RD 都为低有效，而 6800 时序的动作信号 E 是高有效。因此，当 Az 为低时，$\overline{\text{RD}}$ 和 $\overline{\text{WR}}$ 的与逻辑输出，即可作为 E 信号。显然，$\overline{\text{RD}}$ 和 $\overline{\text{WR}}$ 要有足够的宽度，满足 E 使能信号时序要求。若 Az 为 A15，Ay 为 A8，Ax 为 A9，则驱动程序如下：

汇编语言程序：

```
;---读数据,返回值在A中----
ReadData6800:
    MOV  DPH, #83H ;RS=1,R/W=1
    MOVX A, @DPTR
    RET

;---读状态,返回值在A中----
ReadStatus6800:
    MOV  DPH, #82H ;RS=0,R/W=1
    MOVX A, @DPTR
    RET

;---写数据,参数由A传入---
WriteData6800:
    MOV  DPH, #81H ;RS=1,R/W=0
    MOVX @DPTR, A
    RET

;---写指令,参数由A传入---
WriteCommand6800:
    MOV  DPH, #80H ;RS=0,R/W=0
    MOVX @DPTR, A
    RET
```

C 语言程序：

```c
//---------读数据---------
unsigned char ReadData6800(void){
    xdata unsigned char *p;
    p = 0x8300;  //RS=1,R/W=1
    return *p;
}
//---------读状态----------
void ReadStatus6800(void){
    xdata unsigned char *p;
    p = 0x8200;  //RS=0,R/W=1
    return *p;
}
//---------写数据----------
void WriteData6800(unsigned char WDLCM){
    xdata uchar *p;
    p = 0x8100;  //RS=1,R/W=0
    *p = WDLCM;
}
//---------写指令-----------
void WriteCommand6800(unsigned char WCLCM){
    xdata unsigned char *p;
    p = 0x8000;  //RS=0,R/W=0
    *p = WCLCM;
}
```

汇编时采用 MOVX 指令实现。通过 DPTR 设置 A8、A9 和 A15，进而给出 RS、R/$\overline{\text{W}}$ 和片选。C 语言是通过 xdata 类型指针访问总线，高 8 位地址对应 DPH，低 8 位随意。

6.4.2　1602 字符液晶及软件驱动设计

1602 字符液晶采用标准 16 引脚接口，其引脚的使用说明如表 6.3 所示，其中 8 位数据总线 D0～D7、RS、R/$\overline{\text{W}}$ 和 EN6800 时序接口。1602 字符液晶的 6800 接口时序的含义如表 6.4 所示。

表 6.3　1602 引脚的使用说明

编号	符号	引脚说明	使用方法
1	GND	电源地	—
2	VCC	电源	—
3	V0	液晶显示偏压（对比度）信号调整端	外接分压电阻，调节屏幕亮度。接地时对比度最高，接电源时对比度最低
4	RS	数据/命令选择端	高电平时选择数据寄存器，低电平时选择指令寄存器
5	R/$\overline{\text{W}}$	读写选择端	当 R/$\overline{\text{W}}$ 为高电平时，执行读操作，低电平时执行写操作
6	E	使能信号	高电平使能
7~14	D0~D7	数据 I/O	双向数据输入与输出
15	BLA	背光源正极	直接或通过 10 Ω 左右电阻接到 VCC
16	BLK	背光源负极	接到 GND

表 6.4　1602 字符液晶的 6800 接口时序的含义

RS	R/$\overline{\text{W}}$	E 高脉冲
L	L	高→低：MCU 总线数据→液晶指令暂存器（IR）
L	H	低→高：液晶指令暂存器（IR）→总线
H	L	高→低：MCU 总线数据→液晶数据寄存器 DR
H	H	低→高：液晶数据寄存器 DR→总线

忙标志 BF 提供内部工作情况。BF=1 表示模块在进行内部操作，此时 1602 不接收外部指令和数据。BF=0 时，模块为准备状态，随时可接收外部指令和数据。利用读指令可以将 BF 读到 DB7 总线，从而检验 1602 内部的工作状态。

单片机采用 6800 时序与 1602 的接口电路如图 6.29 所示。

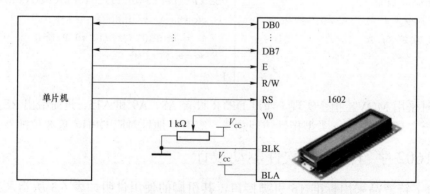

图 6.29　单片机采用 6800 时序与 1602 的接口电路图

要对 1602 显示字符控制，通过访问 1602 内部显示 RAM（称为 DDRAM）地址实现。1602 内部控制器具有 80 个字节 RAM。1602 字符液晶内部 DDRAM 地址与字符位置的对应关系如图 6.30 所示。

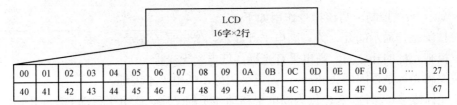

图 6.30　1602 字符液晶内部 DDRAM 地址与字符位置的对应关系

1602 的读写操作，即显示控制，是通过 11 条控制指令实现的，如表 6.5 所示。

表 6.5　1602 字符液晶的指令诠释表

指令序号	指令动作	指令编码										执行时间
		RS	RW	D7	D6	D5	D4	D3	D2	D1	D0	
1	清显示	0	0	0	0	0	0	0	0	0	1	1.64 μs
2	光标复位	0	0	0	0	0	0	0	0	1	—	1.64 μs
3	光标和显示模式设置	0	0	0	0	0	0	0	1	I/D	S	40 μs
4	显示开/关控制	0	0	0	0	0	0	1	D	C	B	40 μs
5	光标或字符移位	0	0	0	0	0	1	S/C	R/L	—	—	40 μs
6	功能设置命令	0	0	0	0	1	DL	N	F	—	—	40 μs
7	字符发生器 RAM 地址设置	0	0	0	1	设定下一个要存入资料的自定义字符发生存储器 CGRAM 地址，64 个地址，8 个字符						40 μs
8	数据存储器 RAM 地址设置	0	0	1	设定下一个要存入资料的显示数据存储器 DDRAM 地址设置。用该指令码可以把光标移动到想要的位置							40 μs
9	读忙标志或光标地址	0	1	BF	计数器地址 AC							0 μs
10	写数据到存储器	1	0	将字符写入 DDRAM 以使 LCD 显示出相应的字符，或将使用者自创的图形写入 CGRAM。写入后内部对应存储器地址会自动加 1								40 μs
11	读数据	1	1	读出相应的数据								40 μs

（1）清显示。写该指令，所有显示清空，即 DDRAM 的内容全部写入空格的 ASCII 码 20H，同时地址计数器 AC 的值归 00H，光标归位（光标回到显示器的左上方）。

（2）光标复位。写该指令，地址计数器 AC 的值归 00H，光标归位（光标回到显示器的左上方）。

（3）光标和显示模式设置。用于设定每写入 1 个字节数据后光标的移动方向，以及设定每写入 1 个字符是否移动。如表 6.6 所示，I/D 位用于光标移动方向控制，S 位用于屏幕上所有文字的移位控制。

表 6.6　1602 每写入 1 个字节数据后的光标或字符移位控制

I/D	S	动作情况
0	0	每写入 1602 1 个字节数据后光标左移 1 格，且 AC 的值减 1
0	1	每写入 1602 1 个字节数据后显示器的字符全都右移 1 格，但光标不动
1	0	每写入 1602 1 个字节数据后光标右移 1 格，且 AC 的值加 1
1	1	每写入 1602 1 个字节数据后显示器的字符全都左移 1 格，但光标不动

（4）显示开/关控制。写该指令作用如下。

D 位控制整体显示的开、关，高电平开显示，低电平关显示。

C 位控制光标的开、关，高电平有光标，低电平无光标。

B 位控制光标是否闪烁（blink），高电平闪烁，低电平不闪烁。

（5）光标或字符移位。S/C 位为高电平移动显示的文字，低电平移动光标；R/L 位为移动方向控制，高电平右移，低电平左移。1602 的直接光标或字符移位控制如表 6.7 所示。

表 6.7　1602 的直接光标或字符移位控制

S/C	R/L	动作情况
0	0	光标左移 1 格，且 AC 的值减 1
0	1	光标右移 1 格，且 AC 的值加 1
1	0	显示器的字符全都左移 1 格，但光标不动
1	1	显示器的字符全都右移 1 格，但光标不动

（6）功能设置命令。写该指令作用如下。

DL 位为高电平时为 8 位总线，DL 为低电平时为 4 位总线。当采用 4 位总线时，DB4～DB7 为数据口，一个字节的数据或命令需要传输两次，单片机发送输出给 1602 时，先传高 4 位，后传送低 4 位；自 1602 读数据时，第一次读取到的 4 位数据为低 4 位数据，后读取到的 4 位数据为高 4 位数据；自 1602 读忙时，第一次读取到的 4 位数据就是忙的高 4 位数据，后 4 位数据传送只要增加一个周期的时钟信号就可以了，内容无意义。1602 初始化成 4 位数据线之前默认为 8 位，此时命令发送方式是 8 位格式，但数据线只需接 4 位，然后改到 4 位线宽，以进入稳定的 4 位模式：

N 位设置为高电平时双行显示，设置为低电平时单行显示；

F 位设置为高电平时显示 5×10 的点阵字符，低电平时显示 5×7 的点阵字符。

（7）读忙信号和地址计数器 AC 的内容。其中，BF 为忙标志位，高电平表示忙，此时模块不能接受命令或数据，低电平表示不忙。在每次操作 1602 之前，一定要确认液晶屏的"忙标志"为低电平（表示不忙），否则指令无效。

1. 1602 初始化

正确的初始化过程如下。

（1）上电并等待 15 ms 以上。

（2）8 位模式写命令 0b0011xxxx（后面 4 位线不用接，所以是无效的）。

（3）等待 4.1 ms 以上。

（4）同（2），8 位模式写命令 0b0011xxxx（后面 4 位线不用接，所以是无效的）。

（5）等待 100 μs 以上。

以上步骤中不可查询忙状态，只能用延时控制。从以下步骤开始可以查询 BF 状态，以确定模块是否忙。

（6）8 位模式写命令 0b0011xxxx 进入 8 位模式，写命令 0b0010xxxx 进入 4 位模式。后面所有的操作要严格按照数据模式操作。若为 4 位模式，该步骤后一定要进行重新显示模式设置。

（7）写命令 0b00001000 关闭显示。

（8）写命令 0b00000001 清屏。

（9）写命令 0b000001(I/D)S 设置光标模式。

（10）写命令 0b001-DL-N-F-xx。NF 为行数和字符高度设置位,之后行数和字符高度不可重设。

初始化完成,即可写字符。那么,如何实现在既定位置显示既定的字符呢?

2. 显示字符

显示字符时要先输入显示字符地址,即将此地址写入显示数据存储器地址中,告知液晶屏在哪里显示字符（参见图 6.30）。比如,要在第二行第一个字符的位置显示字母 A,首先对液晶屏写入显示字符地址 C0H（0x40+0x80）,再写入 A 对应的 ASCII 字符代码 41H,字符就会在第二行的第一个字符位置显示出来了。

3. 利用 1602 的自定义字符功能显示图形或汉字

字符发生器 RAM（CGRAM）可由设计者自行写入 8 个 5×7 点阵字型或图形。一个 5×7 点阵字型或图形需用到 8 B 的存储空间,每个字节的 b5、b6 和 b7 都是无效位,5×7 点阵自上而下取 8 B,即 7 个字节字模加上一个字节 0x00。

将自定义点阵字符写入到 1602 液晶的步骤如下。

（1）给出地址 0x40,以指向自定义字符发生存储器 CGRAM 地址。

（2）按每个字型或图形自上而下 8 个字节,一次性依次写入 8 个字型或图形的 64 个字节即可。

若要让 1602 液晶显示自定义字型或图形,只需要在 DDRAM 对应地址写入 00H~07H 数据,即可在对应位置显示自定义资料了。

具体编程时,程序开始时对液晶屏功能进行初始化,约定了显示格式。注意,显示字符时光标是自动右移的,无须人工干涉。经典型 51 单片机,12 MHz 晶振。8 位模式的 C51 程序如下:

```
//----------------------1602 初始化----------------------------
void LCMInit(void){
    WriteCommand6800(0x38,0);        //三次显示模式设置,不检测忙信号
    Delay_ms(5);                     //延时 5 ms。Delay_ms(t) 函数没有实现
    WriteCommand6800 (0x38,0);
    Delay_ms(1);                     //延时 1 ms

    WriteCommand6800 (0x38,1);       //8 位总线,两行显示,开始要求每次检测忙信号
    WriteCommand6800 (0x08,1);       //关闭显示
    WriteCommand6800 (0x01,1);       //显示清屏
    WriteCommand6800 (0x06,1);       //显示光标移动设置
    WriteCommand6800 (0x0C,1);       //显示开及光标设置
}
//------------------按指定位置显示一个字符----------------------
void DisplayOneChar(unsigned char X, unsigned char Y, unsigned char DData) {
    X &= 0xF;                        //限制 X 不能大于 15,Y 不能大于 1
```

```
    if (Y) X |= 0x40;                   //当要显示第二行时地址码+0x40;
    X |= 0x80;
    WriteCommand6800 (X, 1);            //发送地址码
    WriteData6800 (DData);
}
//--------------------按指定位置显示一串字符----------------------
void DisplayListChar(unsigned char X, unsigned char Y, unsigned char *DData,
unsigned char num){
    unsigned char i;
    X &= 0xF;                           //限制 X 不能大于 15，Y 不能大于 1
    if (Y) X |= 0x40;                   //当要显示第二行时地址码+0x40;
    X |= 0x80;
    WriteCommand6800 (X, 1);            //发送地址码
    X &= 0x0f;
    for(i=0; i<num; i++){               //发送 num 个字符
        WriteData6800 (DData[i]);       //写并显示单个字符
        if ((++X)> 0xF)break;           //每行最多 16 个字符，已经到最后一个字符
    }
}
//----------------------------------------------------------
int main(void){
    unsigned char str[] = {"1602demo test"};
    Delay_ms(20);                       //延时 20 ms，等待 1602 启动进入工作状态
    LCMInit();                          //LCM 初始化

    DisplayOneChar(0, 0, 'y');
    DisplayListChar(0, 1, str, 13);
    ...
}
```

注意：经典型 51 单片机不能通过接口电路，基于 8080 系统总线操作 1602，因为 1602 的 E 信号要求宽度比较大，不能设置 $\overline{RD}$ 和 $\overline{WR}$ 宽度的经典型 51 单片机不满足时序要求。

习题与思考题

1. 在 51 系列单片机系统中，外接程序存储器和数据存储器共用 16 位地址线和 8 位数据线，为何不会发生冲突？

2. 区分 51 系列单片机片外程序存储器和片外数据存储器的最可靠的方法是（   ）。

    A. 看其位于地址范围的低端还是高端

    B. 看其离单片机芯片的远近

    C. 看其芯片的型号时 ROM 还是 RAM

    D. 看其是与 $\overline{RD}$ 信号连接还是与 $\overline{PSEN}$ 信号连接

3. 在存储器扩展中，无论是线选法还是译码法，最终都是为所扩展芯片的（　　　）端提供信号。

4. 起止范围为 0000H～3FFFH 的存储器的容量是（　　　）KB。

5. 在 51 系列单片机中，PC 和 DPTR 都用于提供地址，但 PC 是为访问（　　）存储器提供地址，而 DPTR 是为访问（　　）存储器提供地址。

6. 11 根地址线可选（　　　）个存储单元，16 KB 存储单元需要（　　　）根地址线。

7. 32 KB RAM 存储器的首地址若为 2000H，则末地址为（　　　）。

8. 使用 8 KB×8 的 RAM 芯片，用译码法扩展 64 KB×8 的外部数据存储器，需要（　　　）片存储芯片，共需使用（　　　）条地址线。其中，（　　　）条用于存储单元选择，（　　　）条用于芯片选择。

9. 在经典型 51 单片机的硬件系统中，为解决片内、外程序存储器衔接问题所使用的信号是（　　　）。

　　A. $\overline{\text{EA}}$　　　　　　　　B. $\overline{\text{PSEN}}$　　　　　　　C. ALE　　　　　　　D. $\overline{\text{CE}}$

10. 现有 8031 单片机、74HC573 锁存器、1 片 2764 EPROM 和 2 片 6116 RAM，试使用它们组成一个单片机应用系统。要求：

（1）画出硬件电路连接图，并标注主要引脚；

（2）指出该应用系统程序存储器空间和数据存储器空间各自的地址范围。

11. 使用 AT89S52 芯片外扩 1 片 128 KB RAM 628128，要求其分成两个 64 KB 空间，分别作为程序存储器和数据存储器。画出该应用系统的硬件连线图。

12. 使用 AT89S52 芯片外扩 1 片 8 KB E²PROM 2864，要求 2864 兼作程序存储器和数据存储器，且首地址为 8000H。要求：

（1）确定 2864 芯片的末地址；

（2）画出 2864 片选端的地址译码电路；

（3）画出该应用系统的硬件连线图。

13. 试设计在扩展 8 KB 数据存储器的同时扩展 16 个输入端口的电路，并写出访问地址。

14. 试说明 Inter8080 和 Motorola6800 两种总线时序的异同。

第 7 章　嵌入式微处理器的定时/计数器及应用

定时/计数器（timer/counter）简称定时器或 timer，简记为 C/T 或 T/C，是计算机与嵌入式应用系统的最重要组成部分之一。本章将重点讲述定时/计数器的工作原理、基本应用、时刻差测量技术和脉冲信号频率测量技术，并通过学习经典型 51 单片机的 3 个定时/计数器（Timer0、Timer1 和 Timer2），给出具体应用实例。

7.1　嵌入式微处理器的定时/计数器外设

时间在一般概念中有两种含义：一是指"时刻"，指某事件发生的瞬间，为时间轴上的 1 个时间点；二是指"间隔"，即时间段，两个时刻之差，表示该事件持续了多久。周期是指用一事件重复出现的时间间隔，记为 T。频率是指单位时间（1 s）内周期性事件重复的次数，记为 f，单位是赫兹（Hz），显而易见，$f=1/T$。

定时器是时钟源为标准时钟的计数器：

$$计时的时长 = 计数时钟周期 \times 计数的个数 \tag{7.1}$$

因此，定时/计数器是同一个外设，是 timer、counter、T/C 等的简写，其含义都是一致的。

时间和频率是电子测量技术领域中最基本的测量参量。定时/计数器是实现时间、时刻和频率的测量与控制的核心部件，应用非常广泛。

一方面，基于定时/计数器外设的电子测量知识是基本的智能硬件知识。长度和电压等测量也可以转化为时间或频率的测量，例如，超声波测量距离就是测量时间问题，测得声波自发出到返回被接收到的时间差，就可以根据"距离等于声速乘以时间再除以 2"间接获取。

另外，定时器也常作为输出器件，通过产生 PWM 波控制被控对象。PWM 技术是现代电子技术输出控制的主要方法。

时间和频率是电子测量技术领域中最基本的参量，尤其是长度和电压等参数也可以转化为频率的测量技术来实现，因此，对时间和频率的测量广泛应用于各类电子应用系统中。定时器一般具有测频、测周期、测脉宽、测时间间隔和计时等多种测量功能。在电子测量和智能仪器仪表中，可以将被测信号经信号调理及电平转换电路将其转换为适合单片机处理的信号，如果待测信号适合单片机的定时器处理，则可直接利用定时器实现测量。

定时/计数器外设的核心为计数器。基于加法计数器的定时/计数器外设原理框图如图 7.1 所示，当计数器的时钟端出现下降沿时计数。

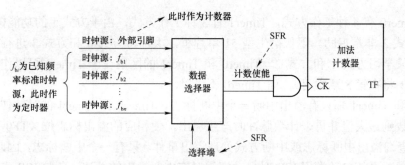

图 7.1　基于加法计数器的定时/计数器外设原理框图

计数器的时钟源来自数据选择器的输出端,当选择外部引脚的未知信号作为计数器的时钟源,此时计数器仅作为计数器对未知信号进行计数;当选择已知频率的标准时钟 f_{bi} 作为计数器的时钟源,如前所述,此时,计数器作为定时器使用,经历 1 个时钟脉冲表示过去 $1/f_{bi}$ 时间。显然,当计数器有多种时钟源供选择时,就大大地扩展了其应用范围。

经典基本型 51 单片机有 Timer0 和 Timer1 两个定时/计数器,增强型还有 Timer2。它们都是下降沿计数型计数器,Timer0 和 Timer1 是加法计数器,Timer2 一般作为加法计数器使用。经典型 51 单片机计数器的时钟源只有两个:一个对机器周期计数,此时作为定时器;另一个对外部计数引脚,一般作为计数器使用。Timer0 的外部计数引脚为 P3.4,称为 T0 引脚;Timer1 的外部计数引脚为 P3.5,称为 T1 引脚;Timer2 的外部计数引脚为 P1.0,称为 T2 引脚。

当经典型 51 单片机的定时/计数器作为计数器使用时,在每一个机器周期的 S5P2 时刻对 T0(P3.4)或 T1(P3.5)上的信号采样一次,如果上一个机器周期采样到高电平,下一个机器周期采样到低电平,则计数器在下一个机器周期的 S3P2 时刻加 1 计数一次,即下降沿计数。因而需要两个机器周期才能识别一个计数脉冲,所以外部计数脉冲的频率应小于振荡频率的 1/24。若系统晶振时钟为 12 MHz,那么片外计数脉冲上限为 12 MHz/24=500 kHz。衍生型 51 单片机,作为定时器使用时一般还有其他时钟源选择。

另外,每个计数器都具有一个溢出标志 TF。当 M 位计数器计到最大值(2^M-1)时,再来计数边沿,计数器清零的同时,TF 将变成 1,指示计数器发生了溢出。如果该定时器使能了溢出中断,则将响应中断,执行相应的 ISR。

另外,计数器的同步时钟使能端使能后,接入的时钟才有效。时钟源选择和时钟使能通过相关外设寄存器进行设置,溢出标志也在外设寄存器中。

Timer2 除了上述的基本功能外还具有捕获等功能,整体功能表现远超过 Timer0 和 Timer1,后面会详细介绍。

7.2　Timer0 和 Timer1

7.2.1　Timer0、Timer1 的结构及相关 SFR

经典基本型 51 单片机有两个定时/计数器:Timer0 和 Timer1。Timer0 和 Timer1 都具有 16 位计数方式,以及自动重载 8 位计数方式,分别对应它们的工作方式 1 和工作方式 2。Timer0 和 Timer1 的这两种工作方式及软件设计方法完全一致。

尽管 Timer0 有 4 种工作方式，Timer1 有 3 种工作方式，由于方式 1 的功能覆盖方式 0，Timer0 的方式 3 非常鸡肋。现代衍生型 51 单片机，大都将方式 0 和方式 3 进行了改革。因此，本课程只学习方式 1 和方式 2。Timer0 和 Timer1 的区别在于 Timer1 可以作为波特率发生器（该知识将在第 8 章学习），而 Timer0 不可以。

Timer0 和 Timer1 都只有溢出中断一个中断标志。Timer0 和 Timer1 的时钟使能后，开始计数，当计数到最大值并再来计数脉冲时产生溢出，使相应的溢出标志位（TF0 和 TF1）置位，可通过查询溢出中断标志或中断方式处理溢出事件。只有一个中断标志，因此 51 系列单片机采用在中断系统自动调用 ISR 时自动清零对应中断标志的做法，免除 ISR 中软件清零中断标志程序设计要求。当然，采用查询方式获取溢出事件，需要软件清零溢出中断标志。

定时/计数器 Timer0、Timer1 的基本结构如图 7.2 所示，由加法计数器（TH0、TL0、TH1 和 TL1）、工作模式寄存器 TMOD 和控制寄存器 TCON 等组成。当然，中断系统的 IE 和 IP 寄存器也需要相关设置。

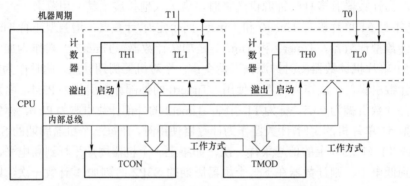

图 7.2　定时/计数器 Timer0 和 Timer1 的基本结构

1. 工作模式寄存器 TMOD

工作模式寄存器 TMOD 用于设定 Timer0 和 Timer1 的工作方式和选择时钟源。它的字节地址为 89H，不支持位寻址。TMOD 的高 4 位用于 Timer1 的设置，低 4 位用于 Timer0 的设置。TMOD 的位分布格式如下：

	b7	b6	b5	b4	b3	b2	b1	b0
TMOD	GATE	C/$\overline{\text{T}}$	M1	M0	GATE	C/$\overline{\text{T}}$	M1	M0
	←		Timer1	→	←		Timer0	→

其中，C/$\overline{\text{T}}$ 为定时或计数方式选择位，即为计数器选择时钟源。当 C/$\overline{\text{T}}$=1 时，工作于计数器模式；当 C/$\overline{\text{T}}$=0 时，工作于定时器模式。

如表 7.1 所示，M1、M0 为工作方式选择位，用于对 Timer0、Timer1 的工作方式选择。方式 1 为 16 位计数器，以更大的计数范围计数；方式 2 为自动重载 8 位计数器。

表 7.1　定时/计数器 Timer0 和 Timer1 的工作方式选择表

M1	M0	方式	说明
0	1	1	16 位定时/计数器
1	0	2	自动重载 8 位定时/计数器

当设置为 16 位计数器时，TH0 和 TL0 是 Timer0 加法计数器的高 8 位和低 8 位，TH1、TL1 是 Timer1 加法计数器的高 8 位和低 8 位。作为 8 位计数器使用时，TL0 和 TL1 就是对应的 8 位计数器。

GATE：门控位，用于控制定时/计数器的启动是否受外部中断请求信号的影响。如果 GATE=1，定时/计数器 Timer0 的启动同时还受芯片外部中断请求信号引脚 $\overline{INT0}$（P3.2）的控制，定时/计数器 Timer1 的启动还受芯片外部中断请求信号引脚 $\overline{INT1}$（P3.3）的控制。只有当外部中断请求信号引脚 $\overline{INT0}$（P3.2）或 $\overline{INT1}$（P3.3）为高电平时才开始启动计数；如果 GATE=0，定时/计数器的启动与外部中断请求信号引脚 $\overline{INT0}$（P3.2）和 $\overline{INT1}$（P3.3）无关。GATE=1 主要应用于脉宽测量，一般情况下 GATE=0。本节先研究 GATE 为 0 的情况，双启动主要应用于脉冲信号的脉冲宽度测量，这将在 7.4.1 节学习。

2. 定时器控制寄存器 TCON

TCON 用于控制定时/计数器的计数使能，以及给出溢出中断标志。TCON 的字节地址为 88H，可以进行位寻址。TCON 的位分布格式如下：

	b7	b6	b5	b4	b3	b2	b1	b0
TCON	TF1	TR1	TF0	TR0	IE1	IT1	IE0	IT0

TF1 和 TF0：分别为 Timer1 和 Timer0 的溢出中断标志位，进入其 ISR 后由内部硬件电路自动清零。

TR1 和 TR0：分别为 Timer1 和 Timer0 的计数时钟使能位，由软件置位或清零。该位设置为 1 时，计数时钟使能；该位设置为 0 时计数时钟无效。当对应 GATE=1 时，为双启动模式，TRx=1 和 $\overline{INTx}$（x=0,1）引脚为高电平同时满足计数时钟才使能。

TCON 的低 4 位是用于外中断控制的，有关内容前面已经介绍，这里不再赘述。

7.2.2　Timer0 和 Timer1 的 16 位计数方式

1. 方式 1 的逻辑结构及溢出中断

Timer1 和 Timer0 设置为方式 1 时，工作在 16 位的计数方式，TL1、TL0 作计数器的低 8 位，TH1、TH0 作计数器的高 8 位。以 Timer0 为例，其设置为方式 1 时的逻辑结构如图 7.3 所示。

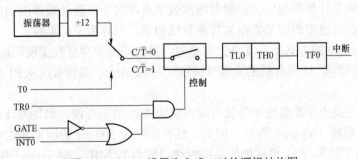

图 7.3　Timer0 设置为方式 1 时的逻辑结构图

当计数器的计数时钟使能，16 位计数器处于满值（FFFFH），再计数时发生两件事情：一是计数器归零；二是溢出中断标志（TF1、TF0）置位，如果对应中断使能，则提出中断请求。当然，也可通过查询溢出中断标志判断是否发生溢出。

Timer1 和 Timer0 作为定时器时，机器周期作为时钟源。外部采用 12 MHz 晶体，则机器周期为 1 μs，16 位计数器，计时范围可达 2^{16} μs（约 65 ms）。此时如果计数 1 000 次，则时间过去 1 000 μs。这就是定时的概念，计数的终值与初值的差作为定时的时段，终值的实际意义就是"时间到"。那么，定时器的计数初值和终值如何设计呢？对于终值就是发生溢出中断时的计数值，实际为 0，对应数学值为满值加 1，即 2^{16}=65 536；显然，如果定时的时段为 n_0，则置入的初值 x 为：

$$x = 65\ 536 - n_0 \tag{7.2}$$

以 Timer0 为例，初值写入计数器完成初值设置：

$$TH0 = x/256，TL0 = x\%256$$

这很容易推广，溢出中断作为终值的定时器，M 位计数器要计 n_0 个单位，则首先应向计数器置初值 x 为：

$$初值\ x = [最大计数值(满值) +1] - n = 2^M - n_0 \tag{7.3}$$

综上所述，Timer1 和 Timer0 设置为方式 1 的初始化和工作过程如下。

（1）根据要求选择方式，确定方式控制字，写入 TMOD。

（2）根据要求计算计数器的初值，写入计数器。

（3）根据需要使能定时/计数器中断（后面需编写中断服务程序）。

（4）设置 TCON 的值，使能计数器时钟。

（5）等待计数器计数溢出。如果使能中断，溢出将促使 CPU 响应中断，则执行中断服务程序；如用查询处理则编写查询程序判断溢出标志，溢出中断标志等于 1，则进行相应处理。查询处理要注意需要软件清零溢出标志。

2. 初值重载

定时/计数器作为定时器常需要产生周期性的溢出中断，称作为连续周期性定时。例如，对模拟信号进行等间隔采样，则需要定时器按等时间间隔进行周期性的溢出中断，通过溢出中断直接或间接触发 A/D 转换。利用定时器产生周期性溢出中断的基本思想是：发生溢出中断后计数器已经归零，继续自 0 开始计数，此时需要即刻重新给计数器赋定时初值，该过程称为初值重载。如果计数器溢出自动触发内部数字电路同步预置计数器的初值，则称为自动重载；如果需要在溢出中断的 ISR 中软件重新赋初值，则称为手动重载。

Timer1 和 Timer0 的方式 1 不支持自动重载，只能通过手动重载实现周期性的溢出中断。

【例 7.1】 设经典型 51 单片机的系统时钟频率为 12 MHz，编程实现从 P1.1 输出周期为 1 s 的方波。

分析：方波是高电平和低电平等长，即占空比 50% 的矩形波。周期为 1 s 的方波，则每 500 ms 输出电平翻转（toggle）即可。因此，这时应产生 500 ms 的周期性的定时，定时到则对 P1.1 取反。由于经典型 51 单片机的系统时钟频率为 12 MHz，则 Timer1 和 Timer0 的方式 1 最大定时时间约为 65 ms，因此一个定时数器不能直接实现 500 ms 的定时。那么如何实现长时间定时呢？以 Timer0 为例，可用 Timer0 产生周期性为 50 ms 的定时中断，然后用一个变量对 50 ms 溢出中断次数进行累计，累计中断次数达到 10 次说明已经达到 500 ms。显然，50 ms 的定时属于周期性的溢出中断，在溢出中断的 ISR 中需要手动重载初值。

Timer0 工作在方式 1，50 ms 定时的初值为：

$$x = 65\ 536 - 50\ 000 = 15\ 536$$

则 TH0=15 536/256=60，TL0=15 536%256=176。

通过 TMOD 设定 Timer0 工作在 16 位定时器方式，即 TMOD 设置为 01H。置位 TR0 来使能计数时钟。采用中断处理方式，其程序如下：

汇编语言程序：

```
    ORG  0000H
    LJMP MAIN
    ORG  000BH
    LJMP T0_ISR    ;2μs
    ORG  0100H
MAIN:
    MOV  TMOD, #01H
    MOV  TH0, #60
    MOV  TL0, #176
    MOV  R2, #10    ;R2 用于溢出中断次数统计
    SETB EA
    SETB ET0
    SETB R0
LOOP:

    LJMP  LOOP
T0_ISR:
    MOV  TH0, #60   ;2μs
    MOV  TL0, #182  ;176+2+2+2=182
    DJNZ R2, NEXT
    CPL  P1.1
    MOV  R2, #10
NEXT:
    RETI
    END
```

C 语言程序：

```c
#include "reg52.h"
sbit SQ = P1^1;
unsigned char times; //用于溢出中断次数统计
int main(void)
{
    TMOD = 0x01;
    TH0 = 60;
    TL0 = 176;
    EA = 1;
    ET0 = 1;
    times = 0;
    TR0 = 1;
    while(1){
    }
}
void T0_ISR(void) interrupt 1
{
    TH0 = 60;
    TL0 = 182; //由汇编分析需要中断补偿
    times ++;
    if (times > 9) {
        SQ = !SQ;
        times = 0;
    }
}
```

通过汇编程序可以看到，当 50 ms 定时时间到，将自动执行 ISR，由于进入中断后先执行跳转和手动重载初值，为下一个 50 ms 定时做准备，因此耗费了共计 6 个机器周期时间，这需要在手动重载的时候补上，这就是手动重载的初值和初次赋初值有细微差别的原因。很显然，如果不知晓汇编，编写 C51 时是很难给出相对准确的补偿初值的。

那么，经过前面前述的初值补偿是否就没有误差了呢？肯定有的，因为中断响应时间问题势必造成进入 ISR 的中断响应时间累计误差，这个误差是不能消除，也很难预判。因此，自动重载才是解决消除累积定时误差的途径。51 系列单片机 Timer0 和 Timer1 的工作方式 2 为 8 位自动重载方式，增强型的 Timer2 可工作在 16 位的自动重载状态。

另外，手动重载初值后，需要判断是否达到 10 次中断，如果达到不但需要取反 P1.1，还要重置中断次数变量，为下次进行 10 次累计做准备。

3. 在 16 位计数方式时读取计数器的值

当 Timer0 和 Timer1 工作在方式 1，直接读取 16 位的计数值有可能是错误值，这是因为软件不可能在同一时刻读取 THx 和 TLx 的内容。比如软件先读 TL0，然后读 TH0，由于计数器在不停地计数，读 TH0 前，若恰好产生 TL0 溢出向 TH0 进位的情形，则读得的 TL0 值就完全不对了。

正确的读取 16 位计数值的方法是：依次读 THx、TLx，再依次读 THx、TLx。若两次读得的 THx 没有发生变化，则可确定前次读到的内容是正确的；若前后两次读到的 THx 有变化，则确定后面读到的内容是正确的。

7.3　定时/计数器的自动重载工作方式

7.3.1　Timer0 和 Timer1 的 8 位自动重载工作方式

Timer1 和 Timer0 设置为方式 2 时，工作在 8 位的计数方式，TL1、TL0 作位计数器。另外方式 2 为自动重载计数方式，连续周期性定时没有重载初值误差。TH1、TH0 分别作为 TL1、TL0 的重载源，用于保存初值，当发生溢出中断，THx 并行预置到 TLx（x=0,1）中。以 Timer0 为例，其设置为方式 2 时的逻辑结构如图 7.4 所示。

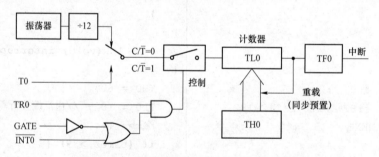

图 7.4　Timer0 设置为方式 2 时的逻辑结构图

Timer0 工作在 8 位的计数方式，因而最大计数值满值为 FFH=2^8-1。例如，计数值为 n_0，则置入的初值 x 为：

$$x = 256 - n_0 \tag{7.4}$$

如果 Timer0 需要的计数值 n_0 为 100，则初值为 $256-100=156$，TH0=TL0=156。

【例 7.2】设经典型 51 单片机的系统时钟频率为 12 MHz，用定时/计数器 Timer0 编程实现从 P1.0 输出周期为 500 μs 的方波。

分析：从 P1.0 输出周期为 500 μs 的方波，只需 P1.0 每 250 μs 取反一次则可。当系统时钟频率为 12 MHz，定时/计数器 Timer0 工作于方式 2 时，最大的定时时间为 256 μs，满足 250 μs 的定时要求。定时 250 μs，计数值 n 为 250，初值 $x=256-250=6$，则重载源 TH0 和计数器 TL0 初值都要设置为 06H。

　　方式 2 形成周期性的定时不需手动重载初值，采用中断处理方式的程序如下：

汇编语言程序：

```
    ORG  0000H
    LJMP  MAIN
    ORG  000BH    ;中断处理程序
    CPL  P1.0
    RETI
    ORG  0030H    ;主程序
MAIN:
    MOV  TMOD, #02H
    MOV  TH0, #06H
    MOV  TL0, #06H
    SETB EA
    SETB ET0
    SETB TR0
LOOP:
    SJMP LOOP
    END
```

C 语言程序：

```
#include "reg52.h"
sbit SQ = P1^0;
int main(void)
{
    TMOD = 0x02;
    TH0 = 0x06;
    TL0 = 0x06;
    EA = 1;
    ET0 = 1;
    TR0 = 1;
    while(1){
    }
}
void T0_ISR(void) interrupt 1
{
    SQ = !SQ;
}
```

　　采用查询方式处理的程序如下：

汇编语言程序：

```
    ORG  0000H
    LJMP MAIN
    ORG  0100H    ;主程序
MAIN:
    MOV  TMOD, #02H
    MOV  TH0, #06H
    MOV  TL0, #06H
    SETB TR0
LOOP:
    JBC  TF0, NEXT    ;查询计数溢出
    SJMP LOOP
NEXT:
    CPL  P1.0
    SJMP LOOP

    END
```

C 语言程序：

```
#include "reg52.h"
sbit SQ = P1^0;
int main(void)
{
    unsigned char i;
    TMOD = 0x02;
    TH0 = 0x06;
    TL0 = 0x06;
    TR0 = 1;
    while(1){
        if(TF0){      //查询计数溢出
            TF0 = 0;  //清标志
            SQ = !SQ;
        }
    }
}
```

　　由于经典型 51 单片机 Timer0 和 Timer1 方式 0、方式 3 很鸡肋。某些衍生型 51 单片机对其进行了改革。例如，STC8 将方式 0 升级为 16 位自动重载工作方式，有效提升了 Timer0 和 Timer1 的整体性能。

7.3.2　Timer2 及 16 位自动重载工作方式

1. Timer2

经典增强型 51 单片机，相比基本型，除了片内 RAM 和程序存储器的容量增加一倍外，还增加了一个定时/计数器 Timer2。为此，同时又增加了一个 Timer2 中断源，Timer2 有 TF2 和 EXF2 两个中断标志。当中断标志 TF2 或 EXF2 为 1 时申请 Timer2 中断源中断，Timer2 是中断向量地址为 002BH。

Timer2 与 Timer0、Timer1 不同，计数器的位宽固定为 16 位。Timer2 采用 16 位自动重载计数，仅此一项特点就已经说明在功能上 Timer2 完胜 Timer0、Timer1。另外，Timer2 还具有捕获功能、方波输出功能，可作为波特率发生器，具有加、减计数方式控制等功能。

Timer2 根据应用情况，会占用两个外部引脚 P1.0 和 P1.1，P1.0 和 P1.1 的第二功能如下。

P1.0 (T2)：Timer2 的外部计数脉冲输入，或者是方波脉冲输出。

P1.1 (T2EX)：Timer2 的捕获、触发重载，以及计数方式控制输入信号。当特殊功能寄存器 T2CON 的 EXEN2 位为 0，T2MOD 的 DECN 位也为 0 时，P1.1 作为 GPIO。

本节先学习 Timer2 的相关 SFR，然后学习 Timer2 的 16 位自动重载工作方式，以及方波输出工作方式，其他工作方式将在后面的章节讲述。

2. Timer2 的相关 SFR

Timer2 涉及 TH2、TL2、RCAP2H、RCAP2L、T2CON 和 T2MOD 共 6 个专用 SFR，以及中断系统的相关 SFR。

Timer2 的 16 位计数器，高 8 位为 TH2，低 8 位为 TL2，两个 SFR 的地址分别为 CDH 和 CCH。自动重载就需要重载源寄存器，Timer2 的重载源寄存器的高 8 位和低 8 位分别为 RCAP2H 和 RCAP2L。RCAP2H 和 RCAP2L 的地址分别为 CBH 和 CAH。当重装事件发生，TH2 = RCAP2H，TL2 = RCAP2L。另外，Timer2 在捕获工作方式下，RCAP2H 和 RCAP2L 用于捕获计数器的值；输出方波时用于设置方波的频率；作为波特率发生器时用于设置波特率。Time2 作为波特发生器应用的内容将在第 8 章讲述。

Timer2 的控制寄存器 T2CON 用于对 Timer2 进行控制。T2CON 的地址 C8H，支持位寻址。T2CON 的位分布格式如下。

	b7	b6	b5	b4	b3	b2	b1	b0
T2CON	TF2	EXF2	RCLK	TCLK	EXEN2	TR2	C/$\overline{\text{T}}$ 2	CP/$\overline{\text{RL}}$ 2

TR2：Timer2 的时钟使能位。Timer2 的时钟使能控制由 TR2 唯一确定。TR2=1 时，Timer2 时钟使能，否则 Timer2 不计数。

C/$\overline{\text{T}}$ 2：Timer2 的时钟源选择位。C/$\overline{\text{T}}$ 2=0 时，Timer2 为定时器，对机器周期计数；C/$\overline{\text{T}}$ 2=1 时为计数器，计 P1.0 (T2) 引脚脉冲（下降沿计数）。软件编程时，该位写为 C_T2。

RCLK 和 TCLK：用于 UART（串行口的工作于方式 1 或 3）的波特率发生器选择。RCLK=1 时，Timer2 溢出脉冲作为 UART 的接收波特率发生器；RCLK=0 时，Timer1 的溢出脉冲作为接收波特率发生器。TCLK=1 时，Timer2 溢出脉冲作为 UART 的发送波特率发生器；TCLK=0 时，Timer1 的溢出脉冲作为发送波特率发生器。这两个位，只要有 1 个设置为 1，则 Timer2 按波特率发生器工作。关于波特率发生器的知识将在第 8 章学习。

EXEN2：T2EX 的下降沿触发检测使能位。EXEN2=0，禁止外部信号 T2EX 的下降沿触发 Timer2；当 EXEN2=1 时，T2EX 的下降沿输入信号将引起 Timer2 的重装或捕获。捕获功能将在 7.5.2 节学习。

CP/$\overline{RL}$2：当 RCLK 和 TCLK 都为 0 时，该位为自动重载或捕获工作方式选择位。

CP/$\overline{RL}$2=0 时，Timer2 工作在自动重载工作方式。若 Timer2 溢出，或在 EXEN2=1 条件下，T2EX 端信号负跳变，都会造成自动重装载操作。

CP/$\overline{RL}$2=1 时，Timer2 工作在捕获工作方式。如果 EXEN2 同时设置为 1，T2EX 引脚输入信号的负跳变触发捕获操作。

TF2：Timer2 的溢出中断标志。注意，当 RCLK=1 或 TCLK=1 时，Timer2 的溢出不对 TF2 置位。

EXF2：Timer2 的外部下降沿中断标志。当 EXEN2=l，且 T2EX 引脚上出现负跳变而触发捕获或重装载时，EXF2 置位。

显然，Timer2 有两个中断标志，但一个中断向量，所以 CPU 响应中断，转向执行 Timer2 的中 ISR 不会自动清零中断标志。在 ISR 中，需要软件根据中断标志判断是何种中断，进而执行对应的应用任务，并在 ISR 中通过软件清零中断标志。

Timer2 的工作模式寄存器 T2MOD 只有两位有效，其地址为 C9H，不支持位寻址。T2MOD 的位分布格式如下：

	b7	b6	b5	b4	b3	b2	b1	b0
T2MOD				—			T2OE	DCEN

T2OE：方波输出允许位。默认 T2OE 为 0，禁止从 P1.0 输出方波；T2OE 为 1，使能自 P1.0 输出占空比为 50% 的方波。这将在 7.4.1 节学习。

DCEN：自动重载工作方式下的计数方式选择，其他工作方式下，Timer2 固定为加法计数器。自动重载工作方式下，DCEN＝0，计数方式与 T2EX 引脚输入无关，同 Timer0 和 Timer1 一样，采用加计数方式，P1.1 为 GPIO。DCEN＝1，Timer2 的计数方式由 T2EX 引脚状态决定：T2EX＝0，Timer2 为减法计数器；T2EX＝1，Timer2 为加法计数器。

3. Timer2 的工作方式

通过设置 T2CON 和 T2MOD，Timer2 有 4 种工作方式，如表 7.2 所示。

表 7.2　Timer2 的工作方式

RCLK|TCLK	T2OE	CP/$\overline{RL}$2	工作方式	备　注
0	0	0	16 位自动重载	溢出时：RCAP2H→TH2，RCAP2L→TL2
0	0	1	16 位捕获方式	捕获时：RCAP2H←TH2，RCAP2L←TL2
0	1	×	方波发生器	$f_{T2}=\dfrac{f_{osc}}{4\times(65\,536-RCAP2)}$
1	×	×	波特率发生器	—

4. Timer2 的自动重载工作方式

Timer2 的自动重载方式，根据 T2CON 的 EXEN2 位的不同设置有两种选择。另外，通过设置 T2MOD 的 DCEN2 位还可选择 Timer2 的计数方式。

（1）DCEN 位设置为 0（上电复位时默认情况）。

Timer2 的计数方式限定为加法计数器，如图 7.5 所示，此时 Timer2 的自动重载由 EXEN2 位和输入引脚 T2EX 共同决定。

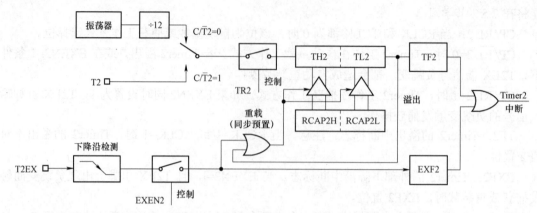

图 7.5　Timer2 的自动重载工作方式（DCEN=0）

EXEN2 设置为 0：在 Timer2 计满归零 0 溢出，一方面溢出中断标志位 TF2 置 1，同时又将 RCAP2H、RCAP2L 中 16 位初值自动装入计数器 TH2、TL2 中，其功能与 Timer0 和 Timer1 的方式 2 相同，只是 Timer2 为 16 位自动重载，计数范围大。RCAP2H 和 RCAP2L 的值由软件预置。这是 Timer2 的 16 位自动重载工作方式的最典型用法。

EXEN2 设置为 1：Timer2 不但在溢出的时候自动重载，而且在外部输入引脚 T2EX 出现下降沿时也重载。与溢出自动重载不同的是二者触发的中断请求不同，溢出自动重载促使溢出中断标志 TF2 置位，T2EX 的下降沿输入使得 EXF2 中断标志置位。由于两个中断标志对应一个中断向量，因此 ISR 中要查询是哪个标志置位引起的中断，因此，中断标志在进入 ISR 时不会自动清零，需要软件清零中断标志。

（2）DCEN 位设置为 1。

如图 7.6 所示，此时 Timer2 为可逆计数器，既能加 1 计数，也可减 1 计数，它取决于 T2EX 引脚上的逻辑电平。T2EX 引脚输入高电平时，Timer2 加 1 计数，当处于 FFFFH 加 1 致使计数溢出时，置位 TF2 请求溢出中断，并自动重载。当 T2EX 引脚输入低电平时，Timer2 减 1 计数，当 TH2、TL2 的计数值等于 RCAP2H、RCAP2L 中的值时，减 1 致使产生向下溢出，置位 TF2 并将 FFFFH 预置到 TL2、TH2 计数器中，继续进行减 1 计数。

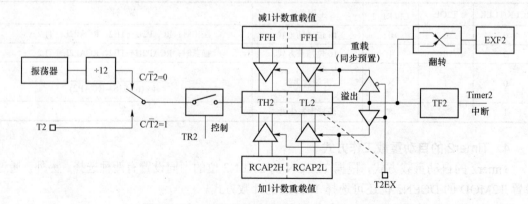

图 7.6　Timer2 的自动重载工作方式（DCEN=1）

上溢、下溢都会置位 TF2 申请 Timer2 中断。不过，DCEN 位为 1 时，EXF2 不是 Timer2 的中断标志，作为 51 系列单片机的内部信号，上溢、下溢都会导致 EXF2 翻转。

【例 7.3】设经典型 51 单片机的系统时钟频率为 12 MHz，基于 Timer2 定时在 P0.0 输出 1 Hz 方波。

分析：周期性定时 500 ms，取反 P0.0 即可；500 ms 定时利用 50 ms 定时、10 次中断的方式获取；初值 = 65 536 − 50 000 = 15 536，即 TH2 = 15 536/256 = 60，TL2 = 15 536%256 = 176。程序如下：

汇编语言程序：

```
    ORG  0000H
    LJMP MAIN
    ORG  002BH
    LJMP T2_ISR
MAIN:
    MOV  TH2, #60
    MOV  TL2, #176
    MOV  RCAP2H, #60
    MOV  RCAP2L, #176
    SETB ET2
    SETB EA
    MOV  T2CON, #04H ;TR2 = 1
    MOV  R7, #10
LOOP:

    LJMP LOOP
T2_ISR:
    JBC  EXF2, OUT
    CLR  TF2
    DJNZ R7, OUT
    MOV  R7, #10
    CPL  P0.0
OUT:RETI
```

C 语言程序：

```c
#include "reg52.h"
sbit P0_0 = P0^0;
unsigned char times;
int main(void)
{
    times = 0;
    TH2 = 60;
    TL2 = 176;
    RCAP2H = 60;
    RCAP2L = 176;
    EA = 1;
    ET2 = 1 ;
    T2CON = 0x04 ; //TR2 = 1
    while(1){
    }
}
void T2_ISR(void) interrupt 5
{
    if (EXF2) EXF2 = 0;
    else{
        TF2 = 0;
        if(++times > 9){
            P0_0 = !P0_0;
            Times = 0;
        }
    }
}
```

7.3.3 利用自动重载计数器扩展外中断的原理和方法

经典型 51 单片机只有两个外中断，除了采用多输入"与"逻辑查询扩展多个外中断外，利用定时/计数器也可以扩展外中断，其原理和方法为：定时/计数器设置为位自动重载的计数器模式，外部计数引脚即为外部中断源输入引脚。计数器赋初值和重载值都为满值，计数器再加 1 就溢出产生中断。响应中断后自动重载初值，为下一次中断请求做准备。由于外中断为下降沿申请，与计数器的下降沿计数触发方式一致，所以利用定时器/计数器作为外部中断源可收到与直接利用外中断同样的效果。当然这种扩展外中断方法的缺点就是占用了定时/计数器。

7.4　基于定时器的周期信号发生技术

周期信号有矩形波信号和模拟周期信号两类，下面分别研究基于定时器的两类周期信号的发生技术。

7.4.1　基于定时器产生 PWM 波的原理

周期和占空比可方便调整的矩形波称为 PWM 波。

基于定时器的脉宽调制（pulse width modulation，PWM）技术广泛应用在从测量、通信到功率控制与变换等许多领域中。PWM 技术已经成为现代电子技术的核心技术手段。

如图 7.7 所示，基于加法计数器产生 PWM 波的原理之一就是：计数器做加法，当与某一比较值（CMP）相等时，即刻变为低电平；当计数达到某一被限定的最大值（TOP）后，再计数，则在清 0 的同时，波形变为高电平。当然，电平翻转逻辑可以相反。

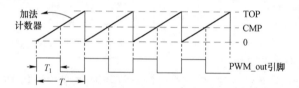

图 7.7　单斜坡计时器产生 PWM 波的原理

这样，TOP 值就决定了一个 PWM 波的周期 T 为 TOP+1 个时钟周期：

$$T=(TOP+1)/f_{clk} \tag{7.5}$$

比较值决定了脉冲宽度。如果 TOP 值和比较值都是可设置的寄存器，则输出的 PWM 波的频率和占空比就都可以设置。

如图 7.8 所示，基于加法计数器产生初始相位可设置 PWM 波的原理是：计数器做加法，但有两个比较值 CMP1 和 CPM2，计数值与其中一个比较值相等时输出变为低电平，与另外一个比较值相等时输出即刻变为高电平，当计数达到某一被限定的最大值（TOP）后清 0。

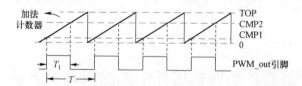

图 7.8　加法计数器产生初始相位可设置 PWM 波的原理

同样，TOP 值决定了波形的周期 T 为 TOP+1 个时钟周期：

$$T=(TOP+1)/f_{clk} \tag{7.6}$$

两个比较值的差，决定了脉冲宽度。如果 TOP 值和两个比较值都是可设置的寄存器，则输出的 PWM 波的频率和占空比就都可以设置。相比前一种产生 PWM 的方法，不但占空比可以设置，初始相位也可以设置，当然代价是需要两个比较寄存器。

如图 7.9 所示，基于可逆定时器产生 PWM 波的原理是：计数器采用加减可逆计数器。加过程和减过程分别具有一个比较值（CMP_up 和 CMP_down），计数值与其中一个比较值相等时输出变为低电平，与另外一个比较值相等时输出即刻变为高电平。显然，PWM 波的周期 T 为：

$$T=(2\times TOP+1)/f_{clk} \tag{7.7}$$

TOP 值和两个比较值共同决定脉冲宽度和占空比。

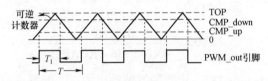

图 7.9　可逆计时器产生 PWM 波的原理

如果 TOP 值和两个比较值都是可设置的寄存器，则输出的 PWM 波的频率和占空比，就都可以设置。相比前一种产生 PWM 的方法，扩展了分辨率，对称结构利于电机控制等应用，但需要可逆计数器。

方波就是占空比固定为 50% 的 PWM 波，可变参数为频率，用于与频率有关的应用场合。如图 7.10 所示，基于定时器产生方波的原理更加简单：计数器做加法，当计数达到最大值（TOP）后，再计数，则计数器归零，同时输出波形翻转。这样，TOP 值就决定了方波的周期，周期 T 为：

$$T=2(TOP+1)/f_{clk} \tag{7.8}$$

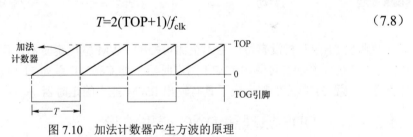

图 7.10　加法计数器产生方波的原理

如果 TOP 值是可设置的寄存器，则方波的频率可以设置。

7.3 节所讲的通过自动重载定时器在溢出时通过翻转引脚的电平输出方波，就是应用了这个原理。

频率可控的方波输出可以完成很多任务，例如：

（1）通过 F/V（频压转换）器件实现 D/A 应用。

（2）作为载波。比如红外遥控器是以 38 kHz 作为载波，以提高抗干扰能力；超声波测距时，发射超声波则是以 40 kHz 的载波断续发出。

（3）器件工作驱动时钟。一些器件（如模拟转换器 ADC0809 和 ICL7135 等）在工作时需要外加驱动时钟脉冲。

经典型 51 单片机没有能够产生 PWM 波的定时器，但 Timer2 具有产生方波的能力。

当 RCLK＝TCLK＝0，C/$\overline{\text{RL}}$2＝0，且 T2OE 设置为 1，则自 P1.0 输出占空比为 50% 的方波。本质上是每发生一次自动重载，输出引脚翻转一次，因此该功能常称为定时器的翻转输出工作方式。输出方波的频率由式（7.9）决定：

$$f_{T2} = \frac{f_{osc}}{4 \times (65\,536 - RCAP2)} \tag{7.9}$$

Timer2 的方波输出功能，波形稳定，且不占用 CPU 资源，不需要中断介入即可产生方波，且没有中断响应时间引起的波形相位抖动误差。当 f_{OSC}＝12 MHz 时，$f_{T2} \in$（45.7 Hz, 3 MHz]。

【例 7.4】 设经典型 51 单片机的系统时钟频率为 12 MHz，利用 Timer2 从 P1.0 输出频率为 125 kHz 的脉冲。

分析： 根据式（7.9）计算计数初值为：

$$125\,000 = \frac{12 \times 10^6}{4 \times (65\,536 - RCAP2)}$$

得：RCAP2＝65 512＝255×256+232。设置为方波输出模式，配置 RACP2 后并使能 Timer2，在 P1.0 引脚自动输出 125 kHz 方波。程序如下：

汇编语言程序：

```
MOV  T2MOD, #02H   ;T2OE=1
MOV  T2CON, #00H   ;RCLK=TCLK=0
;定时(自动重载)
MOV  RCAP2H, #255  ;置自动重装值
MOV  RCAP2L, #232
SETB TR2           ;启动
     ⋮
```

C 语言程序：

```
T2MOD = 0x02;  //T2OE=1
T2CON = 0;     //RCLK=TCLK=0
//定时(自动重载)
RCAP2H = 255;  //置自动重装值
RCAP2L = 232;
TR2 = 1;       //启动
     ⋮
```

经典型 51 单片机没有可产生占空比可控的 PWM 输出定时器，但衍生型 51 单片机和当代的主流 MCU 都配有可输出 PWM 的定时器。如 C8051F 系列 51 单片机，STC8 系列 51 单片机等衍生型 51 单片机都集成了具有输出 PWM 能力的定时器。

7.4.2 基于 DDS 原理和 DAC 产生波形

在数字电子技术或数字逻辑课程中已经学习过 8 位 R-2R 电阻网络并行接口 D/A 转换器，如 DAC0832 或 TLC7524 等。这类芯片集成 8 位输入锁存器，可以缓冲数据，因此有直通工作方式和缓冲工作方式。本节基于 DDS（direct digital synthesizer）原理，通过定时器和直通工作方式并行接口 D/A 转换器配合产生模拟周期波形。鉴于 DAC0832 已经停产，本节使用 TLC7524 芯片。

1. TLC7524 及其 8080 系统总线接口

如图 7.11 所示，TLC7524 是一个具有输入数据锁存器的 8 位 R-2R 电阻网络，建立时间为 0.11 μs。电流输出模式时，需要外置运放转换为电压模式。电路的转换输出电压 v_o 为：

$$v_o = -\frac{V_{REF}}{2^8}D \tag{7.10}$$

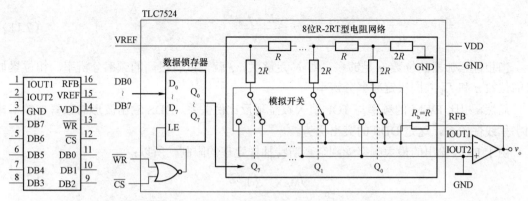

图 7.11　TLC7524 的引脚、内部结构及电流–电压转换输出电路

　　TLC7524 采用 8080 系统总线接口，单工传输，仅支持写，因此没有读选通控制总线引脚，8 位的数据总线，没有地址总线。

2. 基于定时器、D/A 转换器和 DDS 原理的模拟周期信号发生技术

　　D/A 转换器常用于波形发生器的设计，如图 7.12 所示，其基本结构是数字系统加上 DAC。数字系统向 D/A 转换器送出随时间呈一定规律变化的数字量，D/A 转换器转换输出同规律的模拟波形。DDS 技术就是基于以此原理为基础产生波形。

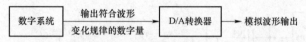

图 7.12　基于 D/A 转换器产生模拟波形的电路框图

　　如图 7.13 所示，DDS 由相位累加器、波形存储器、D/A 转换器和低通滤波器构成。相位累加器产生符合时间规律的地址，波形存储器将对应地址处的数据送给 D/A 转换器，D/A 转换器产生的模拟信号经低通滤波器平滑得到输出模拟波形。

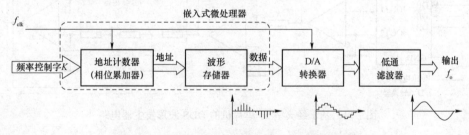

图 7.13　基于 DDS 原理的波形发生器结构框图

　　设波形存储器中共存储 $N=2^n$ 个数据，时钟频率为 f_{clk}，输出波形的频率为 f，频率控制字 K 是地址计数器的步进值，即对波性存储器进行 K 抽取，有：

$$K = \frac{N}{(1/f)/(1/f_{clk})} = \frac{N \cdot f}{f_{clk}}$$

得：

$$f = \frac{K \cdot f_{\text{clk}}}{N} \tag{7.11}$$

当相位累加器的位数 n 足够多，即 N 足够大，f 就可以有很高的频率分辨率。相位累加器的位数 n 和 f_{clk} 共同决定频率分辨率。

显然，相比 PWM 的频率与 TOP 值大致呈现反比例关系，DDS 输出波形的频率与频率控制字呈线性关系，这是 DDS 的突出优势。

由于 DDS 输出的最大频率受到奈奎斯特抽样定理的限制，所以：

$$f_{\text{MAX}} = f_{\text{clk}}/2 \tag{7.12}$$

相位累加结构的 DDS 的幅值分辨率由 D/A 转换器的分辨率决定。

如图 7.14 所示，DDS 的相位累加器和波形存储器由单片机实现，定时器中断频率即为 DDS 的时钟频率，设为 $f_{\text{clk}} =18$ kHz，即自动重载定时时间为 1/18 000=55 μs。采用 26 位相位累加器，因此 DDS 的频率分辨率为 18 000 /2^{26} < 0.001 Hz。D/A 转换器只有 8 位分辨率，对正弦波在一个周期内采样 2^{26} 点，邻近的值都为重复值，为了节省存储器空间，采样 1 KB 数据制成波形数组，相位累加器的高 10 位地址作为数组角标。3 阶低通平滑滤波器的截止频率设置为 5 kHz，约为不足 $f_{\text{clk}}/3$，满足时域采样定理。

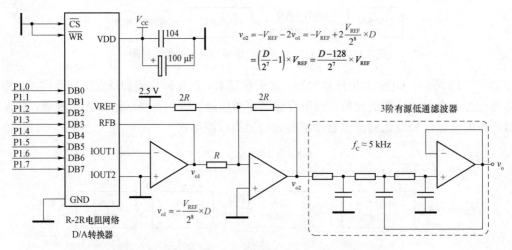

图 7.14   基于经典型 51 单片机的 DDS 波形发生器电路

D/A 转换器的引脚 $\overline{\text{WR}}$ 和 $\overline{\text{CS}}$ 都接低电平，工作在直通方式，波形数据从 P1 口直接送给 D/A 转换器。基于反相加法器实现双极性输出来构成 DDS 电路。

正弦表的生成一般借助于 Matlab 等工具来实现。这里关键问题有以下 3 个。

（1）对于 8 位的 D/A 转换器，输入数字范围为 0～255，且为整数。所以对于[−1，+1]的正弦波取点要加 1 后，再放大 255/2 倍，以适应 D/A 转换器输入范围。

（2）对数据取整，这里采用四舍五入的取整方式较合理。

（3）为了软件书写，各数据间要自动加逗号。

以一个完整周期 1 024 点为例，利用 MATLAB 工具生成正弦表（数组）的具体方法如下：

　　　　n=0:1023;y=sin(2*pi/1024*n);

　　　　y=y+1;y=y*(255/2);

　　　　y=round(y);　　　%四舍五入取整(fix 为舍小数式取整，ceil 为向上取整)

　　　　fid = fopen('exp.txt','wt');fprintf(fid,',%1.0f',y);fclose(fid);%数据间加逗号

　　程序如下：

```c
//1Hz~1k
#include <reg52.h>
#define uchar unsigned char
#define uint  unsigned int

#define  M      26        //相位累加器的位数
#define  delt_t   55        //us f(D/A)=1000000/55=18kHz fc(LPF)=18kHz/4=5kHz
code uchar sin_ROM[1024]={  //取相位累加地址高 10 位，舍弃低位
128,128,129,130,131,131,132,133,134,135,135,136,137,138,138,139,140,141,142,142,
143,144,145,145,146,147,148,149,149,150,151,152,152,153,154,155,155,156,157,158,
                中间数据省去了，请读者作为练习自主生成完整的表格
112,113,113,114,115,116,117,117,118,119,120,120,121,122,123,124,124,125,126,127};

typedef union{
    unsigned long addr_p;  //定义相位累加器，26 位
    unsigned int a[2];     //51 为大端模式,a[0]为高 16 位
}r;
r ptr;
double f;
unsigned long delt_p;     //K
void dds_init(void)
{
    TMOD = 0x02;
    TH0 = 256-delt_t;
    TL0 = 256-delt_t;
    ET0 = 1;
    EA = 1;
}
void dds_out(double f_out)
{
    TR0 = 0;
    ptr.addr_p = 0;
    delt_p = ((unsigned long)1 << M)*f_out*delt_t/1000000;  //K
    TR0 = 1;
}
int main(void)
{
```

```
    dds_init();
    f = 50;                              //设定输出 50Hz 波形
    dds_out(f);
    while (1) {
    }
}
void T0_ISR(void) interrupt 1
{
    ptr.addr_p += delt_p;
    P1 = sin_ROM[ptr.a[0]&0x03FF];       //高 10 位相位累加器地址
}
```

7.5　时间间隔、时刻差测量与 Timer2 的捕获工作方式

对于时间间隔、时刻差的测量，它包括一个矩形波信号波形上两个相邻同类边沿的时间间隔测量，即测量周期；一个矩形波信号波形上两个相邻异类边沿的时间间隔测量，即测量高脉冲或低脉冲时间；两个矩形波信号的两个相邻同类边沿的时间间隔测量，即测量相位等多种测量需求，这是智能硬件的典型应用。

时间间隔、时刻差的测量方法主要有两种，一种是基于 Timer0 或 Timer1 的门控位 GATE；另外一种就是基于定时器的捕获功能。本节首先学习基于 GATE 位的脉宽和周期测量技术，然后学习 Timer2 的捕获工作方式。

7.5.1　GATE 位与脉宽测量

7.2 节已经讲述，当 Timer0 和 Timer1 的门控位 GATE 设置为 1 时，只有 TRx 设置为 1 且外部 $\overline{\text{INTx}}$ 输入引脚同时为高，计数使能才有效。利用这个特性，可以测量外部输入脉冲的宽度。具体方法通过以下实例说明。

【例 7.5】设经典型 51 单片机的系统时钟频率为 12 MHz，利用 Timer0 的 GATE 位测试 $\overline{\text{INT0}}$ 引脚上接入矩形波的正脉冲宽度。

分析：外部脉冲由 $\overline{\text{INT0}}$（P3.2）输入，Timer0 作为定时器工作于 16 位计数方式，以实现更大的计时范围，并将 GATE 设为 1。如图 7.15 所示，测试前清零计数器，测试时在 $\overline{\text{INT0}}$ 为低电平时才将 TR0 置 1；当 $\overline{\text{INT0}}$ 变为高电平时，满足双启动条件，启动计数；$\overline{\text{INT0}}$ 再次变低时，停止计数。此计数值与机器周期的乘积即为被测正脉冲的宽度。

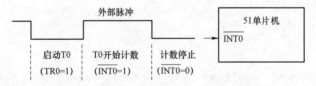

图 7.15　基于 GATE 位实现高脉宽测量

汇编语言程序将所测得值的高 8 位存入片内 71H 单元，低 8 位存入 70H 单元；C 语言程序将测得结果存入 unsigned int 型变量。程序如下：

汇编语言程序:	C 语言程序:

```
    MOV  TMOD, #09H  ;设 Timer0 为方式 1
LOOP:
    MOV  TL0, #00H   ;设定计数初值
    MOV  TH0, #00H
    JB   P3.2, $     ;等待 INT0 变低
    SETB TR0
    JNB  P3.2, $     ;等待 INT0 变高
    JB   P3.2, $     ;等待 INT0 再变低

    CLR  TR0
    MOV  30H, TL0    ;保存测量结果
    MOV  31H, TH0
    LJMP LOOP
```

```
#include "reg52.h"
sbit P3_2 = P3^2;
unsigned int T;
int main(void)
{
    TMOD = 0x09;
    while(1){
        TH0 = 0;
        TL0 = 0;
        while(P3_2 == 1);  //等待 INT0 变低
        TR0 = 1;
        while(P3_2 == 0);  //等待 INT0 变高
        while(P3_2 == 1);  //等待 INT0 再变低
        TR0 = 0;
        T = TH0 * 256 + TL0;
    }
}
```

程序中，在读取计数值之前，先通过软件关闭 TR0，否则，$\overline{INT0}$ 再次变高时，计数值还会累计，如果未能及时读取计数值则会出错。显然，这种方案所测脉冲的宽度最大为 65 535 个机器周期。

利用 GATE 位也可以测矩形波的周期，这需要借助 D 触发器对被测信号进行二分频来实现。如图 7.16 所示，信号从 D 触发器 CLK 输入，从 Q 端输出。此时，Q 端每个高电平时间即为原信号的周期。将二分频输出作为 $\overline{INTx}$ 的输入，利用 GATE 位的双启动功能可以直接实现矩形波的周期测量。

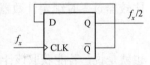

图 7.16　D 触发器二分频器

7.5.2　脉宽测量项目——双积分型 A/D 转换器（ICL7135）接口技术

在数字电子技术或数字逻辑课程中已经学习了 A/D 转换器的原理。本节研究基于脉宽测量实现与双积分 A/D 转换器的接口。

ICL7135 是高精度 4½位 CMOS 双积分型 A/D 转换器，提供±20 000（相当于 14 位 A/D 转换器）的计数分辨率（转换精度±1）。具有双极性高阻抗差动输入、自动调零、自动极性、超量程判别和输出为动态扫描 BCD 码等功能。ICL7135 对外提供六个输入、输出控制信号（RUN/$\overline{HOLD}$、BUSH、STB、POL、OVR 和 UNR），因此除用于数字电压表外，还能与微处理器或其他控制电路连接使用，且价格便宜。

ICL7135 进行一次 A/D 转换周期分为 4 个阶段：自动调零（AZ）、被测电压积分（INT）、基准电压反积分（DE）和积分回零（ZI）。ICL7135 的工作时序如图 7.17 所示。

（1）自动调零阶段：至少需要 9 800 个时钟周期。此阶段外部模拟输入通过电子开关从内部断开，而模拟公共端介入内部并对外接调零电容充电，以补偿缓冲放大器、积分放大器、比较器的电压偏移。

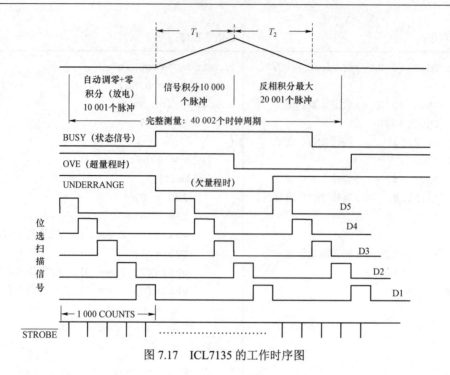

图 7.17　ICL7135 的工作时序图

（2）信号积分阶段：需要 10 000 个时钟周期。调零电路断开，外部差动模拟信号接入进行积分，积分器电容充电电压正比于外部信号电压和积分时间。此阶段信号极性也被确定。

（3）反向积分阶段：最大需要 20 001 个时钟周期。积分器接到参考电压端进行反向积分，比较器过零时锁定计数器的计数值，它与外接模拟输入 V_{IN} 及外接参考电压 V_{REF} 的关系为：

$$计数值 = 10\ 000 \times V_{IN}/V_{REF} \tag{7.13}$$

也就是说，若能获取该计数值即可求出输入电压，得到 A/D 转换结果。为便于计算，一般调整 $V_{REF} = 1\ V$。

（4）零积分（放电）阶段：放电阶段一般持续 100～200 个脉冲周期，使积分器电容放电。当超量程时，放电时间增加到 6 200 个脉冲周期以确保下次测量开始时，电容完全放电。

ICL7135 的各引脚参见图 7.18。具体说明如下。

VCC–：负 5 V 电源端。

REF：外接基准电压输入端，要求相对于模拟公共端 ANLGCOM 是正电压。

ANLGCOM：模拟公共端（模拟地）。

INT OUT：积分器输出，外接积分电容（C_{int}）端。

AUTO ZERO：外接调零电容（C_{az}）端。

BUF OUT：缓冲器输出，外接积分电阻（R_{int}）端。

CREF+、CREF–：外接基准电压电容端。

IN–、IN+：被测电压（低、高）输入端。

VCC+：正 5 V 电源端。

D5、D4、D3、D2、D1：采用动态扫描方式，此为位选通信号输出端，其中 D5（MSD）对应万位数选通，其余依次为 D4、D3、D2、D1（LSD，个位）。每一位驱动信号分别输出一个正脉冲信号，脉冲宽度为 200 个时钟周期。

B8、B4、B2、B1：BCD 码输出端。当位选信号 D5=1 时，该四端的信号为万位数的内容，D4=1 时为千位数内容，其余依次类推。在个、十、百、千四位数的内容输出时，BCD 码范围为 0~9，对于万位数只有 0 和 1 两种状态，所以其输出的 BCD 码为"0000"和"0001"。

BUSY：指示积分器处于积分状态的标志信号输出端。在双积分阶段，BUSY 为高电平，其余时间为低电平。因此利用 BUSY 功能，可以实现 A/D 转换结果的远距离双线传送，其方法是在 BUSY 的高电平期间对 CLK 计数，再减去 10001 就可得到转换结果。

CLK：工作时钟信号输入端。

DGND：数字电路接地端。

RUN/$\overline{\text{HOLD}}$：转换/保持控制信号输入端。当 RUN/$\overline{\text{HOLD}}$ =1（该端悬空时为 1）时，ICL7135 处于连续转换状态，每 40 002 个时钟周期完成一次 A/D 转换。若 RUN/$\overline{\text{HOLD}}$ 由 1 变 0，则 ICL7135 在完成本次 A/D 转换后进入保持状态，此时输出为最后一次转换结果，不受输入电压变化的影响。因此利用 RUN/$\overline{\text{HOLD}}$ 端的功能可以使数据有保持功能。若把 RUN/$\overline{\text{HOLD}}$ 端用作启动功能时，只要在该端输入一个正脉冲（宽度＞300 ns），转换器就从 AZ 阶段开始进行 A/D 转换。注意：第一次转换周期中的 AZ 阶段时间为 9 001~10 001 个时钟脉冲，这是由于启动脉冲和内部计数器状态不同步造成的。

$\overline{\text{STB}}$（STROBE）：每次 A/D 转换周期结束后，$\overline{\text{STB}}$ 端在 5 个位选信号正脉冲的中间都输出 1 个负脉冲，ST 负脉冲宽度等于 1/2 时钟周期。

OVR：过量程信号输出端。当输入电压超出量程范围（20 000），OVR 将会变高。该信号在 BUSY 信号结束时变高。在 DE 阶段开始时变低。

UNR：欠量程信号输出端。当输入电压等于或低于满量程的 9%（读数为 1 800），则一等到 BUSY 信号结束，UNR 将会变高。该信号在 INT 阶段开始时变低。

POL：该信号用来指示输入电压的极性。当输入电压为正，则 POL 等于 1，反之则等于 0。该信号 DE 阶段开始时变化，并维持一个 A/D 转换周期。

VCC+ 为 +5 V、VCC− 为 −5 V、T 为 25 ℃、时钟频率为 120 kHz 时，每秒可转换 3 次。ICL7135 的典型电路如图 7.18 所示。

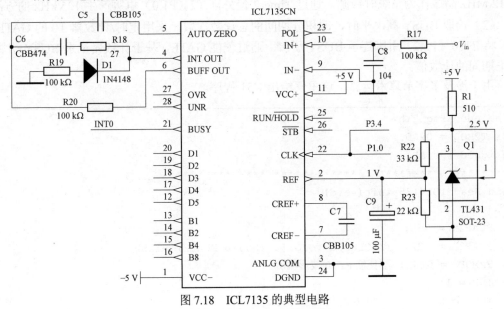

图 7.18　ICL7135 的典型电路

在图 7.18 中：

（1）积分电阻 R_{int}（图 7.18 中的 R20）的参数：R_{int}=最大输入电压/20 μA。典型值为参考电压为 1 V 时的 100 kΩ。最大输入电压为参考电压 2 倍。

（2）积分电容 C_{int}（图 7.18 中的 C6）的选择：C_{int}=10 000×时钟周期×20 μA/3.5 V。当时钟频率为 125 kHz 时，C_{int} 为 0.46 μF，故选 0.47 μF。

为了提高积分电路的线性度，R_{int} 和 C_{int} 必须选取高性能器件，其中 C_{int} 一般选取聚丙烯或聚苯乙烯——CBB 电容。

（3）其他元件的选择：参考电容 C_{REF}（图 7.18 中的 C7）一般选择聚苯乙烯或多元酯电容；选择较大的自动调零电容 C_{az}（图 7.18 中的 C5）可以减低系统噪声，典型接入值都为 1 μF。

（4）时钟频率的选择：一般选取 250 kHz、166 kHz、125 kHz 和 100 kHz，单极性输入时最大可以到 1 MHz。其典型值为 125 kHz，此时 ICL7135 转换速度为 3 次/秒。

通常情况下，设计者都是通过查询 ICL7135 的位选引脚进而读取 BCD 码的方法并行采集 ICL7135 的数据，该方法占用大量单片机 I/O 资源，软件上也耗费较大。下面介绍利用 BUSY 引脚，基于脉宽测量方法读取 ICL7135 的转换结果。

如图 7.17 所示，在信号积分 $T1$ 开始时，ICL7135 的 BUSY 跳变到高电平并一直保持，直到去积分 $T2$ 结束时才跳回低电平。在满量程情况下，这个区域中的最多脉冲个数为 30 002 个。其中去积分 $T2$ 时间的脉冲个数反映了转换结果，这样将整个 $T1+T2$ 的 BUSY 区间计数值减去 10 001 即是转换结果，最大到 20 001。按照"计数值=10 000×V_{IN}/V_{REF}"可得：

$$计数值×V_{REF}/10\ 000 = V_{IN} \tag{7.14}$$

若参考电压 V_{REF} 设计为 1.000 V，式（7.14）在使用时一般不除以 10 000，而是将输入电压 V_{IN} 的分辨率直接定义到 0.1 mV。

接口设计如下。

（1）接入 ICL7135 的 125 kHz 驱动时钟的产生。为了简化电路设计，经典型 51 单片机采用 12 MHz 晶振作为系统时钟源，通过 Timer2 使外部 T2（P1.0）引脚产生 125 kHz 的方波。

（2）读取 BUSY 高电平时，即积分期间的总计数次数。采用定时/计数器 T0 的 GATE 功能，将 $\overline{INT0}$（P3.2）引脚连至 BUSY 引脚。通过使能 GATE，基于计数器记录 BUSY 引脚高电平期间的计数值。

由于涉及多字节算术运算，这里仅给出 C51 程序。

```
#include <reg52.h>
sfr T2MOD = 0xC9;
unsigned int AD;
/****************************************************/
void Read_ICL7135_init(void)
{
    RCAP2H = 255;
    RCAP2L = 232;  //fCLKout=fosc/[4×(65536-RCAP2)]=125k
    T2MOD  = 0x02; //使能 P1.0 波形输出
    TR2 = 1;
    TMOD = 0x0d;   //T0 方式 1,使能 GATE 位
```

```
    TR0 = 1;
    EX0 = 1;          //使能 INT0 中断
    IT0 = 1;          //下降沿触发
    EA  = 1;
}
/***************************************************/
int main(void)
{
    Read_ICL7135_init ();
    while(1){


    }
}
/***************************************************/
void nINT0_ISR(void) interrupt 0  //INT0 中断
{
    AD = TH0*256 + TL0;
    TH0 = 0;
    TL0 = 0;
    AD -= 10000;
    TH0 = 0;
    TL0 = 0;
}
```

7.5.3 Timer2 的捕获工作方式与时刻差测量

1. 定时器的捕获功能

捕获（capture）即及时捕捉住输入信号发生跳变时的时刻信息。本质上就是在输入信号的跳变时刻将定时器的计数值同步装载到一个临时的寄存器中，该寄存器称为捕获寄存器。捕获由硬件完成，CPU 不用读取计数器，而是读取捕获后的捕获寄存器的静态值，因此没有读取动态计数器而可能引起的误差。

利用定时器的捕获功能可以方便地实现对时间段、时刻差的精确测量，进而实现脉冲宽度测量和矩形波周期测量等应用。显然，捕获也可以用作外中断。

2. Timer2 的捕获功能

Timer2 具有捕获功能。Timer2 的捕获寄存器为 16 位，其高 8 位、第 8 位分别为 RCAP2H 和 RCAP2L。

Timer2 工作于捕获工作方式，计数方式是加法计数，且溢出归零不会自动重载。如图 7.19 所示，当设置 C/$\overline{T2}$ 位为 0 时选择内部定时方式，且 EXEN2 设置为 1 使能捕获信号输入 T2EX（P1.1），同时 CP/$\overline{RL2}$ 设置为捕获工作方式，Timer2 就工作在捕获工作方式。此时，当在外部捕获输入引脚 T2EX 上的信号出现负跳变时会触发将计数器 TH2 和 TL2 中的计数值被分别捕获进 RCAP2H 和 RCAP2L 中，同时，置位中断标志 EXF2，向主机请求中断。显然，此时 EXF2 作为捕获中断标志。

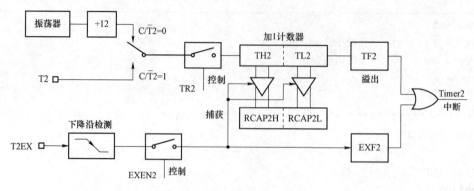

图 7.19 Timer2 的捕获工作方式

Timer2 工作于捕获工作方式时，也具有两个中断标志，溢出和捕获都会产生中断请求。在 ISR 中需要软件清零中断标志。

【例 7.6】设经典型 51 单片机的系统时钟频率为 12 MHz，测量脉冲信号的周期（周期小于 65 536 μs）。

分析：待测脉冲接 P1.1 引脚，Timer2 在信号下降沿捕获，若相邻两次下降沿捕获计数值时刻分别为 t_1 和 t_2，两次捕获之间未发生过溢出则捕获时刻直接作差 t_2-t_1 就是周期，否则，周期为 $T = 65\ 536-t_1+ t_2$。根据无符号数借位减法原理，两种情况的结果都是 $T = t_2-t_1$，这样可以简化程序设计。汇编软件中，31H、30H 存放 t_1，41H、40H 存放 t_2，信号的周期存放于 R6 R5 中。采用中断方式，程序如下：

汇编语言程序：

```
    ORG  0000H
    LJMP MAIN
    ORG  002BH
    LJMP T2_ISR
    ORG  0030H
MAIN:
    ;设 Timer2 为 16 位捕获方式
    MOV  T2MOD, #00H
    MOV  T2CON, #09H
    SETB EA          ;开中断
    SETB ET2
    SETB TR2         ;启动 Timer2 计数
LOOP:

    LJMP LOOP
T2_ISR:
    JBC  EXF2, NEXT  ;为捕获中断
    CLR  TF2         ;溢出中断不处理
    RETI
NEXT:
    MOV  30H, 40H
```

C 语言程序：

```c
#include "reg52.h"
unsigned int t1, t2, T;
int main (void)
{
    T2MOD = 0x00;
    T2CON = 0x09;
    EA = 1;
    ET2 = 1;
    TR2 = 1;
    while(1){

    }
}
void T2_ISR (void) interrupt 5
{
    if(TF2){
        TF2 = 0;
    }
    else {
        EXF2 = 0;
        t1 = t2;
```

```
MOV  31H, 41H
MOV  40H, RCAP2L ;存放计数的低字节
MOV  41H, RCAP2H ;存放计数的高字节
CLR  C              ;T = t2-t1
MOV  A,40H
SUBB A,30H
MOV  R5,A
MOV  A,41H
SUBB A,31H
MOV  R6,A
RETI
END
```

```
            t2 = RCAP2H*256 + RCAP2L;
            T = t2 - t1 ;
        }
    }
```

由于引起 Timer2 的中断可能是 EXF2，也可能是 TF2，所以 ISR 中进行了判断，只处理 EXF2 引起的中断，并软件清零 EXF2 标志。引起溢出中断的中断标志 TF2 也要软件清零。另外，若周期超过 65 535 μs，则要对 TF2 表征的溢出中断次数进行统计，若溢出中断次数为 k，则周期为 $65\ 536 \times k + t_2 - t_1$。

7.5.4　时刻差测量的典型应用项目及分析

1. 利用超声波测距

由于超声波指向性强，能量消耗慢，在介质中传播的距离远，因而超声波经常用于距离的测量。超声波测距的原理如图 7.20 所示，即超声波发生器 T 在某一时刻发出一个超声波信号，当这个超声波信号遇到被测物体反射回来，就会被超声波接收器 R 接收到，此时只要计算出从发出超声波信号到接收到返回信号所用的时间，就可算出超声波发生器与反射物体的距离。该距离的计算公式为：

$$d = s/2 = (v \times t)/2 \tag{7.15}$$

其中，d 为被测物体与测距器的距离，s 为声波往返的路程，v 为声速，t 为声波的往返时间。

图 7.20　超声波测距原理图

在测距时由于温度变化，可通过温度传感器自动探测环境温度、确定计算距离时的波速 v，较精确地得出该环境下超声波经过的路程，提高了测量精确度。波速确定后，只要测得超声波往返的时间 t，即可求得距离 d。超声波测距系统原理框图如图 7.21 所示。

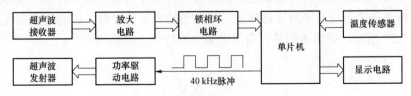

图 7.21　超声波测距系统原理框图

采用中心频率为 40 kHz 的超声波传感器。单片机发出短暂（200 μs）的 40 kHz 信号，经放大后通过超声波换能器输出；反射后的超声波经超声波换能器作为系统的输入，锁相环对此信号锁定，产生锁定信号启动单片机中断程序，得出时间 t，再由系统软件对其进行计算并判别后，相应的计算结果被送至显示器件进行显示。

2. 利用单摆测重力加速度

如图 7.22（a）所示，一根长为 l 的不可伸长的细线，上端固定，下端悬挂一个质量为 m 的小球。当细线质量比小球的质量小很多，而且小球的直径又比细线的长度小很多，摆角 θ $\leqslant 5°$，空气阻力不计，此种装置称为单摆，单摆在摆角 $\theta < 5°$（摆球的振幅小于摆长的 1/12 时，$\theta < 5°$）时可近似为简谐运动，其固有周期为：

$$T = 2\pi\sqrt{\frac{l}{g}\left(1 + \frac{1}{4}\sin^2\frac{\theta}{2}\right)} \approx \pi\sqrt{\frac{l}{g}}, \theta < 5° \tag{7.16}$$

所以，只要在已知摆长 l 时能测得周期 T，就可以算出重力加速度。

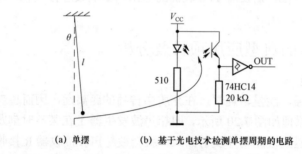

(a) 单摆   (b) 基于光电技术检测单摆周期的电路

图 7.22　利用单摆测重力加速度

在中线处安装光电开关，如图 7.22（b）所示。当小球未处于中线处时，光电开关导通，OUT 输出低电平，而当小球处于中线处时，光电开关被遮挡，OUT 输出高电平。OUT 输出两次下降沿（或上升沿）时刻差就是半个周期，同样属于测量时间段问题。在满足摆角 $\theta < 5°$ 的情况下，多次测量取平均值可以较准确地测量出当地的重力加速度 g。

3. 利用扭摆法测量转动惯量

转动惯量是表征转动物体惯性大小的物理量。转动惯量的大小除跟物体质量有关外，还与转轴的位置和质量分布（形状、大小和密度）有关。如果刚体形状简单，且质量分布均匀，可直接计算出它绕特定轴的转动惯量。但在工程实践中，人们会碰到大量形状复杂且质量分布不均匀的刚体，理论计算将极为复杂，通常采用实验方法来测定。转动惯量的测量，一般都是使刚体以一定的形式运动，通过表征这种运动特征的物理量与转动惯量之间的关系，进行转换测量。扭摆法是常用的转动惯量测试方法。本设计以单片机作为系统核心，通过光电技术、定时技术和中断技术等测量物体转动和摆动的周期等参数，进而间接实现转动惯量的测量。如图 7.23 所示，扭摆运动具有角简谐振动的特性，周期为：

$$T = 2\pi\sqrt{\frac{I}{K}} \tag{7.17}$$

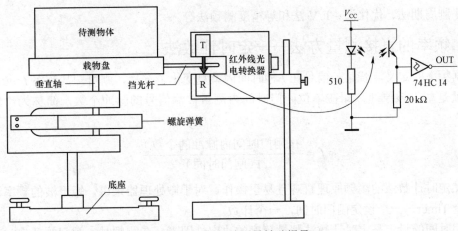

图 7.23　扭摆法测量转动惯量

　　本设计先用几何形状规则、密度均匀的物体来标定弹簧的扭转常数 K，即先由它的质量和几何尺度算出转动惯量，再结合测出的周期算出扭转常数 K。然后，通过标定的 K 值，计算形状不规则、密度不均匀的物体的转动惯量。测量周期 T 即可获知转动惯量，同样属于测量时间段问题。

4. 基于 RC 一阶电路测量阻容参数

　　对于高阻值电阻（阻值>100 kΩ）和电容一般可利用 RC 时间常数法，即利用 RC 电路充放电法来测量 R 或 C，如图 7.24 所示。

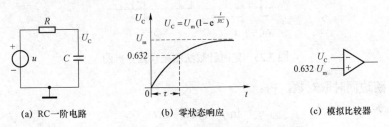

(a) RC 一阶电路　　　　　(b) 零状态响应　　　　　(c) 模拟比较器

图 7.24　基于 RC 一阶电路测量阻容参数

　　以充电电路（零状态响应）为例说明如下。

　　利用充电电路测电阻，原理如同零状态响应曲线，在电容完全放电之后，RC 电路加上恒定电压 U_m，模拟比较器输出接至 Timer2 的捕获引脚。当电容电压 U_C 升至 $0.632U_m$ 时，模拟比较器输出翻转，Timer2 发生捕获，获取的捕获值就是 τ 值，若 R 已知则可计算得到 C 值，若 C 已知则可计算得到 R 值。该方法一般应用在时间常数（$\tau = RC$）较大的时候，即保证较高的时间分辨率，利于减小测量误差，因此，该方法适合较大电阻或电容的测量。

7.6　矩形波的频率测量

　　频率测量是电子测量技术中最基本的测量参数之一，直接或间接地广泛应用于计量、科研、教学、航空航天、工业控制、军事等诸多领域。频率的测量方法取决于所测频率范围和测量任务，但是频率的测量原理是不变的。仪器仪表中，矩形波的频率测量技术主要有直接测量法、测周期法、优化法、F/V 法和等精度测频法等。

7.6.1 频率的直接测量方法——定时计数法

根据频率的定义，若某一信号在 t 秒时间内重复变化了 n 次，则可知其频率 $f=n/t$。直接测量法就是基于该原理，即在单位闸门时间内测量被测信号的脉冲个数，简称为"定时计数法"。

$$f = \frac{n(\text{闸门时间内脉冲的个数})}{t(\text{闸门时间})} \qquad (7.18)$$

虽然定时计数法的测频原理直观且易于操作，对于微处理器来讲，矩形波的频率测量需要有两个 Timer，一个设定闸门时间，一个计数。

闸门时间的设定是定时计数法测量精度的决定性因素。在测频时，闸门的开启时刻与计数脉冲之间的时间关系是不相关的，即它们在时间轴上的相对位置是随机的，边沿不能对齐。这样，即使是相同的闸门时间，计数器所计得的数却不一定相同，如图 7.25 所示。当然，闸门的起始时间可以做到可控，比如可以是被测信号的上升沿作为起始时刻，但是由于被测信号频率未知，闸门结束时刻不可控。这样，当闸门结束时，闸门并未闸在被测信号的上升沿上，这样就产生了一个舍弃误差。

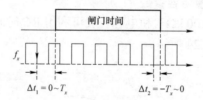

图 7.25 定时计数法测频误差分析图

对 $f_x = n/t$ 两边同时取对数，得：

$$\ln f_x = \ln n - \ln t \qquad (7.19)$$

对式（7.19）两边求偏微分，并用增量符号 Δ 代替微分符号，得：

$$\frac{\Delta f_x}{f_x} = \frac{\Delta n}{n} - \frac{\Delta t}{t} \qquad (7.20)$$

由式（7.20）可以看出，定时计数法的相对误差由计数器计数的相对误差和闸门时间的相对误差组成。

1. 计数误差

对于下降沿计数的计数器，有：

$$nT_x + \Delta t_2 - \Delta t_1 = \left[n + \frac{\Delta t_2 - \Delta t_1}{T_x}\right]T_x \qquad (7.21)$$

因此，脉冲计数的绝对误差为：

$$\Delta n = \frac{\Delta t_2 - \Delta t_1}{T_x} \qquad (7.22)$$

由于 Δt_1 和 Δt_2 都是不大于 T_x 的正时间量，有 $|\Delta t_2 - \Delta t_1| \leqslant T_x$，所以 $|\Delta n| \leqslant 1$，即脉冲计数最大绝对误差为±1，表示为：

$$\Delta n = \pm 1 \qquad (7.23)$$

从而得到脉冲计数最大相对误差为：

$$\frac{\Delta n}{n} = \pm \frac{1}{n} = \pm \frac{1}{t/T_x} = \pm \frac{1}{tf_x} \qquad (7.24)$$

结论为：脉冲计数相对误差与闸门时间和被测信号频率成反比。即被测信号频率越高、闸门时间越宽，相对误差越小，测量精度越高。

2. 计时误差

如果闸门时间不准，显然会产生测量误差。一般情况下，闸门时间 t 由晶振震荡的周期数 m 确定。设晶振频率为 f_s（周期为 T_s），有：

$$t = mT_s = \frac{m}{f_s} \qquad (7.25)$$

对式（7.28）求微分，由于 m 是常数，用增量符号 Δ 代替微分符号得：

$$\frac{\Delta t}{t} = -\frac{\Delta f_s}{f_s} \qquad (7.26)$$

可见，闸门时间相对误差是由标准频率误差引起的，在数值上等于晶振频率的相对误差。由于晶振频率稳定度一般都在 10^{-6} 以上，所以若频率测量精度要求远小于晶振频率稳定度，则该项误差可以忽略。也就是说，闸门时间准确度应该比被测信号频率高一个数量级以上，以保证频率测量精度，故通常晶振频率稳定度要求达到 $10^{-6} \sim 10^{-10}$。其主要误差源都来自计数器产生的±1 计数误差。

综合式（7.20）、式（7.24）和式（7.26），得到直接测频的相对误差为：

$$\frac{\Delta f_x}{f_x} = \frac{\Delta n}{n} - \frac{\Delta t}{t} = \frac{\Delta n}{n} + \frac{\Delta f_s}{f_s} = \pm \frac{1}{n} + \frac{\Delta f_s}{f_s} = \pm \left(\frac{1}{tf_x} \pm \left| \frac{\Delta f_s}{f_s} \right| \right) \qquad (7.27)$$

若忽略晶振频率稳定度的影响，即忽略闸门时间的误差，对于 1 Hz 的被测信号，测量精度要求达到 0.1%，则 $n=1$ 时闸门时间 t 需要 1 000 s，这么长的闸门时间肯定令人无法忍受；若闸门时间 $t=1$ s，测量精度仍然要求达到 0.1%，则 $f_x \geqslant 1$ kHz。也就是说，频率越低，周期越大，假设固定闸门定时，则计数个数越少，闸门内的舍弃误差就越大，基于定时计数法的频率计的测量精度将随被测信号频率的下降而降低。实际应用中，首先给出一个较小的闸门时间，粗略地测出被测信号的频率，然后根据所测量的结果重新给出适当的闸门时间作为测量结果。不过，如果根据粗测结果已判知信号频率很低，一般不再采用定时计数法，因为尽管可以增长闸门时间来提高测量精度，但是不能无限制地增加闸门时间，否则会增加测量时间，实时性会变差。所以，定时计数法不适用于低频信号的频率测量。

7.6.2 频率的间接测量方法——测量周期法

通过测量周期间接测量频率的方法称为测量周期法，是根据频率是周期的倒数的原理设计的，即：

$$f_x = 1/T_x \tag{7.28}$$

与分析直接法测频的误差类似，这里周期 $T = n_s T_s$，T_s 为标准时钟，频率为 f_s，对于单片机来讲就是机器周期，如图 7.26 所示。在测量周期时，被测信号经过 1 次分频后的高电平时间就是其周期，其作为闸门截取信号 f_s 仍是不相关的，即他们在时间轴上的相对位置也是随机的，边沿不能对齐。引起的 ±1 个机器周期的误差分析如下。

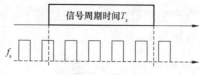

图 7.26　测量周期法测频误差分析图

与定时计数法误差分析类似，可得：

$$\frac{\Delta T_x}{T_x} = \frac{\Delta n_s}{n_s} - \frac{\Delta f_s}{f_s} \tag{7.29}$$

结合 $\Delta n_s = \pm 1$，有：

$$\frac{\Delta T_x}{T_x} = \frac{\Delta n_s}{n_s} - \frac{\Delta f_s}{f_s} = \pm \frac{1}{n_s} - \frac{\Delta f_s}{f_s} = \pm \left(\frac{1}{T_x f_s} \mp \left| \frac{\Delta f_s}{f_s} \right| \right) \tag{7.30}$$

可见，T_x 越大，也就是被测信号频率越低，±1 的绝对误差对测量的影响越小，标准计数时钟 f_s 越高，测量的误差越小。

若忽略晶振频率稳定度的影响，对于 1 MHz 的被测信号，测量精度要求达到 0.1%，则 $N_x = 1\ 000$，$f_s = 1\ 000$ MHz，这样高频率的标准信号即使能获得也将付出极大的成本；若 $f_s = 1$ MHz，测量精度仍然要求要求达到 0.1%，则 $f_x \leqslant 1$ kHz，即 $T_x \geqslant 1$ ms。所以测量周期来测量频率的方法不适用于高频信号的频率测量。

运用该方法，一般是采用多次测量取平均值的方法，因为被测信号不一定是一个波形十分规整的方波信号。或者采用多周期测量减小误差。

7.6.3 优化测量法

采用优化测量法进行频率测量就是综合应用定时计数法和测量周期法测频，即当被测信号频率较高时采用定时计数法测频，而当被测信号频率较低时则先测量周期，然后再换算成频率。可见，优化测量法具有以上两种方法的优点，兼顾低频与高频信号，提高了测量精度。

两种方法的相对误差都随频率的变化而单调变化。定时计数法测频与测量周期法测频的误差相等时所对应的频率即为中界频率，记为 f_m，它成为区分应用定时计数法测频与测量周期法测频的分水岭。那么，如何确定中界频率呢？

忽略晶振频率稳定度的影响，让两种方法的相对误差相等，则有：

$$\frac{\Delta f_x}{f_x} = \frac{\Delta T_x}{T_x} \quad \left(\text{即} \frac{1}{t f_x} = \frac{1}{T_x f_s} \right)$$

上式整理得：

$$f_x = \sqrt{\frac{f_s}{t}} = f_m \qquad (7.31)$$

其中，f_m 为中界频率，f_s 为标准频率，t 为闸门时间。

基于优化测量法测频的软件流程如图 7.27 所示。在设计中应用单片机的内部的定时/计数器和中断系统完成频率的测量。当被测信号频率 $f_x > f_m$ 时，采用定时计数法；当被测信号频率 $f_x < f_m$ 时，采用测量周期法。

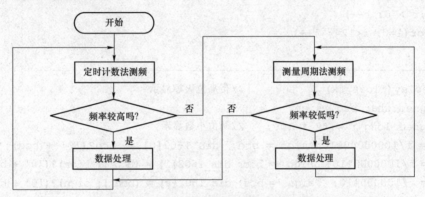

图 7.27　基于优化测量法测频的软件流程

对于定时计数法的实现，基于经典型 51 单片机，可以采用 Timer1 定时、Timer0 计数的方法而测得频率。对于周期的测量，可以借助 GATE 位，直接测量通过 D 触发器二分频输出方波的高脉冲宽度即可，当然也可以采用基于 Timer2 的捕获方式测量周期。

优化测量法测量频率的原理图如图 7.28 所示。使用 1602 液晶作为测量值显示单元。

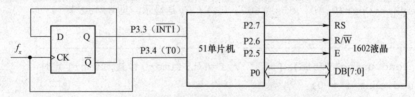

图 7.28　优化测量法测量频率的原理图

图 7.28 所示的电路只能测量矩形波信号的频率。如图 7.29 所示，若测量正弦波或三角波信号频率，需要将信号通过模拟比较器和施密特特性门（如与非门 74HC132、非门 74HC14 等）等将其整形为矩形波，然后再测量。

图 7.29　直接频率测量的基本电路框图

关于软件实现，闸门时间选为 1 s，f_s 为经过机器周期分频后的 1 MHz，所以 $f_m = \sqrt{f_s/t} =$ 1 000 Hz，根据 T0 引脚输入频率最大值为 $f_{OSC}/24$=500 kHz，即频率在[1 000 Hz，500 kHz]范围采用定时计数法测量，低频采取 f=1/T 的方法，即（0，1 000 Hz）范围采用测量周期法测量。

优化测量法测频的 C 语言程序如下，程序中直接使用 6.4.2 节的 1602 软件驱动。

```
#include"reg52.h"
unsigned char times;                //中断次数计数器
sbit G = P3^2;                      //INT0 引脚
unsigned char dis_1602[11] = {'0', '0', '0', '0', '0', '0', '.', '0', '0', 'H',
'z'};                               //显存
//------------------------------------------------------------
void Delay_ms(unsigned char t){
    unsigned int i;
    for(;t > 0; t--)
        for(i=0; i<124; i++);
}
//------------------------------------------------------------
void display(float fx) {            //带高位灭零显示
    unsigned char bcd, sign;
    unsigned long f = fx * 100;     //两位小数显示
    bcd = f/10000000%10; sign = bcd;  dis_1602[0] = bcd?('0' + bcd):' ';
    bcd = f/1000000%10;  sign += bcd; dis_1602[1] = (bcd || sign)?('0' + bcd):' ';
    bcd = f/100000%10;   sign += bcd; dis_1602[2] = (bcd || sign)?('0' + bcd):' ';
    bcd = f/10000%10;    sign += bcd; dis_1602[3] = (bcd || sign)?('0' + bcd):' ';
    bcd = f/1000%10;     sign += bcd; dis_1602[4] = (bcd || sign)?('0' + bcd):' ';
    bcd = f/100%10;      sign += bcd; dis_1602[5] = '0' + bcd;
    bcd = f/10%10;       sign += bcd; dis_1602[7] = (bcd || sign)?('0' + bcd):' ';
    bcd = f%10;          sign += bcd; dis_1602[8] = (bcd || sign)?('0' + bcd):' ';

    DisplayListChar(0, 0, dis_1602, 11); //送显示。见 6.4.2 节
}
//------------------------------------------------------------
unsigned long using1(void) {        //f=n/t,Timer0 计数,Timer1 定时
    unsigned char i = 0;
    unsigned long n = 0;
    TMOD = 0x15;                     //Timer0 计数,Timer1 定时,都工作在方式 1
    TH0 = TL0 = 0;                   //计数器清 0
    TH1 = (-50000)/256;              //50ms 定时
    TL1 = (-50000)%256;
    times = 0;                       //定时中断计数器清 0,中断 20 次即为 1 秒钟
    TF0 = 0;
    TF1 = 0;
    TR0 = 1;
```

```
    TR1 = 1;                      //同时启动定时器和计数器
    ET1 = 1;                      //开启定时中断
    while(times < 20){            //1s 还没到,只扫描显示
      if(TF0){                    //计数值超过 0xffff,频率值加上 65536
          n += 65536;
          TF0 = 0;
        }
    }
    ET1 = 0;                      //定时时间到,关闭中断
    return n+(256*TH0+TL0);       //返回 1s 时间内计数器的计数值,即频率值
}
void T1_ISR(void) interrupt 3 {
    TH1 = 60;                     //定时初值重载 (-50000)/256=60
    TL1 = 182;                    //             (-50000)%256=176
    if(++times > 19){
        TR0 = 0;
        TR1 = 0;
    }
}
//------------------------------------------------------------
float using2(void){  //f=1/T
    unsigned char i = 0;
    unsigned char j = 0;
    times = 0;
    TMOD = 0x09;                  //Timer0 的 GATE=1,方式 1 定时
    TH0 = TL0 = 0;
    TF0 = 0;
    while(G == 1);                //INT0 为高,先避过去,因为此为非完整高电平,只显示
    TR0 = 1;                      //启动定时器,等待 INT0 引脚高电平,启动定时器进行测量
    while(G == 0);                //INT0 为低,扫描显示等待
    while(G == 1){                //INT0 引脚为高,开始测量,扫描显示等待
      if(TF0){                    //定时值超过 0xffff,周期值加上 65536
          times++;
          TF0 = 0;
      }
    }
    TR0 = 0;                      //测量结束,关闭定时器
    return 1000000.0/(TH0*256+TL0+65536*times); //返回频率值
}
//------------------------------------------------------------
int main(void){
    float f;                      //测得的频率
    Delay_ms(20);                 //延时 20ms, 等待 1602 启动进入工作状态
```

```
    LCMInit();                  //LCM 初始化,见 6.4.2 节
    EA = 1;                     //使能总中断
    while(1) {
        while(1){
            f = using1();       //f=n/t
            display(f);
            if(f <= 1000)break; //频率小于 1000Hz 转向方法 2 测量
        }
        while(1){
            f = using2();       //f=1/T
            display(f);
            Delay_ms(200);
            if(f > 1000)break;  //频率大于 1000Hz 转向方法 1 测量
        }
    }
}
```

　　除采用以上方法测频外,还可以利用频率-电压(F/V)转换器。F/V 是一类专门实现频率-电压线性变换的器件,这样通过 A/D 测量电压就可得知被测信号的频率。该方法和通过测量周期来测量频率的方法都属于频率测量的间接测量法。同样,利用 V/F 也可以实现电压的测量。

7.6.4　频率测量的典型应用项目及分析

1. 基于多谐振荡器测电阻或电容

　　由 NE555 构成的多谐振荡器电路及输出波形如图 7.30 所示。

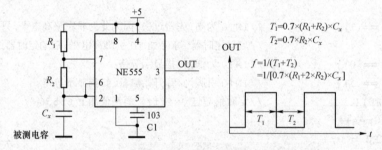

图 7.30　由 NE555 构成的多谐振荡器电路及输出波形

　　若 R_1 和 R_2 已知,那么 C_x 决定了 OUT 的输出频率,从而测定 OUT 的输出频率即可反算出电容 C_x 的值。为了在 OUT 处输出较高或较低频率,以提高频率的测量精度,需要能切换 R_1 或 R_2 的阻值,即量程转换。

2. 里程表、计价器和速度表(光电编码盘、霍尔元件)

　　车辆一般都装有里程表和速度表。出租车上还装有计价器,计价器的计价依据之一就是基于对里程的测量。出租车计价器的传感器电路如图 7.31 所示。

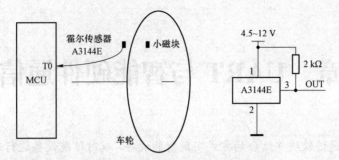

图 7.31　出租车计价器的传感器电路

开关型霍尔器件当有磁块接近时就会产生脉冲,这样将小磁块固定到车轮上随轮旋转,开关型霍尔器件固定在车体上。这样,车轮每转一圈经过,小磁块经过开关型霍尔器件时就会产生一个脉冲,测量该脉冲的频率和起始时间就可以得到速度、里程和费用等信息。

图 7.31 中,A3144E 属于开关型霍尔器件,其开漏输出经上拉电阻符合 TTL 电平标准,可以直接接到单片机的 I/O 端口上,而且其最高检测频率可达到 1 MHz。

综上所述,测频技术是基本技能,测速、测心率,利用多谐振荡器测电阻或电容等都是测频的间接应用。

习题与思考题

1. 对于经典型 51 单片机而言,Timer0 的中断服务程序入口地址为(　　　　)。

2. Timer0 工作在自动装载工作方式时,(　　　　)作为 8 位计数器,(　　　　)为重载源寄存器。

3. 对于经典型 51 单片机而言,若系统晶振频率是 12 MHz,利用 Timer1 定时 1 ms,在方式 1 下的定时初值为(　　　　)。

    A. TH1=03H, TL1=E8H　　　　　　　　B. TH1=E8H, TL1=03H

    C. TH1=FCH, TL1=18H　　　　　　　　D. TH1=18H, TL1=FCH

4. 定时/计数器 Timer0 和 Timer1 的工作方式 2 有什么特点? 试分析其应用场合。

5. Timer0 工作于方式 2 的计数方式,预置的计数初值为 156,若通过引脚 T0 输入周期为 1 ms 的脉冲,则定时器 0 的定时时间为(　　　　)。

6. 试说明利用定时/计数器扩展外中断的原理。

7. 试编写周期为 400 μs、占空比为 10% 的方波发生器。

8. 当定时/计数器 Timer0 和 Timer1 采用 GATE 位测量高脉冲宽度时,若脉冲宽度大于 65 536 个机器周期,技术上应如何处理?

9. 试比较说明 Timer2 相对于 Timer0 或 Timer1 的技术优势。

10. 试基于自动重载定时器中断编写可实现键盘定时扫描工作方式的程序,功能为 1 个按键控制 1 个 LED 的亮灭。

11. 利用定时器测量时间段的方法有哪些? 试说明各自的测量过程。

12. 频率测量的主要方法有哪些? 试给出各自的误差分析。

第8章　UART 与智能硬件通信技术

　　智能硬件是通过软硬件结合的方式实现智能设备，或对传统设备进行改造，进而让其拥有智能化的功能。智能化的主要特征就是硬件具备连接的能力。本章学习嵌入式系统的基本串行连接技术——UART 技术，以及基于 UART 的 RS-232 和 RS-485 分布式通信系统。另外，UART 与嵌入式系统的调试密切相关，本章是课程的核心内容之一。

8.1　串行通信与 UART

8.1.1　数据通信与串行通信

　　计算机与外界进行信息交换，通过数据通信实现。既包括计算机与计算机之间的通信，也包括计算机与外设之间的通信。

　　数据通信的基本的通信方式有两种：并行通信和串行通信。

　　如图 8.1（a）所示，通信时，一次同时传送多个二进制位，称为并行通信。例如，一次传送 8 位或 16 位数据。51 系列单片机并行通信可通过并行端口，或系统总线实现，一次传送 8 个位。并行通信的特点是通信速度快，但数据线根数多，通信距离较远时线路成本高，通常用于电路板级的近距离传输。且并行通信占用微处理器的 GPIO 过多，限制了微处理器的扩展能力。

　　如图 8.1（b）所示，通信时，如果数据一位接一位地顺序传送，称为串行通信。串行通信的最大特点是占用微处理器的 GPIO 少，数据线一个方向就一根，通信线路简单，成本低，因此，适合长距离通信，但同时钟频率下，相比并行通信，通信速度慢。

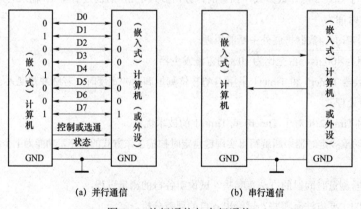

图 8.1　并行通信与串行通信

　　按照应用，串行通信通常分为两种类型：串行通信接口（serial communication interface，

SCI）和串行扩展接口（serial extension interface，SEI）。

串行通信接口一般用于计算机、智能硬件，以及通信设备间的远距离通信和互联，这可以充分发挥串行通信的优势。例如，单片机应用于工业数据采集时，作为前端机安装在工业现场，远离主机，现场数据采用串行通信接口发往主机。RS−485 和 CAN 总线是典型的串行通信接口。

串行扩展接口用于完成电路板级的芯片间的串行通信，最常用的串行扩展接口有 UART、SPI 和 I²C 总线等。SPI 和 I²C 总线将在第 9 章讲述。

如图 8.2 所示，根据数据传送的方向，串行通信可以分为单工、半双工和全双工 3 种。

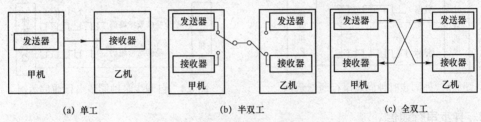

(a) 单工　　　　　　　　　(b) 半双工　　　　　　　　　(c) 全双工

图 8.2　串行通信方向示意图

如果只能发送或接收，这种单向传送的串行通信称为单工，例如，收音机、无线电视。

数据能在两机之间双向传送，这种通信方式称为双工。

在双工通信方式中，如果接收和发送不能同时进行，只能分时接收和发送，称为半双工，例如对讲机。半双工通信系统的收发使用同一根线，因此需要换向开关切换发送、接收状态。

若两机的发送和接收可以同时进行，则称为全双工，例如电话。显然，全双工系统可以实现半双工和单工协议，半双工可以实现单工的协议，但反过来不行。

发送器将数据并串转换，将发送的数据变为位流；接收器通过串并转换获取接收到的数据。按照串行通信的并串、串并转换的位顺序，有 LSB 方式和 MSB 两种通信方式之分。MSB是 most significant bit 的缩写，意为最高有效位；LSB 是 least significant bit 的缩写，意为最低有效位。MSB 通信方式，先传输高位，后传输低位；LSB 通信方式，先传输低位，后传输高位。

8.1.2　串行通信的位同步与 UART

CPU 一般处理并行数据，要进行串行通信，须通过串行接口完成并、串和串、并数据转换，并遵从通信协议。通信协议是通信双方必须共同遵守的约定，包括数据的格式、位同步的方式、步骤、纠错方式及控制字符的定义等。

数据通信的双方，每个二进制位都能有效传送是前提条件，称之为位同步。位同步是数字通信的基本问题，位同步的目的是使接收端接收的每一位信息都与发送端保持同步。其实，同步就是要求收发双方在时间基准上保持一致，包括在开始时刻、位边界等参数上的一致。

串行通信的位同步可分为时钟同步串行通信和异步串行通信两种方式。

1. 时钟同步串行通信

时钟同步通信是通过同步信号实现数据位的同步。根据同步信号的来源不同，时钟同步通信的位同步，分为外同步和自同步。

如图 8.3 所示，外同步有专门的时钟线进行位同步，同步信号来源于时钟线。发送方给出 1 个数据位的信息，接收方在时钟线的脉冲期间或时钟边沿时刻读入 1 个位。外同步串行通信主要应用于串行扩展接口。

自同步没有专门的时钟线,同步信号来源于数据线的跳变,即数据线中隐藏同步时钟边沿。典型的自同步有曼彻斯特编码和差分曼彻斯特编码。

在图 8.4 所示的曼彻斯特编码中,每一位的中间有一个跳变。位中间的跳变,既作为时钟信号,又作为数据信号。从高到低的跳变表示 1,从低到高的跳变表示 0。

差分曼彻斯特编码,相比曼彻斯特编码,每个数据位中间的跳变,仅作为时钟边沿,用于同步。而每位开始时,有无跳变表示 0 或 1,有跳变说明传送逻辑 0,无跳变说明传送逻辑 1。

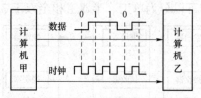 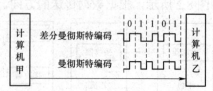

图 8.3　外同步时钟同步串行通信示例　　　图 8.4　自同步时钟同步串行通信示例

2. 异步串行通信

异步串行通信没有用于同步的时钟信号,数据在线路上传送是以帧为单位,1 帧数据中有几个数据位。通过规定 1 帧数据的起始时刻,同样的位传送时间和同样的位数实现位同步。接收方在每个位的中间采样并判决接收的电平。

异步串行通信协议是一个经过标准化的应用协议。如图 8.5 所示,异步串行通信协议规定了通信起始时刻,每个位的时间长短和帧格式。帧格式就是 1 帧数据的各个位的构成。异步串行通信在不传送时线路处于空闲状态,空闲电平约定为高电平。1 帧数据的帧格式从第一个下降沿开始,作为 1 帧通信的起始时刻,收发双方时间对齐后,开始通信,第一个位称为起始位。然后是数据位,数据位可以是 5、6、7、8 或 9 位,按照低位在前,高位在后的LSB 方式传输。数据位后可以带一个可选的奇偶校验位用于校验,确定传送中是否有误码。帧格式的最后是停止位,停止位用高电平表示,它可以是 1 位、1 位半或 2 位。

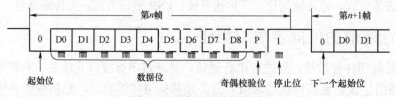

图 8.5　异步通信数据格式

异步串行通信帧格式中的各个位等时宽。波特率(baud rate)是指数据传送时,每秒传送的二进制位数,数值上等于每个位传送时间的倒数。波特率的单位是位/秒,字母表示为 b/s 或 bps。波特率标准为 1 200 bps、2 400 bps、4 800 bps、9 600 bps、19 200 bps、115 200 bps 等。波特率不能随意设置,必须采用标准值。

显然,成功进行异步串行通信的条件是收发双方约定同样的波特率和同样的帧格式。因此,异步串行通信的位同步方式也称为波特率同步。

波特率同步,收发双方都需要波特率发生器。波特率发生器本质上是自动重载定时器,为提高采样的分辨率,准确地判决数据位,波特率发生器的定时溢出率(定时时间的倒数)总是高于波特率若干倍,这个倍数称之为波特率因子 k。这样接收器可以在帧格式的各个位上进行多次采样和采样判决。

3. UART

异步串行通信通过通用异步收发器（universal asynchronous receiver/transmitter，UART）实现。因此，异步串行通信协议、收发器都被人们称为 UART。

UART 是全双工串行通信，如图 8.6 所示，一个 UART 的主要组件是发送器和接收器，分别独立工作。UART 的发送线称为 TXD，接收线称为 RXD。TXD 与 RXD 互连，需要两根数据线，且收发双方必须共地。

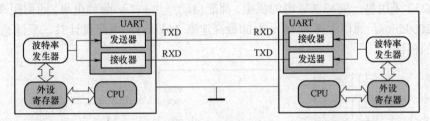

图 8.6　UART 通信

UART 需要波特率发生器实现位同步，很多微处理器的片上 UART，直接集成专用的波特率发生器，否则，需要使用通用定时器作为波特率发生器。

8.2　RS–232 和 RS–485 串行通信接口

8.2.1　RS–232 接口

数字信号的传输，随着距离的增加和传输速率的提高，在传输线上的反射、衰减、共地噪声等影响将引起信号畸变，从而影响通信距离。

UART 采用的是 TTL 电平，驱动能力差、抗干扰能力弱，因而传送距离短，一般仅能应用于电路板级通信，不适于具有几米、甚至几十米距离的房间级通信。

一种解决方式是抬高通信的电平，从而增加传输过程的衰减区间，进而提升通信距离。

如图 8.7 所示，抬高电平，就需要放大和驱动来提升发送的信号传输能力，接收方则需要对接收到的信号进行整形，并转换电平。

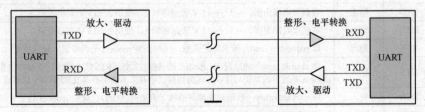

图 8.7　抬高电平电压提升通信距离

鉴于此，国际电子工业协会（EIA）制订了 RS–232 串行通信标准接口。RS–232 接口采用异步串行通信协议，帧格式采用 UART 标准，电平采用约±10 V 逻辑，通过抬高电平来增加 UART 的驱动能力，使通信的距离增大到 15 m。硬件上，在 UART 基础上，增设电平转换电路即可。

稍早些的通用计算机，其 COM1、COM2 口等，就是 RS-232 串行通信标准接口。

RS-232 接口采用反逻辑电平。逻辑 1 时，发送电压为 $-10\sim-12$ V，接收电压为 $-3\sim-15$ V；逻辑 0 时，发送电压为 $+10\sim+12$ V，接收电压为 $+3\sim+15$ V。$-3\sim+3$ V 之间的电压无意义，低于 -15 V 或高于 $+15$ V 的电压也认为无意义，因此，实际工作时，应保证电平在 $\pm(3\sim15)$ V 之间。

常用的 TTL 和 RS-232 接口间的电平转换芯片是 DIP16 封装的 MAX232CPE，以及 SOIC16 封装的 MAX3232，其内部结构及典型电路如图 8.8 所示。两个芯片只是封装不一样，内部都含有两组电平转换电路，引脚排列也完全一致。MAX232CPE 采用单一的 +5 V 电源供电，MAX3232 采用单一的 +3.3 V 电源供电，都能自动产生 ±12 V 两种电平。通信距离为 15 m；最高速率 200 kbit/s。通信距离为 15 m 时的最高速率 24 kbit/s。电路设计时，要注意外围 5 个 1 μF 电容的极性。

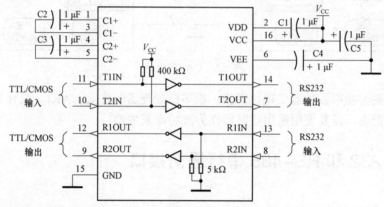

图 8.8　MAX232CPE/MAX3232 的内部结构及典型电路

RS-232 接口多采用 9 脚的 D 型连接器。RS-232 接口除通过它传送数据的 TXD 和 RXD 外，还对双方的互传起协调作用，这就是握手信号。RS-232 接口所采用的 9 脚 D 型连接器的引脚及功能如表 8.1 所示；9 脚 D 型连接器及 RS-232 接口信号定义如图 8.9 所示。9 脚 D 型连接器分为公头（9 针，记为 DR9）和母头（9 孔，记为 DB9）两种，基本通信引脚为 2（RXD）、3（TXD）和 5（GND）。如图 8.10 所示，在串行通信中最简单的通信只需连接这 3 根线。

表 8.1　RS-232 接口所采用的 9 脚 D 型连接器的引脚及功能

引脚序号	信号名称	方向	功　能
3	TXD	输出	数据发送端引脚，$-3\sim-15$ V 表示逻辑 1，使用 $3\sim15$ V 表示逻辑 0
2	RXD	输入	数据接收端引脚，$-3\sim-15$ V 表示逻辑 1，使用 $3\sim15$ V 表示逻辑 0
7	RTS	输出	即 request to send，请求发送数据，用来控制 modem 是否要进入发送状态
8	CTS	输入	即 clear to send，清除发送，modem 准备接收数据。RTS/CTS 请求应答联络信号是用于半双工 modem 系统中的发送与接收方式的切换。全双工系统中不需要 RTS/CTS 联络信号，使其变高
6	DSR	输入	即 data set ready，数据设备准备就绪，有效时（ON），表明 modem 处于可以使用的状态
5	GND	—	信号地
1	DCD	输入	即 data carrier detection，数据载波检测。当本地的 modem 收到由通信连路另一端的 modem 送来的载波信号时，使 DCD 信号有效，通知终端准备接收，并且由 modem 将接收下来的载波信号解调成数字量后，由 RXD 送到终端
4	DTR	输出	即 data terminal ready，数据终端准备就绪，有效时（ON），表明数据终端可以使用
9	RI	输入	即 ringing，当 modem 收到交换台送来的振铃呼叫信号时，使该信号有效（ON），通知终端已被呼叫

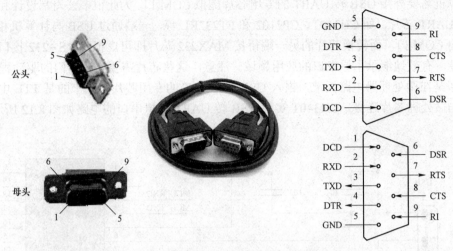

图 8.9　9 脚 D 型连接器及 RS-232 接口信号定义

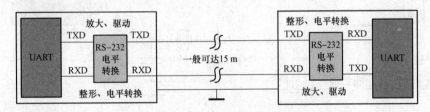

图 8.10　3 线 RS-232 接口通信线的连接

　　图 8.11 所示的电路为微处理器扩展 RS-232 通信接口的电路图。当智能硬件需要 RS-232 接口通信时，增设该电路即可。

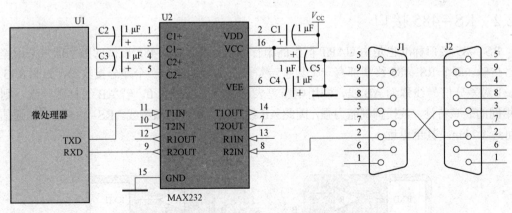

图 8.11　微处理器扩展 RS-232 通信接口的电路图

　　由于目前的个人计算机都没有 COM 口，也就是 RS-232 接口。这给嵌入式系统开发者带来了诸多困扰。嵌入式软件开发与调试，经常需要通过 COM 口与计算机端通信，通过计算机端的调试和分析工具，辅助调试嵌入式系统。为此，就有了 USB 转 UART 的专用芯片。

通用计算机需要外接 USB 转 UART 的专用芯片虚拟 COM 口。为此很多公司都设计和生产了 USB 转 UART 芯片，如 CH340T、CP2102 和 FT232RL 等，一端通过 USB 与计算机相连，直接虚拟出 COM 口，而转换芯片的另一端桥接 MAX232 芯片即可虚拟出 RS-232 接口，使用非常方便，有效地继承了原串口的应用领域。注意，这些芯片需要安装专门的驱动程序。

一般是在微处理器电路板上，嵌入 USB 转 UART 的专用芯片，出来的是 TTL 电平，可以直接与微处理芯片连接。CH340T 实现 USB 转 UART 虚拟串口的电路如图 8.12 所示。

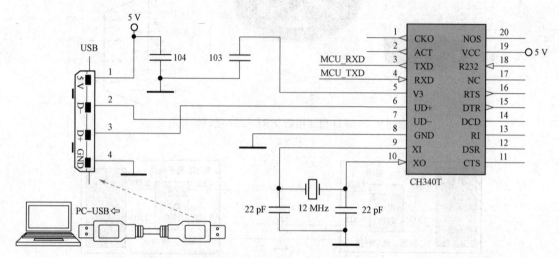

图 8.12 CH340T 实现 USB 转 UART 虚拟串口的电路

RS-232 接口有效地扩展了点对点 UART 的传输距离。不过 RS-232 接口有两个固有的缺点，一是距离仅有 15 m 左右；二是属于点对点的两机全双工通信，无法实现多机通信。RS-485 接口很好地解决了以上两个问题。

8.2.2 RS-485 接口

RS-485 接口标准也是由 UART 衍生的串行通信标准。RS-485 接口的数字信号采用差分信号传输，每个 RS-485 终端都有一个数字转差分平衡驱动器和一个差分接收器，如图 8.13 所示。1 对差分信号线称为 AB 线，即用电压差表示逻辑 1 或逻辑 0。若 AB 线材质一致，则具有相同的衰减特性，共模抑制能力强，因此 AB 线一般采用一对双绞线。RS-485 接口的通信距离可达 1.2 km，甚至更远。

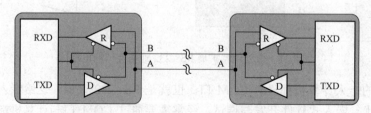

图 8.13 RS-485 接口的差分信号传输电路

RS-485 接口的差分信号标准如下。

发送端：AB 线间的电压差为+（2～6）V，表示逻辑 1；电压差为-（2～6）V，表示逻辑 0。

接收端：（A-B）>200 mV，表示逻辑 1；（A-B）<-200 mV 表示逻辑 0。具有较大衰减区间。

一对差分信号，所以某时刻只能向一个方向传输信号。因此，与 RS-232 总线的全双工方式不同，RS-485 总线采用半双工方式。为此，每个 RS-485 终端都有一个信号引脚来确定收发状态。

若多个 RS-485 终端都挂接到同一对 AB 线上，且保证有且仅有一个处于发数据状态，或者都处于收数据状态，通信系统是可以正常工作的，处于发数据状态的 RS-485 终端所发送的数据可以被其他所有 AB 线上的 RS-485 终端接收到。因此，RS-485 接口可以用于多机通信。

RS-485 接口协议规定，一个驱动器可带节点的最大数量不少于 32 个。常用的 RS-485 接口驱动芯片是 MAX485。MAX485 采用 5 V 直流供电，其通信相关引脚的功能如下。

RO：接收器的差分输出端。

DI：驱动器数字电平输入端。

A：同相接收器输入和同相驱动器输出。

B：反相接收器输入和反相驱动器输出。

$\overline{RE}$：接收器输出使能端。$\overline{RE}$ 为低电平时，RO 有效；$\overline{RE}$ 为高电平时，RO 呈高阻状态。

DE：驱动器输出使能端。若 DE＝1，驱动器输出 A 和 B 有效；若 DE＝0，则它们呈高阻状态。若驱动器输出有效，器件作为线驱动器；反之，作为线接收器。

RS-485 终端的接口电路如图 8.14 所示，R1 和 R2 是各 RS-485 终端都处于接收状态时，提供差分信号的常态电压差。

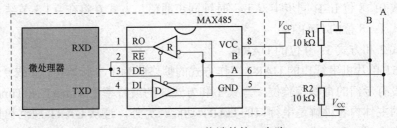

图 8.14　RS-485 终端的接口电路

RS-485 接口尽管采用差分平衡传输方式，用一对双绞线将各个接口的"A""B"端连接起来，在许多场合是能正常工作的。但对整个 RS-485 接口网络，必须有一条低阻的信号地线将各 RS-485 终端的工作地连接起来，使共模干扰电压被短路，进而提升同学系统的抗干扰能力。

RS-485 总线平衡双绞线的长度与传输速率成反比，最大传输速率为 10 Mb/s；在 100 kb/s 速率以下，才可能达到最大传输距离（约 1.2 km）。只有在很短的距离下才能获得最高速率传输。一般 100 m 长的双绞线上所能获得的最大传输速率仅为 1 Mb/s。

综上所述，RS-485 接口和 RS-232 接口虽然都是基于 UART 技术，但是却有着诸多不同。RS-232 接口与 RS-485 接口的性能对比如表 8.2 所示。

表 8.2 RS-232 接口与 RS-485 接口性能对比

对比项目	RS-232 接口	RS-485 接口
电平逻辑	单端反逻辑	差分方式
通信方式	全双工	半双工
最大传输距离	15 m（24 kbps）	1 200 m（100 kbps）
最大传输速率	200 kbps	10 Mbps
最大驱动器数目	1	32（典型）
最大接收器数目	1	32（典型）
组网拓扑结构	点对点	点对点或多机

另外，如果将 UART 的 TXD 和 RXD 分别配置 1 个 MAX485 芯片，使两个 MAX485 都工作于单工方式，则两个这样的终端就可以实现点对点的远程全双工通信，通信距离与 RS-485 接口一致，这种通信协议称为 RS-422。

8.3 51 系列单片机的 UART 及软件设计

8.3.1 51 系列单片机串行口的 UART

经典型 51 单片机集成了 1 个多功能串行口，外部引脚为 RXD（P3.0）和 TXD（P3.1）。串行口有以下 4 种工作方式。

（1）方式 0：8 位 LSB 同步半双工、时钟同步通信。方式 0 将在 9.1.3 节结合 SPI 讲述。

（2）方式 1：8 位的 UART。

（3）方式 2 和方式 3：9 位的 UART。

经典型 51 单片机串行口的 UART 工作方式的帧格式为 1 个起始位，8 或 9 个数据位，1 个停止位，没有专门的奇偶校验位。方式 1 和方式 3 的波特率由 Timer1 或 Timer2 的溢出率决定。本章的主体内容讲解是串行口的 UART 功能。另外，遵从 UART 规范和具有通用性，本课程只研究方式 1 和方式 3。

经典型 51 单片机串行口的结构如图 8.15 所示。CPU 将数据写入发送 SBUF 发送数据，接收到的数据在接收 SBUF 中。发送 SBUF 和接收 SBUF 均是 SFR。为了软件设计方便，将两个缓冲器的地址设计成一致，但读和写对象，是两个不同的位置。

串口的接收部分电路采用了双缓冲结构，输入数据位逐位的读入移位寄存器，然后再送入接收 SBUF。采用双缓冲结构是为了避免在接收到第 2 帧数据之前，CPU 未及时响应接收器的前一帧的中断请求而把前一帧数据读走，造成两帧数据重叠的错误。对于发送器，因为发送时 CPU 是主动的，不会产生写重叠问题，也可以不需要双缓冲器结构。

UART 有两个中断标志，发送完成中断标志 TI 和接收到完整 1 帧数据中断标志 RI。

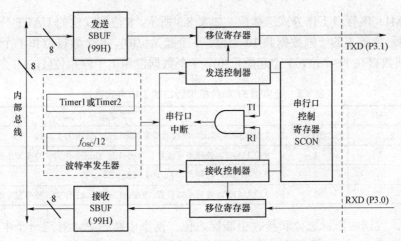

图 8.15　经典型 51 单片机串行口的结构框图

如图 8.16 所示，发送数据时，要保证 TI 为 0，且当执行一条向 SBUF 写入数据的指令，把数据写入发送 SBUF，就启动发送过程。发送 SBUF 中的数据以 LSB 方式逐位地发送到电缆线上，移出的数据位通过电缆线直达接收方。1 帧数据发送完成，停止位结束，发送中断标志 TI 置位。TI 标志位可作为查询标志，如果设置为允许中断，将引起中断。要注意，只有 TI 置位，才说明前 1 帧数据已经发送完成，可以发送下一帧数据，否则，再次写入 SBUF 的数据会发生错误。另外，再次发送数据之前，要先清零 TI，然后用于本次是否发送完成的判断。

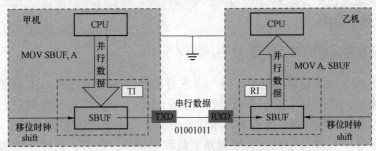

图 8.16　串行传送示意图

作为接收方，按设定的波特率，以 LSB 方式每来一个移位时钟即移入一位到接收 SBUF。很显然，发送方和接收方的波特率一致，则移位速度一致，发送方移出的数据位正好被接收方移进，实现数据的正确传送。接收到 1 帧数据，接收中断标志 RI 置位，CPU 读取 SBUF。获取收到的数据后，要软件清零 RI 标志，然后来接收下一次数据。

51 系列单片机的串行口有三个 SFR：发送和接收缓存 SBUF、串行口控制寄存器 SCON 和电源控制寄存器 PCON。用于其中断设置的 SFR 在第 4 章已经讲述，这里不再赘述。SBUF 在前面已经介绍，PCON 与波特率发生器的设置有关，将在 8.3.2 节介绍。下面学习 SCON。

SCON 的字节地址为 98H，支持位寻址，串行口的两个中断标志就位于 SCON 中，此外 SCON 主要用于串行口的工作方式设置等。SCON 的格式如下：

	b7	b6	b5	b4	b3	b2	b1	b0
SCON	SM0	SM1	SM2	REN	TB8	RB8	TI	RI

SM0、SM1：串行口工作方式选择位。如表 8.3 所示，8 位和 9 位的 UART 分别设置为方式 1 和方式 3。方式 1 的一帧数据共 10 个位，1 个起始位(0)，8 个数据位和 1 个停止位(1)；方式 3 的一帧数据共 11 个位，1 个起始位(0)，9 个数据位和 1 个停止位(1)。

表 8.3　经典型 51 单片机串行口的工作方式选择

SM0	SM1	方式	功能说明
0	0	0	8 位 LSB 半双工、时钟同步串行通信口，速率为 $f_{osc}/12$
0	1	1	8 位 UART，波特率可设置（Timer1 或 Timer2 作为波特率发生器）
1	0	2	9 位 UART，波特率为 $f_{osc}/64$ 或 $f_{osc}/32$
1	1	3	9 位 UART，波特率可设置（Timer1 或 Timer2 作为波特率发生器）

TI 和 RI：发送中断标志位和接收中断标志位。两个中断标志，对应一个中断向量，在 CPU 响应中断后，进入 ISR 不能自动清零这两个标志位，到底是发送中断还是接收中断，ISR 中需要通过软件来识别，因此必须且只能用软件清零。

TB8 和 RB8：用于 9 位 UART，分别是发送的第 9 位和接收的第 9 位。与 SBUF 构成 9 位数据。9 个数据位的 UART，TB8 位可以由软件置 1 或清 0，发送时要先软件设置 TB8，然后将低 8 位写入 SBUF，开始 1 帧数据传送。作为接收方，若 RI 置位表示收到 1 帧，此时收到数据的低 8 位在 SBUF 中，第 9 位在 RB8 中。

REN：允许接收控制位。当 REN=1，则允许接收；当 REN=0，则禁止接收。需预先置 REN，接收逻辑电路处于接收工作状态，收到数据才会置位 RI。

SM2：多机通信控制位。SM2 位与多机通信有关，将在 8.4 节讲述，先把这个位设置为 0，即关闭多机通信功能。

8.3.2　UART 的波特率设置及初始化

方式 1 和方式 3 需要设置波特率，并与工业标准波特率值相对应。51 系列单片机串口的 UART 没有专用的波特率发生器，需要设置 Timer1 或 Timer2 作为波特率发生器，默认情况下，Timer1 作为波特率发生器。通用定时器作为波特率发生器一般需要工作于自动重载方式，确保 1 帧数据的多个位连续定时没有重载及重载积累误差。另外，通用定时器作为波特率发生器使用时，溢出中断标志不会置位，不涉及清零溢出中断标志问题。

波特率发生器由 T2CON 的 RCLK 位和 TCLK 位选择。如果这两个位都为 1，则 Timer2 作为 UART 的收发波特率发生器；如果这两个位都为 0，则 Timer1 作为波特率发生器。鉴于 Timer2 的功能非常强大，一般采用默认的 Timer1 作为波特率发生器。

由

$$定时时间 = \frac{1}{定时器的溢出率} = \frac{1}{波特率 \times k} \tag{8.1}$$

确定定时器的重载值。其中，k 为波特率因子。

Timer1 作为波特率发生器，需要工作在 8 位自动重载工作方式，波特率因子为 32，由

$$(256 - \text{Timer1的初值}) \frac{1}{f_{osc}/12} = \frac{2^{\text{SMOD}}}{波特率 \times 32} \tag{8.2}$$

得：

$$\text{Timer1的初值} = 256 - \frac{f_{\text{osc}}}{12 \times \text{波特率} \times 32} \times 2^{\text{SMOD}} \qquad (8.3)$$

其中，SMOD 位是波特率加倍位，该位设置为 1，则串行口方式 1、方式 2、方式 3 的波特率加倍。SMOD 位于电压控制寄存器 PCON 中，PCON 的字节地址为 87H，不能支持位寻址。PCON 主要用于 51 系列单片机的低功耗模式设置，这将在第 11 章学习。PCON 的格式如下：

	b7	b6	b5	b4	b3	b2	b1	b0
PCON	SMOD			POF	GF1	GF0	PD	IDL

Timer2 作为波特率发生器，类似于自动重载工作模式，此时 RCAP2H 和 RCAP2L 中的值用作计数初值，溢出后此值自动装到 TH2 和 TL2 中，波特率因子为 32/12，初值为：

$$\text{Timer2的初值} = 65\,536 - \frac{f_{\text{osc}}}{\text{波特率} \times 32} \qquad (8.4)$$

为了方便，将常用的波特率与定时器设置建表。Timer1 和 Timer2 分别作为波特率发生器的设置如表 8.4 和表 8.5 所示，供实际应用时直接使用。

表 8.4　常用波特率设置表（Timer1）

常用的波特率	f_{osc}/MHz	SMOD	TH1 初值	误差
19 200	11.059 2	1	FDH	0
9 600	11.059 2	0	FDH	0
4 800	11.059 2	0	FAH	0
2 400	11.059 2	0	F4H	0
1 200	11.059 2	0	E8H	0
2 400	12	0	F3H	0.16%
1 200	12	0	E6H	0.16%

表 8.5　常用波特率设置表（Timer2）

常用的波特率	f_{osc}/MHz	RCAP2H-RCAP2L 初值	误差
38 400	11.059 2	FF-F7H	0
19 200	11.059 2	FF-EEH	0
9 600	11.059 2	FF-DCH	0
4 800	11.059 2	FF-B8H	0
2 400	11.059 2	FF-70H	0
1 200	11.059 2	FE-E0H	0
9 600	12	FF-D9H	0.16%
4 800	12	FF-B2H	0.16%
2 400	12	FF-64H	0.16%
1 200	12	FE-C7H	0.16%

很显然，采用 11.059 2 MHz 时钟时，常用波特率的设置，误差为 0。因此，很多应用情况下，都需要使用 11.059 2 MHz 时钟，以符合标准。

使用 12 MHz 时钟时，只有几个误差为 0.16% 的波特率可用，此时 1 帧的累计误差不会导致位同步错误。

另外，Timer2 设置为波特率发生器，且 EXEN2 也使能，则 T2EX 作为下降沿触发外中断输入引脚，EXEN2 的下降沿促使 EXF2 变为 1，申请"外中断"，显然，此种情况下 EXF2 为外中断标志。因此，基于 Timer2 扩展下降沿触发外中断共有 3 种方法：一是 7.3.3 节学习的方法，即基于自动重载工作模式的方法，T2 作为中断触发信号输入引脚；二是工作与捕获工作模式，忽略捕获值，在 T2EX 下降沿触发的捕获中断直接作为外中断；三是前述的波特率发生器工作方式，这里不再赘述。

UART 在使用之前必须对它进行初始化编程，设定串口的工作方式和设置波特率发生器。

8.3.3　UART 点对点通信实例

下面将利用 51 系列单片机串行口的方式 1，列举点对点的双机的 8 位 UART 通信。

要实现甲与乙两台单片机点对点的双机通信，线路只需将甲机的 TXD 与乙机的 RXD 相连，将甲机的 RXD 与乙机的 TXD 相连，地线与地线相连以形成参考电势。当然这也适用于全双工的 RS−232 接口。

为了降低微处理器的负担，一般 UART 的接收采用中断方式。当然，查询方式的通信软件设计方法也经常使用。UART 的发送多采用查询方式。查询方式的过程如下。

（1）查询方式发送的过程为：写数据到 SBUF 开始发送一个数据→查询 TI 直至置 1（先发后查）→清 TI 标志→发送下一个数据。

（2）查询方式接收的过程为：查询 RI 直至置 1→清 RI 标志→读入数据（先查后收）→查询 RI 直至置 1→清 RI 标志→查询下一帧数据。

以上过程将体现在编程中。

利用通用计算机和 COM 口来调试智能硬件的典型连接如图 8.17 所示。

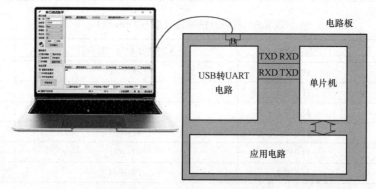

图 8.17　利用通用计算机和 COM 口来调试智能硬件的典型连接

计算机端通过工具软件，即串口调试助手与嵌入式微处理器交互，当然微处理器要编写相关代码。串口调试助手可以接收并显示微处理器发来的数据，也可以给微处理器发送命令，通过交互来调试和测试智能硬件的功能及性能。

　　【例 8.1】经典型 51 单片机系统采用 12 MHz 晶振、8 位 UART、2 400 bps 的波特率，单片机以中断方式接收单个字节，接收后立即将接收到的数据以查询方式发送出去。

　　分析：该示例是利用串口调试助手来验证单片机串口的 UART 收发是否正常。单片机的软件首先初始化：2 400 bps 的波特率，Timer1 的初值要设为 F3H，且不使能波特率加倍。串口工作在方式 1，8 位 UART；允许收数据，REN 要置 1，因此 SCON 的初值为 50H。由于要求采用中断的方式收，所以要使能串口中断。

　　进行程序设计时，全局设定一个标志信号量（汇编软件 F0 作为该标志，C 程序 R_sign 作为该标志），作为主程序查询是否收到数据的依据。标志信号量是 1，说明收到数据，把收到的数据发送回去后，将标志信号量清零。在中断中，通过中断标志确认是收中断，接收数据的同时，将标志信号量置 1，进而实现主程序和中断的配合。程序如下：

汇编语言程序：

```
      ORG  0000H
      LJMP MAIN
      ORG  0023H
      LJMP UART_ISR
      ORG  0030H
MAIN:
      MOV  TMOD, #20H  ;Timer1 设置设为方式 2
      MOV  TL1, #0F3H  ;2 400 bps
      MOV  TH1, #0F3H  ;重载
      ANL  PCON, #7FH
      MOV  SCON, #50H  ;串口设为方式 1,
                       ;允许收
      SETB ES          ;开串口中断
      SETB EA          ;开总中断
      SETB TR1         ;启动波特率发生器
      CLR  F0          ;F0 作为已经收到数据标志
LOOP:
      :
      JB   F0, L1
      LJMP LOOP
   L1:MOV  SBUF, A     ;发回收到的数据
      JNB  TI, $       ;查询发送
      CLR  TI
      CLR  F0          ;清标志
      LJMP LOOP

UART_ISR:
      JNB  RI, EXT     ;若不是收中断
      MOV  A, SBUF     ;收数据
```

C 语言程序：

```c
#include<reg52.h>
unsigned char buf;         //接收数据缓存
unsigned char R_sign;      //接收到数据标志
void serial_init(void){    //串口初始化
    TMOD = 0x20;           //Timer1 作波特
                           //率发生器
    TH1 = 0xf3;            //波特率 2400 bps
    TL1 = 0xf3;
    PCON &= 0x7f;
    SCON = 0x50;           //允许发送接收
    ES = 1;                //允许串口中断
    EA = 1;
    TR1 = 1;
}
void putchar(unsigned char c){
    SBUF = c;
    while(TI == 0);        //等待发送完成
    TI = 0;   //清标志，准备下一次发送
}
int main(void){
    serial_init();
    R_sign = 0;
    while(1) {
        //...
        if(R_sign) {
            //将接收到的字符发回
            putchar(buf);
            R_sign = 0;
        }
```

```
    SETB F0        ;给出接收到数据标志          }
    CLR  RI        ;清收中断标志            }
EXT:                                void UART_ISR(void) interrupt 4 {
    RETI                               if(RI){      //接收中断
                                           RI = 0;
                                           buf = SBUF;
                                           R_sign = 1;
                                       }
                                   }
```

由于串口有 TI 和 RI 两个中断标志，因此，在 ISR 中，要通过软件清零中断标志。

发送程序采用查询方式，即将数据放入 SBUF 后，一直查询 TI，直至 TI 为 1，说明发送完成，然后软件清零 TI 标志。

为了增强代码的可读性和规范性，C 语言程序将发送写成一个函数 putchar()。

【例 8.2】基于 51 系列单片机的 UART 设计一个 4 位数码管显示"专用芯片"，显示内容由 RXD 引脚送入。

分析：这是一个多核应用实例，一个单片机作为从属，负责显示。其电路如图 8.18 所示。

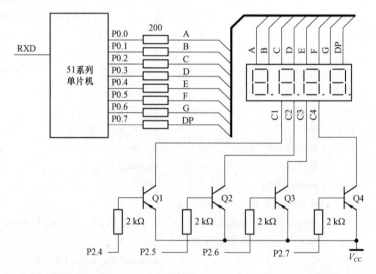

图 8.18　单片机作为 4 位数码管显示"专用芯片"的电路图

接收的 8 位数据格式如下。其中，高 4 位数值范围为 0～3，对应 4 个数码管的显存偏移量；低 4 位是显存更新的 BCD 码，若为 A 到 F，则对应数码管不显示。

D7～D4	D3～D0
数码管地址：0～3	对应数码管的 BCD 码

汇编程序中，30H 到 33H 作为显存；C 语言程序中，d[4]数组作为显存。主程序在初始化后，周而复始的动态扫描显示显存数据。每循环一次，依次完成读取显存、译码、送段选、给出位选、计算下一个显存地址和位选、延时 1 ms、关位选操作。程序如下：

汇编语言程序：

```
        ORG  0000H
        LJMP MAIN
        ORG  0023H
        LJMP UART_ISR
MAIN:MOV  TMOD, #20H ;定时器 1 设为方式 2
     MOV  TL1, #0F3H ;2.4 Kbps
     MOV  TH1, #0F3H ;重载
     SETB TR1         ;启动定时器 1
     MOV  SCON, #50H ;方式 1, 允许收
     SETB ES          ;开串口中断
     SETB EA          ;开总中断

     MOV  R0, #30H   ;个十百千显存: 30H~33H
     MOV  R2, #7FH   ;P2.7-第 1 个数码管位选
     MOV  DPTR, #BCDto7_TAB
LOOP:MOV  A, @R0
     MOVC A, @A+DPTR ;译码
     MOV  P0, A       ;给出段选
     MOV  A, R2
     ANL  P2, A       ;给出位选显示对应数码管
     MOV  A, R0
     INC  A
     ANL  A, #33H ;如果 R0>33H,R0=30H
     MOV  R0, A
     CJNE R0, #30H, N_DIS
     MOV  R2, #7FH    ;给出数码管位选
     LJMP F_DIS
N_DIS:MOV  A, R2       ;位选移到下一位
     RR   A
     MOV  R2, A       ;保存位选位置
F_DIS:LCALL DELAY_1MS
     MOV  A, #0F0H;
     ORL  P2, A       ;关显示(亮一会后灭)
     LJMP LOOP
BCDto7_TAB:           ;0~9,不显示
     DB 0c0H,0f9H,0a4H,0b0H,99H
     DB 92H,82H,0f8H,80H,90H,0FFH
DELAY_1MS:
     MOV  R6, #4
D1MS:MOV  R5, #125
     DJNZ R5, $
```

C 语言程序：

```c
#include "reg52.h"
unsigned char d[4];          //显示缓存
void delay_1ms(void){
    unsigned int i;
    for(i=0; i<124; i++);
}
void display(void){          //循环扫描 1 遍
    unsigned char i;
    unsigned char code BCD_7[11]= {
        0xc0,0xf9,0xa4,0xb0,0x99,

0x92,0x82,0xf8,0x80,0x90,0xff};
    for(i=0; i<4; i++){
        P0 = BCD_7[d[i]];
        P2 &= ~(0x80>>i); //开显示
        delay_1ms();          //亮一会
        P2 |= 0xf0;          //关显示
    }
}
void serial_init(void){     //串口初始化
    TMOD = 0x20;    //Timer1 作波特率发生器
    TH1 = 0xf3;      //波特率 2400 bps
    TL1 = 0xf3;
    SCON = 0x50;          //允许收
    ES = 1;               //允许串口中断
    EA = 1;
    TR1 = 1;
}
int main(void){
    serial_init();
    while(1){
        display();
    }
}
void UART_ISR(void) interrupt 4 {
    unsigned char index, bcd;
    if(RI){      //接收中断
        RI = 0;
        bcd = SBUF;
        index = bcd >> 4;//获取显存偏移量
        bcd &= 0x0f;     //获取 BCD 码
```

`DJNZ R6, D1MS`
`RET`
	`    if(bcd > 9)bcd = 10;`
	`    d[index] = bcd;`
	`  }`
	`}`

在串口的 ISR 中，通过中断标志确认是收中断后，软件要解析接收到的数据，并更新显存，即将低 4 位信息解析后，存入高 4 位偏移量指定的显存地址。汇编的 ISR 中，还有现场保护和恢复现场程序。

【**例 8.3**】甲、乙两个经典型 51 单片机进行 UART 板级数据通信，完成甲机给乙机传送一串数据。系统时钟频率为 12 MHz，甲、乙两机都选择方式 1、8 位 UART，波特率为 2 400 bps。其通信协议约定如图 8.19 所示。

A5H	数据 个数	数据0	数据1	数据2	······

图 8.19　通信协议约定

（1）通信开始时，甲机首先发送一个帧头 A5H。
（2）然后，甲机发送 1 个字节数据，其数值表示后面要发送的数据个数。
（3）甲机发送各个数据字节。
（4）乙机将数据存入自 40H 地址开始的内部 RAM 中。

分析：甲、乙两机都设定为 8 位 UART，乙机要允许收。两机的波特率都设置为 2 400 bps。考虑到乙收到数据的随机性，整个通信过程中，仅乙机接收时采用中断方式，其他的收发都采用查询方式。

甲机的软件流程如图 8.20 所示。

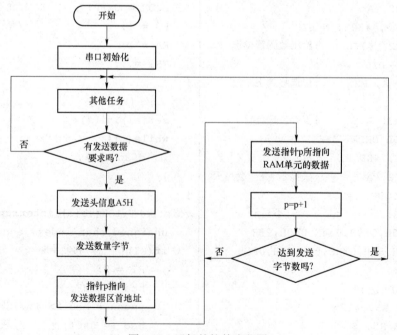

图 8.20　甲机的软件流程图

汇编语言程序：	C 语言程序：

汇编语言程序：

```
MAIN:
    MOV  TMOD, #21H  ;串行口初始化
    MOV  TL1, #0F3H
    MOV  TH1, #0F3H
    ANL  PCON, #7FH  ;SMOD=0
    SETB TR1
    MOV  SCON, #40H
LOOP:

    ;检测发数据命令(可以是传感器或按键等),
    ;一旦有命令则开始发送数据,否则跳到 LOOP

 L0:MOV A, #0A5H
    LCALL putchar ;发送头
    MOV  R7, #10    ;假设发送 10 个数
    MOV  R0, #40H   ;指向数据区首址
    MOV  A, R7
    LCALL putchar ;发送数据数量
L1:MOV A, @R0
    LCALL putchar ;发送数据
    INC  R0
    DJNZ R7, L1

    LJMP LOOP

putchar:
    MOV  SBUF, A
    JNB  TI, $
    CLR  TI
    RET
```

C 语言程序：

```
#include "reg52.h"
unsigned char buf[12]; //发送数据缓存
void serial_init(void){//串口初始化
    TMOD = 0x20;        //T1 用于波特率发生器
    TH1 = 0xf3;         //波特率 2400Bps
    TL1 = 0xf3;
    PCON &= 0x7f;
    SCON = 0x40;        //方式 1
    TR1 = 1;
}
void putchar(unsigned char c){
    SBUF = c;
    while(TI == 0);
    TI = 0;
}
void send(unsigned char *p, num){
    unsigned char i;
    putchar(0xA5);      //发送头
    putchar(num);       //发送数据数量
    for(i=0; i<num; i++){
        putchar(p[i]); //发送数据
    }
}
int main(void)
{
    serial_init();
    while(1){
        if(满足发送数据条件){
            send(buf, 10); //假设发 10 个数
        }
    }
}
```

　　甲机的汇编代码，前面是初始化代码，自 L0 行号开始发送数据。依次发送头 A5H、数量字节，这里数量假设是 10，然后通过 L1 行号开始的循环，发送 10 个字节数据。C 程序与汇编的思路是一致的，其中，串口初始化和发送过程，各封装成一个函数，增强了代码的可读性。

　　乙机的软件流程如图 8.21 所示。乙机软件流程由主程序和串口中断服务子程序构成。主程序完成初始化，接收甲机的数据则由中断程序完成。串口的 ISR 中，通过 R_sign 变量来区分接收数据的性质，即将 R_sign 变量作为状态变量，将接收过程写成有限状态机。若

R_sign=0，则说明接收的是头字节 A5H，然后将 R_sign 赋值为 1；若 R_sign=1，则说明接收的是数量字节，然后将 R_sign 赋值为 2；如果 R_sign=2，则接收并存储数据，当已达到数量字节给出的接收次数时，将 R_sign 归 0，一次通信过程结束。

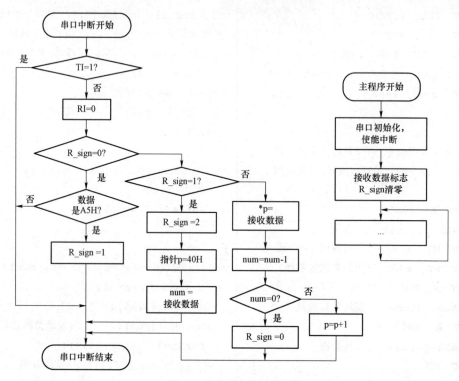

图 8.21　乙机的软件流程图

程序如下：

汇编语言程序：

```
R_Sign   EQU 34H   ;收标志
num      EQU 35H   ;接收的数量
    ORG  0000H
    LJMP MAIN
    ORG  0023H
    LJMP Serial_ISR
MAIN:
    MOV  TMOD, #20H  ;串行口初始化
    MOV  TL1, #0F3H
    MOV  TH1, #0F3H
    ANL  PCON, #7FH  ;SMOD=0
    SETB TR1
    MOV  SCON, #50H
    SETB EA
    SETB ES          ;开串口中断
```

C 语言程序：

```c
#include "reg52.h"
unsigned char buf[12];  //发送数据缓存
unsigned char R_sign, num, ptr;
void serial_init(void){ //串口初始化
    TMOD = 0x20;  //T1用于波特率发生器
    TH1 = 0xf3;   //波特率 2400 bps
    TL1 = 0xf3;
    SCON = 0x50;  //允许发送接收
    ES = 1;       //允许串口中断
    EA = 1;
    TR1 = 1;
}
int main(void){
    serial_init();
    R_sign = 0;
```

```
        MOV  R_Sign, #0
LOOP:
        LJMP LOOP
Serial_ISR:
        JB   TI, OUT_S_ISR
        CLR  RI
        MOV  B, SBUF        ;接收数据暂存
        CLR  A
        XRL  A, R_Sign
        JNZ  REV_NUM        ;Sign!=0
        MOV  A, #0A5H
        XRL  A, B
        JNZ  OUT_S_ISR      ;不是数据头
        MOV  R_Sign, #1
        RETI
REV_NUM:
        MOV  A, #1
        XRL  A, R_Sign
        JNZ  REV_DATA       ;Sign!=1
        MOV  R_Sign, #2
        MOV  num, B
        MOV  R0, #40H
        RETI
REV_DATA:
        MOV  @R0, B
        DJNZ num, REV_CON
        MOV  R_Sign, #0
        RETI
REV_CON:
        INC R0
OUT_S_ISR:
        RETI
```

```c
    while(1){

    }
}
void UART_ISR(void) interrupt 4 {
    unsigned char temp;
    if(RI){          //接收中断
        RI = 0;
        temp = SBUF;
        if(R_sign == 0){
            if(temp == 0xA5)R_sign = 1;
        }
        else if(R_sign == 1){
            R_sign = 2;
            num = temp;
            ptr = 0;
        }
        else {  //R_sign = 2
            buf[ptr] = temp;
            ptr++;
            num--;
            if(num == 0) R_sign = 0;
        }
    }
}
```

汇编程序首先是初始化代码,然后主循环。初始化包括串口初始化、使能串口中断和总中断,以及将 R_sign 状态变量归零。串口 ISR 在确认是收中断后,根据 R_sign 状态变量完成具体工作,并修改 R_sign,给出接收数据的下一个阶段,为下次接收数据定性,即给出次态。软件中通过异或指令,将 R_sign 状态的判断转换为判零问题,再通过 JNZ 指令分支。

乙机的 C 语言程序,其 ISR 代码相比汇编语言程序而言,分支结构更加清晰。

8.4　单主多从的现场总线多机通信系统

随着智能硬件技术的发展,由多个智能硬件组成的分布式网络系统具有越来越多的应用

场景，如智能农业的分布式环境监测系统，生产线各设备的协同工作控制系统等。本节学习单主多从的多机通信系统结构、原理及软硬件实现方法。

8.4.1　UART 的单主多从多机通信模式及多机通信原理

单主多从的多机通信系统是指通信系统中有一个唯一的主机和若干个从机，通信由主机发起，指定从机配合主机完成通信任务。主机指定从机的过程可以有多种技术手段，基于 UART 的单主多从通信系统，其每个从机都有唯一的地址。如果主机发送的 UART 帧有地址帧和数据帧之分，从机通过地址帧确认自身是否为被指定通信对象，进而决定是否与主机进行半双工通信，称基于该种机制的 UART 单主多从通信系统工作为多机通信模式。

如图 8.22 所示，基于 8.2.2 节学习的 RS-485 半双工通信协议，可构建典型的单主多从的半双工多机通信系统。图中，平衡电阻 R 通常为 100～300 欧姆。各 RS-485 终端都挂接到同一对 AB 线上，都处于收数据状态，即在收发控制引脚上，要保持为 0，避免总线冲突；或者仅有一个处于发数据状态，处于发数据状态的 RS-485 终端所发送的数据可以被其他所有 AB 线上的 RS-485 终端接收到。只有处于发送状态的 RS-485 终端，其收发控制引脚置 1，发送完成，再回到 0。显然，RS-485 通信系统与 UART 工作于多机通信模式的要求一致。由主机通过各个从机的地址轮询每个从机。

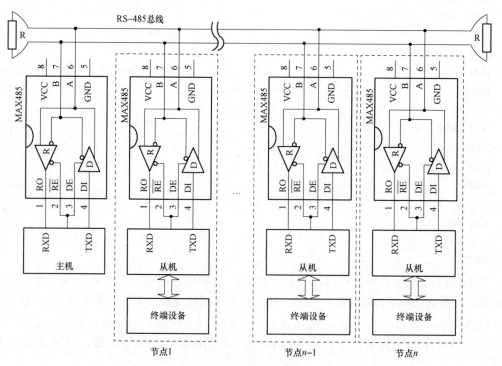

图 8.22　RS-485 总线通信网络

从机设备号设置电路如图 8.23 所示。为了各从机软件的一致性，从机地址通常通过拨码开关的设定，读拨码开关端口就是从机地址。

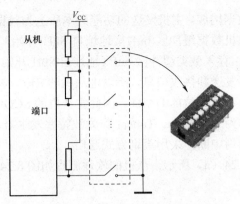

图 8.23　从机设备号设置电路

那么，单主多从的多机通信系统中，从机是如何识别主机问询的地址呢？这是通过多机通信模式实现。

微处理器的片上 UART 外设一般都支持单主多从的多机通信模式。一般通过微处理器的外设寄存器使能或关闭 UART 的多机通信模式。51 系列单片机的串口，其多机通信模式使能位 SM2 位于 SCON 中。多机通信模式在各个微处理器中的具体外设寄存器等情况各不相同，但工作原理与 51 系列单片机的多机通信模式一致。下面先说明多机通信模式使能位的逻辑功能，然后讲述基于多机通信模式的单主多从半双工通信系统工作原理。

多机通信模式用于 9 个数据位的 UART。51 系列单片机的串口工作设置为方式 3，发送信息时，发送数据的第 9 位由 TB8 取得，接收信息的第 9 位放于 RB8 中，而接收是否有效要受 SM2 位影响。当关闭多机通信模式，即 SM2 设置为 0 时，无论接收的 RB8 位是 0 还是 1，接收都有效，RI 都置 1；而当使能多机通信模式，即 SM2 设置为 1 时，只有接收的 RB8 位等于 1 时，接收才有效，RI 才置 1，如果接收到的第 9 位数据（RB8）为 0，则输入移位寄存器中接收的数据不能载入到接收缓冲 SBUF 中，接收中断标志位 RI 不置位，接收无效。

基于多机通信模式的单主多从半双工通信系统，主从机都设置为 9 位的 UART，且主机的 SM2 位固定为 0，即不使能多机通信模式。主机发送的 UART 帧分为地址帧和数据帧，从机仅能发送数据帧。地址帧是指第 9 位（TB8）为 1 的 UART 帧；数据帧是指第 9 位（TB8）为 0 的 UART 帧。常态下主从机都处于接收状态；所有从机的 SM2 位都置为 1，使能多机通信模式。通信过程如下。

（1）通信由主机发起，主机首先发送地址帧（TB8 位为 1）来指定与之通信的从机。

（2）所有的从机的 SM2 位都为 1，都能够接收主机送来的 8 位从机地址信息，各从机将接收地址与本机的地址相比较，如接收的地址与本机的地址相同，则使 SM2 位为 0，关闭多机通信模式，为与主机间交互数据帧做好准备；如果地址不一致，则不做处理。

（3）主机与该从机半双工通信，主从机发送的第 9 位 TB8 都为 0，交互数据帧。

（4）通信完成，对应从机再将 SM2 位置 1，恢复被访问前的状态。

【例 8.4】单主多从通信系统。主从机都为经典型 51 单片机，时钟频率均为 12 MHz。整个系统采用 2 400 bps 波特率进行通信，9 位 UART，方式 3。从机号通过 8 位 DIP 拨码开关设定挂接到每个从机的 P1 口上，从机地址号范围为：0～255。通信中做如下约定：通信开始时，主机首先发送从机地址，并随即发送功能码；对应地址的从机确认后给主机传送数据包。

从机返回的数据包由 8 帧数据构成。主机发送的功能码本质上为数据帧，有 80H 和 88H 两个功能码。数据分别来源于从机数据缓冲区 buf1（地址自 80H 开始）和 buf2（地址自 88H 开始）。主机接收到数据包后，存入数据缓冲区 buf（地址自 80H 开始），然后处理。

　　分析：由于主从机都要发送和接收信息，所以主从机的 REN 位都设为 1，允许收，多机通信模式设置需要设置为 9 个数据位的 UART，因此主从机的 SCON 寄存器都设置为 D0H。两机的波特率必须一致，都为 2 400 bps。Timer1 作为波特率发生器，初值设置为 F3H。整个通信过程中，主从机都不使用中断，采用查询方式通信。

　　主机的软件流程如图 8.24（a）所示，从机的软件流程如图 8.24（b）所示。

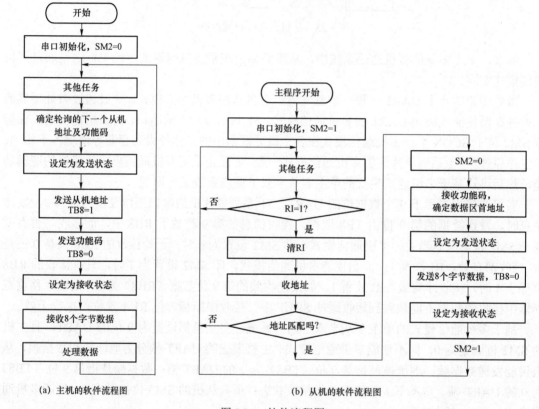

(a) 主机的软件流程图　　　　　　　　　　　(b) 从机的软件流程图

图 8.24　软件流程图

　　主机的程序如下：

汇编语言程序：

```
PIN_IS_SEND  EQU  P1.0
    CLR  PIN_IS_SEND    ;处于收状态
    MOV  TMOD, #20H     ;串行口初始化
    MOV  TL1, #0F3H
    MOV  TH1, #0F3H
    SETB TR1
    MOV  SCON, #0D0H
LOOP:
```

C 语言程序：

```c
#include <reg52.h>
unsigned char buf[8];
sbit PIN_IS_SEND = P1^0;
void putchar(unsigned char c){
    SBUF = c;
    while (TI == 0);
    TI = 0;
}
```

```
    ;确认轮询的下一个从机地址到 A 中
    ;功能码到 B 中

L0:SETB PIN_IS_SEND   ;切换到发状态
   SETB TB8
   LCALL putchar      ;发送从机地址
   CLR  TB8
   MOV  A, B
   LCALL putchar      ;发送功能码
   MOV  R0, #80H
   MOV  R7, #8
   CLR  PIN_IS_SEND   ;切换回收状态
L1:JNB RI, $
   CLR  RI
   MOV  @R0, SBUF
   INC  R0
   DJNZ R7, L1
   LCALL Deal         ;调用数据处理, 函数略
   LJMP LOOP
putchar:
   MOV  SBUF, A
   JNB  TI, $
   CLR  TI
   RET
```

```c
int main(void){
    unsigned char i;
    IN_IS_SEND = 0;  //处于收状态
    TMOD = 0x20;     //串行口初始化
    TL1 = 0xf3;
    TH1 = 0xf3;
    SCON = 0xd0;
    TR1 = 1;
    while(1){
        ...
        //确认轮询的下一个从机地址
        PIN_IS_SEND = 1;  //切换到发状态
        TB8 = 1;
        putchar(从机地址);
        TB8 = 0;
        putchar(功能码);
        PIN_IS_SEND = 0;  //切换回收状态
        for(i = 0;i < 8;i++){
            while(!RI);
            RI = 0;
            buf[i] = SBUF;
        }
        Deal()            //数据处理, 略
    }
}
```

　　初始化后，进入主循环。主循环中，确认下一个访问的从机地址和功能码后，切换为发送状态，TB8 置 1，调用发送子程序，发送地址帧。然后，TB8=0，发送功能码。切换到接收状态后，循环 8 次，查询接收 8 个数据存入 RAM 中，并对数据进行处理。

　　从机的程序如下：

汇编语言程序：

```
PIN_IS_SEND EQU P1.0
    CLR  PIN_IS_SEND ;处于收状态
    MOV  TMOD, #20H  ;串行口初始化
    MOV  TL1, #0F3H
    MOV  TH1, #0F3H
    SETB TR1
    MOV  SCON, #0D0H ;9 位 UART
    SETB SM2
LOOP:
    ;其他任务

    JNB  RI, LOOP
```

C 语言程序：

```c
#include <reg52.h>
unsigned char buf1[8], buf2[8];
sbit PIN_IS_SEND = P1^0;
void putchar(unsigned char c){
    SBUF = c;
    while (TI == 0);
    TI = 0;
}
int main(void)
{
    unsigned char i, *p;
    TMOD = 0x20; //波特率初始化
```

```
    CLR  RI
    MOV  A, SBUF
    XRL  A, P1    ;假设 P1 口用于地址设定
    JNZ  LOOP     ;地址不一致不响应主机
    CLR  SM2
    JNB  RI, $    ;接收功能码
    CLR  RI
    MOV  R0, SBUF
    SETB PIN_IS_SEND ;切换到发状态
    MOV  R7, #8
    CLR  TB8
L1:MOV  A, @R0
    LCALL putchar
    INC  R0
    DJNZ R7, L1
    CLR  PIN_IS_SEND   ;切换回收状态
    SETB SM2
    LJMP LOOP
putchar:
    MOV  SBUF, A
    JNB  TI, $
    CLR  TI
    RET
```

```
    TL1 = 0xf3;
    TH1 = 0xf3;
    SCON = 0xd0;              //方式 3，TB8=0
    TR1 = 1;
    while(1){
        ...
      if(RI){
        RI = 0;
        if(SUBF == P1){   //P1 口是从机地址
          SM2 = 0;
          while (RI == 0);
          RI = 0;
          p = (SBUF == 0x80)?buf1:buf2;
          PIN_IS_SEND = 1;//切换到发状态
          for(i=0; i<8; i++){
              putchar(p[i]);
          }
          PIN_IS_SEND = 0;//切换回收状态
          SM2 = 1;
        }
      }
    }
}
```

从机的汇编语言程序初始化后，进入主循环。主循环中，查询接收中断标志 RI，RI 置位，说明收到了地址帧。RI 清零后，将接收的地址，与本机地址 P1 口比对，如果地址不同，则不作任何处理；如果地址相同，则在清零 SM2 位后，接收功能码并确定数据首地址，将首地址给 R0 指针。然后，切换到发送状态，在 TB8=0 情况下，将自首地址开始的 8 字节数据，依次发送给主机。发送完数据后，再切换回接收状态。从机再次将 SM2 置位，使能多机通信模式。继续执行主循环。C 语言程序中，通过指针 p 来指向 buf1 或 buf2 数组，采用 if 语句和 for 循环结构实现通信过程，代码可读性增强，代码结构更加清晰。

多机通信模式很好地解决和实现了单主多从的半双工轮询应用，但是其只适合于工作电磁环境很好的场合，不适合于易受干扰的场合。如果多机通信系统工作于工业现场，或室外裸露，数据传输过程会受到干扰，会产生错误数据位。即使应用多机通信模式的第 9 位进行校验，也无法保证不会被干扰。一旦通信过程中第 9 位受到干扰，整个通信逻辑会遭到破坏，从而导致通信过程出现混乱和错误。因此，不能采用多机通信模式来实现现场总线的单主多从通信，而是采用 8.4.2 节的技术。

8.4.2 单主多从现场总线与校验技术

本节学习摒弃多机通信模式，基于校验技术来应对易受干扰的应用场合。主要研究带有校验功能的单主多从通信系统协议的设计，以及校验方法。

适应易受干扰应用场合的局域多机分布式通信总线系统称为现场总线（field bus），显然，

现场总线属于串口通信接口。现场总线主要应用于工业数据总线，它主要解决工业现场的智能化仪器仪表、控制器、执行机构等现场设备间的数字通信，以及这些现场控制设备和高级控制系统之间的信息传递问题。现场总线一般具有简单、可靠、经济实用等突出优点。显然，基于校验技术的 RS-485 总线多机通信系统属于现场总线应用领域。虽然后来发展的 CAN 总线等具有数据链路层协议的总线在各方面的表现都优于 RS-485 总线，呈现出 CAN 总线取代 RS-485 总线的趋势；但由于 RS-485 总线在软件设计上与 RS-232 总线基本兼容，其工业应用成熟，因而至今 RS-485 总线仍在工业应用中具有十分重要的地位。

下面学习基于校验技术实现单主多从的现场总线级多机通信系统的原理。

假设一个 UART 帧在通信过程中最多错 1 位。此时，接收到的 UART 帧有两种情况。

情况 1：UART 帧的数据未知，其数据具有随机性。

情况 2：UART 帧的数据仅可能是已知的几个约定数据之一，分别表示不同的含义。

先看情况 1。因为接收的 UART 帧中的数据是随机的，接收到数据后不能辨别数据是否有错误。为此，需要发送方在数据的基础上添加了校验码。接收方收到数据和校验码，并根据收到的数据计算校验码，并与接收到的校验码比对，判断是否正确接收，这个过程称为校验。校验失败则要求发送方重新发送。

如图 8.25 所示，校验可以简单地分为横向校验和纵向校验两种。

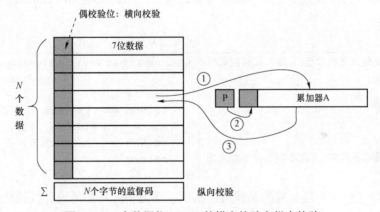

图 8.25　8 个数据位 UART 的横向校验和纵向校验

偶校验属于横向校验。如果是 8 个数据位的 UART，带有偶校验位的数据产生方法是：将 7 位数据读入累加器 A 中，此时 P 校验位就是偶校验输出，将 P 写入 A 的最高位，再将 A 作为发送的数据。如果是 9 个数据位的 UART，则第 9 位作为校验位。

前 N 个帧的和、异或，以及 CRC 等校验码字节是纵向校验。前 N 个帧和纵向校验帧构成一个帧串。

数据进行横向校验和纵向校验，提升校验错误的能力。

再看情况 2。各个约定数据中，两两之间至少有 3 位不一致。例如，判断数据是否是 3CH，且最多错 1 个位。收到的数据和 3CH 做异或，如果等于 0，表示就是 3CH；错 1 位，异或运算结果则只有 1 个 1，也表示是 3CH。也就是说，"一致"和只差 1 个位，都认为是 3CH。

那么，如何判断只有 1 个 1 呢？一种方法是，由于异或运算结果中 1 的个数就是不一致的位的数量，用位测试等方法数出 1 的个数，就是错误的位的个数。这种方法可以实现任务目标，但数出 1 的个数，代码效率太低了。

为了得到更好的方法，将异或运算的结果用 n 表示，然后分析 n−1 的二进制减法过程。0 减 1 不够减，就得向高位借位，因此 n−1 就是从 n 的最低位向高位查找 1，直至发现 1，连同这个 1 和后面的低位取反，高位不变。如图 8.26 所示的实例，假设 b2 位错误，即 b2 位为 1，则做减 1 运算时，差的低 3 位和被减数的低 3 位是逻辑非关系。高位都是 0。

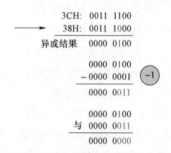

图 8.26　判断是否最多只有 1 个 1

因此，如果 n 只有 1 个位是 1，则 n 与（n−1）的结果为 0；反过来说，如果 n 与（n−1）=0，则至多 1 个位不同。这个方法不用逐个位查看和计 1 的个数来确认是否只有一个 1，因此非常高效。子程序有两个参数，分别为接收值和比较值；返回值为 0，表示两个数据最多差 1 位。程序如下：

汇编语言程序：	C 语言程序：

`RevIsNum:;B 传入接收数值,A 传入比较的数值`
`    XRL A, B`
`    JZ  EXT`
`    MOV B, A`
`    DEC A`
`    ANL A, B`
`EXT:RET   ;A 做返回值,返回 0 表示最多差 1 位`
	`unsigned char RevIsNum(unsigned char Rev,`
	`                        unsigned char Num){`
	`    Num ^= Rev;`
	`    if(Num == 0)return 0;`
	`    Num = Num &(Num - 1);`
	`    if(Num == 0)return 0;`
	`    return 1;`
	`}`

下面通过单主多从现场总线的具体应用实例，学习和分析如何设计校验协议。

【例 8.5】单主多从通信系统中的，主从机都为经典型 51 单片机，时钟频率均为 12 MHz，整个系统采用 2 400 bps 波特率、9 位 UART、方式 3 进行通信；从机号通过 8 位 DIP 拨码开关设定挂接到每个从机的 P1 口上，从机地址号范围为：0～255。通过帧串的方式实现单主多从的多机通信。

分析：由于主从机都要发送和接收信息，所以主从机的允许收、REN 位都设为 1。数据信息需要校验，设置为 9 位 UART。因此，主从机的 SCON 都设置为 D0H。在软件设计，首先设计帧串结构和通信协议。

一个帧串是由若干个 UART 帧构成。帧串分为两类：一类是指令帧或确认帧，另一类是数据帧。

指令帧或确认帧的帧串结构由地址字节和功能码字节构成，具体格式如下：

从机 地址	功能码

功能码就是指令和确认信息。主机发出的指令帧和从机发出的确认帧，帧串的长度最短，仅为 2 个字节。

数据帧的帧串结构为：

从机地址	功能码	数据长度	数据0	数据1	数据2	……	纵向校验

其中，纵向校验字节是该帧串前面各个数据的和。

无论哪种帧串，全部字节数据都采用偶校验。

如图 8.27 所示，帧串类型由功能码字节决定。主机发送的指令帧传有两种，从机返回的对应帧串也有两种：主机询问从机是否在位的"ACTIVE"指令帧串，功能码为 01H；从机应答在位的"READY"确认帧串，功能码为 AAH。主机发送读设备请求的"GETDATA"指令帧传，功能码是 02H，从机发送设备状态或传感信息等的"SENDDATA"数据帧串，功能码为 10H。

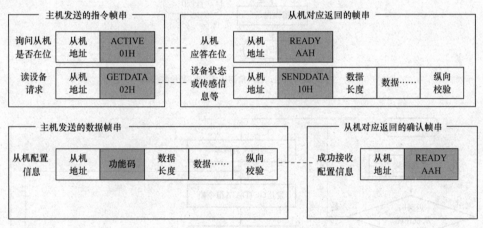

图 8.27　帧串及配合

本例中，主机发送的数据帧串就 1 种。主机发送配置信息的"CONFIGURE"数据帧串，功能码是 03H，从机发送成功接收配置信息的"ACKNOWLEDGE"确认帧串，功能码是 55H。

主机主导整个通信过程：由主机轮询各个从机，发送指令帧或数据帧给从机，从机根据接收的帧类型返回数据帧或确认帧给主机。

从机返回的 2 个确认帧串，功能码两两之间至少 3 个二进制位不一样。这样，确认帧串有错误，也能判别和区分。

主机和从机的软件流程如图 8.28 所示，通信协议设计如下。

（1）超时控制、错误处理和确认帧处理。

帧串中的每个 UART 帧发送结束，到下 1 个 UART 帧开始的时间间隔要小于 1.5 个 UART 帧时间。每个帧串结束，要至少相隔 1.5 个 UART 帧时间后，方可进行下 1 个帧串传输，以方便软件基于 1.5 个 UART 帧时间间隔判断帧串是否结束。

如图 8.28（a）所示，主机发送"ACTIVE"帧串给从机后，开启超时控制，在 50 ms 规定时间内没有接收到从机返回的帧串，则主机重新发送帧串，如果发生 3 次超时，则报错后放弃对该从机操作，轮询下一个从机。

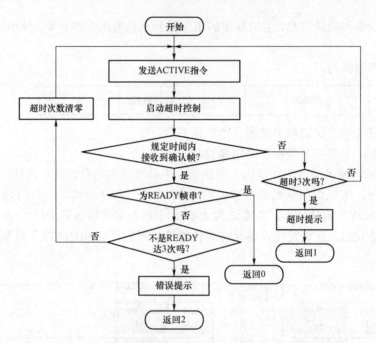

(a) 主机的软件流程：在线检测从机，返回0检测成功

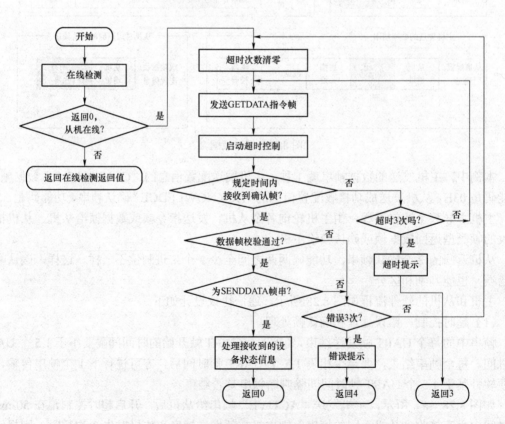

(b) 主机的软件流程：获取从机状态或传感信息等，返回0获取成功

图 8.28　带校验的单主多从现场总线主从机的软件流程图

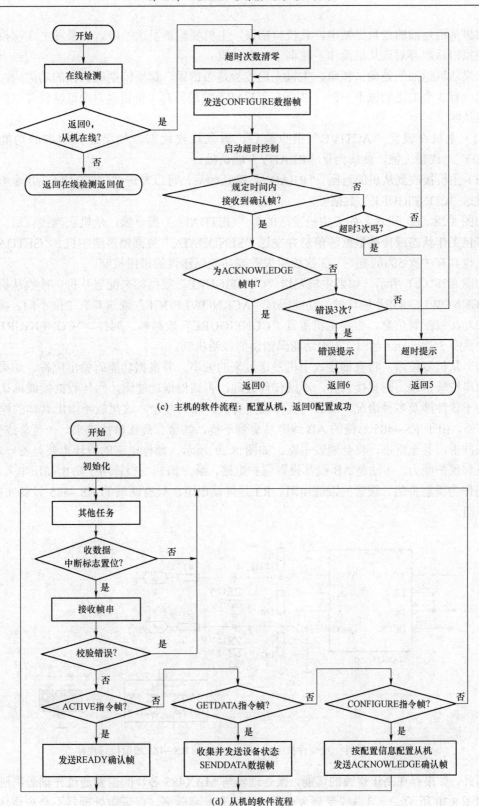

(c) 主机的软件流程：配置从机，返回0配置成功

(d) 从机的软件流程

图 8.28　带校验的单主多从现场总线主从机的软件流程图（续）

如果从机返回的是数据帧串，且校验错误，主机要重新发送帧串。如果发生 3 次校验错误，则报错后放弃对该从机操作，轮询下一个从机。

如果从机返回的是确认帧串，主机无论校验是否错误，都要依据确认帧的功能码，两两之间至少有 3 个二进制位不一样，以及 1 个 UART 帧最多有 1 位错误，通过软件算法判断是否为确认帧。

（2）主机在发完"ACTIVE"指令帧后，进入接收状态。如果返回帧串的功能码是"READY"，或错 1 位，就认为是"READY"确认帧。

（3）主机接收到从机的返回 "READY"确认帧后，可以发送"GETDATA"指令帧，也可以发送"CONFIGURE"数据帧。

如图 8.28（b）所示，如果主机发送的是"GETDATA"指令帧，从机正确接收后，即刻收集打包工作状态或传感数据等信息并发送"SENDDATA"数据帧串给主机。"GETDATA"指令帧也具有 3 次 50 ms 超时、3 次校验失败或功能码错误的报错机制。

如图 8.28（c）所示，如果主机发送"CONFIGURE"数据帧来配置从机，接收从机返回的"ACKNOWLEDGE"确认帧，功能码是"ACKNOWLEDGE"或与其 1 位不同，都表征从机成功接收配置信息，否则主机重发"CONFIGURE"数据帧。同样，"CONFIGURE"数据帧也具有 3 次 50 ms 超时、3 次功能码错误的报错机制。

（4）从机复位后，将查询接收主机发送过来的帧串，并根据功能码做出应答。如果接收到的帧串校验错误，则直接丢弃，不做任何处理，否则根据功能码，回传数据帧或确认帧。

由于软件涉及多种情况，而且与具体应用有关，较为复杂，这里就不给出具体的程序。

另外，由于 RS-485 总线的 AB 线容易受到干扰，甚至有高压串扰进来。一旦总线受到大电压冲击，甚至雷击，将会烧毁电路。如图 8.29 所示，硬件电路的设计也要具备一定的抗干扰和保护能力。方法是 AB 线都设置保护电路，瞬态抑制二极管用于防止高压串入，20 Ω 电阻作为瞬态抑制二极管的限流电阻。R3 是终端电阻，只有两端的 RS-485 设备才需要这个电阻。

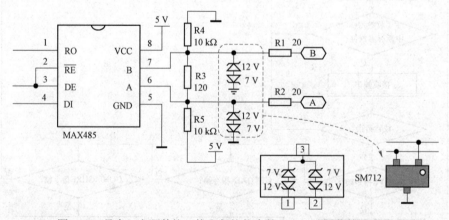

图 8.29　具有一定硬件抗干扰和保护能力的 RS-485 通信接口电路

另外，如果存在高压烧毁的可能，微处理器与 MAX485 芯片间需要通过光耦隔离进行通信。如图 8.30 所示，一旦总线受到大电压冲击，有光耦隔离，保证微处理器不会被烧坏。当然，光耦两侧需要两套电源。

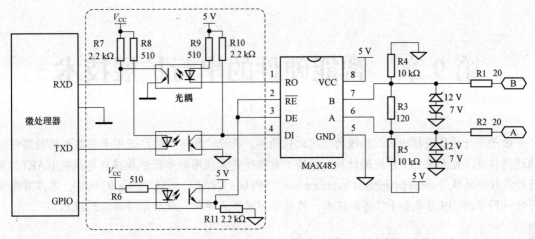

图 8.30　具有光耦隔离和硬件抗干扰能力的 RS-485 终端电路

习题与思考题

1. 下列有关串行通信的说明中，错误的是（　　）。

A. 51 系列单片机的串行口只有异步方式而无同步方式，因此只能进行串行异步通信

B. 51 系列单片机的串行口发送和接收使用同一个数据缓冲寄存器 SBUF

C. 双机通信时要求两机的波特率相同

D. 偶校验是指给校验位写入一个 0 或 1，以使得数据位和校验位中 1 的个数为偶数

2. 关于 51 系列单片机的串行口，以下有关其 UART 的第 9 数据位的描述中错误的是（　　）。

A. 第 9 数据位的功能可由用户定义

B. 发送数据的第 9 数据位内容在 SCON 寄存器的 TB8 位中预先准备好

C. 帧发送时使用指令把 TB8 位的状态送入发送 SBUF 中

D. 接收到的第 9 数据位送 SCON 寄存器的 RB8 中保存

3. Timer1 作为波特率发生器为什么需要设置为方式 2？

4. 试说明 UART 的通信格式及注意要点。

5. 试说明 11.059 2 MHz 晶振用于 UART 通信的原理？

6. 基于经典型 51 单片机的 UART 设计一个 4×4 矩阵式键盘识别"专用芯片"。设计要求如下：

（1）按键去抖动和 4×4 矩阵式键盘识别。

（2）按键编码从 UART 的 TXD 引脚送出，波特率为 2 400 bps，8 个数据位。有按键动作即刻送出一次。
按键编码采用顺序编码。

7. 简述 UART 的多机通信模式及基于多机通信模式的多机通信原理。

第9章　智能硬件的串行扩展技术

由于串行总线连接线少，总线的结构比较简单，串行扩展接口被广泛用于电路板级的芯片间的逻辑接口，大大优化了系统的结构。目前，智能硬件常使用的串行扩展接口总线有 UART、串行外设接口总线（serial peripheral interface bus，SPI bus）和 I²C 总线（inter IC bus）。本章首先学习时钟同步的 SPI 总线和 I²C 总线技术，然后学习扩展点阵屏，最后学习单总线技术。

9.1　SPI 总线扩展接口及时序

9.1.1　SPI 总线及其应用系统结构

SPI 总线系统是一种极其广泛应用的单主多从、全双工、时钟边沿同步串行外设扩展接口。SPI 总线系统有且只有 1 个 SPI 主机。一般是微处理器作为 SPI 主机，总线上还有若干作为 SPI 从设备的外围器件。

SPI 总线接口有 4 个信号线：串行时钟线（serial clock，SCK）、主机输入/从机输出数据线（master in slave out，MISO）、主机输出/从机输入数据线（master out slave in，MOSI）和低电平有效的从机选择线（slave select，$\overline{SS}$）。如图 9.1（a）所示，单主 n 从的 SPI 总线系统需要 SCK、MISO 和 MOSI 三根公共线，以及 n 根独立的从机选择线。

SPI 主机在访问某一从机时，需将该从机的 $\overline{SS}$ 引脚拉低，选中该从机；然后，在 SCK 时钟的同步下，通过 MISO 和 MOSI 实现全双工数据传输。未被选中的从机，其 MISO 线处于高阻状态，不影响 SPI 数据传输。显然，要么从机选择线都未选中，要么各从机选择线是独冷的，即最多一个从机片选被选中，这与通用译码器的逻辑是一致的。当 SPI 从机比较多时，如图 9.1（b）所示，可以采用译码器作为 SPI 从机的片选。要说明的是，半双工 SPI 器件，通常根据通信方向，数据线只有 MOSI 或 MISO 线；从机器件的 MOSI 线常称为 DIN 或 SI，MISO 线命名为 DOUT 或 SO。

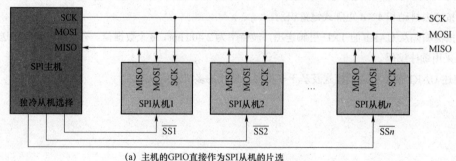

(a) 主机的GPIO直接作为SPI从机的片选

图 9.1　SPI 总线系统结构示意图

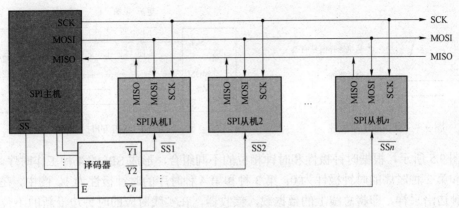

(b) 通用译码器的译码输出作为SPI从机的片选

图 9.1 SPI 总线系统结构示意图（续）

9.1.2 SPI 总线的接口时序

SPI 是高速总线，时钟一般可达几 MHz 到几十 MHz。SPI 总线的时钟由主机给出，显然，SPI 的通信速率由主机控制。如图 9.2 所示，SPI 总线采用时钟边沿同步，主从机在时钟边沿同步下通过移位器实现全双工串行通信，主机每打出一个 SCK 时钟脉冲，总线上全双工传送 1 位。一个电路板上，采用主从机的多处理器协同工作是较常见的应用形式。

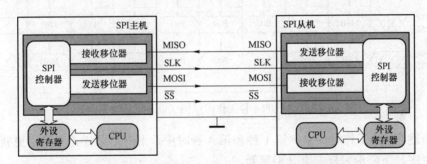

图 9.2 SPI 主从机的逻辑结构（假设主从机均是微处理器）

SPI 总线的并串、串并转换移位器既可以设置为 MSB（高位先发，先接收的是高位），也可以设置为 LSB（低位先发，先接收的是也低位）。

需要说明的是，对于不同的串行接口外围芯片，它们的时钟时序有可能不同。总结起来，SPI 具有 4 种工作时序，主从机的工作时序一致才能正确通信。4 种工作时序是由时钟极性和时钟相位来区分。

如图 9.3 所示，时钟极性是指从机选择信号有效前的时钟电平，初始电平与时钟极性正逻辑对应。如图 9.4 所示，收发双方都同步载入 1 位数据叫采样，双方输出下 1 位数据叫更新。通过 1 个时钟脉冲的两个边沿实现位同步，其中一个边沿用于采样，另一个边沿用于更新。更新和采样边沿由时钟相位来描述，即：从机选择线拉低后，时钟相位设定第一个时钟边沿是更新沿，还是采样沿。

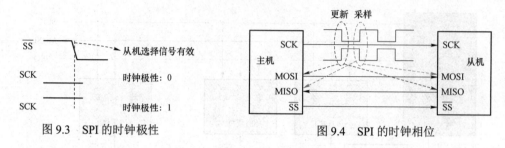

图 9.3 SPI 的时钟极性   图 9.4 SPI 的时钟相位

如图 9.5 所示，根据时钟极性和时钟相位的不同组合，形成 SPI 的 4 种工作时序。其中，第 1 种和第 2 种时序的时钟极性为 0；第 3 种和第 4 种时序的时钟极性为 1。图中，在虚线对应的时钟边沿采样，即将总线上的数据载入接收器，在实线对应的时钟边沿新的 1 位数据从发送器更新到总线。第 2 种和第 4 种时序的时钟相位为：第一个时钟边沿是更新沿；而第 1 种和第 3 种时序的时钟相位为：第一个时钟边沿是采样沿。由于第 1 种和第 3 种时序的第一个时钟边沿就是采样沿，因此，从机选择线有效就已经更新 1 位。

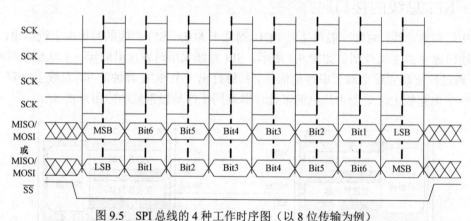

图 9.5 SPI 总线的 4 种工作时序图（以 8 位传输为例）

综上所述，4 种工作时序中，第 1 种和第 4 种时序，上升沿采样，下降沿更新；第 2 种和第 3 种时序，下降沿采样，上升沿更新。

9.1.3 经典型 51 单片机串口的方式 0——8 位 LSB 半双工 SPI 主机

经典型 51 单片机集成 1 个多功能串行口，不但可以用于全双工 UART，其方式 0 是 8 位 LSB、半双工、时钟同步 SPI 主机，通信速率固定为 $f_{osc}/12$，收发时序如图 9.6 所示，RXD 做输入或输出数据线，TXD 做时钟线。

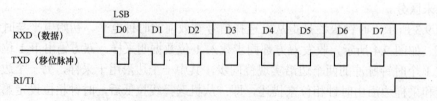

图 9.6 串行口方式 0 的收发时序

1. 发送过程

在 TI=0 时，当 CPU 执行一条向 SBUF 写数据的指令时，如"MOV SBUF A"，就启动发送过程。数据按 LSB 方式从 RXD 依次发送出去，同步时钟从 TXD 送出。可以看出，无论在哪个数据位上，时钟线都提供了两个边沿，也就是说无论是上升沿还是下降沿传送数据，都满足位同步条件。数据发送完毕后，由硬件使发送中断标志 TI 置位，向 CPU 申请中断。如还需要再次发送数据，必须用软件将 TI 清零，并再次执行写 SBUF 指令。

2. 接收过程

在 RI=0 的条件下，将 REN（SCON.4）置位就启动一次接收过程，即 SCON 写入 10H（SM0=0，SM1=0，REN=1）。在 TXD 移位脉冲的控制下，在时钟上升沿自 RXD 引脚移入移位寄存器。如果从机是上升沿更新，从机要先更新 1 位，在时钟上升沿主从机同时移位，主机采样，从机更新，这与 SPI 的第 1 种工作时序兼容；如果从机是下降沿更新，由于时钟是低脉冲，即符合先更新后采样，这与 SPI 的第 4 种工作时序兼容。

当 8 位数据全部移入移位寄存器后，接收控制器发出"装载 SBUF'"信号，将 8 位数据载入接收数据缓冲器 SBUF 中。同时，由硬件使接收中断标志 RI 置位，向 CPU 申请中断。CPU 响应中断后，从接收数据寄存器中取出数据，然后用软件使 RI 复位，使移位寄存器接收下一帧信息。

如果在应用系统中，串行口未被占用，可以通过方式 0 作为 SPI 主机扩展。例如，通过扩展移位寄存器扩展 GPIO，即外接串入并出移位寄存器，扩展并行输出口；外接并入串出移位寄存器，扩展并行输入口。

【例 9.1】采用串口的方式 0 实现与两片 74HC595 接口、静态驱动两位数码管的功能。

分析：74HC595 是被广泛应用的串入并出芯片，采取两级锁存，其引脚及内部结构如图 9.7 所示，其引脚功能说明如表 9.1 所示。74HC595 内部由 3 部分组成，带有异步清零的串入并出 8 位移位器、8 位 D 触发器型输出寄存器，以及输出的三态控制。因此，移位过程并不会在 Q0 到 Q7 输出，移入的数据需要装载到输出寄存器并使能三态控制后，才输出到引脚。

表 9.1　74HC595 的引脚功能说明

引脚名称	引脚序号	功能说明
Q0～Q7	15、1～7	并行数据输出口
GND	8	电源地
Q7′	9	串行数据输出端
$\overline{MR}$	10	一级锁存（移位寄存器）的异步清零端
SHCP	11	移位寄存器时钟输入，上升沿移入 1 位数据
STCP	12	锁存输出时钟，上升沿有效
$\overline{OE}$	13	输出三态使能控制
Ds	14	串行数据输入端
VCC	16	供电电源

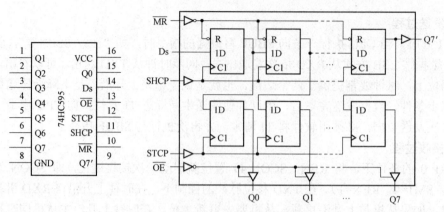

图 9.7　74HC595 的引脚及内部结构

74HC595 的 Ds 引脚是串行数据输入引脚,相当于 SPI 从机的 MOSI 线;SHCP 是串行移位时钟,相当于 SPI 的时钟线,上升沿采样移入数据。STCP 是寄存器的同步装载信号,STCP 可以用 SPI 的从机选择线直接驱动,从机选择线的上升沿,装载移位器的数值并输出。显然,74HC595 是单工的 8 位 SPI 从机,与第 1 种 SPI 时序相吻合。

常用 74HC595 进行串入并出静态驱动多个数码管。图 9.8 所示的电路就是 74HC595 驱动两个数码管的例子:各 74HC595 的 SHCP 连接在一起作为移位时钟,STCP 连接在一起作为输出装载时钟,将低位片的 Q7′ 和高位片的 Ds 连接在一起,构成 MSB 传输链路,低位片的 Ds 作为整体的 MOSI。该电路理论上仅需 3 根线与单片机连接,就可以扩展无限个串入并出端口。本例中,微处理器作为 SPI 主机,以 MSB、上升沿采样时序给从机传送两字节七段码。

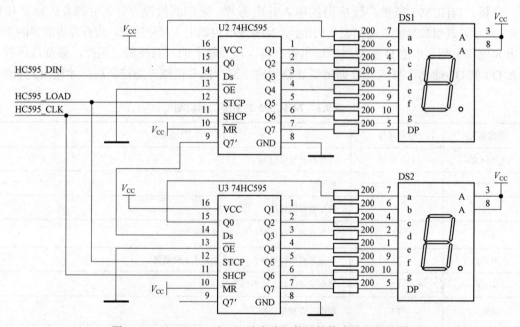

图 9.8　74HC595 一对一驱动多共阳数码管静态显示电路图

综上所述,串行口设置为工作方式 0,串行数据由 P3.0 送出,移位时钟由 P3.1 送出。启动两次发送过程,两个字节数据即可传送给两片 74HC595。同样,两个 BCD 码的显存地址为 30H 和 31H，C 程序定义到 d[2]数组中。程序如下：

汇编语言程序：	C 语言程序：

```
      nSS  BIT  P1.3
MAIN:
    MOV  SCON, #00H    ;方式 0
    CLR  nSS
    MOV  R7, #2        ;两个字节
    MOV  R0, #30H      ;指向两个字节首址
  L1:MOV A, @R0
    MOVC A, @A+DPTR
    MOV  SBUF, A
    JNB  TI, $
    CLR  TI
    INC  R0
    DJNZ R7, L1
    SETB nSS           ;装载输出
    SJMP $
BCDto7SEG:
    DB 0C0H,0f9H,0a4H,0b0H,99H
    DB 92H, 82H,0f8H,80H,90H  ;0-9
    END
```

```
#include <reg52.h>
sbit nSS = P1^3;
unsigned char d[2];
unsigned char code BCDto7SEG[10] = {
    0xc0,0xf9,0xa4,0xb0,0x99,0x92,
    0x82,0xf8,0x80,0x90    };//0-9
int main(void){
    unsigned char i;
    SCON = 0x00;          //方式 0
    nSS = 0;
    for(i=0;i<2;i++){     //两个字节
        SBUF = BCDto7SEG[d[i]];
        while (!TI);
        TI = 0;
    }
    nSS = 1;
    while(1) {
    }
}
```

　　然而，1 个数码管对应一个 74HC595，浪费硬件资源。为克服这一缺点，根据第 5 章学习的知识，当有较多的数码管时一般采用动态显示方式。

　　【例 9.2】扩展多片串入并出移位寄存器驱动 LED 点阵屏。

　　分析：LED 显示屏是由 LED 以点阵的形式组合而成的显示器，适用于广告、宣传、会场等应用，很多会场采用 LED 显示屏替代投影。由于 LED 很多，因此既要扩展 I/O，又要采用动态显示驱动 LED 显示屏，每一行好比是一个数码管，依次被轮流点亮。图 9.9 所示为单色 8×8 LED 模块的内部结构，64 个 LED 排成的矩阵形式，点阵屏一般以 8×8 点阵块按照动态扫描方式拼接扩展。图 9.10 所示为以 16×128 条屏为例说明点阵屏的驱动电路设计。

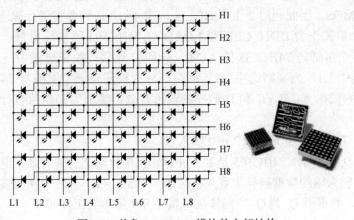

图 9.9　单色 8×8 LED 模块的内部结构

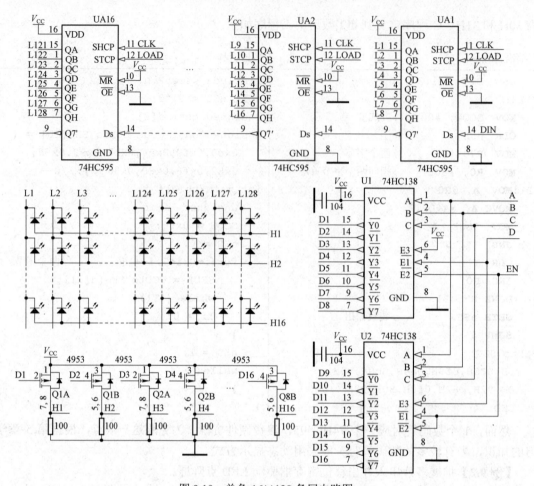

图 9.10   单色 16×128 条屏电路图

16 行具有 16 个位选端,每个行选控制 128 个段选点,而由于段选过多,行业内多以 74HC595 串转并的方式扩展 I/O 口,1 个 74HC595 控制 8 个点,128 点共需要 16 个 74HC595。每个行选控制 128 个段选,工作电流大,因此必须加驱动。LED 点阵屏行业通常采用共阳极驱动,通过 PMOS 通断位选。4953 是将双 PMOS 管封装在一起,因此 16 行用 8 个 4953。由于低电平导通 PMOS,因此利用 2 个 74HC138 构建 4-16 译码器实现行选通。

单片机 3 个引脚作为 DIN、CLK 和 LOAD 与 74HC595 连接输出每一行 128 点的段选数据。单片机 4 个引脚与 74HC138 的 A、B、C 和 D 连接,决定选通 16 行中那一行导通。其中,D 为低选中 U1,为高则选中 U2。同时,单片机还有一个引脚与 74HC138 的使能端 EN 连接,输出为低则 A、B、C 和 D 的控制输出有效,输出为高则所有行都截止,即显示关闭。

【例 9.3】用 74HC165 扩展 16 个并行输入口。

分析:如图 9.11 所示,74HC165 是 8 位并行输入串行输出的寄存器。当 74HC165 的 S/$\overline{\text{L}}$ 端为低时,并行输入端的数据被异步置入移位器;当 S/$\overline{\text{L}}$=1,且时钟使能端 $\overline{\text{CE}}$ 为低电平时,在 CP 的上升沿,数据沿 Q_0 到 Q_1 方向移位,属于 SPI 第 1 类工作时序。

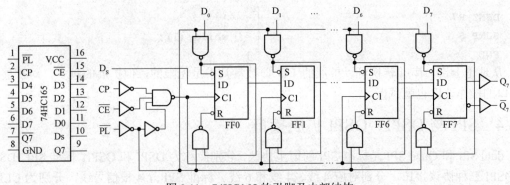

图 9.11   74HC165 的引脚及内部结构

图 9.12 所示为利用 2 片 74HC165 扩展 2 个 8 位并行输入口的接口电路。TXD（P3.1）作为移位脉冲输出与所有 75HC165 的移位脉冲输入端 CP 相连；RXD(P3.0)作为串行数据输入端与 74HC165 的串行输出端 Q_7 相连；P1.0 用来控制 74HC165 的移位与并入，同 S/$\overline{L}$ 相连；74HC165 的时钟禁止端接地，表示允许时钟输入。当扩展多个 8 位数入口时，相邻两芯片的首尾（Q_1 与 D_S）相连。

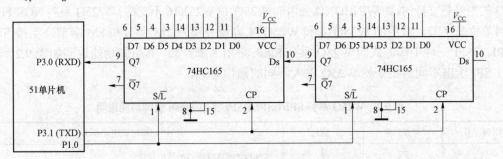

图 9.12   利用 2 片 74HC165 扩展 2 个 8 位并行输入口的接口电路

串口设置为方式 0 后，置位 REN 位将启动接收，两次接收读入 16 位扩展输入接口的信息。置位 REN 位启动接收后，通过查询 RI 判知是否已经完成接收。汇编语言程序将两个字节串并转换数据读回到 30H 和 31H 地址中，C 语言程序将读回数据存入 d[2]数组中。程序如下：

汇编语言程序：	C 语言程序：
| ```
SnL BIT  P1.0
MAIN:
    MOV  R7, #2       ;两个字节
    MOV  R0, #30H
    CLR  SnL          ;并行置入
    SETB SnL          ;允许移位
L1:MOV  SCON, #10H ;设串口方式 0
                      ;启动接收过程
    JNB  RI, $
    CLR  RI
    MOV  @R0, SBUF
    INC  R0
``` | ```
#include <reg52.h>
sbitSnL = P1^0;
unsigned char d[2];
int main(void){
    unsigned char i;
    SnL = 0;          //并行置入
    SnL = 1;          //允许移位
    for(i=0; i<2; i++){
        SCON = 0x10; //设串口方式 0,启动接收
        while (!RI);
        RI = 0;
        d[i] = SBUF;
``` |

```
DJNZ R7, L1                    }
SJMP $                         while (1);
END                           }
```

从理论上讲，串并转换可以扩展的 I/O 口数量几乎是无限的，但扩展的越多，对扩展的 I/O 口的操作速度也就越慢。

9.1.4 SPI 与 DSPI、QSPI 扩展接口

dual SPI 和 Quad SPI 是标准 SPI 的衍生协议，分别简称为 DSPI 和 QSPI。标准 SPI、DSPI 和 QSPI 三种协议接口，分别对应 4 线、4 线和 6 线。标准 SPI 分 4 根信号线，分别为 CLK、CS、MOSI 和 MISO，数据线工作在全双工；dual SPI，扩展了 MOSI 和 MISO 的用法，且工作在半双工，用以加倍数据传输，主机发送一个命令字节进入加倍模式，即 MOSI 变成 IO0，MISO 变成 IO1，IO0 和 IO1 方向一致，一个时钟传输 2 个数据位；类似的，QSPI 在 DSPI 基础上又增加了两根数据线（IO2 和 IO3），目的是一个时钟内传输 4 个数据位。

DSPI 和 QSPI 可以应用在支持 QSPI 接口的各类外设的扩展，目前主要用于闪存的扩展，助力快速读入闪存信息。一些厂家的串行 Flash 已经支持此三种接口，根据命名规则，一般带 Q 的型号是支持的，如 WINBOND 公司的 W25Q16（W25X16 不支持）。W25Q 系列 NOR Flash，访问单位是字节，常用的 W25Q16 和 W25Q64 容量分别为 2M 字节和 8M 字节。支持 SPI、DSPI、QSPI 三种工作方式的 W25Q 系列 Flash 采用 8 脚封装，其引脚功能说明如表 9.2 所示。通过 SPI 给出不同的指令使 W25Q 进入不同的通信方式。

表 9.2　W25Q 系列 SPI/DSPI/QSPI 接口 Flash 引脚功能说明

引脚序号	引脚名称	I/O	功能说明
1	$\overline{CS}$	I	SPI/DSPI/QSPI 接口的从机片选
2	DO (IO1)	I/O	SPI 数据输出（DSPI、QSPI 的数据输入输出 1）
3	$\overline{WP}$ (IO2)	I/O	SPI 写保护输入（QSPI 的数据输入输出 2）
4	GND		电源地
5	DI (IO0)	I/O	SPI 数据输入（DSPI、QSPI 的数据输入输出 0）
6	CLK	I	SPI/DSPI/QSPI 串行同步时钟线
7	$\overline{HOLD}$ (IO3)	I/O	SPI 保持输入（QSPI 的数据输入输出 3）
8	VCC		供电电源

SPIFI（SPI Flash interface）是基于 QSPI 的程序存储器闪存接口技术。利用 SPIFI 技术，外部 SPI 闪存完整的内存空间可以映像到 MCU 内存中，微控制器对外部闪存直接访问，无须使用软件 API 或库，达到片上内存读取效果。该技术可以以小尺寸、低成本的串行闪存替代大尺寸、高成本的并行闪存。使用 QSPI 外部闪存的 MCU 性能损失非常小。目前，NXP 公司的部分 ARM Cortex-M4/M7 处理器芯片就是使用该技术，片上不再集成 Flash 程序存储器，大幅优化了面积，在进一步增强功能的同时降低了成本。ST 公司的 STM32H730 等 ARM Cortex-M7 处理器芯片也使用了类似技术等。

9.2　软件模拟 SPI 主机时序实例

9.2.1　串入并出扩展输出口

由于经典型 51 单片机没有提供硬件 SPI 外设接口，因而只能使用软件模拟 SPI 主机时序；即使具有片上 SPI 外设的微处理器也常通过模拟 SPI 主机时序扩展外设。

【例 9.4】利用 74HC595 扩展并行输出口驱动数码管。

分析：电路同图 9.8 所示的电路图，采用 GPIO 软件模拟时序 SPI 主机时序。P3.0 作为 MOSI 与 74HC595 的 Ds 相连，P3.1 作为 CLK 与 74HC595 的 SHCP 相连，P1.3 与 74HC595 的 STCP 相连。汇编程序中，两个字节串并转换数据在 30H 和 31H 地址中，先设计一个串行发送 1 字节的 SEND8bit 子程序。R6 做循环变量，时钟相位为低电平，借助循环左移指令和位累加器 C 将 1B 数据以 MSB 的方式并串转换到 MOSI 上，时钟上升沿移入数据。主循环中，读入显存、译码、调用并串转换子程序，以及装载输出，刷新数码管的显示内容。

C 语言程序也是先设计串行发送 1 个字节的 SEND8bit 子程序，采用与测试实现并串转换。d[2] 数组是显存，主程序中先后两次调用并串转换子程序发送译码后的七段码，最后通过从机选择信号的上升沿，数码管显示对应的 BCD 码。程序如下：

汇编语言程序：

```
MOSI  BIT   P3.0
SCK   BIT   P3.1
nSS   BIT   P1.3
ORG   0000H
LJMP  MAIN
ORG   0030H
SEND8bit:            ;通过 A 传递参数
   MOV  R6, #8       ;8bit
SPI_LOOP:
   CLR  SCK
   RLC  A            ;MSB
   MOV  MOSI, C
   SETB SCK          ;上升沿采样
   DJNZ R6, SPI_LOOP
   RET
MAIN:
   MOV  DPTR, #BCDto7SEG
   CLR  nSS
   MOV  R7, #2       ;两个字节
   MOV  R0, #30H     ;指向两个字节首址
L1:MOV  A, @R0
   MOVC A, @A+DPTR
```

C 语言程序：

```c
#include <reg52.h>
sbit  MOSI = P3^0;
sbit  SCK  = P3^1;
sbit  STCP = P1^3;
unsigned char d[2];
unsigned char code BCDto7SEG[10] = {
   0xc0,0xf9,0xa4,0xb0,0x99,0x92,
   0x82,0xf8,0x80,0x90  };//0-9
void SEND8bit(unsigned char d8){
   unsigned char i;
   for(i=0; i<8; i++) {    //8bit
      SCK = 0;
      if(d8&0x80)MOSI = 1;//MSB
      else MOSI = 0;
      SCK = 1;            //上升沿采样
      d8 <<= 1;
   }
}
int main(void){
   unsigned char i;
   STCP = 0;
   //两个字节
```

```
    LCALL SEND8bit                          for(i = 0; i < 2; i++){
    INC  R0                                     SEND8bit(BCDto7SEG[d[i]]);
    DJNZ R7, L1                              }
    SETB nSS  ;装载输出                      STCP = 1;
    SJMP $                                   while(1) {
BCDto7SEG:
    DB 0C0H,0f9H,0a4H,0b0H,99H              }
    DB 92H, 82H,0f8H,80H,90H  ;0-9     }
    END
```

9.2.2 扩展 A/D 转换器——TLC2543

TLC2543 是开关电容逐次逼近式 12 位 A/D 转换器芯片，具有 11 个模拟输入通道和 3 个内测通道，内置采样保持器（S/H），具有 A/D 转换结束输出指示引脚 EOC。TLC2543 的供电电压为 4.5～5.5 V；采样率可达 66 kbps，线性误差±1 LSBmax；正负参考电压源输入引脚，具有单、双极性输出控制。TLC2543 采用标准 4 线 SPI 接口，其内部结构如图 9.13 所示，其引脚功能说明如表 9.3 所示。

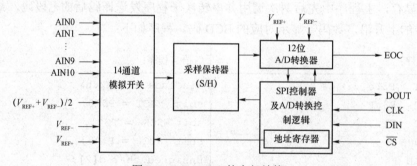

图 9.13 TLC2543 的内部结构

表 9.3 TLC2543 的引脚功能说明

引脚号	名称	I/O	功能说明
1～9，11，12	AIN0～AIN10	输入	多路模拟输入端。注意，驱动源阻抗必须小于或等于 50 Ω
15	$\overline{CS}$	输入	SPI 接口的从机选择端
17	DIN	输入	SPI 接口的 MOSI 端
16	DOUT	输出	SPI 接口的 MISO 端
19	EOC	输出	A/D 转换结束端，转换期间为高电平
18	CLK	输入	SPI 接口的时钟输入端
14	VREF+	输入	正基准电压端
13	VREF−	输入	负基准电压端
20	VCC	—	正电压端（5 V）
10	GND	—	负电源端

如表 9.4 所示，TLC2543 的 SPI 接口，其 MSB 或 LSB 可编程（默认为 MSB），SPI 数据长度可编程，8 位或 12 位的分辨率可编程，A/D 转换结果极性可设置。这些通过传送给 TLC2543 的高 8 位数据来设置。其中，D7～D4 用于模拟开关通道设置，0～10 为外部通道，11～13 为用于内测的 3 个内部通道。

表 9.4　TLC2543 的前 8 位输入数据格式含义

功能选择	D7 (MSB)　D6　D5　D4	D3	D2	D1	D0 (LSB)
输入通道选择： AIN0 AIN1 ： AIN10	0　　0　　0　　0 0　　0　　0　　1 ： 1　　0　　1　　0				
参考电压选择： $(V_{REF+}+V_{REF-})/2$ V_{REF-} V_{REF+}	1　　0　　1　　1 1　　1　　0　　0 1　　1　　0　　1	—		—	—
Software power down	1　　1　　1　　0				
SPI 数据长度： 8 bits 12 bits（默认） 16 bits（高 12 位有效）	—	0 × 1	1 0 1		
输出数据格式： MSB LSB	—	—		0 1	—
单极性					0
双极性					1

SPI 数据长度和 A/D 转换分辨率由输入数据的 D3、D2 位决定，被设置为 x0 或 11 则为 12 位分辨率。多设置为 00（默认），即 SPI 数据长度和 A/D 转换分辨率都为 12 位。TLC2543 的 12 位 SPI 时序如图 9.14 所示，显然为 SPI 第 1 种时序，时钟上升沿采样，下降沿更新。

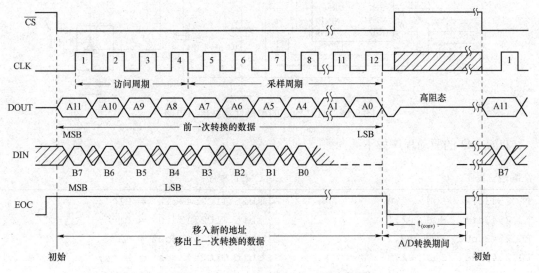

图 9.14　TLC2543 的 12 位 SPI 时序图

$\overline{\text{CS}}$拉低开始 SPI 通信，TLC2543 收到第 4 个 SPI 时钟下降沿后，模拟通道号也已收到，此时 TLC2543 开始对输入进行采样，6 个 SPI 时钟后进入保持态，TLC2543 随之开始 A/D 转换，EOC 变低，转换时间约需 10 μs，转换完成 EOC 回到高电平。再次启动 SPI 通信，读回上次所给通道的 A/D 转换结果。显然，若切换输入通道并进行一次 A/D 转换，需要启动两次 SPI 通信过程，第二次读回的才是该通道模拟量的转换结果，第一次 SPI 通信的目的是送通道号并采样保持和启动 A/D 转换。另外，从理论上讲，应该通过 EOC，判断是否可以进行新的 SPI 通信，但是，正如前面介绍，TLC2543 的一次 A/D 转换时间约为 10 μs，而一般情况下，读回转换结果后，单片机的后续处理工作时间已大于 10 μs，因此，除非特别需要，一般可以不接 EOC。

A/D 转换结果极性可设置，D0 位设置为 0（默认）为单极性，D0 位设置为 1 为双极性。那么，何为单极性和双极性呢？一般对于 VREF−和 VREF+两个参考电压引脚，VREF−接地，$V_{\text{REF+}}$即为实际参考电压，这也就是所谓的单极性输入。

若 VREF−没有接地，那么 $V_{\text{REF+}}$与 $V_{\text{REF−}}$的差作为参考电压，且以 $V_{\text{REF−}}$为参考基点。当输入信号等于 $V_{\text{REF−}}$时，A/D 转换结果为 0；当输入信号大于或小于 $V_{\text{REF−}}$时，按照输入信号与 $V_{\text{REF−}}$的电压差作为 A/D 输入对象进行 A/D 转换，即 A/D 结果为对应

$$(V_{\text{IN}} - V_{\text{REF−}}) / (V_{\text{REF+}} - V_{\text{REF−}}) \times 2^{12}$$

双极性输入的补码形式。

TLC2543 的单极性典型接口电路如图 9.15 所示。VREF−接地，参考电压采用 2.5 V，通过 TL431 实现。

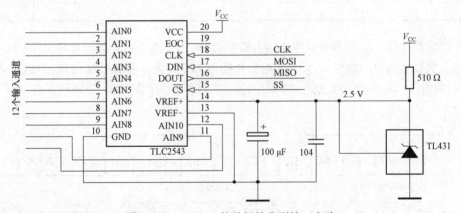

图 9.15　TLC2543 的单极性典型接口电路

TLC2543 的驱动程序如下：

汇编语言程序：	C 语言程序：
`TLC2543clk    EQU  P2.0`	`sbit TLC2543clk  = P1^7;`
`TLC2543din    EQU  P2.1`	`sbit TLC2543din  = P1^6;`
`TLC2543dout   EQU  P2.2`	`sbit TLC2543dout = P1^5;`
`TLC2543_cs    EQU  P2.3`	`sbit TLC2543_cs  = P1^4;`
	`unsigned int Rd_TLC2543(unsigned char`

```
;通道号在 A 中，返回值在 B 和 A 中，B 为高 4 位
READ2543:
    CLR   TLC2543clk
    SETB  TLC2543dout      ;输入口
    CLR   TLC2543_cs
    SWAP  A                ;通道号放到高 4 位
    MOV   R7, #4           ;送通道号
PORT2543:
    RLC   A
    MOV   TLC2543din, C
    SETB  TLC2543clk
    MOV   C, TLC2543dout   ;采样
    MOV   ACC.0, C
    CLR   TLC2543clk
    DJNZ  R7, PORT2543
    MOV   B, A             ;存储高 4 位 A/D 结果
    MOV   R7, #8           ;读取低 8 个位
    CLR   TLC2543din       ;低 8 位送入 8 个 0
L_8TIMES:
    SETB  TLC2543clk
    RL    A
    MOV   C, TLC2543dout
    MOV   ACC.0, C
    CLR   TLC2543clk
    DJNZ  R7, L_8TIMES

    SETB  TLC2543_cs
    RET
```

```c
n){
                                  //n 为通道选择 0~10
    unsigned char i;
    union{unsigned char ch[2];
        unsigned int i;} u;
    TLC2543clk = 0;
    TLC2543dout = 1;         //输入口
    TLC2543_cs = 0;          //选中 TLC2543
    for(i=0; i<4; i++) {  //MSB
        if(n&0x08) TLC2543din = 1;
        else       TLC2543din = 0;
        u.ch[0] <<= 1;
        if(TLC2543dout)
            u.ch[0] |= 0x01;//采样
        TLC2543clk = 1;      //上升沿采样
        n <<= 1;
        TLC2543clk = 0;      //更新
    }
    u.ch[0] &= 0x0f;
    TLC2543din = 0;          //低 8 位送 8 个 0
    for(i=0;i<8;i++){        //读取低 8 个位
        u.ch[1] <<= 1;
        if(TLC2543dout)
            u.ch[1] |= 0x01;
        TLC2543clk = 1;
        TLC2543clk = 0;      //下降沿更新
    }
    TLC2543_cs = 1;
    return u.i;
}
```

　　TLC1543 与 TLC2543 的引脚和用法一致，区别在于 TLC1543 是 10 位的 A/D 转换器，SPI 通信的前 8 位输入数据格式及含义与 TLC2543 也一致。读者可自行尝试编写 TLC1543 的驱动软件。

　　综上所述，软件模拟时序，在通信过程中需要指令序列来实现，占用了 CPU，因此微处理器片上集成 SPI 控制器可有效提升 CPU 执行效率。

9.3　I²C 串行总线扩展技术

9.3.1　I²C 总线拓扑及引脚结构

　　I²C 总线是广泛应用的串行扩展接口。与 SPI 接口不同，它仅以两根连线实现了完善的多主多从的半双工、8 位 MSB、时钟脉冲同步数据传送，可以极方便地构成多机系统和外围器

件扩展系统。

I²C 总线的网络拓扑结构如图 9.16 所示，所有连接到 I²C 总线上的设备，均通过两根信号线连接在总线上，一根是双向的数据线 SDA，另一根是时钟线 SCL；所有设备的串行数据线都接到 SDA 线上，而时钟线接到总线的 SCL 线上。这在设计中大大减少了硬件接口所使用的引脚数量。

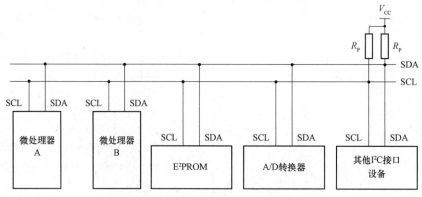

图 9.16 I²C 总线的网络拓扑结构

通常，主机由嵌入式微处理器担当，如图 9.16 中的微处理器 A 和 B。被主机寻访的设备叫从机，从机可以是其他嵌入式微处理器，也可以是存储器、显示器件驱动器、A/D 转换器、D/A 转换器等器件。

I²C 总线是一个多主机总线，即一个 I²C 总线可以有一个或多个主机。通信过程由主机发起和控制，同步时钟脉冲信号也由主机给出。如图 9.17 所示，这需要 I²C 接口器件的 SDA 和 SCL 引脚具有"线与"结构，即内部为开漏结构，两根线外接上拉电阻。当总线空闲时，两根总线均为高电平，高电平电压取决于输入电压 V_{CC}。连到总线上的任一器件输出的低电平，都将使总线的信号变低。另外，I²C 总线为双向半双工串行总线，引脚电平经传送门读入。

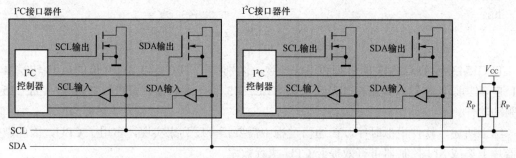

图 9.17 I²C 接口器件引脚的 OD 门结构

"线与"结构能够解决多主机对总线的竞争问题。在多主机系统中可能同时有几个主机企图启动总线传送数据，为了避免混乱，保证数据的可靠传送，任一时刻总线只能由某一台主机控制，所以，I²C 总线要通过总线裁决，以决定由哪一台主机控制总线。若有两个或两个以上的主机企图占用总线，一旦一个主机送 1，而另一个（或多个）送 0，送 1 的主机会读取总线电平，发现与本机发送的高电平不一致则退出竞争。

每个连接到 I²C 总线上的器件都有一个用于识别的器件地址，从机器件地址由芯片内部硬件电路和外部地址引脚同时决定。主机可通过软件方式对从机进行寻址，避免了采用片选线的连接方法，连接简单，结构紧凑。并且，在总线上增加器件不影响系统的正常工作，系统修改和可扩展性好，即使工作时钟不同的器件也可直接连接到总线上，使用起来非常方便。值得注意的是，连接到同一 I^2C 总线上的器件数受 400 pF 的最大总线电容的限制。

同步时钟脉冲信号由主机给出，因此 I^2C 总线的通信速率由主机控制。I^2C 总线电容也限制通信的速率。在标准模式下通信速率不超过 100 kb/s，快速模式下不超过 400 kb/s，高速模式下不超过 3.4 Mb/s。传送数据时，主机的时钟速率不能高于总线上其他任何一个器件的上限速率。本教程学习 I^2C 总线的标准模式，此时上拉电阻 R_P、SDA 和 SCL 信号的上升时间 t_R 及总线电容 C_b 需要满足以下关系：

$$(V_{CC}-V_{OL})/I_{OL} \leqslant R_P \leqslant t_R/(0.847\ 3 \times C_b) \tag{9.1}$$

9.3.2 I^2C 总线的数据传送

I^2C 总线协议总体上是从机被主机寻址，并响应主机请求。数据传输协议如下。

1. 数据位的有效性

SPI 和 I^2C 总线都是时钟同步串行通信，但二者的具体同步方式不一致。SPI 采用时钟边沿进行同步，而 I^2C 总线每一位数据位的传送与高时钟脉冲相对应，即采用高脉冲同步。如图 9.18 所示，位数据传送时，在时钟信号 SCL 为高电平期间，数据线 SDA 上必须保持有稳定的逻辑电平状态，SDA 为高电平表示传送逻辑 1，低电平表示传送逻辑 0。只有在 SCL 低电平期间，才允许 SDA 上的电平状态变化。

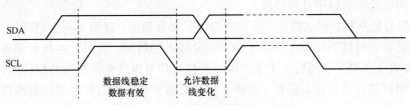

图 9.18 I^2C 总线数据位的有效性规定

2. 数据传送的起始信号和停止信号

SPI 通信，一帧数据的长短由从机选择信号有效时间段确定，通信位数由从机选择信号有效时间内时钟个数决定。而 I^2C 总线协议规定，1 帧数据由 8 个 MSB 数据位和 1 个应答位构成，起始信号和停止信号作为一次通信的开始和结束，期间可以有多帧数据。

当 SCL 线为高电平期间，SDA 线由高电平向低电平的变化表示起始信号，或称为起始条件；SCL 线为高电平期间，SDA 线由低电平向高电平的变化表示停止条件，起始和停止信号如图 9.19 所示。

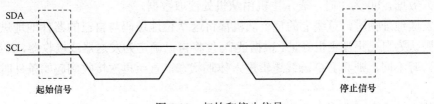

图 9.19 起始和停止信号

起始和终止信号都是由主机发出的，在起始信号产生后，总线由空闲装状态转入被占用的状态；在停止信号产生一定时间后，总线返回到空闲状态。

连接到 I^2C 总线上的设备收到起始信号后，开始响应主机；响应主机的从机，当接收到停止信号后，I^2C 的控制器逻辑复位到空闲状态。

3. 帧传输及应答

I^2C 协议规定，作为接收方，当接收到 8 位数据后要给发送方一个应答位，表示应答（ACK）或非应答（NACK）。与应答位相对应的时钟由主机产生，总线上的非接收器件在这一时钟位上都释放 SDA 线，使其处于高电平状态，以便接收方在 SDA 上送出应答信号。如图 9.20 所示，接收方在第 9 个 SCK 的高电平期间 SDA 保持稳定的低电平，表示发送应答信号（ACK）；接收方在第 9 个 SCK 的高电平期间 SDA 保持稳定的高电平表示发送非应答信号（NACK）。

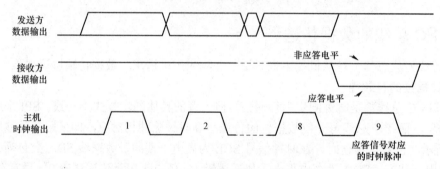

图 9.20 I^2C 总线 1 帧数据的应答时序

产生非应答信号有以下几种情况。

（1）主机寻址从机，但从机不存在；或者由于某种原因，从机不对主机寻址信号应答时，如从机正在进行实时性的处理工作而无法接收总线上的数据。此时，主机必须释放总线，将数据线 SDA 置于高电平，然后由主机产生一个停止信号以结束总线的数据传送。

（2）如果接收方对发送方进行了应答，但在数据传送一段时间后无法继续接收更多的数据时，接收方可以通过给出非应答信号通知主机，主机则应发出停止信号以结束数据的继续传送。

4. I^2C 从机器件的寻址

I^2C 总线协议规定，I^2C 器件采用 7 位的地址，寻址字节是起始信号后的第 1 帧数据。I^2C 主机基于器件地址寻址从机。地址帧的数据位格式如下：

b7	b6	b5	b4	b3	b2	b1	b0
×	×	×	×	×	×	×	R/$\overline{W}$

b7～b1 位组成从机的 7 位地址。b0 位是数据传送方向位，b0 为 0 时，表示主机向从机发送（写）数据，b0 为 1 时，表示主机由从机处读取数据。

主机发送地址帧时，总线上的每个从机都将这 7 位地址码与自己的器件地址进行比较，如果相同则认为自己正被主机寻址，根据读/写位将自己确定为发送器或接收器，并给出 ACK 应答信号。若不同，则其 I^2C 总线逻辑进入休眠状态，直至再次接收到起始条件时被唤醒并响应。

从机的地址是由一个固定部分和一个可编程部分组成。固定部分为器件的编号地址，表明了器件的类型，出厂时固定的，不可更改；可编程部分为器件的引脚地址，视硬件接线而定，引脚地址数决定了同一种器件可接入到 I^2C 总线中的最大数目。如果从机为微处理器，则 7 位地址为纯软件地址。

5. 数据传送格式

按照总线 I^2C 规约，起始信号表明一次数据传送的开始，其后为从机寻址字节，之后为数据帧和停止信号。I^2C 总线数据传输时必须遵守规定的数据传送格式。根据从机内部存储器是否还有子地址，共有 4 种数据传送格式。

（1）主机向从机发送 n 个数据，数据传送方向在整个传送过程中不变，其数据传送格式如下。

① 无子地址情况。如果从机内部存储器有子地址，在地址帧后是子地址帧，告知被访问的从机其被访问的内部单元。无子地址情况的数据传送格式为：

起始位	从机地址+0	ACK	数据 1	ACK	数据 2	ACK	…	数据 n	ACK/NACK	停止位

② 有子地址情况。有子地址情况的数据传送格式为：

起始位	从机地址+0	ACK	子地址	ACK	数据 1	ACK	…	数据 n	ACK/NACK	停止位

其中，阴影部分表示数据由主机向从机传送，无阴影部分表示数据由从机向主机传送。

这里子地址仅一个字节，很多时候子地址为多个字节，这时要连续发送各个字节，同时从机每接收到一个字节都会返回 ACK。

（2）主机由从机处读取 n 个数据，在整个传输过程中除寻址字节外，都是从机发送、主机接收，其数据传送格式如下。

① 无子地址情况。无子地址情况的数据传送格式为：

起始位	从机地址+1	ACK	数据 1	ACK	数据 2	ACK	…	数据 n	NACK	停止位

② 有子地址情况。主机既向从机发送数据也接收数据，当需要改变传送方向时，起始信号和地址帧都被重复产生一次，两次读、写方向正好相反。有子地址情况的数据传送格式为：

起始位	从机地址+0	ACK	子地址	ACK	重新起始位	从机地址+1	ACK	数据 1	ACK	…	数据 n	NACK	停止位

显然，如果主机希望继续占用总线进行新的数据传送，则可以不产生停止信号，马上再次发出起始信号对另一从机进行寻址。

由以上格式可见，无论哪种方式，起始信号、停止信号和地址均由主机发送，数据字节的传送方向由寻址字节中方向位规定；每个字节的传送都必须有应答信号位（ACK 或 NACK）相随。

综上所述，I^2C 总线上的数据传送是典型的有限状态机。对于片上集成 I^2C 外设的微处理器，基于 I^2C 的外设寄存器和有限状态机软件可以方便实现上述 4 种数据传送。

另外，I^2C 总线地址统一由 I^2C 总线委员会实行分配，其中起始信号之后的第一个字节为"0000 0000"时称为通用广播地址。广播地址用于寻访接到 I^2C 总线上的所有器件，并向它们发送广播数据。不需要广播数据的从机可以不对广播地址应答，并且对于该地址置之不理；否则，接收到这个地址后必须进行应答，并把自己置为接收器方式以接收随后的各字节数据。从机有能力处理这些数据时应该进行应答，否则忽略该字节并且不做应答。广播寻址的用意是由第二个字节来设定，其地址格式为：

| 0 | 0 | 0 | 0 | 0 | 0 | 0 | 0 | ACK | × | × | × | × | × | × | × | B | ACK |

广播寻址（第一字节）　　　　　　　　　第二字节

除了广播地址，假设 R/$\overline{\text{W}}$ 位 0，则地址字节 02H～0EH 也有其他用途，11111XXXB 保留，11110XXX 用于 10 位从机地址。10 位地址格式为：

| 起始位 | 1 | 1 | 1 | 0 | A9 | A8 | R/$\overline{\text{W}}$ | ACK | 0 | A7 | A6 | A5 | A4 | A3 | A2 | A1 | A0 | ACK |

第一字节　　　　　　　　　　　　第二字节

该 10 位的寻址扩展方式可以将 7 位地址和 10 位地址的设备连接到相同的 I²C 总线上。

9.3.3　I²C 主机的软件模拟

在单主方式下，I²C 总线数据的传送状态要简单得多，没有总线的竞争与同步，只存在微处理器对 I²C 从机器件的读、写操作。因此，当 I²C 主机微处理器没有集成 I²C 片上外设，如 AT89S52 等，利用微处理器的 GPIO 可以软件模拟 I²C 主机时序来访问 I²C 从机器件。注意，由于一般的 MCU 速度有限，软件模拟 I²C 从机不能满足实时性，即不能通过软件模拟 I²C 从机。

I²C 总线数据传送的模拟具有较强的实用意义，它极大地扩展了 I²C 总线器件的适用范围，使这些器件的使用不受系统中的单片机必须带有 I²C 总线接口的限制，因此，在智能硬件中，I²C 主机模拟技术是常规的应用技术。

1. I²C 总线数据传送的时序要求

为了保证数据传送的可靠性，I²C 总线数据传送有着严格的时序要求。表 9.5 给出了标准模式下 I²C 总线数据传送的时序要求。由表 9.5 可见，除了 SDA、SCL 线的信号上升时间和下降时间规定有最大值外，其他参数只有最小值。SCL 时钟信号最小高电平和低电平周期决定了器件的最大数据传输速率。用普通 GPIO 模拟 I²C 总线数据传送时，必须保证所有的信号定时时间都能满足表 9.5 中的要求。

表 9.5　标准模式下 I²C 总线的时序特性表

参数说明	符号	最小	最大	单位
新的起始信号前总线所必需的空闲时间	t_{BUF}	4.7	—	μs
起始信号保持时间，此后产生时钟脉冲	$t_{HD;\ STA}$	4.0	—	μs
时钟的低电平时间	t_{LOW}	4.7	—	μs
时钟的高电平时间	t_{HIGH}	4.0	—	μs
一个重复起始信号的建立时间	$t_{SU;\ STA}$	4.0	—	μs
数据保持时间	$t_{HD;\ DAT}$	5.0	—	μs
数据建立时间	$t_{SU;\ DAT}$	250	—	ns
SDA、SCL 信号的上升时间	t_R	—	1 000	ns
SDA、SCL 信号的下降时间	t_F	—	300	ns
终止信号建立时间	$t_{SU;\ STO}$	4.7	—	μs

根据表 9.5 中的要求，在时序模拟时，关键是保证起始信号、终止信号、数据位和应答位的时序要求，如图 9.21 所示。

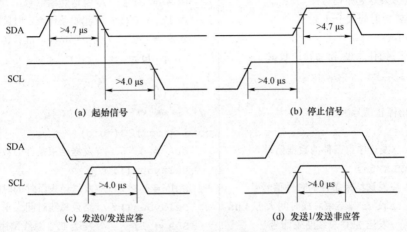

图 9.21　标准模式下 I^2C 总线的关键时序要求

对于一个新的起始信号，要求起始前总线的空闲时间 t_{BUF} 大于 4.7 μs，而对于一个重复的起始信号，要求建立时间 $t_{SU;STA}$ 也须大于 4.7 μs。起始信号到第一个时钟脉冲的时间间隔应大于 4.0 μs。

对于停止信号，要保证有大于 4.7 μs 的信号建立时间 $t_{SU;STO}$，停止信号结束时，要释放 I^2C 总线，使 SDA、SCL 维持在高电平上，在大于 4.7 μs 后才可以开始另一次的起始操作。在单主系统中，为了防止非正常传送，终止信号后 SCL 可以设置在低电平上。

对于发送应答位，与发送数据位 0 和 1 的信号时序要求完全相同。时钟的高电平时间要大于 4 μs。

2. 软件模拟 I^2C 主机的实现

经典型 51 单片机，晶振频率为 12 MHz，即机器周期为 1 μs。程序如下：

汇编语言程序：	C 语言程序：
;程序占用内部资源:R0,R1,ACC,CY	#include <intrins.h>
SCL　BIT　P2.0 ;I2C 总线引脚定义	
SDA　BIT　P2.1	//端口位定义
SLA　EQU　0AH ;定义器件地址	sbit SCL = P2^0;　　//模拟 I2C 时钟控制位
SUBA EQU 10H ;定义器件子地址	sbit SDA = P2^1;　　//模拟 I2C 数据传送位
ACK　BIT　F0	
DELAY5us:　　;延时等待 5 μs	void Delay5us(void) { //延时等待 5 μs
NOP	_nop_();
RET	}
;-------给出起始信号函数-------	//**********给出起始信号函数**********
START_I2C:	void Start_I2C(void) {
SETB SDA　;发送起始条件的数据信号	SDA = 1;　　　　//发送起始条件的数据信号
LCALL DELAY5us	Delay5us();

```asm
    SETB SCL ;起始条件建立时间大于 4.7 μs
    LCALL DELAY5us
    CLR  SDA ;发送起始信号
    ;起始条件锁定时间大于 4 μs
    LCALL DELAY5us;
    CLR  SCL ;钳住总线,准备传送数据
    NOP
    RET
;------给出停止信号函数------
STOP_I2C:
    CLR  SDA ;发送结束条件的数据信号
    LCALL DELAY5us
    SETB SCL ;发送结束条件的时钟信号
    LCALL DELAY5us ;结束总线时间大于 4 μs
    SETB SDA ;发送 I2C 总线结束信号
    LCALL DELAY5us ;终止和起始信号间大于
4.7μs
    RET
;-----字节数据传送函数,并应答检测------
;数据自 ACC 传入。位变量 ACK 存放应答位:
;ack=1,发送数据正常
;ack=0 表示被控器无应答或损坏
SendByte_AndCheck:
    MOV R2, #8 ;数据长度为 8 位
WLP:
    RLC  A         ;取数据位
    MOV  SDA, C
    NOP
    NOP
    SETB SCL       ;通知从器件接收 1 位数据
    LCALL DELAY5us
    CLR  SCL
    NOP
    NOP
    NOP
    DJNZ R2, WLP
    SETB SDA       ;置为输入口准备接收应答位
    NOP
    NOP
    SETB  SCL      ;开始应答检测
    NOP
    NOP
    NOP
```

```c
    SCL = 1;     //起始条件建立时间大于4.7 μs
    Delay5us();
    SDA = 0;     //发送起始信号
    Delay5us(); //起始条件锁定时间大于 4 μs
    SCL = 0;     //钳住总线，准备传送数据
    _nop_();
}

//***********给出停止信号函数***********
void Stop_I2C(void){
    SDA = 0;     //发送结束条件的数据信号
    Delay5us();
    SCL = 1;     //发送结束条件的时钟信号
    Delay5us(); //结束总线时间大于 4 μs
    SDA = 1;     //发送 I2C 总线结束信号
    Delay5us(); //终止和起始信号间大于 4.7 μs
}
/*****主机发送地址或数据,并应答检测*****
功能：返回 1,发送数据正常;返回 0 表示从机无应答
或损坏。
*************************************/
bit SendByte_AndCheck(unsigned char c){
    unsigned char i;
    bit ack = 0;         //应答状态标志位
    for(i=0; i<8; i++){ //数据长度为 8 位
        //此时 SCL 为 0
        if(c & 0x80)SDA = 1; /*判断发送位*/
        else  SDA = 0;
        _nop_();
        SCL = 1;         //通知从机接收数据位
        c <<= 1;
        Delay5us();
        SCL = 0;
    }

    SDA = 1;         //置为输入口准备接收应答位
    _nop_();
    _nop_();
    SCL = 1;         //开始应答检测
    _nop_();
    _nop_();
    _nop_();
    if(SDA == 0)     //判断是否接收到应答信号
```

```
       NOP
       MOV  C, SDA   ;判断是否接收到应答信号
       MOV  ACK, C
       CPL  ACK
       CLR  SCL
       NOP
       NOP
       RET
;--------- 读取字节数据函数---------
   ;读出的值在 ACC
   ;每读取一个字节要发送一个应答信号
RcvByte:
       MOV  R2, #8
       SETB SDA   ;置数据线为输入方式
RLP:
       CLR  SCL   ;SCL 拉低，准备接收
       LCALL DELAY5us ;SCL 拉低时间大于 4.7 μs
       SETB SCL        ;置高 SCL, SDA 上数据有效
       NOP
       RL   A
       MOV  C, SDA
       MOV  ACC.0, C
       NOP
       DJNZ R2 , RLP
       RET
;---------发送应答信号子程序---------
I2C_ACK:
       CLR  SDA   ;发出应答信号
       NOP
       NOP
       SETB SCL
       LCALL DELAY5us ;SCL 高脉冲大于 4.7 μs
       CLR  SCL   ;清时钟线,钳住总线,继续接收
       NOP
       NOP
       RET
I2C_nACK:
       SETB  SDA  ;发出非应答信号
       NOP
       NOP
       SETB  SCL
       LCALL DELAY5us ;SCL 高脉冲大于 4.7 μs
       CLR  SCL   ;清时钟线,钳住总线,继续接收
```

```c
      ack = 1;
   SCL = 0;
   _nop_();
   _nop_();
   return ack;
}

//************读取字节数据函数*******
unsigned char RcvByte(void){
   unsigned char rec = 0;
   unsigned char i;
   SDA = 1;           //置数据线为输入方式
   for(i=0; i < 8; i++) {
      SCL = 0;        //SCL 拉低，准备接收
      Delay5us();     //SCL 拉低时间大于 4.7 μs
      SCL = 1;        //SDA 上数据有效
      rec = rec << 1;
      _nop_();
      if(SDA == 1)
         rec |= 0x01; //读数据位到 ret 中
   }
   SCL = 0;
   return(rec);
}
/*********给出应答位子函数*********
应答:a 传入 1,非应答:a 传入 0
*********************************/
void Ack_I2C(bit a){
   if(a == 1)
      SDA = 0;        //发出应答信号
   else SDA = 1;      //发出非应答信号
   _nop_();
   _nop_();
   SCL = 1;
   Delay5us();        //SCL 高脉冲大于 4.7 μs
   SCL = 0;           //清时钟线,钳住总线,继续接收
   _nop_();
   _nop_();
}

#define I2C_ACK()  Ack_I2C(1) //发送应答位
#define I2C_nACK() Ack_I2C(0)//发送非应答位
```

```
    NOP
    NOP
    RET
;---向无子地址器件发送 1 字节数据函数---
;入口参数:数据为 ACC、器件从地址 SLA
;累加器 A 返回 FFH 表示操作成功
I2C_SendByte_AndCheck:
    LCALL  START_I2C        ;起始信号
    PUSH  ACC
    MOV  A, SLA
    LCALL  SendByte_AndCheck;发器件地址
    JB   ACK, I2WB1
    MOV  A, #1
    LCALL  STOP_I2C          ;停止信号
    RET
I2WB1:
    POP  ACC
    LCALL  SendByte_AndCheck ;发送数据
    JB   ACK, I2WB2
    MOV  A, #2
    LCALL  STOP_I2C          ;停止信号
    RET
I2WB2:
    LCALL  STOP_I2C          ;停止信号
    MOV  A, #0FFH
    RET
;--向有子地址器件发送多字节数据函数--
;入口参数:写 R1 个数据
;入口参数:器件从地址 SLA, 器件子地址 SUBA
;入口参数:发送数据缓冲区首址 R0
;累加器 A 返回 FFH 表示操作成功
I2C_SendStr:
    LCALL  START_I2C          ;起始信号
    MOV  A, SLA
    LCALL  SendByte_AndCheck ;发器件地址
    JB   ACK, I2WStr1
    MOV  A, #3
    LCALL  STOP_I2C          ;结束总线
    RET
I2WStr1:
    MOV  A, SUBA
    LCALL  SendByte_AndCheck ;发子地址
    JB   ACK, I2WStr2
```

```c
/*******向无子地址器件发送字节数据函数****
功能: 发送数据 c 到从器件,从器件地址 sla.
       如果返回 0xff 表示操作成功,否则操作有误。
***********************************/
unsigned char I2C_SendByte(
       unsigned char sla,
       unsigned char c){
   bit ack;
   Start_I2C();                  //起始信号
   ack = SendByte_AndCheck(sla);
//发器件地址
   if(ack == 0) {
      Stop_I2C();                //停止信号
      return(1);
   }
   ack = SendByte_AndCheck(c);//发送数据
   if(ack == 0) {
      Stop_I2C();                //停止信号
      return(2);
   }
   Stop_I2C();                   //停止信号
   return(0xff);
}


/*****向有子地址器件发送多字节数据函数****
功能:从器件地址 sla,子地址 suba。发送内容是 s
指向的内容,发送 no 个字节。
       如果返回 0xff 表示操作成功,否则操作有误。
***********************************/
unsigned char I2C_SendStr(
       unsigned char sla,unsigned char suba,
       unsigned char *s,unsigned char no){
   unsigned char i;
   bit ack;
   Start_I2C();                  //起始信号
   ack = SendByte_AndCheck(sla);
   if(ack == 0) {
      Stop_I2C();                //停止信号
      return(3);
   }
```

```
    MOV  A,#4
    LCALL STOP_I2C              ;停止信号
    RET
I2WStr2:
    MOV  A,@R0
    LCALL SendByte_AndCheck ;发送数据
    ;若写 E2PROM 等，这里需要加延时
    JB   ACK, I2WStr3
    MOV  A, #5
    LCALL STOP_I2C              ;结束总线
    RET
I2WStr3:
    INC  R0
    DJNZ R1, I2WStr2
    LCALL STOP_I2C              ;结束总线
    MOV  A, #0FFH
    RET
```
;----自无子地址器件读字节数据函数----
;入口参数:器件从地址 SLA
;A 返回 FFH 表示操作成功
;出口参数:数据为 R0 指针所指向的单元
```
I2C_RcvByte:
    INC  SLA
    MOV  A, SLA
    LCALL START_I2C            ;起始信号
    LCALL SendByte_AndCheck ;发器件地址
    JB   ACK, I2RB1
    MOV  A, #6
    LCALL STOP_I2C             ;结束总线
    RET
I2RB1:
    LCALL RcvByte
    MOV  @R0, A
    LCALL I2C_nACK
    LCALL STOP_I2C             ;结束总线
RET
```
;---向有子地址器件读取多字节数据函数---
;入口参数:读取 R1 个数据
;入口参数:器件从地址 SLA,器件子地址 SUBA
;出口参数:接收数据缓冲区首址 R0
;A 返回 FFH 表示操作成功

```c
    ack = SendByte_AndCheck(suba);
    if(ack == 0) {
        Stop_I2C();
        return(4);
    }
    for(i=0; i < no; i++) {
        ack = SendByte_AndCheck(*s++);
        if(ack == 0) {
            Stop_I2C();
            return(5);
        }
        //若写 E2PROM 等，这里需要加延时
    }
    Stop_I2C();                    //停止信号
    return(0xff);
}
```

/******向无子地址器件读字节数据函数******
功能：从器件地址 sla，返回值在 c.
　　如果返回 0xff 表示操作成功，否则操作有误。
***************************************/
```c
unsigned char I2C_RcvByte(
    unsigned char sla,
    unsigned char *c){
    bit ack;
    Start_I2C();                   //启动总线
    ack = SendByte_AndCheck(sla+1);
    if(ack == 0) {
        Stop_I2C();
        return(6);
    }
    *c = RcvByte();                //读取数据
    I2C_nACK();                    //发非就答位
    Stop_I2C();                    //停止信号
    return(0xff);
}
```

/*****向有子地址器件读取多字节数据函数******
功能：从器件地址 sla，子地址 suba。读出的内容放
入 s 指向的存储区，读 no 个字节。
　　如果返回 0xff 表示操作成功，否则操作有误。

```
I2C_RcvStr:
  LCALL START_I2C ; 启动总线
  MOV  A, SLA
  LCALL SendByte_AndCheck ;发器件地址
  JB   ACK, I2RStr1
  MOV  A, #7
  SJMP I2C_RcvStr_OVER
I2RStr1:
  MOV  A, SUBA
  LCALL SendByte_AndCheck ;发子地址
  JB   ACK, I2RStr2
  MOV  A, #8
  SJMP I2C_RcvStr_OVER
I2RStr2:
  LCALL START_I2C         ;重新起始信号
  MOV  A, SLA
  INC  A
  LCALL SendByte_AndCheck
  JB   ACK, I2RStr3
  MOV  A, #9
  SJMP I2C_RcvStr_OVER
I2RStr3:
  DEC  R1
I2RStr_LOOP:
  LCALL RcvByte
  MOV  @R0, A
  INC  R0
  LCALL I2C_ACK
  DJNZ R1, I2RStr_LOOP
  LCALL RcvByte
  MOV  @R0, A
  LCALL I2C_nACK
  MOV  A, #0FFH
I2C_RcvStr_OVER:
  LCALL STOP_I2C          ;结束总线
  RET
```

```
*********************************/
unsigned char I2C_RcvStr(
    unsigned char sla,unsigned char suba,
    unsigned char *s, unsigned char no){
  unsigned char i;
  bit ack;
  Start_I2C();                    //起始信号
  ack = SendByte_AndCheck(sla);
  if(ack == 0) {
    Stop_I2C();
    return(7);
  }
  ack = SendByte_AndCheck(suba);
  if(ack == 0) {
    Stop_I2C();
    return(8);
  }

  Start_I2C();
  ack = SendByte_AndCheck(sla+1);
  if(ack == 0) {
    Stop_I2C();
    return(9);
  }

  for(i=0; i<no-1; i++) {
    *s = RcvByte();               //发送数据
    I2C_ACK();                    //发送答位
    s++;
  }
  *s = RcvByte();
  I2C_nACK();                     //发送非应位
  Stop_I2C();                     //停止信号
  return(0xff);
}
```

9.3.4　I²C 总线接口 E²PROM

　　Microchip 公司的 AT24CXX 系列存储器是基于 I²C 接口的 E²PROM。其工作电压范围为 1.8~5.5 V。芯片名称的尾数表示容量，比如 AT24C16，表示容量为 16 K 位。

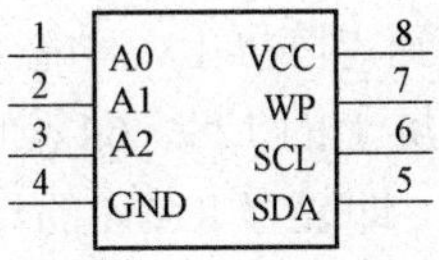

AT24CXX 系列存储器的引脚图如图 9.22 所示。其中，SCL 和 SDA 是 I²C 接口引脚，速率为 100 kHz 时，上拉电阻为 10 kΩ。

1	A0	VCC	8
2	A1	WP	7
3	A2	SCL	6
4	GND	SDA	5

WP：写保护。如果 WP 引脚连接到 VCC，所有的内容都被写保护（只能读）。当 WP 引脚连接到低电平或悬空，允许对器件进行正常的读/写操作。

图 9.22 AT24CXX 系列存储器的引脚图

A0、A1、A2：器件 I²C 接口的低 3 位地址输入端。当这些引脚悬空时默认值为 0。器件地址的高 4 位表征器件的类型，由 I²C 规程所决定，E²PROM 器件地址的高 4 位（D7~D4）固定为 1010B。器件地址的低 3 位（D3~D1）由 A2、A1、A0 引脚决定。这样，同一个 I²C 总线就可以连接多个同一型号芯片，只要它们 A2、A1、A0 不一致，就不会出现从机地址冲突现象。AT24CXX 系列 E²PROM 的器件可变地址及页大小定义如表 9.6 所示。其中，NC 表示不连接。

表 9.6 AT24CXX 系列 E²PROM 的器件可变地址及页大小定义

器件	A2	A1	A0	页大小（字节数）	器件	A2	A1	A0	页大小（字节数）
AT24C01	A2	A1	A0	8	AT24C64	A2	A1	A0	32
AT24C02	A2	A1	A0	8	AT24C128	NC	A1	A0	64
AT24C04	A2	A1	NC	16	AT24C256	NC	A1	A0	64
AT24C08	A2	NC	NC	16	AT24C512	NC	A1	A0	128
AT24C16	NC	NC	NC	16	AT24C1024	NC	A1	NC	256
AT24C32	A2	A1	A0	32					

这里，页大小是指 1 次连续读写数据的最大个数，因为内部页缓冲器只能接收一页数据，子地址超出每个页的页顶端地址，子地址将自动回到页底端子地址，将覆盖底端的数据。AT24CXX 系列存储器的擦除及写入数据时间不超过 5 ms，因此，给出停止条件后要至少延时 10 ms 才能再次操作该器件。擦写次数达 100 万次，且数据 100 年不丢失。

9.4 单色图形点阵液晶和 OLED 屏

6.4 节学习了内嵌字符点阵的单色字符型液晶 1602，MCU 通过 6800 接口将字符的 ASCII 码传送给 1602 液晶，则 1602 液晶将对应 ASCII 码的字符点阵显示出来。在智能硬件应用过程中，除了显示字符，还有显示工作曲线等功能要求，本节学习单色的图形液晶和 OLED 屏。

单色就是仅有一种显示颜色，一般就是黑白显示。单色液晶屏多指段码液晶屏、字符型液晶屏和点阵式液晶显示屏（LCD）。OLED（organic light-emitting diode）是电流型的有机发光器件，基于 OLED 构成的点阵可以作为图形显示屏。LCD 和 OLED 点阵屏的共同特点就是每个点只有显示或不显示之分，与 1 个 bit 的显存对应。

LCD 和 OLED 点阵屏通过专用的驱动芯片与 MCU 连接。一个汉字一般采用 16×16 点阵可以较高分辨率显示，128×64 点阵屏则可以显示 4 行汉字，每行 8 个汉字，也适用于复杂度不高的曲线等显示要求，应用广泛。ST7565、SSD1306 是分别用作 128×64 点阵 LCD 和 OLED 屏的专用驱动芯片，被集成到点阵屏上，点阵屏和外围电路制成电路板构成点阵屏模块。128×64 点阵屏如图 9.23 所示。ST7565 和 SSD1306 都集成了显存，且自动将显存刷新到点阵屏上，动态显示。如图 9.24 所示，点阵屏上的每一个点都对应显存中的 1 个位，显示屏上的 128×64 点阵对应着显存 RAM 的 8 个页（page），每一个页有 128 个字节的空间对应，即显存 RAM 的一个页空间对应 8 行点阵，128 字节，每个字节对应一列（8 个点）。MCU 通过与驱动芯片的接口更新显存，单次更新某页的一个字节显存内容需要先送入给出页地址（0～7）和列地址（0～127）要给出，每送入 1 个字节数据，列地址自动加 1。

(a) LCD

(b) OLED

图 9.23　128×64 点阵屏

点阵屏纵向坐标（从上至下）		列\行	点阵屏横向坐标（从左到右）							
			0	1	2	3	…	125	126	127
	Page0	0	bit0	bit0	bit0	bit0	…	bit0	bit0	bit0
		1	bit1	bit1	bit1	bit1	…	bit1	bit1	bit1
		⋮								
		7	bit7	bit7	bit7	bit7	…	bit7	bit7	bit7
	Page1	8	bit0	bit0	bit0	bit0	…	bit0	bit0	bit0
		9	bit1	bit1	bit1	bit1	…	bit1	bit1	bit1
		⋮								
		15	bit7	bit7	bit7	bit7	…	bit7	bit7	bit7
	⋮									
	Page7	56	bit0	bit0	bit0	bit0	…	bit0	bit0	bit0
		57	bit1	bit1	bit1	bit1	…	bit1	bit1	bit1
		⋮								
		63	bit7	bit7	bit7	bit7	…	bit7	bit7	bit7

图 9.24　ST7565、SSD1306 的显存 RAM 与显示屏点阵的映射图

　　字符的点阵信息对应的二进制表示称为该字符的字模。以 16×16 点阵汉字的字模为例，由于 ST7565 和 SSD1306 的显存与显示屏的对应关系是纵向排列，且列地址具有自增功能，因此将汉字分成上下两个部分，如图 9.25 所示，上半部分自左到右，每一纵行的 8 个像素构成 1 个字节，共 16 个字节；然后获取下半部分的 16 个字节数据，最终得到 1 个字模数组：

{0x00,0xFE,0x02,0xF2,0x92,0x9E,0x92,0xF2,0x00,0xFE,0x22,0x22,0x22,0x3E,0x00,0x00, 0x00,0x47,0x34,0x04,0x04,0x17,0x64,0x04,0x14,0x63,0x04,0x04,0x14,0xE4,0x07,0x00}

将该数组信息送入 ST7565 或 SSD1306 显存的对应位置，则显示该字符。因此，软件设计时要预先将要显示的字符制成字模数组，且作为常数表存入非易失性存储器。取模操作可以借助取模软件工具实现。

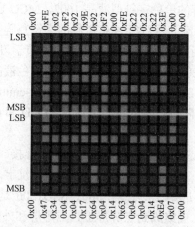

图 9.25　16×16 列行式汉字取模示例

MCU 通过 8080/6800 接口或 SPI 接口与 ST7565 通信。ST7565 的逻辑引脚及接口说明如表 9.7 所示，通信接口的选择通过 p/$\overline{s}$ 和 C86 引脚进行设置。MCU 通过 8080/6800 接口、单工 SPI 接口或 I²C 接口与 SSD1306 通信。SSD1306 的逻辑引脚及接口说明如表 9.8 所示，与 ST7565 同名的控制信号引脚功能一致。SSD1306 通信接口的逻辑引脚及设置如表 9.9 所示，通信接口通过 BS[2:0]引脚进行设置。显然，正确选择接口和使用接口协议是扩展点阵屏的关键。

表 9.7　ST7565 的逻辑引脚及接口说明

引脚名	说　　明
$\overline{CS}$	并行接口和 SPI 接口的片选，低电平有效。另外还有个高有效的片选，二者是"与"的关系
$\overline{RES}$	复位脚，低有效。上电后，通过给该引脚低脉冲复位 ST7565
A0	数据/命令选择，也称为 RS 引脚。用于设置并行接口和 SPI 接口 8 位数据的属性。采用 8080 时序时，RS 可以连至某跟地址线上
R/$\overline{W}$ / $\overline{WR}$	6800 时序的读/写信号 R/$\overline{W}$ 8080 时序的写使能信号 $\overline{WR}$
E/ $\overline{RD}$	6800 时序的使能信号 E 8080 时序的读使能信号 $\overline{RD}$
D0～D7	并行接口的 8 位数据总线；D6 兼做 SPI 接口的时钟线 SCK，D7 兼做 SPI 接口的数据线 SI（MOSI）
VR	端口输出电压
C86	该引脚设置为高电平选择 6800 时序，设置为低电平选择 8080 时序
VDD	逻辑电源（3.3 V）
VSS	地（0 V）
p/$\overline{s}$	该引脚设置为低电平，采用单工 SPI 串行接口；该引脚设置为高电平，选择并行接口

表 9.8　SSD1306 的逻辑引脚及接口说明

总线接口	数据/命令接口				控制信号				
	D7～D3	D2	D1	D0	E/ $\overline{RD}$	R/$\overline{W}$ / $\overline{WR}$	$\overline{CS}$	D/$\overline{C}$	$\overline{RES}$
8-bit 8080	D[7:0]				$\overline{RD}$	$\overline{WR}$	$\overline{CS}$	RS	$\overline{RES}$
8-bit 6800	D[7:0]				E	R/$\overline{W}$	$\overline{CS}$	RS	$\overline{RES}$
SPI	置低	NC	SI（MOSI）	SCK	置低		$\overline{CS}$	置低	$\overline{RES}$
带 D/$\overline{C}$ 引脚的 SPI	置低	NC	SI（MOSI）	SCK	置低		$\overline{CS}$	RS	$\overline{RES}$
I²C	置低	连在一起作 SDA		SCL	置低			SA0	$\overline{RES}$

表 9.9　SSD1306 通信接口的逻辑引脚及设置

总线接口	BS2	BS1	BS0
8-bit 8080	1	1	0
8-bit 6800	1	0	0
SPI	0	0	1
带 D/$\overline{\text{C}}$ 引脚的 SPI	0	0	0
I²C	0	1	0

　　8 位的系统总线接口无须做特殊说明。ST7565 和 SSD1306 的 SPI 接口采用时钟上升沿采样，兼容 SPI 第 1 种和第 4 种时序，以 MSB 方式串行通信。ST7565 的 SPI 接口和 SSD1306 带 D/$\overline{\text{C}}$ 引脚的 SPI 时序一致，如图 9.26 所示，8 个数据位构成 1 帧数据，既可以片选 $\overline{\text{CS}}$ 使能后传送一帧数据，然后撤销片选，也可以在片选使能后连续发送多个帧后再撤销片选，每个帧传送完成后自动载入目标位置。注意，在每帧数据串行通信前要给出 A0 或 D/$\overline{\text{C}}$，直至第 8 位传送完成，以确定该帧是数据还是命令。SSD1306 不带 D/$\overline{\text{C}}$ 引脚的 SPI 接口则需要在 SPI 帧传送中带有表征是数据还是命令的标志位 RS，即将 8 各位的数据帧变为 9 位，且先发这个 RS，再发 8 位信息，其他协议与带 D/$\overline{\text{C}}$ 引脚的 SPI 接口的时序和含义一致。

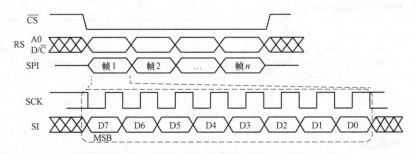

图 9.26　RS 引脚指明数据属性的点阵屏 SPI 接口时序

　　SSD1306 可设置为 I²C 接口，其从机地址位格式为：

b7	b6	b5	b4	b3	b2	b1	b0
0	1	1	1	1	0	SA0	R/$\overline{\text{W}}$

　　SA0 是从机地址的 1 个可设置地址位，D/$\overline{\text{C}}$ 引脚作为 SA0 用于从机地址选择。

　　I²C 接口在传输完从机地址之后，成对传输传送控制字节和信息字节。其中，控制字节由 Co（continuation）、D/$\overline{\text{C}}$ 位和 6 个 0 组成，其格式为：

b7	b6	b5	b4	b3	b2	b1	b0
Co	D/$\overline{\text{C}}$	0	0	0	0	0	0

　　控制字节后的信息字节的性质由 D/$\overline{\text{C}}$ 位决定，如果此时 D/$\overline{\text{C}}$ 位设为 1，下一个字节就是数据，否则就是命令。

　　如果 Co 设置为 0，一对传送控制字节和信息字节传输后就要给出 I²C 停止条件。

　　如果 Co 设置为 1，可以连续多对"控制字节+信息字节"传输，最后再给出 I²C 停止条件。相比 Co 设置为 0，在多个信息字节传输时，避免了每次都有起始条件、从机地址字节和停止条件的传输，大幅提升了传输效率。

ST7565 和 SSD1306 的驱动对象不同，但与驱动对象无关的相关命令及格式却相同，这给使用带来了方便。ST7565 和 SSD1306 的常用命令如表 9.10 所示。

表 9.10　ST7565 和 SSD1306 的常用命令

命　令	RS	读/写	格　式								说　明
			D7	D6	D5	D4	D3	D2	D1	D0	
显示开关命令	0	写	1	0	1	0	1	1	1	1/0	打开显示/关闭显示
正常（阴码）/取反（阳码）显示	0	写	1	0	1	0	0	1	1	0/1	正常显示/相反显示
页地址设置	0	写	1	0	1	1	x(b3~b0)H				第 x（0~7）页
设置列地址	0	写	0	0	0	1	A7	A6	A5	A4	每页 128 字节，地址 0~127。列地址由 A7~A0 构成，传送两个字节
			0				A3	A2	A1	A0	
列地址选择控制	0	写	1	0	1	0	0	0	0	0/1	0xa1：列地址从左到右为 0~127；0xa0：列地址从右到左为 0~127
行地址选择控制	0	写	1	1	0	0	0/1	0	0	0	0xc0：行地址从上到下为 0~63；0xc8：行地址从上到下为 63~0
写显示数据	1	写	写入的数据，写入后列地址自动加 1								—
读显示数据	1	读	读数据，读后列地址自动加 1								—
点阵的显示起始行设置（基于此可以实现滚屏）	0	写	0	1	0	0	0	0	0	1	第 0 行
					0	0	0	0	1	0	第 1 行
					0	0	0	0	1	1	第 2 行
					⋮						⋮
					1	1	1	1	1	0	第 62 行
					1	1	1	1	1	1	第 63 行
调整显示屏亮度（双字节命令）	0	写	1	0	0	0	0	0	0	1	x 从小到大，亮度从暗到亮。ST7565，x=0~63；SSD1306，x=1~255
						x					
全屏点亮/变暗	0	写	1	0	1	0	0	1	0	1/0	一直全亮（用于测试，不影响显存）/关闭全亮

这些命令，有些是用于驱动器的初始化，如打开显示、正常显示等；有些用于操作，如显示起行设置等；有些则直接与写显存来更新显示内容有关，如设定页地址、设定列地址、写显示数据等。8080 和 6800 时序并行接口、SPI 接口和 I²C 接口在前面都已经讲述，作为知识联系，读者可分别基于不同的接口自行尝试编写驱动软件。

9.5　DS18B20 温度传感器与单总线扩展技术

9.5.1　DS18B20 及操作命令

DS18B20 是一个单线式温度采集数据传输，并直接转换数字量的温度传感器。多个

DS18B20 挂接到一条甚至可达几十米长的单总线上，即可构成多点温度采集系统。

DS18B20 的特点包括以下几个方面。

（1）仅需一个 GPIO 引脚进行双向通信，多个并联可实现多点测温。

（2）可通过数据线供电，电源电压范围为 3～5.5 V。

（3）零待机功耗。

（4）用户可定义的非易失性温度报警设置。

（5）报警搜索命令识别并标志超过程序限定温度（温度报警条件）的器件。

（6）测温范围为−55～+125 ℃。精度为 9～12 位（与数据位数的设定有关），9 位的温度分辨率为±0.5 ℃，12 位的温度分辨率为±0.062 5 ℃，缺省值为 12 位；在 93.75～750 ms 内将温度值转化 9～12 位的数字量，典型转换时间为 200 ms。

DS18B20 通过一个单线接口发送或接收信息，因此在中央微处理器和 DS18B20 之间仅需一条连接线（还有地线）。用于读写和温度转换的电源可以从数据线本身获得，无需外部电源。而且每个 DS18B20 都有一个独特的片序列号，所以多只 DS18B20 可以同时连在一根单线总线上，这一特性在 HVAC 环境控制、探测建筑物、仪器或机器的温度及过程监测和控制等方面非常有用。DS18B20 的引脚说明如表 9.11 所示。

表 9.11　DS18B20 的引脚说明

引脚	符号	说　明	
1	GND	接地	DALLAS DS18B20　1 2 3
2	DQ	数据输入/输出脚。对于单线操作，漏极开路	
3	VDD	可选的 VDD 引脚	GND　DQ　VDD

DS18B20 的单总线采用"线与"方式，因此使用 DS18B20 时，总线需要接 kΩ 级上拉电阻；但总线上所挂 DS18B20 增多时，就需要解决微处理器的总线驱动问题，如减小上拉电阻等。

图 9.27 所示为 DS18B20 的内部结构。DS18B20 有 3 个主要数字部件：64 位激光 ROM、温度传感器、非易失性（E^2PROM）温度报警触发器 TH 和 TL。

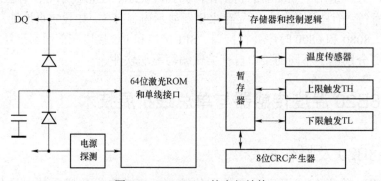

图 9.27　DS18B20 的内部结构

　　DS18B20 的主要部件用如下方式从单线通信线上汲取能量：在信号线处于高电平期间把能量储存在内部电容里，在信号线处于低电平期间消耗电容上的电能工作，直到高电平到来再给寄生电源（电容）充电。DS18B20 也可用外部给 DS18B20 的 VDD 供电。

　　操作 DS18B20 应遵循以下顺序：初始化（复位）、ROM 操作命令、暂存器（RAM）操作命令。通过单总线的所有操作都从一个初始化序列开始。初始化序列包括一个由总线控制器发出的复位脉冲和跟其后由从机发出的存在脉冲。存在脉冲让总线控制器知道 DS18B20 在总线上并等待接收命令。一旦总线控制器探测到一个存在脉冲，它就可以发出 5 个 ROM 命令之一，所有 ROM 操作命令都 8 位长度。ROM 操作主要用于依据每个 DS18B20 的唯一产品序列号来指定单总线上的 DS18B20。DS18B20 的 ROM 操作命令如表 9.12。

表 9.12　DS18B20 的 ROM 操作命令

操作命令	说　　明
33H	读 ROM 命令（read ROM）：通过该命令主机可以读出 ROM 中 64 位序列号，自高位到低位依次为： MSB　　　　　　　　　　　　　　　　　　　　　　　　　LSB | 8 bit CRC码 | 48 bit 序列号 | 8 bit产品代码（10H） | 单个 DS18B20 的产品序列号唯一。读命令仅用在单个 DS18B20 在线情况，当多于一个时，由于 DS18B20 为开漏输出将产生线与，从而引起数据冲突
55H	匹配 ROM 序列号命令（match ROM）：用于多片 DS18B20 在线。主机发出该命令，后跟 64 位 ROM 序列，让总线控制器在多点总线上定位一只特定的 DS18B20。只有和 64 位 ROM 序列完全匹配的 DS18B20 才能响应随后的存储器操作命令，其他 DS18B20 等待复位。该命令也可以用在单片 DS18B20 情况
CCH	跳过 ROM 操作（skip ROM）：对于单片 DS18B20 在线系统，该命令允许主机跳过 ROM 序列号检测而直接对寄存器操作，从而节省时间。对于多片 DS18B20 系统，该命令将引起数据冲突
F0H	搜索 ROM 序列号（search ROM）：当一个系统初次启动时，总线控制器可能并不知道单线总线上有多少器件或它们的 64 位 ROM 编码。该命令允许总线控制器用排除法识别总线上的所有从机的 64 位编码
ECH	报警查询命令（alarm search）。该命令操作过程同 search ROM 命令，但是，仅当上次温度测量值已置位报警标志（由于高于 TH 或低于 TL 时），即符合报警条件，DS18B20 才响应该命令。如果 DS18B20 处于上电状态，该标志将保持有效，直到遇到下列两种情况：本次测量温度发生变化，测量值处于 TH、TL 之间；TH、TL 改变，温度值处于新的范围之间，设置报警时要考虑到 RAM 中的值

　　DS18B20 的暂存器（RAM）说明如表 9.13 所示。通过 RAM 操作命令 DS18B20 完成一次温度测量。测量结果放在 DS18B20 的暂存器里，用一条读暂存器内容的存储器操作命令可以把暂存器中数据读出。温度报警触发器 TH 和 TL 各由一个 E^2PROM 字节构成。DS18B20 完成一次温度转换后，就拿温度值和存储在 TH 和 TL 中的值进行比较，如果测得的温度高于 TH 或低于 TL，器件内部就会置位一个报警标识，当报警标识置位时，DS18B20 会对报警搜索命令有反应。如果没有对 DS18B20 使用报警搜索命令，这些寄存器可以作为一般用途的用户存储器使用，用一条存储器操作命令对 TH 和 TL 进行写入，对这些寄存器的读出需要通过暂存器。所有数据都是以低有效位在前的方式（LSB）进行读写。

表 9.13　DS18B20 的暂存器（RAM）说明

暂存器的内容及意义	暂存器地址
LSB：温度最低数字位	0
MSB：温度最高数字位（该字节的最高位表示温度正负，1 为负）	1
TH：（高温限值）用户字节	2
TL：（低温限值）用户字节	3
转换位数设定，由 b5 和 b6 决定（0-R1-R0-11111）： R1-R0:　　　　00/9 bit　01/10 bit　10/11 bit　11/12 bit 至多转换时间：93.75 ms　187.5 ms　375 ms　750 ms	4
保留	5～7
CRC 校验	8

DS18B20 的 RAM 操作命令如表 9.14 所示。

表 9.14　DS18B20 的 RAM 操作命令

命令	说　　　　明	单线总线发出协议后	备注
	温度转换命令		
44H	开始温度转换：DS18B20 收到该命令后立刻开始温度转换。当温度转换正在进行时，主机读总线将收到 0，转换结束为 1。如果 DS18B20 是由信号线供电，主机发出此命令后主机必须立即提供至少相应于分辨率的温度转换时间的上拉	<读温度忙状态>	接到该协议后，如果器件不是从 VDD 供电，I/O 线就必须至少保持 500 ms 高电平。这样，发出该命令后，单线总线上在这段时间内就不能有其他活动
	存储器命令		
BEH	读取暂存器和 CRC 字节：用此命令读出寄存器中的内容，从第一字节开始，直到读完第 9 字节，如果仅需要寄存器中部分内容，主机可以在合适时刻发送复位命令结束该过程	<读数据直到 9 字节>	
4EH	把字节写入暂存器的地址 2 到 4（TH 和 TL 温度报警触发，转换位数寄存器），从第 2 字节（TH）开始。复位信号发出之前必须把这 3 个字节写完	<写三个字节到地址 2、3 和 4>	
48H	用该命令把暂存器地址 2 和 3 内容节拷贝到 DS18B20 的非易失性存储器 E²PROM 中：如果 DS18B20 是由信号线供电，主机发出此命令后，总线必须保证至少 10 ms 的上拉，当发出命令后，主机发出读时隙来读总线，如果转存正在进行，结果为 0，转存结束为 1	<读拷贝状态>	接到该命令若器件不是从 VDD 供电的话，I/O 线必须至少保持 10 ms 高电平。这样要求，在发出该命令后，这段时间内单线总线上就不能有其他活动
B8H	E²PROM 中的内容回调到寄存器 TH、TL（温度报警触发）和设置寄存器单元：DS18B20 上电时能自动回调，因此设备上电后 TL、TL 就存在有效数据。该命令发出后，如果主机跟着读总线，读到 0 意味着忙，1 为回调结束	<读温度忙状态>	
B4H	读 DS18B20 的供电模式：主机发出该命令，DS18B20 将发送电源标志，0 为信号线供电，1 为外接电源	<读供电状态>	

9.5.2　DS18B20 的单总线组网与识别

　　每个 DS18B20 内均有唯一的 64 位序列号，只有获得该序列号后才可能对单线多传感器系统进行一一识别。读 DS18B20 是从最低有效位开始，8 位系列编码都读出后，48 位序列号再读入，移位寄存器中就存储了 CRC 值。控制器可以用 64 位 ROM 中的前 56 位计算出一个 CRC 值，再用这个和存储在 DS18B20 的 64 位 ROM 中的值或 DS18B20 内部计算出的 8 位 CRC 值（存储在第 9 个暂存器中）进行比较，以确定 ROM 数据是否被总线控制器接收无误。

　　在 ROM 操作命令中，有两条命令专门用于获取传感器序列号：读 ROM 命令（33H）和搜索 ROM 命令（F0H）。读 ROM 命令只能在总线上仅有一个传感器的情况下使用。搜索 ROM 命令则允许总线主机使用一种"消去"处理方法来识别总线上所有的传感器序列号。搜索过程为三个步骤：读一位，读该位的补码，写所需位的值。总线主机在 ROM 的每一位上完成这三个步骤，在全部过程完成后，总线主机便获得一个传感器 ROM 的内容，其他传感器的序列号则由相应的另外一个过程来识别。具体的搜索过程如下。

　　（1）总线主机发出复位脉冲进行初始化，总线上的传感器则发出存在脉冲做出响应。

　　（2）总线主机在单总线上发出搜索 ROM 命令。

　　（3）总线主机从单总线上读一位。每一个传感器首先把它们各自 ROM 中的第一位放到总线上，产生"线与"，总线主机读得"线与"的结果。接着每一个传感器把它们各自 ROM 中的第一位的补码放到总线上，总线主机再次读得"线与"的结果。总线主机根据以上读得的结果，可进行如下判断：结果为 00 表明总线上有传感器连着，且在此数据位上它们的值发生冲突；为 01 表明此数据位上它们的值均为 0；为 10 表明此数据位上它们的值均为 1；为 11 表明总线上没有 DS18B20。

　　（4）总线主机将一个数值位（0 或 1）写到总线上，则该位与之相符的传感器仍连到总线上。

　　（5）其他位重复以上步骤，直至获得其中一个传感器的 64 位序列号。

　　综上分析，搜索 ROM 命令可以将总线上所有传感器的序列号识别出来，但不能将各传感器与测温点对应起来，所以要一个一个传感器的测试序列号标定。

　　单总线方法实现 DS18B20 多点测温网络的方法是：先读出每个 DS18B20 的 64 位 ROM 码，然后写到程序中进行匹配。具体步骤如下。

　　在硬件系统搭建完成时在总线上每次挂接一个 DS18B20，然后对该 DS18B20 发送读取 ROM 序列号命令（0x33），这样 DS18B20 就按照从高位到低位的顺序发送 8 字节地址到总线上，单片机依次读取、保存即可得到一个 DS18B20 的序列号。之后在总线上单独挂接另一个 DS18B20 芯片得到该芯片的序列号。有了这些序列号后，将这些序列号固化在程序（表格）中，当单片机向总线发送匹配 ROM 命令之后紧跟发送一个序列号，这样接下去的读取温度操作将只有 ROM 序列号匹配的那个 DS18B20 做出相应的操作。在一线制总线上串接多个 DS18B20 器件时，实现对其中一个 DS18B20 器件进行一次温度转换和读取操作的步骤如图 9.28 所示。其中，等待温度转换完成就是单片机释放总线（总线保持上拉高电平的读入状态），此时总线由 DS18B20 箝位为低，直至温度转换完成后总线变为高。

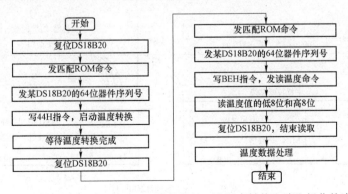

图 9.28　对总线中的一个 DS18B20 器件进行一次温度转换和读取操作的流程图

9.5.3　DS18B20 的单总线读写时序

DS1B820 需要严格的协议以确保数据的完整性。协议包括几种单线信号类型：复位脉冲、存在脉冲、写 0、写 1、读 0 和读 1。所有这些信号，除存在脉冲外，都是由总线控制器发出的。和 DS18B20 间的任何通信都需要以初始化序列开始。一个复位脉冲跟着一个存在脉冲表明 DS18B20 已经准备好发送和接收数据。

由于没有其他的信号线可以同步串行数据流，因此 DS18B20 规定了严格的读写时隙，只有在规定的时隙内写入或读出数据才能被确认。协议由单线上的几种时隙组成：初始化脉冲时隙、写操作时隙和读操作时隙。单总线上的所有处理均从初始化开始，然后主机在相应的时间隙内读出数据或写入命令。

初始化要求总线主机发送复位脉冲（480～960 μs 的低电平信号，再将其置为高电平）。在监测到 GPIO 引脚上升沿后，DS18B20 等待 15～60 μs，然后发送存在脉冲（60～240 μs 低电平后再置高），表示复位成功。这时单总线为高电平。DS18B20 的初始化时序如图 9.29 所示。

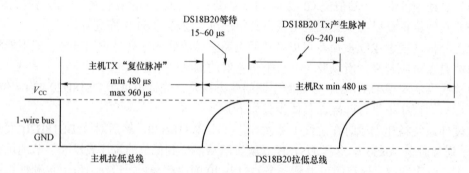

图 9.29　DS18B20 的初始化时序

当主机把数据线从逻辑高电平拉到逻辑低电平的时候，写时间隙开始。有两种写时间隙：写 1 时间隙和写 0 时间隙。写 1 和写 0 时间隙都必须最少持续 60 μs。I/O 线电平变低后，DS18B20 在一个 15～60 μs 的窗口内对 I/O 线采样。如果线上是高电平，就是写 1，如果线上是低电平，就是写 0。注意，写 1 时间隙开始主机拉低总线 1 μs 时间以上再释放总线。如此循环 8 次，以 LSB 方式完成一个字节的写入。写 DS18B20 时序如图 9.30 所示。

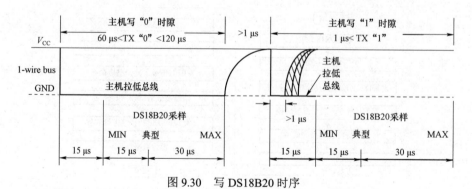

图 9.30　写 DS18B20 时序

　　当从 DS1820 读取数据时，主机生成读时间隙。自主机把数据线从高拉到低电平开始必须保持超过 1 μs。由于从 DS1820 输出的数据在读时间隙的下降沿出现后 15 μs 内有效，因此，主机在读时间隙开始 2 μs 后即释放总线，并在接下来的 2～15 μs 时间范围内读取 I/O 脚状态。之后 I/O 引脚将保持由外部上拉电阻拉到的高电平。所有读时间隙必须最少 60 μs。重复 8 次，以 LSB 方式完成一个字节的读入。读 DS18B20 时序如图 9.31 所示。

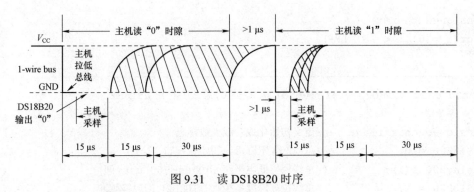

图 9.31　读 DS18B20 时序

9.5.4　单片 DS18B20 测温应用程序设计

　　总线上只挂一只 DS18B20 的读写主程序流程如图 9.32 所示。

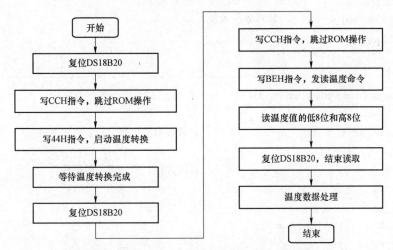

图 9.32　总线上只挂一只 DS18B20 的读写主程序流程

　　经典型 51 单片机的晶振频率为 12 MHz，其程序如下：

```c
#include <reg52.h>  //12MHz 晶振
#include<intrins.h>
sbit DS18B20 = P2^0;
//----------------------------------------------------------------
void delay500us(unsigned int t)
{
    unsigned int i;
```

```c
    for(; t > 0; t--)
        for(i = 0; i < 59 ; i++);
}
//------------------------------------------------------------
void delay60us(void)
{
    unsigned char i;
    for(i = 0; i < 18; i++);
}
//------------------------------------------------------------
unsigned char Ds18b20_start(void)  //返回 0,总线上存在 DS18B20
{
    unsigned char flag;      //定义初始化成功或失败标志
    DS18B20 = 0;             //总线产生下降沿，初始化开始
    delay500us(1);           //总线保持低电平在 480 μs-960 μs 之间
    DS18B20 = 1;             //总线拉高，准备接收 DS18B20 的应答脉冲
    delay60us ();            //读应答等待
    _nop_();
    _nop_();
    flag= DS18B20;
    while(!DS18B20);         //等待复位成功
    return(flag);
}
//------------------------------------------------------------
void ds18_send(unsigned char d)        //向 DS18B20 写一字节函数
{
    unsigned char i = 8;               //设置读取的位数，1 个字节 8 位
    for(; i > 0; i--){
        DS18B20 = 0;                   //总线拉低，启动"写时间片"
        _nop_();
        _nop_();                       //大于 1 μs
        if(d & 0x01)DS18B20 = 1;
        delay60us ();                  //延时至少 60 μs，使写入有效
        _nop_();
        _nop_();
        DS18B20 = 1;                   //准备启动下一个"写时间片"
        d >>= 1;                       //LSB
    }
}
//------------------------------------------------------------
unsigned char ds18_readChar(void)      //从 DS18B20 读 1 个字节函数
{
    unsigned char d = 0, i = 8;
```

```c
    for(; i>0; i--){
        DS18B20 = 0;                  //总线拉低，启动读"时间片"
        _nop_();
        _nop_();                      //大于 1 μs
        DS18B20 = 1;                  //总线拉高，准备读取
        d >>= 1;                      //LSB
        if(DS18B20) d |= 0x80;        //从总线拉低时算起，约 15 μs 内读取总线数据
        delay60us();                  //一个读时隙至少 60 μs
        _nop_();
        _nop_();
    }
    return(d);
}
//----------------------------------------------------------------
void Init_Ds18B20(void)              //初始化 DS18B20
{
    if(Ds18b20_start() == 0){        //复位
        ds18_send(0xcc);             //跳过 ROM 匹配
        ds18_send(0x4e);             //设置写模式
        ds18_send(0x64);             //设置温度上限为 100 摄氏度
        ds18_send(0xf6);             //设置温度下限为 -10 摄氏度
        ds18_send(0x7f);             //12 bit(默认)
    }
}
//----------------------------------------------------------------
unsigned int Read_ds18b20(void)
{
    unsigned char th,tl;
    if(Ds18b20_start())              //DS18b20 初始化
        return(0x8000);              //初始化失败，返回值超过 4095 以标志 DS18B20 出故障
    ds18_send(0xcc);                 //发跳过序列号检测命令
    ds18_send(0x44);                 //发启动温度转换命令
    while(!DS18B20);                 //等待转换完成
    Ds18b20_start();                 //初始化
    ds18_send(0xcc);                 //发跳过序列号检测命令
    ds18_send(0xbe);                 //发读取温度数据命令
    tl = ds18_readChar();            //先读低 8 位温度数据
    th = ds18_readChar();            //再读高 8 位温度数据
    Ds18b20_start ();                //不需其他数据，初始化 DS18B20 结束读取
    return(((unsigned int)th << 8) | tl);
}
//----------------------------------------------------------------
int main(void)
```

```
{
    unsigned int tem;
    //:
    tem = Read_ds18b20()*10 >> 4;  //温度放大了 10 倍,(×0.0625=1/16=>>4)×10
    //:
}
```

习题与思考题

1. 试说明 SPI 通信中 CLK 线的作用。

2. 试绘出 SPI 多机通信的线路图。

3. 在 I^2C 总线中,对应 SCL 高电平 SDA 负跳变的信号是(   ),对应 SCL 高电平 SDA 正跳变的信号是(   ),对应第 9 个 SCL 脉冲 SDA 低电平的信号是(   ),对应第 9 个 SCL 脉冲 SDA 高电平的信号是(   ),对应 SCL 高电平 SDA 低电平代表(   ),对应 SCL 高电平 SDA 高电平代表(   )。

4. 试说明 I^2C 通信的特点,并与 SPI 通信进行对比。

第 10 章　Arduino 与开源硬件

　　Arduino 是一个智能硬件开源型平台，包含多种型号的 Arduino 硬件开发板和 Arduino IDE 软件开发平台。Arduino IDE 可以在 Windows、Mac OS、Linux 三大主流操作系统上运行。不同的微处理器，可提供各种 Arduino 板。然而，所有的 Arduino 板都通过 Arduino IDE 编程，软件都基于 C++ 进行封装，简化了编程，软件风格、API 进行了统一。

　　Arduino 是业余电子生态系统和创客运动的风向标，Arduino 出现后，电子产品开发变得有趣且易于学习，积累了大量的外部设备（传感器等）、接口和软件。各大半导体公司的微处理器产品都竞相推出其 Arduino 板。鉴于 Arduino 开源硬件社区的广泛影响、丰富的开源软硬件技术，大量的单片机与嵌入式系统工程师也纷纷加入基于 Arduino 开发产品的行列。本章介绍典型的 Arduino 硬件开发板，学习 Arduino 编程框架，并介绍 ESP8266 串口 WiFi 模块及其 Arduino 开发模式。

10.1　Arduino 硬件开发板

10.1.1　AVR 系列单片机与 Arduino

　　AVR 系列单片机是哈佛结构、RISC，没有机器周期问题，具备 1 MIPS/MHz 处理能力的 8 位单片机，目前是 Microchip 公司的主力 8 位单片机产品之一，是 Arduino 选用的主要微处理器。

　　Atmega328P 是应用广泛的 AVR 单片机，集成 32 KB 的 Flash、2 KB 的 SRAM 和 1 KB 的 E^2PROM 存储器；23 个 GPIO；具有一个具有预分频器和捕获功能的 16 位 Timer，以及两个具有独立预分频器和比较器功能的 8 位 Timer，分别具有两个通道 PWM 输出；集成 10 位 ADC 和模拟比较器；集成 USART 接口、主/从模式的 SPI 串行接口，以及兼容 I^2C 的两线串行接口（TWI）；宽工作电压范围：0～4 MHz@1.8～5.5 V，0～10 MHz@2.7～5.5 V，0～20 MHz @ 4.5～5.5 V。

　　Atmega328P 的 PDIP28 引脚及封装和 TQFP32/QFN32 引脚及封装如图 10.1 所示。基于 Atmega328P 的 Arduino 硬件开发板有多种型号：Arduino Uno R3、Arduino Nano、Arduino Pro、Arduino mini、Arduino Pro mini 等。各型号开发板都板载 USB 转 UART 芯片，基于 UART 下载程序或调试。

　　如图 10.2 所示，Arduino Uno R3 是应用最为广泛的 Arduino 硬件。Arduino Uno R3 的大小为 70 mm×54 mm；工作电压为 5 V，接上 USB 时无须外部供电，采用外部供电时 DC 输入 7～12 V。另外，3.3 V（6）提供 3.3 V 电源输出，5 V（7）提供 5 V 电源输出；系统时钟

16 MHz; 板上具有复位按钮(17)。还可以将外部复位按钮连接到标有 RESET(5)的 Arduino 引脚; 具有 USB 转 UART 电路, 支持 BootLoader, 也支持 ISP 下载功能(采用 ICSP 接头, 由 MOSI、MISO、SCK、RESET、VCC 和 GND 组成); 具有 14 个数字 GPIO, 称之为 D0~D13, 这些引脚可配置为数字输入引脚, 用于读取逻辑值, 或作为数字输出引脚来驱动不同的模块(如 LED, 继电器等)。标有"~"的引脚可用于产生 PWM, 共有 6 个 PWM 输出口; D0(RX)和 D1(TX)也是 UART 引脚, 并且并接 LED, 收发串行数据时, LED 闪烁; 具有 6 个模拟输入端口 A0~A5, 接入 Atmega328P 的 A/D 转换器输入引脚; AREF 是 A/D 转换器的参考电压源, 设置为外部参考时用于设置外部参考电压(0~5 V)。

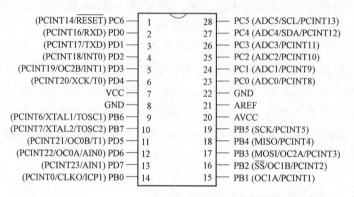

(a) PDIP28的引脚及封装

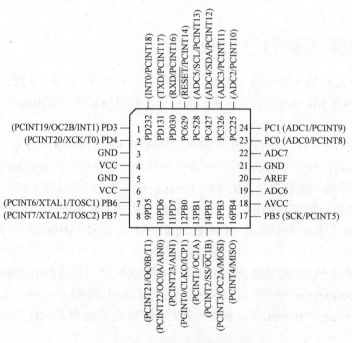

(b) TQFP32/QFN32的引脚及封装

图 10.1 Atmega328P 的引脚及封装

（a）Arduino Uno R3

（b）Arduino Uno R3（SMD）

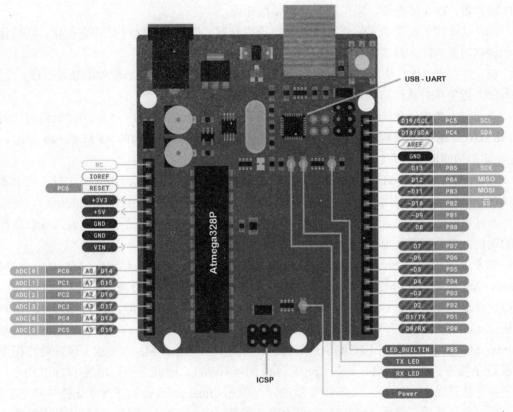

（c）引脚配置

图 10.2　Arduino Uno R3 开发板

　　很显然，Arduino 对微处理器的 GPIO 进行了重新标号，屏蔽了原芯片的引脚分布、命名等，对于使用者不用关心原芯片过多的技术细节。

　　由于 AVR 系列单片机具有优秀的 ISA，有很多第三方厂商为其开发了用于程序开发的 C 编译器，典型的有 IAR 的 ICC90、ImageCraft 的 ICCAVR、CodeVision AVR 和 GCCAVR（GUN C Compiler For AVR）。GCC 是公开源代码的自由软件且支持 C++，Arduino IDE 采用 GCC 作为编译器。通过 Arduino IDE 进行基于 Arduino Uno R3 的智能硬件开发，不用考虑 GCCAVR 的细节，直接采用 Arduino 的通用 API（application programming interface）函数即可。

10.1.2　ARM Cortex-M 内核微处理器与 Arduino

随着科技的发展，为满足不同的用户需求，嵌入式计算机市场的规模与日俱增，各种优秀架构的嵌入式计算机及衍生产品如雨后春笋般不断涌现，百花齐放，各具特色，优势互补，从 8 位、16 位到 32 位，应有尽有，为嵌入式计算机的应用提供广阔的天地。与此同时，各行各业对嵌入式计算机的能力也提出了越来越苛刻的要求，主要体现在以下几个方面。

（1）指令执行效率非常高，即在不增加主频和功耗的条件下执行更多指令，代码密度大。

（2）支持更高的主频速度，以及具备严格的实时响应能力。

（3）集成尽可能多的外设，包括 SPI、I²C、USB、以太网、CAN、Zigbee 等通信外设和 A/D 转换器、D/A 转换器、模拟比较器等模拟外设。

（4）从最初的汇编语言，开始演变到 C 语言开发，要求架构针对 C 语言优化，以简化编程和调试的复杂度，且基础代码的重用性好，至少要方便移植。

（5）支持 RTOS，从而提高开发人员的开发速度，简化复杂应用软件的开发难度。

（6）近乎单片机价格的低成本整体解决方案。

基于以上考虑，系统级 IP 提供商 ARM 公司在 v4 架构的 ARM7 产品、v5 架构的 ARM9 和 ARM10 产品、v6 架构的 ARM11 产品基础上适时推出了 v7 架构的 ARM Cortex 产品。32 位的 v7 架构处理器共有以下 3 个系列产品。

（1）ARM Cortex-M 系列。该系列产品的定位为嵌入式计算机，用于高实时、低成本、低功耗和强抗干扰等应用场合。过去只能在高端 32 位处理器或 DSP 中完成的应用，使用该系列产品可以轻松完成，以全面的性能和高性价比力压群芳，满足了人们对嵌入式处理器产品的期待，该系列产品也促使嵌入式处理器市场快速 32 位化。

如表 10.1 所示，Cortex-M 系列中有 Cortex-M0、Cortex-M0+、Cortex-M1、Cortex-M3、Cortex-M4 和 Cortex-M7 等多个不同的内核种类产品，性能依次增强，且完全向上兼容，这使得软件重用及从一个 Cortex-M 处理器无缝发展到另一个成为可能。其中，Cortex-M0+ 内核相比 Cortex-M0 具有更好的低功耗性能；Cortex-M1 与 Cortex-M0 内核相同，只不过 Cortex-M1 专用于嵌入到 FPGA 中形成 SOPC 系统；Cortex-M3 则集成了硬件除法指令和基本 DSP 指令；Cortex-M4 具备 Cortex-M3 的所有功能，除此之外还增进了 DSP 指令，增强了并行计算能力，Cortex-M4F 的单精度浮点单元（float point unit，FPU）支持单精度的加、减、乘、除、单周期乘加（MAC）和平方根，另外 Cortex-M4 还增设了可选的存储器管理单元（memory manage unit，MMU），用于实现虚拟内存和内存的分区保护；Cortex-M7 具备 Cortex-M4 所有功能，还增加了可选的双精度浮点单元。

表 10.1　Cortex-M 系列的内核性能及应用领域比较

比较项	Cortex-M0/M0+/M1	Cortex-M3	Cortex-M4	Cortex-M7
体现结构	ARMv6-M （冯·诺依曼结构）	ARMv7-M （哈佛结构）	ARMv7E-M （哈佛结构）	
指令执行效率	0.9DMIPS/MHz M0:1.99CoreMark/MHz M0+:2.15CoreMark/MHz 三级流水线	1.25DMIPS/MHz 3.32CoreMark/MHz 三级流水线	1.25DMIPS/MHz 3.4CoreMark/MHz 三级流水线	1.25DMIPS/MHz 3.4CoreMark/MHz 六级双发射流水线

续表

比较项	Cortex－M0/M0+/M1	Cortex－M3	Cortex－M4	Cortex－M7
DSP 指令	单周期（32×32 位）乘法	单周期 32 位乘法（只支持有限条 MAC 指令，并且是多周期执行的）硬件除法（2～12 个周期）	单周期 16、32 位 MAC（乘积并累加）单周期双 16 位 MAC 8、16 位 SIMD 运算 硬件除法（2～12 个周期）	单周期 16、32 位 MAC（乘积并累加）单周期双 16 位 MAC 8、16 位 SIMD 运算 硬件除法（2～12 个周期）
内存保护单元 MPU	无	可选	可选	可选
浮点单元	无	无	可选的单精度浮点单元（符合 IEEE 754），带有该单元则为 Cortex－M4F	可选的单精度浮点单元（符合 IEEE 754），可选的双精度浮点单元
端模式	小端模式	既支持小端模式（默认），也支持大端模式		
数据存储器访问	对齐访问	非对齐访问，节省内存		
所替代的传统应用领域	"8/16 位"应用，相当于 MCU	"16/32 位"应用	"32 位/DSC"应用	
应用领域及特性	低成本和简单性	性能、效率	数字信号控制、音频	

可见，Cortex－M 系列是针对成本和功耗敏感的混合信号嵌入式设备进行优化的产品。在 ARM 公司的 *The ARMv7－M Architecture Application Level Reference Manual*、*Cortex M3 Technical Reference Manual* 等手册中对 ARM Cortex－M 系列各产品进行了详细的说明。

（2）ARM Cortex－A 系列。该系列用于需要在大型操作系统（如 Linux、HarmonyOS、Android 和 iOS 等）基础上运行办公软件、导航软件、网页浏览器等大型复杂应用程序的通用计算机场合，基本上没有强实时要求，典型的应用领域就是智能手机、平板电脑、导航仪、消费类电子产品和高端智能仪器等。

（3）ARM Cortex－R 系列。硬实时且高性能的处理器，用于高端领域，如高档轿车组件、大型发电机控制器、机器手臂控制器等，这些领域不但要求处理器的运算能力强大，还要极其可靠，对事件的反应也要极其敏捷。从定义的角度讲，"实时"就是指系统必须在给定的死线（deadline）内做出响应。

显然，Cortex－M 内核微处理器定位于智能硬件领域。意法半导体（ST）公司的 STM32 系列、NXP 公司的 LPC1xxx /LPC4xxx/K 系列、Microchip 公司的 ATSAM 系列、兆易创新的 GD32 系列微处理器都采用 Cortex－M 内核。

Arduino Due、Arduino Zero 等是基于 ARM Cortex－M 内核微处理器的 Arduino 硬件平台。

10.2　Arduino IDE 及框架化编程

本节基于 Arduino Uno R3 硬件讲述 Arduino IDE 的使用方法，以及 Arduino 的软件框架和通用 API。

10.2.1 Arduino IDE

在 Arduino 的官网（https://www.arduino.cc）上，选择与操作系统（Windows、IOS 或 Linux）兼容的 Arduino IDE 软件下载。Arduino IDE 是绿色软件，解压后运行 arduino.exe 即可启动 Arduino IDE。此时，要么创建一个新项目，要么打开一个现有的项目。如图 10.3 所示，要创建新项目，项目名称默认为 Sketch（草图），首先依次选择 File | New，然后依次选择 File | Save As 存盘，扩展名为.ino。

Blink | Arduino 1.8.14 Hourly Build
File Edit Sketch Tools Help
New Ctrl+N
Open... Ctrl+O
Open Recent
Sketchbook
Examples
Close Ctrl+W
Save Ctrl+S
Save As... Ctrl+Shift+S
sketch_aug07c | Arduino 1.8.14 Hourly Build 2020/06...
File Edit Sketch Tools Help
sketch_aug07c
void setup() {
// put your setup code here, to run once:
}
void loop() {
// put your main code here, to run repeatedly:
}

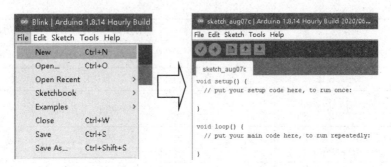

图 10.3 新建 Arduino 代码文件

要打开现有项目，如 LED 闪烁项目，如图 10.4 所示，依次选择 File | Example | Basics | Blink。

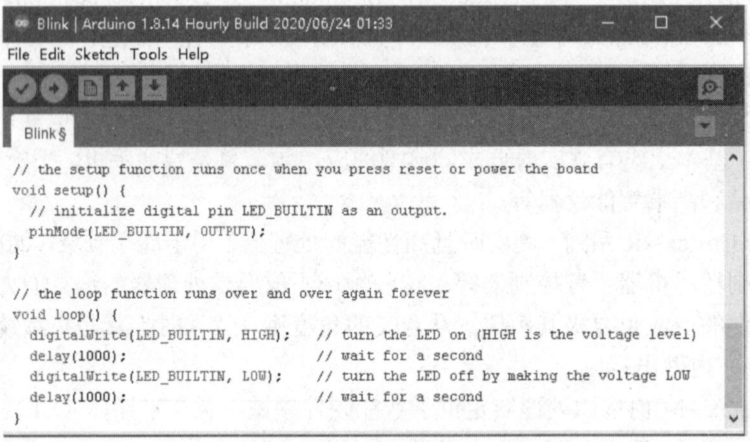

Blink | Arduino 1.8.14 Hourly Build 2020/06/24 01:33
File Edit Sketch Tools Help
Blink §
// the setup function runs once when you press reset or power the board
void setup() {
// initialize digital pin LED_BUILTIN as an output.
pinMode(LED_BUILTIN, OUTPUT);
}
// the loop function runs over and over again forever
void loop() {
digitalWrite(LED_BUILTIN, HIGH); // turn the LED on (HIGH is the voltage level)
delay(1000); // wait for a second
digitalWrite(LED_BUILTIN, LOW); // turn the LED off by making the voltage LOW
delay(1000); // wait for a second
}

图 10.4 打开 LED 闪烁项目

通过 USB 连接线将 Arduino Uno R3 接入计算机。如图 10.5 所示，在 Arduino IDE 中，转到 Tools | Board 设置所要使用的 Arduino 开发板。基于 UART 下载还需要确定端口号，设置过程如图 10.6 所示。在解释如何将程序编译并上传到 Arduino Uno R3 板之前，如图 10.7 所示，先说明工具栏中出现的每个符号的功能。单击 Upload 按钮，板上的 RX 和 TX LED 灯闪烁。如果上传成功，则状态栏中将显示“Done uploading”消息，Arduino Uno R3 执行新下载的程序。该示例的效果是 D13 连接的 LED 闪烁。

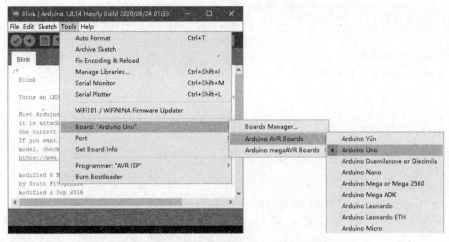

图 10.5　选择 Arduino Uno R3 开发板

图 10.6　设置串口的端口号

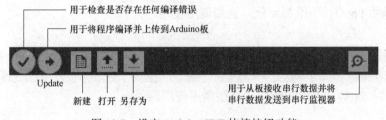

图 10.7　设定 Arduino IDE 快捷按钮功能

10.2.2　Arduino 的软件框架及通用 API

1. Arduino 的软件框架

在 Arduino IDE 根目录的\hardware\arduino\avr\cores\arduino 文件夹下有 main.cpp 文件，其中的 main ()函数就是入口函数。其代码如下：

```
int main(void)
{
    init();
```

```
    initVariant();

#if defined(USBCON)
    USBDevice.attach();
#endif

    setup();

    for (;;) {
        loop();
        if (serialEventRun) serialEventRun();
    }

    return 0;
}
```

　　main.cpp 不对开发者开放，如图 10.3 和图 10.4 所示，开发者的.ino 代码文件中的初始函数是 setup ()函数和 loop ()函数。显然，setup ()函数在程序执行初始被执行一次，用于初始化，如配置 I/O 口、初始化 UART 等操作；loop ()函数则是被死循环无限次周期调用，任务要写到 loop ()函数中。

　　Arduino 采用 C++编程，并将 bool 类型别名为 boolean，其他变量类型与 C/C++变量类型一致。

2. Arduino 的通用 API

1）时间函数的 API

Arduino 提供 4 种不同的时间操作函数。它们分别是：

`delay (ms)`

描述：延时（ms）。不用初始化，直接调用使用。

参数：

ms：正整数。

`delayMicroseconds (us)`

描述：延时（μs）。不用初始化，直接调用使用。

参数：

us：正整数。

`millis()`

描述：用于返回 Arduino 板开始运行当前程序时的毫秒数。这个数字在大约 50 天后溢出，即回到零。

`micros()`

描述：用于返回 Arduino 板开始运行当前程序时的微秒数。该数字在大约 70 分钟后溢出，即回到零。

2）数字 I/O 的 API

`pinMode(pin, mode)`

描述：将指定的引脚配置成输出或输入。详情可见 digital pins。

参数：

pin：要设置模式的引脚编号，int 类型。D0～D13 对应 0～13。模拟输入脚也能当作数字脚使用，可直接使用 A0、A1 等。A0、A1 续接数字口的序号，A0=14 A1=15 A2=16，以此类推。

mode：INPUT 或 OUTPUT。

Arduino 已经将 LED_BUILTIN 宏定义为 13，因此：

```
pinMode(LED_BUILTIN, OUTPUT);  //设置 D13 为输出口
```

`digitalWrite(pin, value)`

描述：如果一个引脚已经使用 pinMode ()配置为 OUTPUT 模式，给一个数字引脚写入 HIGH（1）或者 LOW（0）。如果引脚配置为 INPUT 模式，使用 digitalWrite ()写入 HIGH 值，将使内部上拉电阻，写入 LOW 将会禁用上拉。

参数：

pin：要设置模式的引脚编号。

value：HIGH（1）或 LOW（0）。

示例参加图 10.4。

`int digitalRead(pin)`

描述：读取指定序号引脚的值，返回 HIGH 或 LOW。

参数：

pin：读取的引脚编号。

返回：HIGH 或 LOW。

示例：将 13 脚设置为输入脚 7 脚的值。其代码如下。

```
int inPin = 7;                    // 按钮连接到数字引脚 7
int val = 0;                      //定义变量以存储读值

void setup(){
  pinMode(LED_BUILTIN, OUTPUT);   //将 13 脚设置为输出
  pinMode(inPin, INPUT);          //将 7 脚设置为输入
}

void loop(){
  val = digitalRead(inPin);       //读取输入脚
  digitalWrite(LED_BUILTIN, val); //将 LED 值设置为按钮的值
}
```

3）模拟 I/O 的 API

`analogReference(type)`

描述：配置用于模拟输入的基准电压。

参数：

type：DEFAULT, INTERNAL, INTERNAL1V1, INTERNAL2V56, 或者 EXTERNAL。DEFAULT 是默认情况，5 V（Arduino 板为 5 V）或 3.3 V（Arduino 板为 3.3 V）为基准电压；INTERNAL1V1 表示以 MCU 片上的 1.1 V 为基准电压；EXTERNAL 表示以 AREF 引脚的电压作为基准电压，注意，基准电压不要超过电源电压。

```
unsigned int analogRead(pin)
```

描述：如果指定引脚已经设置为模拟输入引脚，则从指定的模拟引脚读取 A/D 转换结果。

参数：

pin：模拟引脚编号，此时，A0～A5 对应 0～5。

返回：从 0 到 1 023 的整数值。

```
analogWrite(pin, value)
```

描述：Arduino 将 PWM 输出称为模拟输出，该函数用于设置指定引脚（带~符号）的占空比。PWM 信号的频率大约是 490 Hz，用于让 LED 以不同的亮度点亮或驱动电机以不同的速度旋转。注意，在同一引脚调用 digitalRead()或 digitalWrite()，该引脚变为普通的 I/O。

参数：

pin：用于输入数值的引脚编号（带~符号）。

value：0（完全关闭）到 255（完全打开）之间。

示例：通过读取电位器的阻值控制 LED 的亮度。其代码如下。

```
int analogPin = 3;                    //电位器连接到模拟引脚3
int val = 0;                          //定义变量存以储读值

void setup()
{
   pinMode(LED_BUILTIN, OUTPUT);      //设置引脚为输出引脚
}
void loop()
{
   val = analogRead(analogPin);       //从输入引脚读取数值
   analogWrite(LED_BUILTIN, val/4);   //以 val/4 的数值点亮 LED(1023/4=255)
}
```

4）串口（UART）的 API

Arduino 封装了串口类，并默认定义了 Serial 对象。Serial 对象提供了多种方法，常用的方法如下。

```
Serial.begin(speed)
```

```
Serial.begin(speed, config)
```

描述：开启串口，波特率为 speed bps。写在 setup ()函数中来初始化串口。

参数：

speed：波特率（9 600 或 115 200 等），单位 bps。

config：重载函数的参数，用于设置 UART 帧格式，默认为 SERIAL_8N1，还可以设置为 SERIAL_8E1（偶校验）和 SERIAL_8O1（奇校验）等。

```
Serial.end()
```
描述：关闭串口。
```
Serial.available()
```
　　描述：串行接收缓冲区（能够存储 64 个字节）的数据，该方法返回串口缓冲器收到的数据字节数。
```
Serial.read()
```
　　描述：读取 1 个字节串口数据，缓冲区删除该数据，且缓冲区数据的字节数变量减 1。
```
Serial.peek()
```
　　描述：返回缓冲区 1 个字节数据，但不删除它。
```
Serial.flush()
```
　　描述：等待发送数据传送完成。
```
Serial.write(val)
```
```
Serial.write(str)
```
```
Serial.write(buf, len)
```
　　描述：1 个方法，3 个重载函数，用于发送数据或字符。

　　参数：

　　val：1 个字节的二进制数。

　　str：字符串常量指针，将该字符串发送出去。

　　buf：依次发送字节数组的各元素。

　　len：数组的长度。
```
Serial.print(val)
```
```
Serial.print(val, format)
```
　　描述：写入字符串数据到串口。

　　参数：

　　val：打印输出的值，任何数据类型。

　　format：指定进制（整数数据类型，BIN、OCT、DEC、HEX）或小数位数（浮点类型）

　　示例：

```
Serial.print(78)                //输出为"78"
Serial.print(1.23456)           //输出为"1.23"
Serial.print("N")               //输出为"N"
Serial.print("Hello world.")    //输出为"Hello world."
Serial.print(78, DEC)           //输出为"78"
Serial.print(78, HEX)           //输出为"4E"
Serial.println(1.23456, 0)      //输出为"1"
Serial.println(1.23456, 2)      //输出为"1.23"
Serial.println(1.23456, 4)      //输出为"1.2346"
```

```
Serial.println()
```
　　描述：写入字符串数据+换行到串口。此命令采用的形式与 Serial.print ()相同，仅是多个换行。

示例:

```
int incomingByte = 0;                    //传入的串行数据

void setup() {
    Serial.begin(9600);                  //打开串口，设置数据传输速率 9600
}

void loop() {
    //当你接收数据时发送数据
    if (Serial.available() > 0) {

        incomingByte = Serial.read();  //读取传入的数据


        Serial.print("I received: ");  //打印收到的数据并换行
        Serial.println(incomingByte, DEC);
    }
}
```

更多的 Arduino API 可查阅 Language Reference（https://www.arduino.cc/reference/en/）。

10.3　ESP8266 串口 WiFi 模块

10.3.1　ESP8266EX 芯片及 ESP8266 模块

ESP8266 EX 是一款由我国乐鑫科技研制的 WiFi 芯片，集成 32 位微控制器，且具有完整的 TCP / IP 协议栈，专为移动设备、可穿戴电子产品等物联网应用设计，功耗很低且价格低廉。由 ESP8266 和板载 PCB 天线构成的 ESP8266 模块设计紧凑、集成度高、RF 性能突出，通过 SRRC、FCC、CE 等多国无线电认证，应用非常方便。原厂模块有 ESP8266–01 系列、ESP8266–07 系列、ESP8266–12 系列和 ESP8266–13 系列。如图 10.8 所示，ESP–01S 模块和 ESP8266–12F 模块是较常用的两个模块，采用 3～3.6 V 供电，UART 的波特率为 115 200 bps。ESP–01S 模块板载 1 MB Flash，2 个可用 GPIO；ESP8266–12E 模块板载 4 MB Flash，9 个可用 GPIO。本节以 ESP–01S 模块为例来讲解。

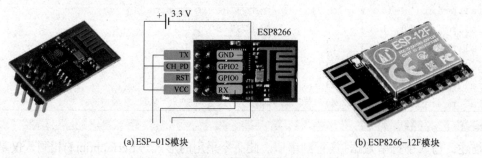

(a) ESP–01S模块　　　　　　　　　　　　　　(b) ESP8266–12F模块

图 10.8　ESP8266 模块

ESP8266 的 WiFi 有 3 种工作模式：Station 模式、AP 模式、AP 兼 Station（AP+Station）模式。

（1）Station 模式（简称为 STA 模式）。如图 10.9 所示，ESP8266 模块只能通过 WiFi 路由器或热点加入已有的网络，接入互联网，手机或计算机通过互联网实现对设备的远程控制。

（2）AP 模式。如图 10.10 所示，ESP8266 模块作为热点，手机或计算机直接与模块连接，实现局域网无线控制。

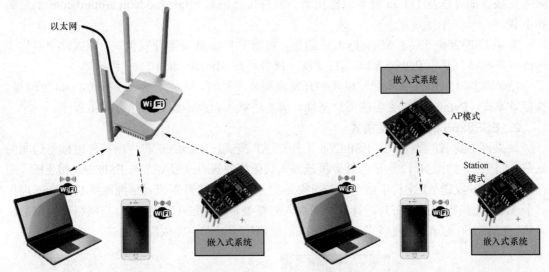

图 10.9　ESP8266 的 Station WiFi 工作模式　　　图 10.10　ESP8266 的 AP WiFi 工作模式

（3）STA+AP 模式。如图 10.11 所示，AP 模式和 Station 模式共存，即可以通过互联网控制，可实现无缝切换，方便操作。

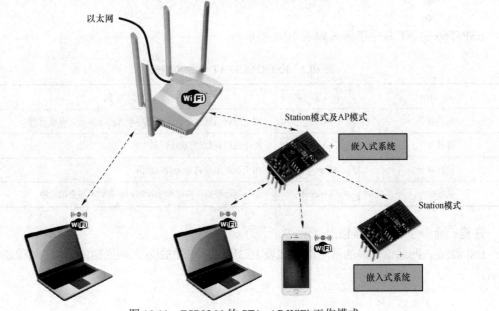

图 10.11　ESP8266 的 STA+AP WiFi 工作模式

10.3.2　ESP8266 的开发模式

ESP8266 主要有 4 种开发模式，其中有 3 种开发模式需要事先给 ESP8266 下载固件。

1. ESP8266 的两种脚本开发模式

如果 ESP8266 下载了 Node-mcu 固件，则处于 Lua 脚本开发模式。该固件中固化了 Lua 解释器，且将 TCP/IP 的 API 接口与 Lua 绑定，GPIO 操作、json 处理、file 文件创建管理、网络连接等都可以基于 Lua 脚本编程实现。固件可在网站 https://nodemcu-build.com 上定制和下载。

如果 ESP8266 下载了 MicroPython 固件，则处于 Python 脚本开发模式。该固件中固化了 Python 解释器，基于 Python 脚本编程实现。固件可在 MicroPython 官网上下载。

Lua 脚本和 Python 脚本开发模式的开发流程是一致的，只是开发语言不同，Lua 更轻量，执行效率高，Python 具有更多的用户基础。脚本下载后，脚本解释器执行脚本程序。

2. ESP8266 的 AT 开发模式

如果已下载 AT 固件，则 ESP8266 工作在 AT 模式。ESP8266 芯片出厂的时候里边刷的就是 AT 固件。如图 10.12 所示，计算机或嵌入式微处理器通过 UART 与 ESP8266 相连接，通过给 ESP8266 发送 AT 字符串命令与 ESP8266 交互。这种 AT 开发模式单纯地将 ESP8266 当作一个 WiFi 无线数据透传芯片，计算机或嵌入式微处理器通过 UART 接口与网络交换信息。显然，ESP8266 的 AT 开发模式，完全可以借助串口调试助手完成应用调试。

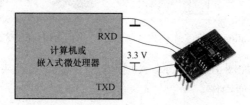

图 10.12　ESP8266 的 AT 开发模式

ESP8266 的 AT 命令集格式如表 10.2 所示。

表 10.2　ESP8266 的 AT 命令集格式

AT 命令	命令字符串	功　　能
测试命令	AT+=?	用于查询设置命令或内部程序设置的参数及其取值范围
查询命令	AT+?	用于返回参数的当前值
设置命令	AT+=<…>	用于设置用户自定义的参数值
执行命令	AT+<cmd>	用于执行受模块内部程序控制的变参数不可变的功能

注意：命令字符串后面加上 "\r\n"。

ESP8266 入网通信之前的常用命令如表 10.3 所示；ESP8266 入网通信的常用命令如表 10.4 所示。

表 10.3　ESP8266 入网通信之前的常用命令

AT 命令字符串	返回字符串	功　能
AT	OK	用于检测是否连通，若是则返回 OK
AT+RST	OK	重启指令，软件重启
AT+RESTORE	—	恢复出厂设置
AT+UART_CUR=9 600,8,1,0,0	—	修改串口波特率为 9 600，8 位数据位，1 位停止位，无校验，无流控
AT+UART_DEF=9 600,8,1,0,0	—	设置波特率和帧格式，且断电保存

表 10.4　ESP8266 入网通信的常用命令

AT 命令字符串		功　能
工作模式设置	AT+CWMODE=1	Station 模式
	AT+CWMODE=2	AP 模式
	AT+CWMODE=3	STA+AP 模式
AT+CWLAP		查看当前可搜索的 WiFi 网络（Station 模式下使用）
AT+CWJAP = "ssid","password"		接入路由（加入特定 WiFi 网络）。ssid 是路由器的名字，password 是路由器密码
AT+CIPSTART = "TCP","192.168.1.102",8001		连接到服务器。TCP 是通信协议，也可以是 UDP；192.168.1.102 服务器地址；8001 是服务器通道
AT+CIPSEND=size		发送指定长度（size）的数据
AT+CIPMODE=1		开启透传模式，即一直让模块传送数据，这样不必每次发送指令和指定大小，指令如下： AT+CIPMODE=1 AT+CIPSEND
AT+CIPMUX=0		单链接：模块以 cliet 身份连接远程服务器。透传只能在单连接模式下进行
AT+CIPMUX=1		多链接。只有多连接才能开启模块作为服务器的功能

例如，计算机或手机与 ESP-01S 模块连接一个共同的 WiFi，在同一局域网下进行通信。此时，对 ESP-01S 模块发送 AT 命令如下。

AT+CWMODE_DEF=1：设置模组为 Station 模式。

AT+CWLAP：查看当前可搜索的 WiFi 热点。

AT+CWJAP_DEF="SSID 名称","SSID 密码"：使 ESP-01S 模块连入 WiFi 热点。

AT+CIFSR：查看路由器分配给 ESP-01S 模块的 IP 地址。

AT+CIPMUX=1：设置多连接，只有多连接才能开启服务器。

AT+CIPSERVER=1,1998：开启模块服务器端口。

这些命令掉电不丢失。此时计算机或手机已经与 ESP-01 模块连入同一 WiFi 热点。计算机打开网络调试助手，在网络调试助手上输入路由器分配给模块的 IP 和设置的端口后，基于网络调试助手上可以向模块发信息，模块若要发信息到电脑或手机，需要通过指令 AT+CIPSEND=0,8（0 表示通道号、8 表示通信字节数）。

3. ESP8266 的 Arduino 开发模式

ESP8266 的第 4 种开发模式是基于 Arduino IDE 开发，不再需要下载固件支持。Arduino IDE 中通过简单的配置，可以在原本的编程环境里添加上对 ESP8266 开发板的支持。对于熟悉 Arduino 函数库和开发流程的用户，基本上没有任何使用上的区别。

Arduino IDE 支持 ESP8266 的配置步骤如下。

（1）在 Arduino IDE 中进入首选项（File | Preferences），找到附加开发板管理器地址（additional board manager URLs），并在其后添加如下信息：

http://arduino.esp8266.com/stable/package_esp8266com_index.json

（2）依次单击工具（Tools）—开发板（Board）—开发板管理器（Boards Manager…），进入开发板管理器界面，找到 ESP8266 并安装。安装完成后，重启 Arduino IDE 后可以选择 ESP8266 开发板。

下面是连接 WiFi 的代码示例。

```
#include <ESP8266WiFi.h>
const char* ssid = "your_wifi_name";
const char* password = "your_wifi_password";
void setup(void)
{
    // Start Serial
    Serial.begin(115200);

    // Connect to WiFi
    WiFi.begin(ssid, password);
    while (WiFi.status() != WL_CONNECTED) {
        delay(500);
        Serial.print(".");
    }
    Serial.println("");
    Serial.println("WiFi connected");

    // Print the IP address
    Serial.println(WiFi.localIP());
}

void loop() {
}
```

另外，树莓派（Raspberry Pi）是一款性价比超高的迷你电脑主机（仅有信用卡大小），深受全球开发者、极客、技术爱好者们的追捧和喜爱。树莓派可以安装多种 Linux 系统发行版。可当服务器搭建各种网站、应用服务来使用，也能用来学习编程、控制硬件或日常办公。树莓派已经产生多个版本，树莓派 4 代的样式如图 10.13 所示。

图 10.13　Raspberry Pi 4 Model B

　　开源硬件指与自由及开放原始码软件相同方式设计的计算机和电子硬件。开源硬件开始考虑对软件以外的领域开源，是开源文化的一部分。其中，Arduino 的诞生可谓开源硬件发展史上的一个新的里程碑。开源硬件延伸着开源软件代码的定义，包括软件、电路原理图、材料清单，设计图等都使用开源许可协议，自由使用分享，完全以开源的方式去授权。显然，开源硬件是智能硬件工程师学习和工作的主要资源之一。

习题与思考题

1. Arduino Uno R3 采用的单片机是（　　　　　　　　）。
2. 简述基于 Arduino 板开发智能硬件的流程。

第11章 模拟信号链与智能硬件设计

前面学习了智能硬件，介绍了 Arduino 开源硬件。但是，一个实用的嵌入式应用系统设计所涉及的问题远不止于此，很多复杂的内容与问题，如多种类型的接口电路、抗干扰技术等还没有学习。本章首先站在智能硬件产品设计的角度阐述智能硬件设计的组成、开发过程、抗干扰设计和低功耗设计，然后以数据采集设备设计为例讲述模拟信号链智能硬件的设计过程。

11.1 智能硬件的组成及开发过程

11.1.1 硬件系统的组成

如图 11.1 所示，典型的智能硬件一般是一个数模混合系统。模拟部分与数字部分的功能是硬件系统设计的重要内容，它涉及应用系统研制的技术水平及难度。模拟电路、数字逻辑电路功能与计算机的软件功能分工设计是应用系统设计的重要内容，必须慎重考虑。用软件实现具有成本低，电路系统简单等优点，但是响应速度慢，占 CPU 工作时间。哪些功能由软件实现，哪些功能由硬件实现并无一定之规，它与微电子技术、计算机外围芯片技术发展水平有关，也常受到研制人员专业技术能力的影响。

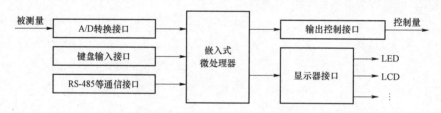

图 11.1 典型智能硬件的组成

一个智能硬件的硬件设计包括两部分：一是系统扩展，即在微处理器内部功能单元不能满足应用系统要求时，为构成智能硬件的嵌入式微处理器核心组件，支撑软件和算法设计，有时需要系统级扩展，主要是扩展 RAM；二是外设配置，即按照系统要求配置外围电路，如键盘、显示器、A/D 转换器和 D/A 转换器等。

外设配置由前向通道、后向通道、人机接口及通信接口等部分构成。

前向通道和后向通道接口是两个不同的应用领域。前向通道接口是智能硬件的输入部分，延伸到了仪表测试技术、传感器技术、模拟信号处理领域。例如，各种形式的传感器将物理量变换成电量，然后通过各种信号调理电路转换成嵌入式微处理器能够接收的信号形式。对于模拟电压信号可以通过 A/D 转换输入，对于频率量或开关量则可通过放大整形成 TTL 电平输入。信号输入通道也是现场干扰进入的主要通道，是整个系统抗干扰设计的重点部位。后向通道接口是智能硬件的输出部分，延伸到了功率器件与驱动等技术。比如输出数字信号可以通过 D/A 转换成模拟信号，再通过各种对象相关的驱动电路实现对机电系统的控制。

智能硬件的人机接口是用户为了对应用系统进行干预及了解应用系统运行状态所设置的通道。主要有键盘、LED/LCD 显示器、打印机等接口。

通信接口是解决智能硬件间相互通信问题，现场总线和物联网通信接口是智能硬件常用的接口形式。由于大多数都需长线传输，故要解决长线传输驱动、匹配、隔离等问题。

11.1.2　智能硬件的开发过程

智能硬件的开发过程包括系统硬件设计、组装和调试，系统软件设计、调试，系统级调试，脱机运行调试，以及固化运行等核心技术环节，具体内容如下。

1. 系统需求与方案调研

系统需求与方案调研的目的是通过市场或用户了解用户对拟开发应用系统的设计目标和技术指标。通过查找资料，分析研究，解决以下问题。

（1）了解国内外同类系统的开发水平、器材、设备水平、供应状态；对接收委托研制项目，还应充分了解对方技术要求、环境状况、技术水平，以确定课题的技术难度。

（2）了解可移植的硬、软件技术。能移植的尽量移植，以防止大量低水平重复劳动。

（3）摸清硬、软件技术难度，明确技术主攻方向。

（4）综合考虑硬、软件分工与配合方案。

2. 可行性分析

可行性分析的目的是对系统开发研制的必要性及可行性作明确的判定结论。根据这一结论决定系统的开发研制工作是否进行下去。

可行性分析通常从以下几个方面进行论证。

（1）市场或用户的需求情况。

（2）经济效益和社会效益。

（3）技术支持与开发环境。

（4）现在的竞争力与未来的生命力。

3. 系统功能设计

系统功能设计包括系统总体目标功能的确定及系统硬、软件模块功能的划分与协调关系。系统功能设计是根据系统硬件、软件功能的划分及其协调关系，确定系统硬件结构和软件结构。系统硬件结构设计的主要内容包括嵌入式微处理器系统扩展方案和外设配置及其接口电路方案，最后要以逻辑框图形式描述出来。系统软件结构设计主要完成的任务是确定出系统软件功能模块的划分及各功能模块的程序实现的技术方法，最后以结构框图或流程图描述出来。

4. 系统详细设计与制作

系统详细设计与制作就是将前面的系统方案付诸实施，将硬件框图转化成具体电路，并制作成电路板，软件框图或流程图用程序加以实现。

硬件部分的详细设计应遵循下列原则。

（1）尽可能选择典型电路，并符合嵌入式微处理器的常规使用方法。

（2）在充分满足系统功能要求的前提下，留有余地以便于二次开发。

（3）硬件结构设计应与软件设计方案一并考虑。

（4）整个系统相关器件要力求性能匹配。

（5）硬件上要有可靠性与抗干扰设计。

（6）充分考虑嵌入式微处理器的带载驱动能力。

智能硬件的软件是根据功能要求设计的专用软件。为可靠地实现系统的各种功能，智能硬件的软件详细设计应遵循下列原则。

（1）软件结构清晰、简洁、流程合理。

（2）各功能程序实现模块化、子程序化，这样既便于调试、连接，又便于移植、修改。

（3）程序存储区、数据存储区规划合理，既能节省内存容量，又使操作方便。

（4）运行状态实现标志化。各个功能程序运行状态、运行结果及运行要求都设置状态标志以便查询，程序的转移、运行、控制都可通过状态标志条件来控制。

（5）经过调试修改后的程序应进行规范化，除去修改"痕迹"。规范化的程序便于交流、借鉴，也为今后的软件模块化、标准化打下基础。

（6）实现全面软件抗干扰设计，软件抗干扰是计算机应用系统提高可靠性的有力措施。

（7）为了提高运行的可靠性，在应用软件中设置自诊断程序，在系统工作运行前先运行自诊断程序，用以检查系统各特征状态参数是否正常。

5. 系统调试与修改

系统调试是检测所设计系统的正确性与可靠性的必要过程。智能硬件设计是一个相当复杂的劳动过程，在设计、制作中，难免存在一些局部性问题或错误。系统调试可发现存在的问题和错误，以便及时地进行修改。调试与修改的过程可能要反复多次，最终使系统试运行成功，并达到设计要求。

6. 正式系统或产品生成

系统硬件、软件调试通过后，就可以把调试完毕的软件固化在程序存储器中，验证功能。经反复运行正常，开发过程即告结束。这时的系统只能作为样机系统，给样机系统加上外壳、面板，再配上完整的文档资料，就可生成正式的系统（或产品）。

11.2　智能硬件的抗干扰技术

智能硬件的抗干扰性能直接影响系统工作的可靠性。干扰可来自本身电路的噪声，也可能来自工频信号、电火花、电磁波等。一旦应用系统受到干扰，程序跑飞，即程序指针发生错误，误将非操作码的数据当作操作码执行，就会造成执行混乱或进入死循环，使系统无法正常运行，严重的可能损坏元器件。

电磁兼容性（electro magnetic compatibility，EMC），是指设备或系统在其电磁环境中符合要求运行并不对其环境中的任何设备产生无法忍受的电磁干扰的能力。EMC包括两个方面的要求：一方面是指设备在正常运行过程中对所在环境产生的电磁干扰不能超过一定的限值；另一方面是指器具对所在环境中存在的电磁干扰具有一定程度的抗扰度，即电磁敏感性。

抗干扰设计要贯穿在智能硬件设计的全过程。EMC设计是智能硬件抗干扰设计的主要内容。从总体方案、器件选择到电路系统设计，从硬件系统设计到软件程序设计，从印刷电路板到仪器化系统布线等，都要把抗干扰设计列为一项重要工作。智能硬件的抗干扰措施有硬件方式和软件方式两类。

11.2.1　硬件抗干扰

1．良好的接地方式

在任何电子线路设备中，接地是抑制噪声、防止干扰的重要方法，地线可以和大地连接，也可以不和大地相连。接地设计的基本要求是消除由于各电路电流流经一个公共地线，由阻抗所产生的噪声电压，避免形成环路。

智能硬件的地线分为数字电路的地线（数字地）和模拟电路的地线（模拟地），如有大功率电气设备（如继电器、电动机等），还有噪声地、仪器机壳或金属件的屏蔽地，这些地线应分开布置，并在一点上和电源地相连。每单元电路宜采用一个接地点，地线应尽量加粗，以减少地线的阻抗。

模拟地跟数字地，很多应用最终都接到一起，那为什么还要分模拟地和数字地呢？这是因为虽然两个地是相通的，但是距离长了，就不一样了。同一条导线，不同点的电压可能是不一样的，特别是电流较大时。因为导线存在着电阻，电流流过时就会产生压降。另外，导线还有分布电感，在交流信号下，分布电感的影响就会表现出来。因此，要分成数字地和模拟地，因为数字信号的高频噪声很大，如果模拟地和数字地混合的话，就会把噪声传到模拟部分，造成干扰。如果分开接地的话，高频噪声可以在电源处通过滤波来隔离掉。但如果两个地混合，就不好滤波了。

2．隔离技术的采用

智能硬件的输入、输出通道中，为减少干扰，普遍采用了通道隔离技术。用于隔离的器件主要有隔离放大器、隔离变压器、纵向扼流圈和光电耦合器等，其中应用最多的是光电耦合器。

光电耦合器具有一般的隔离器件切断地环路、抑制噪声的作用，此外，还可以有效地抑制尖峰脉冲及多种噪声。光电耦合器的输入和输出间无电接触，能有效地防止输入端的电磁干扰以电耦合的方式进入计算机系统。光电耦合器的输入阻抗很小，一般为 $100 \sim 1\,000\ \Omega$，噪声源的内阻通常很大，因此能分压到光电耦合器输入端的噪声电压很小。

光电耦合器的种类很多，有直流输出的，如晶体管输出型、达林顿管输出型、施密特触发的输出型。也有交流输出的，如单（双）向可控硅输出型、过零触发双向可控硅型。

利用光电耦合器作为输入的电路如图 11.2 所示。

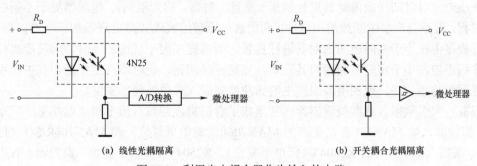

(a) 线性光耦隔离　　　　　　　　　　　　(b) 开关耦合光耦隔离

图 11.2　利用光电耦合器作为输入的电路

图 11.2（a）是模拟信号采集，电路用线性光耦作为输入，信号可从集电极引出，也可以从发射极引出。图 11.2（b）是脉冲信号输入电路，采用施密特触发器输出的光电耦合电路。

利用光电耦合器作为输出的电路如图 11.3 所示，J 为继电器线圈，图 11.3（a）中 I/O 输出 0，二极管导通发光，三极管因光照而导通，使继电器电流通过，控制外部电路。用光电耦合控制晶闸管的电路如图 11.3（b）所示，光耦控制晶闸管的栅极。

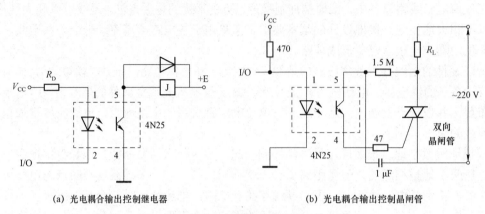

(a) 光电耦合输出控制继电器 (b) 光电耦合输出控制晶闸管

图 11.3　利用光电耦合器作为输出的电路

11.2.2　软件抗干扰及看门狗技术

软件抗干扰包括数字滤波、设置软件陷阱和使用看门狗技术等。

1. 数字滤波

当噪声干扰进入智能硬件并叠加在被检测信号上时，会造成数据采集的误差。为保证采集数据的精度，可采用硬件滤波，也可采用软件滤波。比如，对采样值进行多次采样，取平均值，或直接采用 IIR 滤波器等。

2. 设置软件陷阱

在非程序区采取拦截措施，当 PC 失控进入非程序区时，使程序进入陷阱，通常使程序返回初始状态。例如，51 系列单片机可以用"LJMP 0000H"指令填满非程序区。

3. 使用看门狗技术

看门狗（watch dog timer，WDT），即看门狗定时器，实质上是一个监视定时器，它的定时时间是固定不变的，一旦定时时间到，产生中断或溢出脉冲，使系统复位。在正常运行时，如果在小于定时时间间隔内对其进行刷新（重置定时器，称为喂狗），定时器处于不断的重新定时过程，就不会产生中断或溢出脉冲，利用这一原理给嵌入式微处理器加一个看门狗电路，在执行程序中在小于定时时间内对其进行重置。而当程序因干扰而跑飞时，因没能执行正常的程序而不能在小于定时时间内对其刷新。当定时时间到，定时器产生中断，在中断程序中使其返回到起始程序，或利用溢出产生的脉冲控制嵌入式微处理器复位。

目前，大多数嵌入式微处理器都内部集成了看门狗，同时有很多集成电路生产厂家生产了 μp 监控器，如 MAXIM 公司生产的 MAX706P（高电平复位）和 MAX706R/S/T（低电平复位）；美国 Xicor 公司的 X25043（低电平复位）、X25045（高电平复位）监控器，有电压检测和看门狗定时器，还有 512×8 位的串行 E^2PROM，且价格低廉，对提高系统可靠性很有利。下面介绍 AT89S51/52 单片机的片内看门狗。

AT89S51/52 单片机中设有看门狗定时器。AT89S51/52 内的看门狗定时器是一个 14 位的计数器，每过 16 384 个机器周期看门狗定时器溢出，产生一个正脉冲并加到复位引脚上，使系统复位。使用看门狗功能，需初始化看门狗寄存器 WDTRST（地址为 A6H），对其写入 1EH，再写入 E1H，即激活看门狗。在正常执行程序时，必须在小于 16 383 个机器周期内进行喂狗。喂狗时，还是对看门狗寄存器 WDTRST 依次写入 1EH 和 0E1H。看门狗具体的使用方法如下：

汇编语言程序：	C 语言程序：
| ```
    WDTRST   EQU  A6H
    ORG   0000H
    LJMP  MAIN
        :
MAIN: MOV WDTRST,#1EH    ;激活看门狗,
                         ;先送 1EH
    MOV WDTRST, #0E1H    ;后送 E1H
 LOOP:
        :
    MOV WDTRST, #1EH     ;先送 1EH,
                         ;喂狗指令
    MOV WDTRST , #0E1H   ;后送 E1H
LJMP LOOP
``` | ```
sfr WDTRST=0xA6;
int main(void )
{
    //初始化看门狗
    WDTRST=0xle;
    WDTRST=0xel;

    while(1)
    {  :
     WDTRST=0xlE;      //喂狗指令
      WDTRST=0xEl;
    }
}
``` |

注意事项：

（1）AT89S51/52 单片机的看门狗必须由软件启动后才开始工作，所以必须保证单片机有可靠的上电复位，否则看门狗也无法工作。

（2）看门狗使用的是单片机的晶振，在晶振停振时看门狗也无效。

（3）看门狗只有 14 位计数器。在 16 383 个机器周期内必须至少喂狗一次，而且这个时间是固定的，无法更改。当晶振频率为 12 MHz 时每 16 ms 以内需喂狗一次。

11.3　智能硬件的低功耗设计

低碳环保是人类社会发展的永恒主题，设计提供更小、更轻和功能更强大的低功耗产品是人们在智能硬件中普遍关注的难点与热点，特别是对于电池供电系统。电池供电的可穿戴或便携式智能硬件面临的最大问题，就是如何通过各种方法，延长整机连续供电时间。归纳起来，总的方法有两种：第一是选择大容量电池，但由于受到了材料及构成方式的限制，在短期内实现较大的技术突破是比较困难的。第二是降低整机功能耗，在电路设计上下功夫，比如，合理地选择低功耗器件，确定合适的低功耗工作模式，适当改造电路结构，合理地对电源进行分割等。总之，低功耗已经是单片机技术的一个发展方向，也是必然趋势。

目前的集成电路工艺主要有 TTL 和 CMOS 两大类，无论哪种工艺，电路中只要有电流通过，就会产生功耗。通常，集成电路的功耗分为静态功耗和动态功耗两部分：当电路的状态没有进行翻转（保持高电平或低电平）时，电路的功耗属于静态功耗，其大小等于电路的电压与流过的电流的乘积；动态功耗是电路翻转时产生的功耗，由于电路翻转时存在跳变沿，

在电路的翻转瞬间，电流比较大，存在较大的动态功耗。

由于目前大多数电路采用 CMOS 工艺，静态功耗很小，可以忽略。起主要作用的是动态功耗，因此降低功耗从降低动态功耗入手。

11.3.1 硬件低功耗设计

1. 选择低功耗的器件和电路

选择低功耗的电子器件可以从根本上降低整个硬件系统的功耗，目前的半导体工艺主要有 TTL 工艺和 CMOS 工艺，CMOS 工艺具有很低的功耗，在电路设计上优先选用。使用 CMOS 系列电路时，其不用的输入端不要悬空，因为悬空的输入端可能存在的感应信号造成高低电平的转换，转换器件的功耗很大，尽量采用输出为高的原则。

完成同样的功能，电路的实现形式有多种。例如，可以利用分立元件、小规模集成电路、大规模集成电路甚至单片实现。通常，使用的元器件的数量越少，系统的功耗越低。因此，尽量使用集成度高的器件，减少电路中使用的元件的个数，减少整机的功耗。

另外，对于数字逻辑门器件，多余的输入要进行处理，原则为：多余的或门、与门在输入端接成高电平，使输出为高电平；多余的"非"系列门，输入端接成低电平，使输出高电平。防止逻辑门输出频繁无用翻转产生功耗。在可靠性允许的情况下，尽量加大上拉电阻的阻值，一般可以选在 $10\sim20\ \mathrm{k\Omega}$。

2. 选择适合的供电电压并分区/分时供电

（1）选择适合的供电电压。减低供电电压是低功耗设计的主要方法。一方面是将数字器件的工作电压从 5 V 变为 3.3 V（时功耗将减少 60%）、2.5 V、1.8 V，甚至更低（0.9 V 为电池电压的最低极限）；再者，模拟器件的电源电压也从 15 V、12 V 变为 5 V。

一些模拟电路如运算放大器等，供电方式有正负电源和单电源两种。双电源供电可以提供对地输出的信号。高电源电压的优点是可以提供大的动态范围，缺点是功耗大。例如，低功耗集成运算放大器 LM324，单电源电压工作范围为 5~30 V，当电源电压为 15 V 时，功耗约为 220 mW；当电源电压为 10 V 时，功耗约为 90 mW；当电源电压为 5 V 时，功耗约为 15 mW。可见，低电压供电对于降低器件功耗的作用十分明显。因此，处理小信号的电路可以降低供电电压。

（2）采用分区/分时供电技术。一个智能硬件的所有组成部分并非时刻在工作。部分电路只在一小段时间内工作，其余大部分时间不工作，基于此，可以将这一部分电路的电源从主电源中分割出来，让其大部分时间不消耗电能，即采用分时/分区供电技术。

分区/分时供电技术是利用"开关"控制电源供电单元，在某一部分电路处于无必要工作状态时，关闭其供电电源，仅保留工作部分的电源。例如，水表、煤气表、静态电能表等，尽量使系统在状态转换时消耗电流，在维持工作时期不消耗电流。

可由微处理器对被分割的电源进行控制，常用一个场效应管完成，也可以用一个漏电流较小的三极管来完成，只在需要供电时才使三极管处于饱和导通状态，其余时间处于截止状态。

需要注意的是，被分割的电路部分在上电以后，一般需要经过一段时间才能保证电源电压的稳定，因此，需要提前上电，同时在软件时序上，需要留出足够的时间裕量。

11.3.2　软件低功耗设计与微处理器的低功耗工作模式

1．采用编译低功耗优化技术

编译技术降低系统功耗是基于这样的事实：对于实现同样的功能，不同的软件算法消耗的时间不同、使用的指令不同，因而消耗的功率不同。目前的软件编译优化方式有多种，如基于代码长度优化，基于执行时间优化等。可以有意识地选择消耗时间短的指令和设计消耗功率小的算法，降低系统的功耗。

2．进行硬件软化与软件硬化

通常，硬件电路一定消耗功率，基于此，可以减少系统的硬件电路，把数据处理功能用软件实现，如许多仪表中用到的对数放大电路、抗干扰电路，测量系统中用软件滤波代替硬件滤波器等。

需要考虑，软件处理需要时间，处理器也需要消耗功率，特别是处理大量数据的时候，需要高性能的处理器，可能会消耗大量的功率。因此，系统中某一功能用软件实现还是硬件实现，需要综合计算设计。

3．采用快速算法

数字信号处理中的运算，采用如 FFT 和快速卷积等，可以大量节省运算时间，从而减少功耗；在精度允许的情况下，使用简单函数代替复杂函数作近似，也是减少功耗的一种方法。

4．在通信中采用快速通信速率

在多机通信中，尽量提高传送的波特率。提高通信速率，意味着通信时间缩短，一旦通信完成，通信电路进入低功耗状态；并且发送、接收均应采用外部中断处理方式，而不采用查询方式。

5．在数据采集系统中降低采样速率

在测量和控制系统中，数据采集部分的设计需根据实际情况，不要只顾提高采样速率，因为模–数转换时功耗较大，过大的采样速率不仅功耗大，而且为了传输处理大量的冗余数据，也会额外消耗 CPU 的时间和功耗。

6．利用微处理器的低功耗工作模式降低功耗

嵌入式微处理器是智能硬件的核心，消耗大量的功率，因此降低时钟频率可有效地减小功耗。为此，应在满足最低频率的情况下，选择最小的工作频率。

另外，在智能硬件设计时选用低功耗的处理器。原则上要选择既能满足设计要求，并且还具有电源管理单元的嵌入式微处理器。嵌入式微处理器的低功耗模式可大幅减低功耗。

微处理器的低功耗模式是指：如果可能，尽量减少 CPU 的全速运行时间以降低系统的功耗。也就是说，当不需要 CPU 继续执行程序，则暂停 CPU，称为进入低功耗模式；需要 CPU 继续运行的时候将 CPU 唤醒。整体上来讲，要让 CPU 尽量在短时间内完成对信息或数据的处理，然后就进入低功耗模式。

以 AT89S51/52 为例，其有两种可编程的低功耗模式：空闲模式和掉电模式。

（1）AT89S51/52 的掉电模式。掉电模式下，整个芯片时钟停止，执行进入掉电模式的指令是最后执行的指令。SFR 和片内 RAM 的数据不丢失。

进入掉电模式的方法是软件将特殊功能寄存器的 PCON（地址为 87H）的 PCON.1，即 PD 位置 1。退出掉电方式的方法是被使能的外中断（$\overline{\text{INT0}}$ 或 $\overline{\text{INT1}}$）的中断事件唤醒。

（2）AT89S51/52 的空闲模式。空闲模式下 CPU 内核进入休眠，功耗下降，芯片内部的周边设备——即定时/计数器中断、外部中断、串口中断仍然工作。该模式与掉电模式不同的是，空闲模式下片内外设和中断系统仍处于工作状态。芯片上的 RAM 和特殊功能寄存器在该模式下保持原来的值。空闲模式可以由任何被使能的中断或者硬件复位来唤醒。

进入掉电模式的方法是软件将特殊功能寄存器的 PCON（地址为 87H）的 PCON.0，即 IDL 位置 1。空闲模式可以被使能的中断事件来唤醒的时候，程序从停止的地方恢复运行。

智能硬件的功耗设计涉及软件、硬件、集成电路工艺等多个方面，本节从原理和实践上探讨了系统的低功耗设计问题，并说明了低功耗系统的设计方案和原理。在实际系统中应用的时候，可以综合考虑、综合应用，以达到降低系统功耗的目的。

11.4 模拟信号链智能硬件设计举例

11.4.1 模拟信号链

数字电子系统的直接应用对象是数字信号。通信系统、智能仪表和实时控制系统等工程应用系统的处理对象一般为模拟信号。这些模拟量有的是电量信号，有的是经传感器电路转换得到的电量信号。这些模拟量必须先转换成数字量才能送给数字系统进行处理，处理后，也常常需要把数字量转换成模拟量后再送给外部设备。模拟量转换成数字量的器件称为模–数转换器（analog to digital converter，简称 A/D 转换器或 ADC），数字量转换成模拟量的器件称为数–模转换器（digital to analog converter，简称 D/A 转换器或 DAC）。数字电子系统通过 A/D 和 D/A 转换器实现模拟量的输入和输出。因此，模拟信号和嵌入式微处理器之间，需要有一系列桥梁来搭建物理量到电量、电量到数字量的转换，如图 11.4 所示。显然，A/D 和 D/A 转换器是模拟信号链的核心部件，其性能直接影响智能硬件的性能。实际的智能硬件系统，A/D 和 D/A 转换器不一定同时需要。如电子体温计，只需要使用 A/D 转换器。

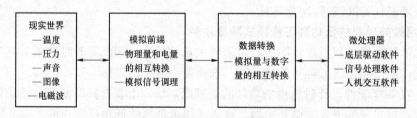

图 11.4 从自然界信号到单片机处理的流程

参数指标是选择 A/D 和 D/A 转换器芯片的主要依据。每个芯片产品，在其数据手册中都有详细的描述。学会查看原厂的器件手册是智能硬件相关工程师岗位的基本能力要求。A/D 和 D/A 转换器的原理与指标，是数字电子技术相关课程的主要内容；本书在 6.3.2 节、7.4.2 节、7.5.2 节和 9.2 节分别学习了 A/D 和 D/A 转换器的并行接口、定时器和 SPI 接口。

图 11.4 中的模拟前端和数据转换流程可称为信号链。本节将以通用数据采集设备实例来探讨信号链智能硬件的设计。完成模拟信号采集和模拟信号产生两大功能，包括放大器、数据转换器和处理。抗干扰是模拟信号链设计的重要内容。这些将在实例中阐述。

11.4.2 信号链设计实例——通用数据采集设备设计

1. 确定设计需求与指标

在不同行业里需要被采集的模拟信号通常有不一样的幅度和频率，因此很多设计和制造测试测量设备、可编程逻辑控制器的厂商都会推出通用的数据采集设备，满足各个行业的需求。在本例中，所需实现的系统指标如表 11.1 所示。

表 11.1 所需实现的系统指标

模拟输入	通道数	同步双通道，每通道 2 048 点
	采样率/带宽	每通道 2 Msps/500 kHz
	分辨率	1 mV
	输入范围	±1 mV～±10 V
	输入阻抗	1 MΩ
模拟输出	通道数	1，波形表 2 048 点
	输出信号波形种类	正弦波，方波，三角波，直流
	输出正弦信号频率	1 Hz～100 kHz，步进 1 Hz
	输出范围	±10 mV～±10 V
	输出阻抗	50 Ω
	输出电流能力	±20 mA

在模拟输入部分，设计难点在于输入信号的范围较大，这带来的第一个问题是如何将 ±1 mV 到 ±10 V 的输入信号匹配到 ADC 的输入范围，第二个问题就是如何确保从 ±1 mV 到 ±10 V 都有足够的分辨率。

在模拟输出部分，如何实现输出波形的变换，如何实现频率的 1 Hz 步进可调，如何确保在 ±10 mV 到 ±10 V 都能输出高质量的波形，都是设计的难点。

2. 设计整体框图

对于上面的通用数据采集系统需求，系统设计框图如图 11.5 所示。

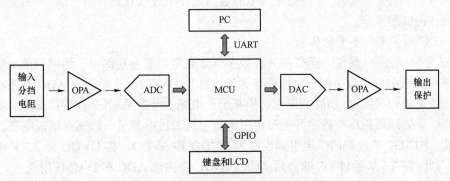

图 11.5 数据采集系统设计框图

在图 11.5 所示的数据采集系统设计框图中，在输入通道需要分挡电路、运算放大器电路和 ADC，在输出通道需要 DAC、运算放大器和输出保护电路。而 MCU 除了完成 ADC 的数据接收，DAC 数据刷新之外，还需要完成人机交互和上位机通信等功能。下面将具体探讨器件选型和电路设计。

3. 理解模−数转换器

模−数转换器（ADC），是将模拟信号量化为数字信号的器件，其核心是将输入信号与一个已知的精密参考做比较，得到的比较结果存在寄存器里由单片机读取。当 ADC 的位数越多，比较的结果就越精确，一个 N 位的 ADC，它的最小分辨率为 LSB = $V_{REF}/2^N$，而 ADC 的输出码值 Code = $[V_{IN}/LSB]$ = $[V_{IN} \times 2^N/V_{REF}]$。

因此，当设计一个 ADC 电路时，有如图 11.6 所示的几个重要设计要点。

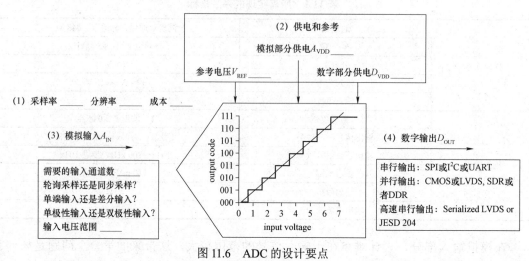

图 11.6　ADC 的设计要点

1）采样率和分辨率

本例中，采样率要求为 2 Msps，分辨率要求不低于 12 位。为降低成本考虑，可以选择单片机内部的 ADC，例如，ARM Cortex−M3 内核的 STM32F407 微处理器内部有 3 个 12 位 3.6 Msps 的 ADC 和 2 个 12 位 1 Msps 的 DAC，这可以大幅度降低系统成本和复杂度。同样也可以选择 ARM Cortex−M7 内核的 STM32H750 处理器，内部有 3 个 16 位 3.6 Msps 的 ADC 和 2 个 12 位 1 Msps 的 DAC。在后续模拟前端的设计中可以看到，当 ADC 的位数越高，模拟前端设计也就越简单。

2）ADC 的供电和参考电压

ADC 是模−数混合器件，模拟部分和数字部分通常需要分别供电，给模拟部分供电的电源输入称为 AVDD，给数字部分供电的电源输入称为 DVDD。这是因为 ADC 数字部分的逐次渐进比较逻辑和引脚 IO 的高低电平切换都会在电源上带来毛刺，分离模拟部分和数字部分的供电可以有效地避免这些数字开关噪声引起的干扰通过电源进入敏感的模拟电路。

因此，STM32 单片机的供电引脚也分为 DVDD 和 AVDD，将 DVDD 接 3.3 V 给数字逻辑供电，同时将 3.3 V 经过 LC 滤波后送给 AVDD，供内部 ADC 和 DAC 使用。

V_{REF} 是 ADC 的参考电压输入，它的重要性经常被设计者忽略，但实际上 V_{REF} 是保证 ADC 精度的第一道关卡。因为 ADC 的输出结果取决于输入电压和 V_{REF} 的比例关系，如果 V_{REF} 自身不准或者纹波较大，那么测量结果就肯定会出差错了。为确保内部 ADC 的采样精度，STM32F407 单片机提供了 VREF+和 VREF−输入端口，可以外接高精度电压参考，而 STM32H750 单片机内置了 2.5 V 高精度参考源，可以直接选择内部高精度参考源。

3）模拟输入通道

在模拟输入端，经常要面对下面的问题。

问题 1：确认输入通道数量，是轮询采样还是同步采样？

如图 11.7 所示，对于轮询采样方法来说，ADC 内部只有一个 ADC 核心，通过前端多路复用器完成轮询采样，因此每个通道之间会存在采样间隔。

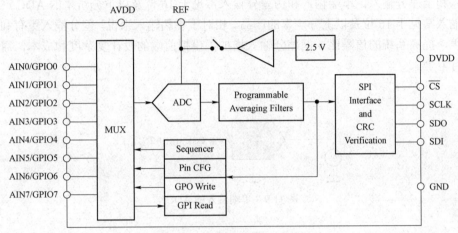

图 11.7　轮询采样的 ADC 结构

如图 11.8 所示，同步采样的 ADC 内部有多个 ADC 核心或者多个采样保持器，能够在同一时刻对多路信号进行采样，每个通道之间不存在采样间隔，这对一些时序要求比较严格的应用是必须的。

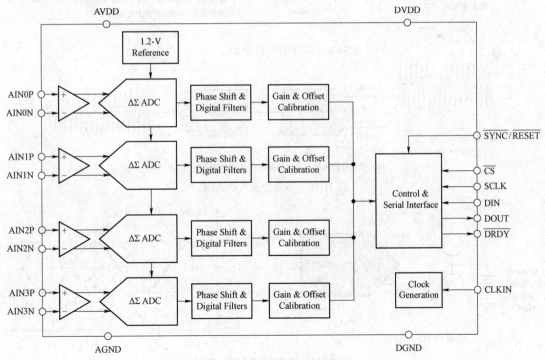

图 11.8　同步采样的 ADC 结构

STM32 内部集成了 3 路独立的 ADC，而每一个 ADC 前端又带有一个多路复用器，因此可以实现多达 20 余路模拟电压采集。在本例中，只使用内部两路 ADC 的两个通道，实现双通道严格同步采样。

问题 2：单端输入还是差分输入？

如图 11.9、图 11.10 和图 11.11 所示，ADC 的输入端口主要有 3 种方式：单端输入、伪差分输入和全差分输入。单端输入和伪差分输入常见于 16 位及以下分辨率的 ADC 产品，而全差分输入常见于 16 位及以上分辨率的产品。相对于单端输入来说，差分输入更有利于抑制共模噪声，提高系统的信噪比。但差分输入增加了模拟前端的设计复杂度和成本，需要在设计时进行取舍。

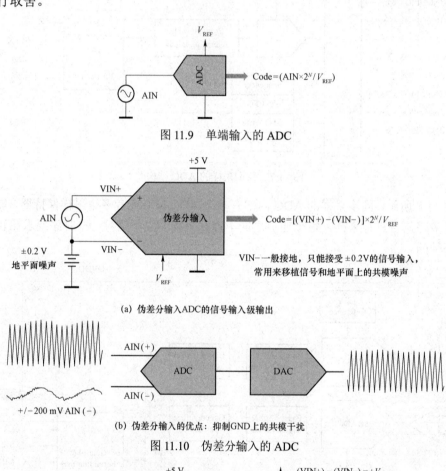

图 11.9　单端输入的 ADC

(a) 伪差分输入ADC的信号输入级输出

(b) 伪差分输入的优点：抑制GND上的共模干扰

图 11.10　伪差分输入的 ADC

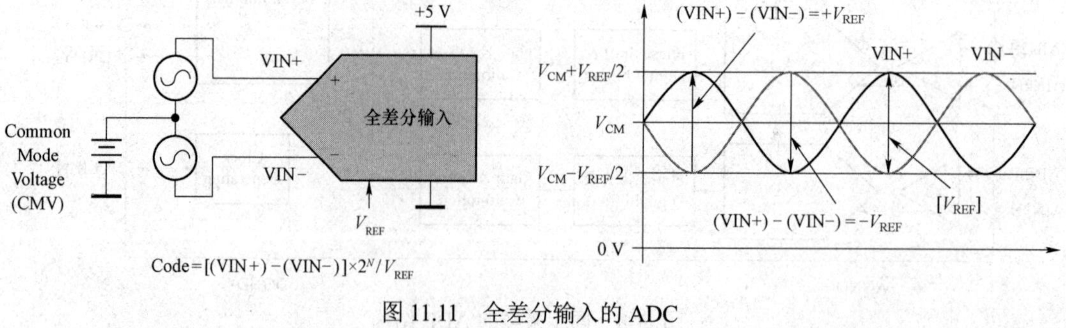

图 11.11　全差分输入的 ADC

对于全差分输入的 ADC，VIN+和 VIN−都可以到达 0～V_{REF} 的范围，因此他们有非常宽的共模输入范围，全差分输入 ADC 在以下两类应用中很常见。

（1）搭配 24 位高分辨率 ADC，利用内置的程控增益放大器实现高输入阻抗和可变增益，利用全差分输入 ADC 的高共模抑制比，加上高分辨率的 ADC 内核，简化高精度采样的模拟前端设计。这在后面的实例中可以看到。

（2）利用全差分输入对共模噪声和偶次谐波抑制能力，提高对交流信号采样的信噪比，这在三相电的电压电流同步采样中的作用体现得非常明显。

问题 3：单极性输入还是双极性输入？输入电压范围是多少？

如图 11.12 所示，常见的 ADC 都是单电源供电，这导致 ADC 的输入范围都只能接受正电压输入（单极性输入）；如图 11.13 所示，有少数 ADC 在芯片内部加了电阻网络完成电压缩放和偏移来接受正负电压输入（双极性输入），但这导致 ADC 成本偏高。

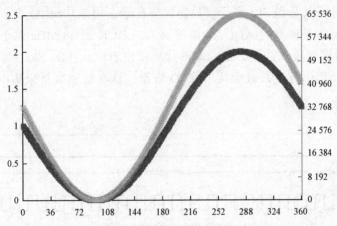

图 11.12　单极性输入，2 V 满量程输入对应 0～65 536 数字输出

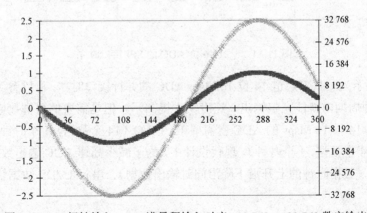

图 11.13　双极性输入，2 V 满量程输入对应−32 768～+32 768 数字输出

本例中，使用的 STM32H750 微处理器内部 ADC，只能接受 0～V_{REF} 的电压输入。如果选用 STM32H750，使用其内部的 2.5 V 参考电压，那么 STM32H750 的 ADC 输入范围即为 0～

2.5 V；如果使用 STM32F407，在芯片外部使用 TL431 等电压参考芯片产生一个 2.5 V 的参考
送给 VREF+，VREF−接地，那么 STM32F407 内部 ADC 的参考电压也可以设定到 2.5 V。同
样地，输入范围也是 0～2.5 V。

本例中，要求采样的信号范围最高可达±10 V，这就要求在 ADC 口前面加上信号调理
电路，将±10 V 的信号调理到 0～2.5 V 让 ADC 能够完整采集。

4）数字输出格式

对外置 ADC 来说，输出数据能被正确接收也是至关重要的，对于采样率在 2 Msps 以内
的 ADC 来说常用的接口有 I²C、SPI 和 UART，也常用软件模拟时序来读取 ADC 数据；对于
采样率在 2 Msps 以上或者多通道同步采样的 ADC 来说，并行 CMOS 和 LVDS，串行 LVDS
用得更多，经常需要使用 FPGA 来设计接口时序。

图 11.14 所示为一款 16 位 ADC 的 SPI 接口时序，可以看到一次转换需要 24 个时钟
周期才能完整输出，其中前 8 个时钟周期 ADC 用于内部采样，后 16 个时钟周期用于串行
读出数据。从这里可以看到 SPI 串行读数的优势在于占用单片机 IO 少（只需 3 根），不足
之处在于无法支持高采样率的 ADC，例如需要 DCLOCK 到 48 MHz 以上才能满足一个 16
位 2 Msps 的转换时序要求，许多低成本单片机都没有这么快的 SPI 接口。I²C 和 UART
也是同样的思想，用串行线来减少接口的 IO 数量，这在低速数据采集中是非常常见的。

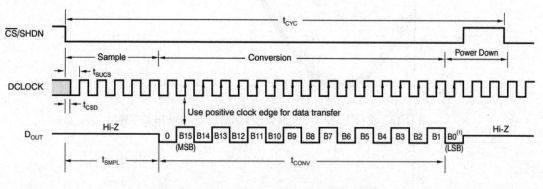

图 11.14　一款 16 位 ADC 的 SPI 接口时序

图 11.15 所示为一款双通道 14 位 10 Msps ADC 的并行接口时序，可以看到一次转换需要
只需要一个时钟周期内就能完整输出，速度大大提高了，但是需要的引脚数量大大增加了。
图 11.14 中一路 14 位 10 Msps 的 ADC 就需要 15 个 I/O（14 个数据，1 个时钟），两路就需要
29 个 I/O（2×14 个数据，1 个时钟）。现代设计中，为了减少高速 ADC 输出数据的引脚数量，
又出现了 DDR（数据时钟的上升沿下降沿同时输出数据）、串行 LVDS 数据输出等多种高速
数据接口。

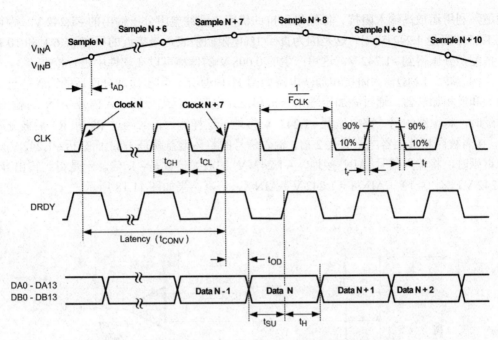

图 11.15　一款双通道 14 位 10 Msps ADC 的并行接口时序

本例使用 STM32 内部的 ADC，只需要配置该 ADC 的寄存器，然后使用 DMA 读取 ADC 的转换结果即可。

4. 设计模拟输入信号调理电路

前面已经确定了 ADC 输入范围是 0～2.5 V，而输入信号最大是±10 V，首先需要解决大信号输入不能饱和的问题，先来解个方程：

$$10 \times a + b = 2.5$$
$$-10 \times a + b = 0$$

得到 $a=0.125$，$b=1.25$。也就是说，需要将输入信号至少衰减 1/8，再加上 1.25 V 直流，就能满足 ADC 的满量程输入。于是使用 1 片双运放 TL082，设计两个电路实现信号转换。

低阻输出的−1.242 V 电压产生电路如图 11.16 所示。根据公式计算，在衰减 1/8 后需要加上 1.25 V，把衰减后的±1.25 V 信号摆到 ADC 的输入范围内。因此，使用 TL 082 的其中一

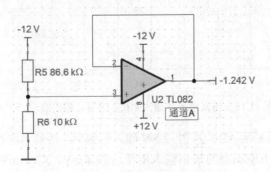

图 11.16　低阻输出的−1.242 V 电压产生电路

路通道，利用运放高输入阻抗、低输出阻抗的优点来缓冲电阻分压输出的-1.242 V。为什么不是1.25 V而是1.242 V呢？这是因为查阅1%电阻阻值表，最接近的只有86.6 k和10 k这样的搭配，分压得到-1.242 V，这里产生的0.008 V的偏移可以在软件中进行校准。

比例衰减、1 MΩ输入阻抗和加法电路如图11.17所示，用于缓冲分压后的输入信息、同相放大和反相加法器。通过叠加定理来分析和设计电路，首先分析输入信号 AIN 对输出 V_o 的贡献时，将电路中另一路电压源-1.242 V接地，这样输入信号经过 R1 和 R2 后被分压到1/16，接着被同相放大器电路放大2倍，输入信号的整体增益就是1/8；而分析-1.242 V对输出的贡献时，将输入信号 AIN 接地，-1.242 V 的放大倍数是-1 倍。于是得到输出 $V_o =$ $(-1.242$ V$) \times (-1) +$ AIN$/8 = 1.242$ V $+$ AIN$/8$。仿真结果如图11.18所示。

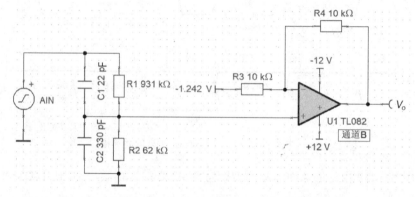

图 11.17　比例衰减、1 MΩ 输入阻抗和加法电路

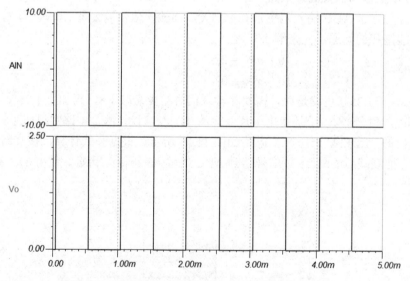

图 11.18　仿真结果（输入±10 V 信号，输出0～2.5 V）

解决了±10 V输入匹配到 ADC 的0～2.5 V输入范围后，还要考虑当小信号输入时也能够准确采样的问题，指标要求能识别的最小输入信号达到1 mV。当±1 mV信号输入时，经过上面的衰减器，会衰减到±0.125 mV，一个满量程为2.5 V 的12 位 ADC 的 LSB=2.5 V/4 096=0.6 mV，无法满足要求。此时要么使用分挡衰减的办法（当小信号输入时切换衰减比例，使系数 a=1

或更大），要么使用更高精度的 ADC，例如一个满量程为 2.5 V 的 16 位 ADC 的 LSB=2.5 V/65 536=0.038 mV，理论上是可以识别到 0.125 mV 的信号。但是由于系统噪声的存在，为了尽可能保证输入信号的信噪比，这里同时采用衰减分挡和 16 位 ADC，确保采样结果准确可靠，如图 11.19 所示。

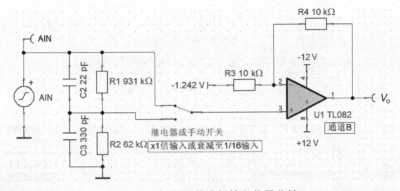

图 11.19　加入开关选择输入信号分挡

如图 11.19 所示，在 1 MΩ 输入分压电阻后面加入一个信号开关（继电器或手动开关均可），用于选择 AIN 直接进入运放同相端还是经过分压之后进入，两种方式对于 AIN 来说输入阻抗都是 1 MΩ。当需要采集小信号时，可以拨动开关使用 x1 挡输入来获取更精确的测量结果。可以计算得到：当选择 x1 倍输入时，$V_o = 2\text{AIN} + 1.242$，而当选择衰减至 1/16 输入时，$V_o = \text{AIN}/8 + 1.242$。

选择 x1 挡时的输入和输出信号波形如图 11.20 所示。

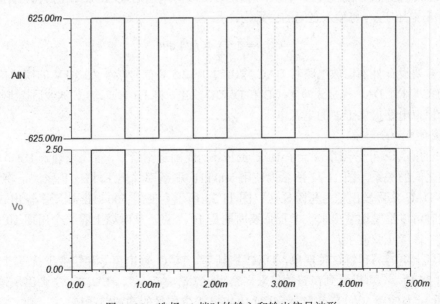

图 11.20　选择 x1 挡时的输入和输出信号波形

至此，模拟输入电路就已经确定。使用 STM32H750 内部的两个 16 位 ADC，每个 16 位 ADC 前端使用一片 FET 型输入运放 TL082 完成 ±10 V 至 0～2.5 V 信号的调理工作。

5. 选择数–模转换器

指标要求输出一路±10 V 可调的信号源，同样可以使用 STM32H750 内部的 DAC 来完成这一工作。

同 ADC 一样，DAC 的设计和选型也有如图 11.21 所示的几个重要设计要点。

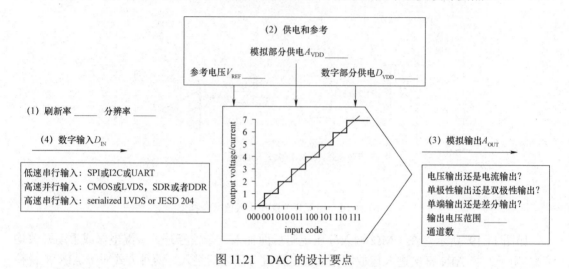

图 11.21　DAC 的设计要点

1）供电和参考

在 ADC 部分的分析中，如果选择使用 STM32H750 微处理器，并使用其内部的 16 位 ADC，因此，也就可以直接使用 STM32H750 的内部 12 位电压输出型 DAC，其刷新率最高 1 Msps。STM32H750 内部 2.5 V 高精度参考源作为 DAC 的参考电压后，DAC 的输出电压范围即是 0～2.5 V，输出电压 V_{OUT} 与输入之间的关系为：

$$V_{OUT} = 2.5 \text{ V} \times D/4\ 096$$

后续需要设计外部运放电路将 DAC 输出的 0～2.5 V 信号转变为±10 V 的模拟信号。

同 ADC 一样，DAC 也是分为 AVDD 和 DVDD 供电，将 3.3 V 通过 LC 滤波后提供给 AVDD，尽可能给模拟电路提供干净的电源电压。

2）刷新率和分辨率

DAC 的刷新率和分辨率决定了 DAC 的成本。要确定刷新率，首先要理解 DAC 输出频率和刷新率之间的关系。图 11.22 所示为使用 500 kHz 刷新率输出 10 kHz 正弦波，将波形展宽后看到的 DAC 实际发出信号呈阶梯状；图 11.23 所示为使用 500 kHz 刷新率输出 50 kHz 正弦波，这时可以清楚地数出来一个正弦波周期是 10 个点。从时域上看一个周期 10 个点的时候就不太"像"正弦波了。

从频域上更容易理解这种现象，DAC 刷新率、DAC 输出信号和镜像干扰三者之间的关系如图 11.24 所示，可以看到在整数倍采样率附近（$xf_C \pm f_{OUT}$，$x=1, 2, 3, \ldots$）会出现镜像干扰。图 11.25 所示为使用 500 kHz 刷新率得到 10 kHz 正弦信号的滤波前频谱。

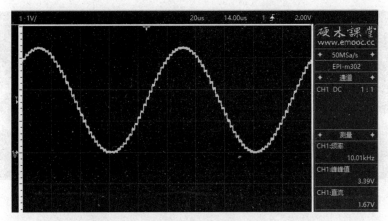

图 11.22　使用 500 kHz 刷新率输出 10 kHz 正弦波

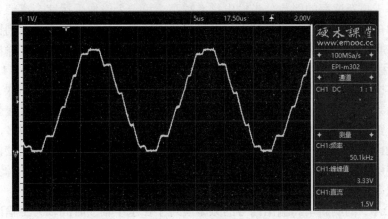

图 11.23　使用 500 kHz 刷新率输出 50 kHz 正弦波

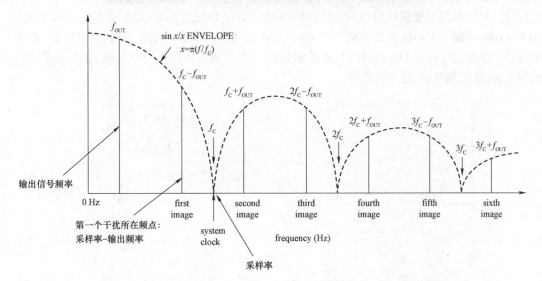

图 11.24　DAC 刷新率、DAC 输出信号和镜像干扰三者之间的关系

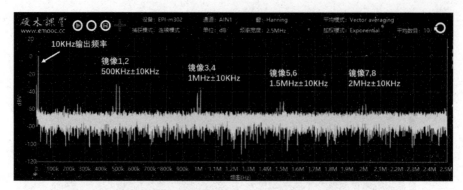

图 11.25　使用 500 kHz 刷新率得到 10 kHz 正弦信号的滤波前频谱

　　这些镜像干扰的来源是由于 DAC 的输出并非一系列零宽脉冲，而是一系列矩形脉冲，其脉冲宽度等于更新速率的倒数。当输出频率越高，第一个镜像干扰就会离信号越近，时域上看就是阶梯形状越明显。这些频域上的干扰需要用模拟滤波器滤除，考虑到模拟滤波器的设计难度，一般建议输出信号频率小于 1/10 倍刷新率。例如本例中要求最高输出正弦波频率为 100 kHz，因此至少需要 1 Msps 的刷新率，同时在 DAC 输出口设计一个 -1 dB 截止频率为 100 kHz 的二阶低通滤波器，确保在 900 kHz 处能够达到 -30 dB 的衰减效果。如果想要获得更高的输出频率，那么 f_{OUT} 和 $f_C - f_{OUT}$ 会靠得更近，给低通滤波器留的过渡带就越窄，导致需要更高阶数的滤波器来完成滤波，而滤波器阶数越高，需要的元器件越多，调试难度也越大。STM32H750 内部的 12 位 1 Msps DAC 正好可以满足产生 100 kHz 正弦信号的需求，实际上如果使用高阶滤波器，还可以产生更高频率的正弦信号，在精心设计的滤波器帮助下，输出的极限频率能达到刷新率的 1/3。

　　如果说 DAC 的刷新率和输出信号的频率展现了在水平轴（时间轴）上输出信号的细腻程度，那么 DAC 的分辨率和输出信号的幅度就决定了在垂直轴（电压轴）上输出信号的细腻程度。例如本例中要求输出 ± 10 V 的信号，使用 12 位 DAC，那么 DAC 的最小分辨率 LSB= 20 V/4 096=4.88 mV，如果要生成一个 40 mVpp 的波形，从最低电压到最高电压就只有 8 个电压值，也就是 3 位的 DAC。图 11.26 所示为同一个正弦信号按照一个周期 20 个点采样且分别用 3 bit 量化和 7 bit 量化的效果。

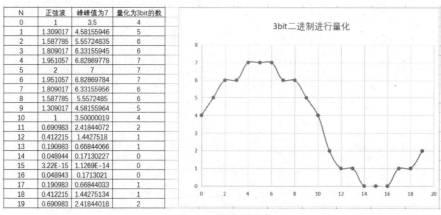

（a）3 bit 量化效果

图 11.26　同一个正弦信号按照一个周期 20 个点采样和量化

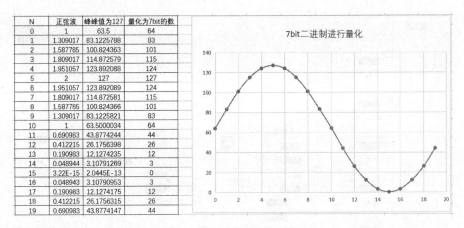

N	正弦波	峰峰值为127	量化为7bit的数
0	1	63.5	64
1	1.309017	83.1225788	83
2	1.587785	100.824363	101
3	1.809017	114.872579	115
4	1.951057	123.892088	124
5	2	127	127
6	1.951057	123.892089	124
7	1.809017	114.872581	115
8	1.587785	100.824366	101
9	1.309017	83.1225821	83
10	1	63.5000034	64
11	0.690983	43.8774244	44
12	0.412215	26.1756398	26
13	0.190983	12.1274235	12
14	0.048944	3.10791269	3
15	3.22E-15	2.0445E-13	0
16	0.048943	3.10790953	3
17	0.190983	12.1274175	12
18	0.412215	26.1756315	26
19	0.690983	43.8774147	44

（b）7 bit 量化效果

图 11.26　同一个正弦信号按照一个周期 20 个点采样和量化（续）

因此，要达到要求的 ±10 mV ～ ±10 Vpp 的输出幅度范围，要么使用高精度的 DAC，要么就需要在模拟输出口上进行分挡设计。这里出于成本考虑，使用 STM32H750 内部的 12 位 DAC 配合外部分挡电路来实现在宽输出范围内的高分辨率。

3）模拟输出与 DAC 结构

在 DAC 的模拟输出端，常看见有电压输出型，也有电流输出型，这跟 DAC 的内部结构有很大关系。

（1）R-String（电阻串）型 DAC。电阻串型 DAC 是最容易理解的 DAC。3 位 R-string 型 DAC 的结构及其码值与输出电压的关系如图 11.27 所示。

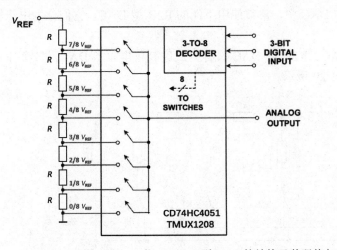

Code	Voltage Output
000	0V
001	1/8 V_{REF}
010	2/8 V_{REF}
011	3/8 V_{REF}
100	4/8 V_{REF}
101	5/8 V_{REF}
110	6/8 V_{REF}
111	7/8 V_{REF}

图 11.27　3 位 R-String 型 DAC 的结构及其码值与输出电压的关系

可以看到 R-String 型 DAC 的模拟输出结果是由内部多个电阻串联分压后选通输出得到，因此它们的输出都是单端电压型，在 DAC 内部通常会集成一个轨到轨输入和输出的运放，将电阻分压网络的高输出阻抗缓冲后形成低阻输出。图 11.28 所示为一个具体实现示例。

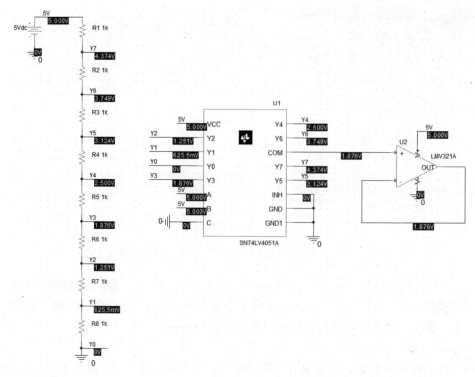

图 11.28　一个 3 位 R-String 型 DAC 的仿真结果（CBA=011，选通 Y3 输出）

　　R-String 型 DAC 的结构简单，天生具有单调性，适合在低速控制系统中使用。但设计一个 N 位的 R-String 型 DAC，需要 2^N-1 个电阻和大量模拟开关，电路庞大，而且众多电阻的匹配也是难题，因此在高精度的 DAC 中，常常使用下面的 R2R 型 DAC，它们分为电压输出和电流输出两种结构。

　　（2）电压输出的 R2R 型 DAC。R2R 型 DAC 又称为二进制权电阻型 DAC，一个 4 位的电压输出的 R2R 型 DAC 如图 11.29 所示。

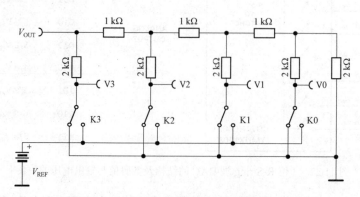

图 11.29　一个 4 位的电压输出的 R2R 型 DAC

　　利用叠加定理、戴维南等效等基础电路知识，可以得到 $V_{OUT} = V_0/16 + V_1/8 + V_2/4 + V_3/2$，而 V_0、V_1、V_2 和 V_3 则由 4 位输入码值控制 4 个开关进行选通是连接到 VREF 还是 GND。于是 V_{REF} 与 V_{OUT} 之间的关系为：$V_{OUT} = V_{REF} \times Code/16$。

电压输出的 R2R 型 DAC 只需要 2N 个电阻就能实现 N 位的 DAC，电阻匹配容易精修，模拟开关的数量也很少，而且当精度要求不高时，电压输出的 R2R 型 DAC 容易自制。如图 11.30 所示，直接使用单片机推挽输出的 GPIO 驱动 IO0～IO3，就可以实现图 11.29 中的模拟开关切换 VREF 和 GND 的效果，实现一个 4 位的 DAC 功能，DAC 的输出 $V_{OUT} = V_{OH} \times Code/16$，其中 V_{OH} 是单片机 IO 输出高电平的电压值。

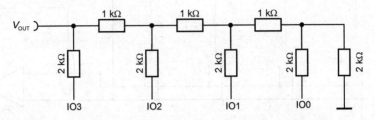

图 11.30 用单片机推挽 GPIO 驱动 R2R 电阻网络实现 DAC 功能

同 R-String 型 DAC 一样，电压输出的 R2R 型 DAC 外部也需要一个运放做缓冲器来将电阻网络的高输出阻抗变化为低输出阻抗。而输出电压范围也限制在 $0～V_{REF}$ 以内了。

（3）电流输出的 R2R 型 DAC。在工业应用中，需要输出双极性大信号，这时可以用电压输出的 R2R 型 DAC 搭配外部运放实现，也可以用电流输出的 R2R 型 DAC 实现。一个电流输出的 R2R 型 DAC 的内部结构如图 11.31 所示。

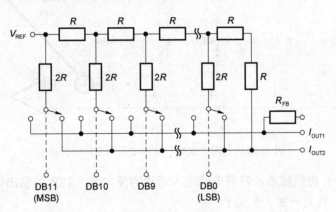

图 11.31 电流输出的 R2R 型 DAC 的内部结构

电流输出的 R2R 型 DAC，内部实际上也是排列方式一致的 2N 个电阻和 N 个模拟开关，只是 V_{REF} 从左上方进入，开关用于选择每条支路的电流是流向 I_{OUT1} 还是 I_{OUT2}，在 I_{OUT1} 和 I_{OUT2} 上接上外部运放，可以实现电流和电压的转换，下面以一个 4 位的电流输出的 R2R 型 DAC 为例分析电路的原理。

如图 11.32 所示，当外部运放接入后，I_{OUT1} 和 I_{OUT2} 由于运放"虚短"的效果，等同于同时接地，于是可以分析得到：对于 V_{REF} 处，向右看进去，无论开关拨向哪一方，都是恒定的 1 kΩ 输入电阻，于是 V_{REF} 处的输入电流也就是恒定的 $V_{REF}/1$ kΩ，而这些模拟开关的切换方向会选择各个支路的电流是进入真正接地的 I_{OUT2}，还是进入运放反向端的 I_{OUT1}。同样可以分析得到各个支路上的电流量为：$I_t = I_{TOTAL}/16, I_0 = I_{TOTAL}/16, I_1 = I_{TOTAL}/8, I_2 = I_{TOTAL}/4, I_3 = I_{TOTAL}/2$。如图 11.33 所示，接下来就可以运用运放的虚断来将进入运放反向端的电流转变为电压输出。

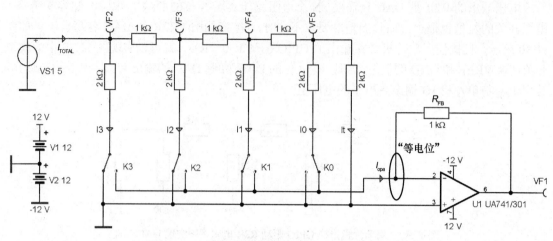

图 11.32　4 位电流输出的 R2R 型 DAC 的内部结构

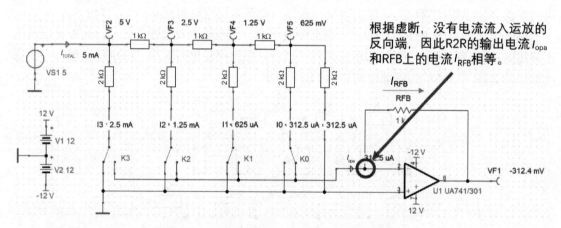

图 11.33　利用"虚断"完成电流到电压的转换

在图 11.33 中，根据虚断，没有电流流入运放的反向端，R2R 的输出电流 I_{opa} 和 RFB 上的电流 I_{RFB} 相等。联立下面 3 个式子：

$$I_{\text{opa}} = V_{\text{REF}}/1\ \text{k} \times D/16$$

$$I_{\text{RFB}} = -V_{\text{OUT}}/\text{RFB} = -V_{\text{OUT}}/1\ \text{k}$$

$$I_{\text{opa}} = I_{\text{RFB}}$$

解出 $V_{\text{OUT}} = V_{\text{REF}} \times D/16$。于是，即使 R2R 型 DAC 是单电源供电，它也可以接受在 VREF 端输入的双极性信号。因为 Code 始终小于 16，因此在 VOUT 端就可以得到一个程控衰减的输出。电流输出的 R2R 型 DAC 芯片通常把 VREF 端的带宽做得较高，可以实现模拟信号与数字信号的乘法运算，因此也常被称为乘法器型 DAC。

本例中 STM32H750 内置的 DAC 是电阻串型 12 位，所以它是电压输出的器件，输出范围 0～V_{REF}，也就是 0～2.5 V，要想达到要求中的±10 V，就需要通过放大电路进行信号调理设计。

4）数字输入格式

和 ADC 的数字输出格式一样，DAC 的数字输入在低速时也采用串行方式为主，例如 I²C、SPI 等，在高速时采用并行 CMOS、并行 LVDS 或者串行 LVDS 等数据格式。本例使用单片机内部的 DAC，只需要使用 Timer 或 DMA 定时刷新内部寄存器即可。

6. 设计模拟输出信号调理电路

当选用的 DAC 的输出范围是 0～2.5 V，为了达到±10 V 的要求，需要解个方程：

$$0 \times a + b = -10 \text{ V}$$
$$2.5 \times a + b = 10 \text{ V}$$

解得：$a=8$，$b=-10$。

可以设计出如图 11.34 所示的电路。可以用 VG1 来模拟 STM32H750 内部的 DAC 输出 1 kHz 0～2.5 V 的正弦波形，它从 TL082 的同相端输入，构成了放大倍数为 8 倍的同相放大器，放大后得到波形为 0～20 V；然后利用 TL082 反相放大器部分的 −7 倍放大能力，将分压得到的 1.43 V 经过 −7 倍放大得到 −10 V，和同相放大器输出的 0～20 V 信号叠加得到±10 V 输出。计算公式为：$V_{OUT} = 8 \times V_{IN} - 10$，仿真结果如图 11.35 所示。

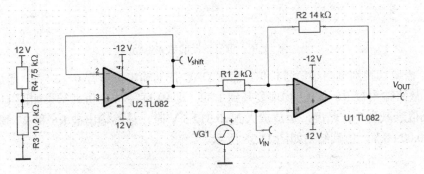

图 11.34　将 0～2.5 V 放大到±10 V 输出的电路

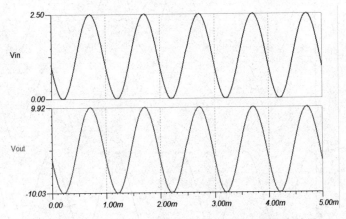

图 11.35　将 0～2.5 V 放大到±10 V 输出的电路仿真结果

在讨论 DAC 分辨率时，可知要使信号源输出覆盖±10 mV 到±10 V，同时兼顾大信号范围和小信号精度，DAC 的分辨率是个问题。例如，本例中的 DAC 满量程（也就是 4 096 个

码值都用满时）输出是±10 V，当通过调小码值输出小信号时，要想波形的电压分辨率达到 7
位精度，也就是波形的垂直分辨率有 128 个点，只能将波形衰减 128/4 096=1/32，换算到输
出电压范围±10 V/32 =±0.321 5 V，在±0.312 5 V 以下更小的信号，再靠调小码值输出的话，
波形失真就比较明显了。因此，如图 11.36 所示，使用模拟分挡的方式，当要输出±0.312 5 V
以下更小的信号时，将波形衰减 1/32 输出，于是：当需要±0.312 5～±10 V 输出时，使用 x1
挡输出，对应满量程码值为 128～4 096；当需要±0.01 V～±0.312 5 V 输出时，使用模拟分压
1/32 挡输出，对应的满量程码值也能达到 128～4 096，确保了小信号下的电压分辨率。同时，
R6 和 R7 的组合也使得电路在 1/32 衰减下的输出电阻为 50 Ω，R5 使得电路在 x1 挡下的输出
电阻为 50 Ω。

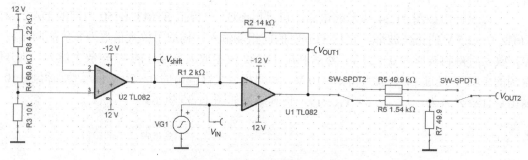

图 11.36 带衰减器的放大电路

此时，需要切换到输出小信号挡位，然后 DAC 依然输出满量程 0～2.5 V，通过运放放大
到±10 V，最终输出被 R6 和 R7 物理衰减到 1/32，即±0.312 5 V，仿真结果如图 11.37 所示。
当 DAC 码值衰减到 7 位精度，运放放大到±0.312 5 V 时，最终输出被 R6 和 R7 物理衰减到
1/32，即±0.009 8 V，仿真结果如图 11.38 所示。

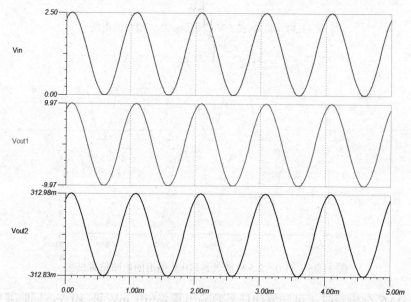

图 11.37 DAC 满量程输出、放大电路输出、衰减器输出的仿真结果（DAC 输出 0～2.5 V）

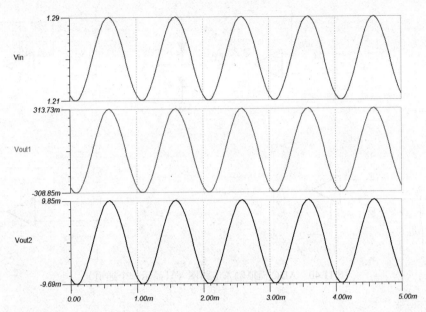

图 11.38 DAC 满量程输出、放大电路输出、衰减器输出的仿真结果（DAC 输出 1.21～1.29 V）

7. 硬件的整体设计

通过上面的分析，通用数据采集系统的整体硬件框图如图 11.39 所示，ADC 模拟输入电路和 DAC 模拟输出电路分别如图 11.40 和图 11.41 所示。

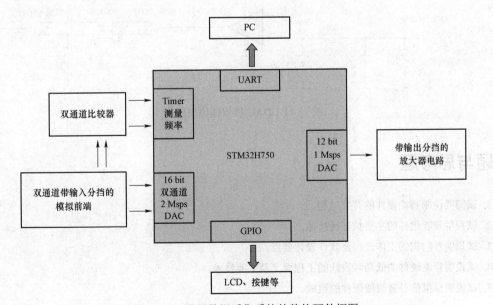

图 11.39 通用数据采集系统的整体硬件框图

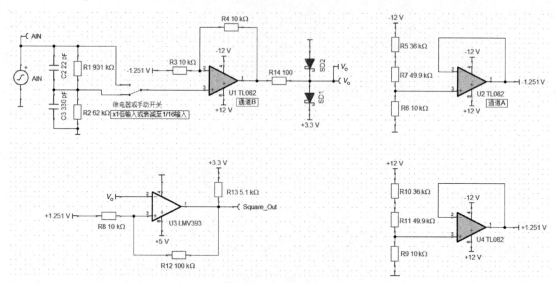

图 11.40　ADC 模拟输入电路图（只显示一个通道）

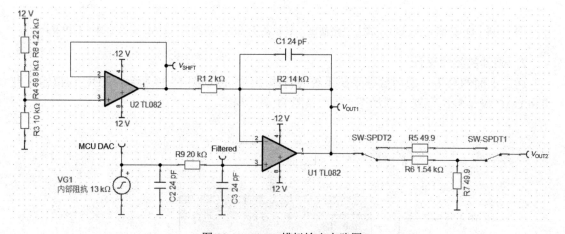

图 11.41　DAC 模拟输出电路图

习题与思考题

1. 试简要说明智能硬件的开发过程。
2. 试列举智能硬件的主要抗干扰措施。
3. 试说明看门狗的工作过程及软件设计要点。
4. 试说明智能硬件的低功耗设计的工程含义及主要技术。
5. 试说明模拟信号链智能硬件的组成。

附录 A   51 系列单片机指令速查表

注：d、d1 和 d2 表示内部 RAM 的 8 位直接地址；#d8、#d16 分别表示 8 位和 16 位立即数。

十六进制或二进制代码	助 记 符	功　能	对标志影响				字节数	周期数
			P	OV	AC	Cy		
数　据　传　送　指　令								
E8H~EFH	MOV A, Rn	(A)←(Rn)	√	×	×	×	1	1
E5H d	MOV A, d	(A)←(d)	√	×	×	×	2	1
E6H, E7H	MOV A, @Ri	(A)←((Ri))	√	×	×	×	1	1
74H d8	MOV A, #d8	(A)←data	√	×	×	×	2	1
F8H~FFH	MOV Rn, A	(Rn)←(A)	×	×	×	×	1	1
A8H~AFH d	MOV Rn, d	(Rn)←(d)	×	×	×	×	2	2
78H~7FH d8	MOV Rn, #d8	(Rn)←d8	×	×	×	×	2	1
F5H d	MOV d, A	(d)←(A)	×	×	×	×	2	1
88H~8FH d	MOV d, Rn	(d)←(Rn)	×	×	×	×	2	2
85H d2 d1	MOV d1, d2	(d1)←(d2)	×	×	×	×	3	2
86H, 87H d	MOV d, @Ri	(d)←((Ri))	×	×	×	×	2	2
75H d d8	MOV d, #d8	(d)←d8	×	×	×	×	3	2
F6H, F7H	MOV @Ri, A	((Ri))←(A)	×	×	×	×	1	1
A6H, A7H d	MOV @Ri, d	((Ri))←(d)	×	×	×	×	2	2
76H, 77H d8	MOV @Ri, #d8	((Ri))←d8	×	×	×	×	2	1
90H d16	MOV DPTR, #d16	(DPTR)←d16	×	×	×	×	3	2
93H	MOVC A, @A+DPTR	(A)←((A)+(DPTR))	√	×	×	×	1	2
83H	MOVC A, @A+PC	(A)←((A)+(PC))	√	×	×	×	1	2
E2H, E3H	MOVX A, @Ri	(A)←((Ri))	√	×	×	×	1	2
E0H	MOVX A, @DPTR	(A)←((DPTR))	√	×	×	×	1	2
F2H, F3H	MOVX @Ri, A	((Ri))←(A)	×	×	×	×	1	2
F0H	MOVX @DPTR, A	((DPTR))←(A)	×	×	×	×	1	2
C0H d	PUSH d	(SP)←(SP)+1, ((SP))←(d)	×	×	×	×	2	2
D0H d	POP d	(d)←((SP)), (SP)←(SP)−1	×	×	×	×	2	2
C8H~CFH	XCH A, Rn	(A)↔(Rn)	√	×	×	×	1	1
C5H d	XCH A, d	(A)↔(d)	√	×	×	×	2	1
C6H, C7H	XCH A, @Ri	(A)↔((Ri))	√	×	×	×	1	1
D6H, D7H	XCHD A, @Ri	(A)[3:0]↔((Ri))[3:0]	√	×	×	×	1	1
E4H	CLR A	(A)←00H	√	×	×	×	1	1

十六进制 或二进制代码	助记符	功能	对标志影响				字节数	周期数
			P	OV	AC	Cy		
算 术 运 算 指 令								
28H~2FH	ADD A, Rn	$(A) \leftarrow (A)+(Rn)$	√	√	√	√	1	1
25H d	ADD A, d	$(A) \leftarrow (A)+(d)$	√	√	√	√	2	1
26H, 27H	ADD A, @Ri	$(A) \leftarrow (A)+((Ri))$	√	√	√	√	1	1
24H d8	ADD A, #d8	$(A) \leftarrow (A)+d8$	√	√	√	√	2	1
38H~3FH	ADDC A, Rn	$(A) \leftarrow (A)+(Rn)+(Cy)$	√	√	√	√	1	1
35H d	ADDC A, d	$(A) \leftarrow (A)+(d)+(Cy)$	√	√	√	√	1	1
36H, 37H	ADDC A, @Ri	$(A) \leftarrow (A)+((Ri))+(CY)$	√	√	√	√	1	1
34H d8	ADDC A, #d8	$(A) \leftarrow (A)+d8+(CY)$	√	√	√	√	2	1
98H~9FH	SUBB A, Rn	$(A) \leftarrow (A)-(Rn)-(CY)$	√	√	√	√	1	1
95H direct	SUBB A, d	$(A) \leftarrow (A)-(d)-(CY)$	√	√	√	√	2	1
96H, 97H	SUBB A, @Ri	$(A) \leftarrow (A)-((Ri))-(CY)$	√	√	√	√	1	1
94H d8	SUBB A, #d8	$(A) \leftarrow (A)-d8-(CY)$	√	√	√	√	2	1
04H	INC A	$(A) \leftarrow (A)+1$	√	×	×	×	1	1
08H~0FH	INC Rn	$(Rn) \leftarrow (Rn)+1$	×	×	×	×	1	1
05H d	INC d	$(d) \leftarrow (d)+1$	×	×	×	×	2	1
06H, 07H	INC @Ri	$((Ri)) \leftarrow ((Ri))+1$	×	×	×	×	1	1
A3H	INC DPTR	$(DPTR) \leftarrow (DPTR)+1$	×	×	×	×	1	1
14H	DEC A	$(A) \leftarrow (A)-1$	√	×	×	×	1	1
18H~1FH	DEC Rn	$(Rn) \leftarrow (Rn)-1$	×	×	×	×	1	1
15H d	DEC d	$(d) \leftarrow (d)-1$	×	×	×	×	2	1
16H, 17H	DEC @Ri	$((Ri)) \leftarrow ((Ri))-1$	×	×	×	×	1	1
A4H	MUL AB	$AB \leftarrow (A) \times (B)$	√	√	×	×	1	4
84H	DIV AB	$AB \leftarrow (A)/(B)$	√	√	×	×	1	4
D4H	DA A	对A进行十进制调整	√	√	√	√	1	1

十六进制 或二进制代码	助记符	功能	对标志影响				字节数	周期数
			P	OV	AC	Cy		
逻 辑 运 算 指 令								
58H~5FH	ANL A, Rn	$(A) \leftarrow (A) \& (Rn)$	√	×	×	×	1	1
55H d	ANL A, d	$(A) \leftarrow (A) \& (d)$	√	×	×	×	2	1
56H, 57H	ANL A, @Ri	$(A) \leftarrow (A) \& ((Ri))$	√	×	×	×	1	1
54H d8	ANL A, #d8	$(A) \leftarrow (A) \& d8$	√	×	×	×	2	1
52H d	ANL d, A	$(d) \leftarrow (d) \& (A)$	×	×	×	×	2	1
53H d d8	ANL d, #d8	$(d) \leftarrow (d) \& d8$	×	×	×	×	3	2
48H~4FH	ORL A, Rn	$(A) \leftarrow (A) \| (Rn)$	√	×	×	×	1	1
45H d	ORL A, d	$(A) \leftarrow (A) \| (d)$	√	×	×	×	2	1
46H, 47H	ORL A, @Ri	$(A) \leftarrow (A) \| ((Ri))$	√	×	×	×	1	1
44H d8	ORL A, #d8	$(A) \leftarrow (A) \| data$	√	×	×	×	2	1
42H d	ORL d, A	$(d) \leftarrow (d) \| (A)$	×	×	×	×	2	1
43H d d8	ORL d, #d8	$(d) \leftarrow (d) \| d8$	×	×	×	×	3	2
68H~6FH	XRL A, Rn	$(A) \leftarrow (A) \wedge (Rn)$	√	×	×	×	1	1
65H d	XRL A, d	$(A) \leftarrow (A) \wedge (d)$	√	×	×	×	2	1
66H, 67H	XRL A, @Ri	$(A) \leftarrow (A) \wedge ((Ri))$	√	×	×	×	1	1
64H d8	XRL A, #d8	$(A) \leftarrow (A) \wedge d8$	√	×	×	×	2	1
62H d	XRL d, A	$(d) \leftarrow (d) \wedge (A)$	×	×	×	×	2	1
63H d d8	XRL d, #d8	$(d) \leftarrow (d) \wedge d8$	×	×	×	×	3	2
F4H	CPL A	$(A) \leftarrow (\overline{A})$	×	×	×	×	1	1
23H	RL A	(A)循环左移一位	×	×	×	×	1	1
33H	RLC A	(A)带进位循环左移一位	√	×	×	√	1	1
03H	RR A	(A)循环右移一位	×	×	×	×	1	1
13H	RRC A	(A)带进位循环右移一位	√	×	×	√	1	1
C4H	SWAP A	$(A)[7:4] \leftrightarrow (A)[3:0]$	×	×	×	×	1	1

十六进制 或二进制代码	助 记 符	功 能	对标志影响				字节数	周期数
			P	OV	AC	Cy		
		位 操 作 指 令						
C3H	**CLR C**	(CY)←0	×	×	×	√	1	1
C2H bit	**CLR** bit	(bit)←0	×	×	×		2	1
D3H	**SETB C**	(CY)←1	×	×	×	√	1	1
D2H bit	**SETB** bit	(bit)←1	×	×	×		2	1
B3H	**CPL C**	(CY)←($\overline{CY}$)	×	×	×	√	1	1
B2H bit	**CPL** bit	(bit)←($\overline{bit}$)	×	×	×		2	1
82H bit	**ANL C**, bit	(CY)←(CY)&(bit)	×	×	×	√	2	2
B0H bit	**ANL C**, /bit	(CY)←(CY)&($\overline{bit}$)	×	×	×	√	2	2
72H bit	**ORL C**, bit	(CY)←(CY)|(bit)	×	×	×	√	2	2
A0H bit	**ORL C**, /bit	(CY)←(CY)|($\overline{bit}$)	×	×	×	√	2	2
A2H bit	**MOV C**, bit	(CY)←(bit)	×	×	×	√	2	1
92H bit	**MOV** bit, C	(bit)←(CY)	×	×	×	×	2	2

十六进制 或二进制代码	助 记 符	功 能	对标志影响				字节数	周期数
			P	OV	AC	Cy		
		控 制 转 移 指 令						
$a_{10}a_9a_8$1 0001 $a_7a_6a_5a_4a_3a_2a_1a_0$	**ACALL** addr11	(SP)←(SP)+1,(SP)←(PC)[7:0] (SP)←(SP)+1,(SP)←(PC)[15:8] PC[10:0]←addr11	×	×	×	×	2	2
12H addr16	**LCALL** addr16	(SP)←(SP)+1,(SP)←(PC)[7:0] (SP)←(SP)+1,(SP)←(PC)[15:8] (PC)←addr16	×	×	×	×	3	2
22H	**RET**	PC[15:8]←((SP)),(SP)←(SP)-1 PC[7:0]←((SP)),(SP)←(SP)-1	×	×	×	×	1	2
32H	**RETI**	PC[15:8]←((SP)),(SP)←(SP)-1 PC[7:0]←((SP)),(SP)←(SP)-1	×	×	×	×	1	2
$a_{10}a_9a_8$0 0001 $a_7a_6a_5a_4a_3a_2a_1a_0$	**AJMP** addr11	PC[10:0]←addr11	×	×	×	×	2	2
02H addr16	**LJMP** addr16	(PC)←addr16	×	×	×	×	3	2
80H rel	**SJMP** rel	(PC)←(PC)+rel	×	×	×	×	2	2
73H	**JMP** @A+DPTR	(PC)←(A)+(DPTR)	×	×	×	×	1	2
60H rel	**JZ** rel	若(A)=0,(PC)←(PC)+rel	×	×	×	×	2	2
70H rel	**JNZ** rel	若(A)≠0,则(PC)←(PC)+rel	×	×	×	×	2	2
40H rel	**JC** rel	若Cy=1,则(PC)←(PC)+rel	×	×	×	×	2	2
50H rel	**JNC** rel	若Cy=0,则(PC)←(PC)+rel	×	×	×	×	2	2
20H bit rel	**JB** bit, rel	若(bit)=1,则(PC)←(PC)+rel	×	×	×	×	3	2
30H bit rel	**JNB** bit, rel	若(bit)=0,则(PC)←(PC)+rel	×	×	×	×	3	2
10H bit rel	**JBC** bit, rel	若(bit)=1,则(bit)←0, (PC)←(PC)+rel	×	×	×	×	3	2
B5H d8 rel	**CJNE A**, d, rel	若(A)≠(d),则(PC)←(PC)+rel; 若(A)<(d),则(Cy)←1	×	×	×	√	3	2
B4H d8 rel	**CJNE A**, #d8, rel	若(A)≠d8,则(PC)←(PC)+rel; 若(A)<d8,则(Cy)←1	×	×	×	√	3	2
B6, B7 d8 rel	**CJNE** @Ri, #d8, rel	若((Ri))≠d8,则(PC)←(PC)+rel; 若((Ri))<d8,则(Cy)←1	×	×	×	√	3	2
B8H~BFH d8 rel	**CJNE** Rn, #d8, rel	若((Rn))≠d8,则(PC)←(PC)+rel; 若((Rn))<d8,则(Cy)←1	×	×	×	√	3	2
D8H~DFH rel	**DJNZ** Rn, rel	(Rn)←(Rn)-1,若(Rn)≠0, 则(PC)←(PC)+rel	×	×	×	×	2	2
D5H d rel	**DJNZ** d, rel	(d)←(d)-1,若(d)≠0, 则(PC)←(PC)+rel	×	×	×	×	3	2
00H	**NOP**	空操作	×	×	×	×	1	1

附录 B 逻辑符号对照表

名称	国标符号/IEC 符号	IEEE 符号	名称	国标符号/IEC 符号 /IEEE 符号	其他常见符号
与门			高电平更新 D 锁存器		
或门			D 触发器	上升沿触发	上升沿触发
非门					
与非				下降沿触发	下降沿触发
或非			T 触发器	上升沿触发	上升沿触发
与或非					
异或				下降沿触发	下降沿触发
同或			异步锁存器 (与非门型)		
OC/OD 与非门					
带施密特触发特性的与非门			异步锁存器 (或非门型)		
三态输出非门		（▽常省略）			

续表

名称	国标符号/IEC 符号	IEEE 符号	名称	国标符号/IEC 符号/IEEE 符号	其他常见符号
	1 ▽ EN	▽（▽常省略）	JK 触发器	S 1J C1 1K R Q $\overline{Q}$ 上升沿触发	J $\overline{S}_D$ CK K $\overline{R}_D$ Q $\overline{Q}$ 上升沿触发
半加器	Σ CO	Σ CO			
全加器	Σ CI CO	Σ CI CO		S 1J C1 1K R Q $\overline{Q}$ 下降沿触发	J $\overline{S}_D$ CK K $\overline{R}_D$ Q $\overline{Q}$ 下降沿触发
传输门	TG				

参考文献

[1] 何立民. 单片机高级教程：设计与应用[M]. 2版. 北京：北京航空航天大学出版社，2007.

[2] 刘海成. 单片机及应用系统设计原理与实践[M]. 北京：北京航空航天大学出版社，2009.

[3] 万福君，刘芳. MCS-51单片机原理、系统设计与应用[M]. 北京：清华大学出版社，2008.

[4] 谢维成，杨加国. 单片机原理与应用及C51程序设计[M]. 北京：清华大学出版社，2006.

[5] 张毅刚. 单片机原理及应用[M]. 北京：高等教育出版社，2003.

[6] 史健芳，廖述剑，杨静，等. 智能仪器设计基础[M]. 2版. 北京：电子工业出版社，2012.

[7] 周航慈，朱兆优，李跃忠. 智能仪器原理与设计[M]. 北京：北京航空航天大学出版社，2005.

[8] 刘海成. AVR单片机原理及测控工程应用：基于ATmega48和ATmega16[M]. 2版. 北京：北京航空航天大学出版社，2015.

[9] 刘海成. 单片机及应用原理教程[M]. 北京：中国电力出版社，2012.

[10] 刘海成. 单片机及工程应用基础[M]. 北京：北京航空航天大学出版社，2015.

[11] 刘海成，张俊谟. 单片机中级教程：原理与应用[M]. 3版. 北京：北京航空航天大学出版社，2019.